TRAINING Grundwissen MATHEMATIK

Markus Fiederer

Mathematik 8. Klasse

Algebra, Geometrie und Stochastik

für G8

STARK

Bildnachweis
Umschlag: © RRA/Fotolia.com
S. 1: © Franck Boston/Fotolia.com
S. 3: © Marek Mnich/Dreamstime.com
S. 4: © Aniram/Dreamstime.com
S. 7: © Martin Raab/Fotolia.com
S. 11: © Thomas Aumann Fotolia.com
S. 12: © Joan ramon Mendo escoda/Dreamstime.com
S. 13: © EMMA GREAU/Fotolia.com
S. 14: © Ove Tøpfer/www.sxc.hu
S. 23: © Robert Cumming/Dreamstime.com
S. 25: © Christian Jerx/PIXELIO
S. 26: © DB AG/Ralf Kranert
S. 28: © Ghubonamin/Dreamstime.com
S. 36: © Klaus Eppele/Fotolia.com
S. 37: © circotasu/Fotolia.com
S. 42: © bilderbox/Fotolia.com
S. 47: Quelle: Wikipedia (GNU, Fotograf: Magnus Manske)
S. 51: © Jean Schweitzer/Dreamstime.com
S. 58: © Jose Antonio Nicoli/Dreamstime.com
S. 59: © Rhphotos/Dreamstime.com
S. 60: © Sachin Ghodke, 2008/www.sxc.hu
S. 71: © Spfotocz/Dreamstime.com
S. 72: © Niko Fagerström/Dreamstime.com
S. 75: © Guannan Liu/Dreamstime.com
S. 76: © foto.fred/Fotolia.com
S. 82: © Andreas Meyer/Fotolia.com
S. 86: © PaulPaladin/Fotolia.com
S. 91: © Tito Santos/Dreamstime.com
S. 109: © Macuiej Oleksky/Dreamstime.com
S. 110: © Michal Zacharzewski/www.sxc.hu
S. 115: © Jean Scheijen/www.vierdrie.nl
S. 116: © DB AG/Günter Jazbec
S. 117: © Skip ODonnell/iStockphoto
S. 118: © Peter Jobst/Dreamstime.com
S. 119: © Sanja Gjenero/www.sxc.hu
S. 120: © King of Grv/Fotolia.com
S. 121: © Evan Boticelli/Fotolia.com
S. 122: © Sean Macdiarmid/Dreamstime.com
S. 123: © Orlando Florin Rosu/Fotolia.com
S. 145: © Anatoliy Zavoskov/Dreamstime.com

ISBN 978-3-86668-035-7

Inhalt

Autor: Markus Fiederer

Vorwort

Liebe Schülerin, lieber Schüler,

mit diesem auf **G8** abgestimmten Trainingsbuch kannst du den **gesamten Unterrichtsstoff** der **8. Klasse** selbstständig wiederholen und dich optimal auf Klassenarbeiten bzw. Schulaufgaben vorbereiten.

- Wie du geschickt auch an schwierige Mathematik-Aufgaben herangehst, erfährst du im Kapitel **Methoden**.
- In den weiteren Kapiteln werden alle **unterrichtsrelevanten Themen** aufgegriffen und anhand von ausführlichen **Beispielen** veranschaulicht. **Kleinschrittige Hinweise** erklären dir die einzelnen Rechen- oder Denkschritte genau. Die Zusammenfassungen der **zentralen Inhalte** sind außerdem in blauer Schrift hervorgehoben.
- **Zahlreiche Übungsaufgaben** mit ansteigendem Schwierigkeitsgrad bieten dir die Möglichkeit, die verschiedenen Themen einzuüben. Hier kannst du überprüfen, ob du den gelernten Stoff auch anwenden kannst. Komplexere Aufgaben, bei denen du wahrscheinlich etwas mehr Zeit zum Lösen brauchen wirst, sind mit einem ✱ gekennzeichnet.
- Zu allen Aufgaben gibt es am Ende des Buches **vollständig vorgerechnete Lösungen** mit **ausführlichen Hinweisen**, die dir den Lösungsansatz und die jeweiligen Schwierigkeiten genau erläutern.
- Begriffe, die dir unklar sind, kannst du im **Grundwissen der 5. bis 8. Klasse** nachschlagen. Dort sind alle wichtigen Definitionen zusammengefasst, die du am Ende der 8. Klasse wissen musst.

Ich wünsche dir gute Fortschritte bei der Arbeit mit diesem Buch und viel Erfolg in der Mathematik!

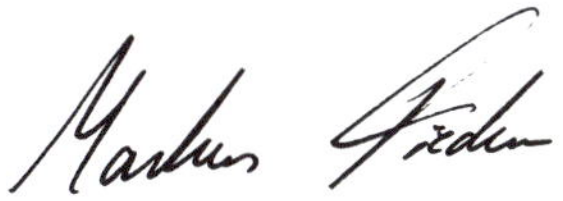

Markus Fiederer

So arbeitest du mit diesem Buch

Besonders effektiv kannst du mit diesem Buch **arbeiten**, wenn du dich an den folgenden Vorgehensweisen orientierst:

- Lies dir zunächst die **Methoden** zur Lösung von Mathematikaufgaben gründlich durch. Versuche dann, dich bei der Bearbeitung der Aufgaben an diese Schritte zu halten.

- Um den **Unterrichtsstoff zu trainieren**, hast du grundsätzlich zwei verschiedene Möglichkeiten:

  Methode 1:
  - Bearbeite zunächst den **Unterrichtsstoff mit den Beispielen**.
  - Löse anschließend selbstständig die **Übungsaufgaben** in der angegebenen Reihenfolge.
  - Schlage bei der **Bearbeitung der Aufgaben** erst dann in den Lösungen nach, wenn du mit einer Aufgabe wirklich fertig bist.
  - Solltest du mit einer Aufgabe gar nicht zurechtkommen, dann markiere sie und bearbeite sie mithilfe der Lösung.
  - Versuche, die Aufgabe nach ein paar Tagen noch einmal selbstständig zu lösen.

  Methode 2:
  - Beginne damit, einige **Übungsaufgaben in einem Kapitel zu lösen** und danach mit den angegebenen Lösungen zu vergleichen.
  - Wenn alle Aufgaben richtig sind, bearbeitest du die weiteren Aufgaben des Kapitels.
  - Bei Unsicherheiten oder Schwierigkeiten **wiederholst du die entsprechenden Inhalte** in den einzelnen Kapiteln.

- An die **komplexeren Aufgaben**, die du an dem ✳ erkennst, solltest du dich erst dann wagen, wenn du die übrigen Aufgaben gut lösen konntest. Lass dich jedoch nicht entmutigen, wenn du bei diesen schwierigen Aufgaben nicht sofort auf eine Lösung kommst.

- Stolperst du in den einzelnen Kapiteln oder den Lösungen über Begriffe, die dir unklar sind, kannst du diese im **Grundwissen der 5. bis 8. Klasse** nachschlagen. Ebenfalls kannst du damit am Ende der 8. Klasse noch einmal alle wichtigen Definitionen wiederholen.

Methoden

Oft steht man vor Aufgaben wie vor einem Berg und hat keine Idee zum Einstieg in die Lösung. Dieses Kapitel soll dir eine Arbeitsmethode nahebringen, über die Hürde des Einstiegs zu kommen und die Aufgabe erfolgreich zu lösen.
Die Bearbeitung von Textaufgaben wird in vier Phasen aufgeteilt. Diese sollen dir mithilfe des Bergdiagramms verdeutlicht werden. Den Weg des Aufstiegs und die Anstrengung des Abstiegs kannst du mit deiner Vorbereitung auf die Prüfung selbst steuern:

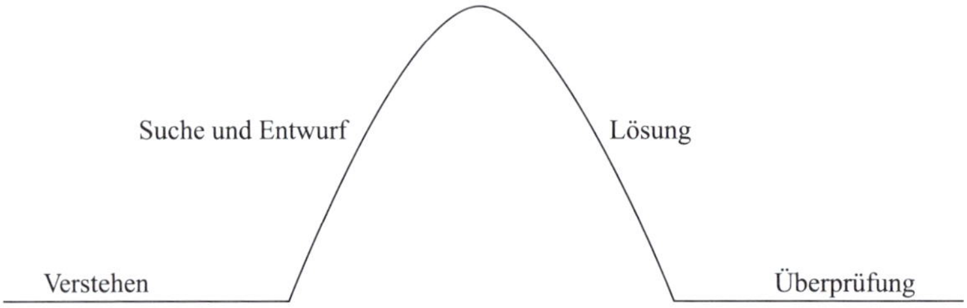

Verstehen

Lies wiederholt die Aufgabe. Unterstreiche dabei die **Schlüsselwörter**. Formuliere danach die Aufgabenstellung mit eigenen Worten. Achte dabei auf folgende wichtige Fragen:
- **Was ist gegeben?**
- **Was ist gesucht?**

Suche und Entwurf

Lege dir eine Strategie zur Suche eines **Lösungsentwurfs** zurecht. Hierzu kann man sich diese hilfreichen Fragen stellen:
- **In welches Themengebiet passt die Aufgabe?**
- **Kenne ich diese oder ähnliche Aufgaben?**

Erinnere dich an die Fakten des besprochenen Themenbereichs, z. B. an Gesetzmäßigkeiten, Formeln, mathematische Tricks usw. Schreibe alle Formeln auf und suche die passende(n) heraus. Dabei kann die Verwendung von Skizzen sehr hilfreich sein.
Analysiere die Aufgabe und lege dabei fest, ob es sich um eine Transfer- oder eine Reproduktionsaufgabe handelt. Bei einer Reproduktion ist die Aufgabe bereits im Unterricht besprochen und eingeübt worden. Es wird also nur eine bereits bekannte Arbeitsmethode angewendet. Die Transferaufgabe enthält einen neuen Aufgabentyp, der mit bekannten Fakten zu lösen ist.

Ordne die Aufgabe einem Themenbereich zu. Notiere deine Kenntnisse aus dem Themenbereich und versuche, die Inhalte geeignet zusammenzusetzen.
Der Plan kann dabei aus zwei Richtungen entwickelt werden. Man kann sowohl vom Start (Voraussetzungen; Term) als auch vom Ziel (Ergebnis) aus beginnen. Wie beim Bau eines Tunnels sollte man irgendwo die Wege zusammenbringen.

Lösung

Löse deinen Ansatz nach Plan. Halte dich dabei an folgende Punkte:

- **Isolation der gesuchten Größe**
- **Ausführung eines Konstruktionsplanes**

Präsentiere bei deiner Lösung möglichst viele Zwischenschritte. Bei fehlerhaften Lösungen können Aufgaben dennoch bewertet werden, wenn Teilschritte aufgeschrieben wurden und diese bewertbar sind.

Überprüfung

Frage dich zuerst, ob das Ergebnis sinnvoll ist:

- **Passt das Ergebnis zur Fragestellung?**
- **Ist die Größenordnung des Ergebnisses sinnvoll?**
- **Sind die Einheiten in Ordnung?**

Zuletzt kannst du als Probe dein Ergebnis in die Ausgangsgleichung einsetzen und dein Ergebnis überprüfen.

Beispiele

1. Eine Tafel Schokolade kostet mit 16 %iger Mehrwertsteuer 1,12 €.
   Wie viel kostet die Tafel Schokolade nach der Mehrwertsteuererhöhung auf 19 %?

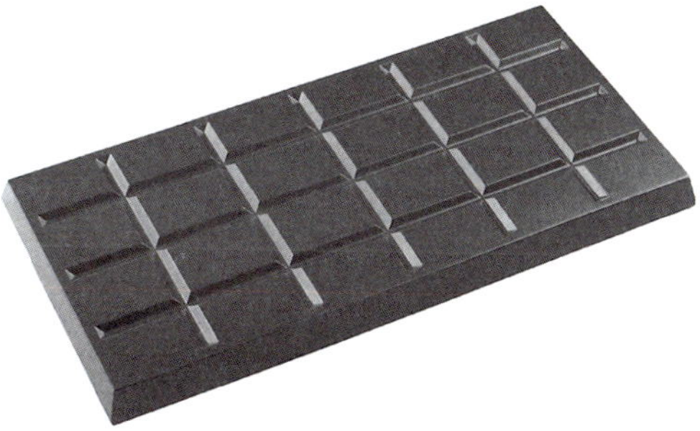

Verstehen

Nach wiederholtem Lesen beantwortet man die Fragen:

Was ist gegeben? 16 % Mehrwertsteuer: 1,12 €
19 % Mehrwertsteuer: ?

Was ist gesucht? Der Preis nach der Erhöhung der Mehrwertsteuer

Suche und Entwurf

Diese Aufgabe gehört in das Themengebiet Prozentrechnung.
Welche Schlüsselbegriffe muss man zu diesem Themenbereich kennen?

Prozentwert P
Grundwert G
Prozentsatz p

Was bedeutet Prozent? Anteile pro Hundert

Welche Formeln kenne ich? $P = G \cdot \frac{p}{100}$

Zu beiden „Mehrwertsteuern" gehört der gleiche Grundwert. In der Lösung muss man aus dem ersten Preis (16 % Mehrwertsteuer) den Grundwert, also den Preis ohne Mehrwertsteuer, errechnen. Danach wird aus dem Grundwert der neue Preis mit 19 %iger Mehrwertsteuer ermittelt:
16 % (1,12 €) $\Rightarrow$ ohne Mehrwertsteuer $\Rightarrow$ 19 %

Lösung

Die Lösung muss nach der Skizze errechnet werden. Beginne mit dem Grundwert.

$$\left.\begin{array}{l} P = 1{,}12\ € \\ p = 116 \end{array}\right\} \Rightarrow \quad G = \frac{100}{p} \cdot P$$

$$G = \frac{100}{116} \cdot 1{,}12\ € \approx 0{,}9655\ €$$

Aus dem Grundwert 0,9655 € wird der endgültige Kaufpreis durch den Prozentsatz 119 berechnet.

$$\left.\begin{array}{l} G = 0{,}9655\ € \\ p = 119 \end{array}\right\} \Rightarrow \quad P = \frac{p}{100} \cdot G$$

$$P = \frac{119}{100} \cdot 0{,}9655\ € \approx 1{,}15\ €$$

Die Schokolade kostet nach der Steuererhöhung 1,15 €.

Überprüfung

Die Einheit Euro des Ergebnisses passt zur Fragestellung.
Überschlagsrechnung: 3 % von 1 € ist 3 ct.
Die Größenordnung der Erhöhung stimmt mit dem Ergebnis überein.

2. Beim Samstags-Lotto befinden sich 49 nummerierte Kugeln in einer Lostrommel. Wie groß ist die Wahrscheinlichkeit, als erste Zahl eine Primzahl zu ziehen?

Verstehen

Nach wiederholtem Lesen beantwortet man die Fragen:

Was ist gegeben?	49 Lotto-Kugeln Primzahl gezogene erste Kugel
Was ist gesucht?	Wahrscheinlichkeit einer Primzahl bei der ersten gezogenen Kugel

Suche und Entwurf
Diese Aufgabe gehört zu den Themengebieten Wahrscheinlichkeit und Primzahlen.
Schlüsselbegriffe zu diesen Themengebieten: Zufallsexperiment, Ergebnis, Ereignis, Baumdiagramm, Laplace-Experiment, Primzahlen

Was bedeutet Laplace-Experiment?	Zufallsexperiment mit gleich wahrscheinlichen Elementarereignissen.
Was ist eine Primzahl?	Eine natürliche Zahl, die genau zwei verschiedene Teiler hat.
Welche Formel(n) kenne ich?	$P(E) = \frac{\lvert E \rvert}{\lvert \Omega \rvert}$ E: beschriebenes Ereignis in Mengenschreibweise, Ω: Ergebnisraum

Die Ergebnismenge für die Ziehung der ersten Kugel ist $\{1; 2; 3; \ldots; 47; 48; 49\}$ und hat die Mächtigkeit (Anzahl der Elemente einer Menge) 49.

Das Ereignis ist die Menge aller Primzahlen zwischen 1 und 49:
$E = \{2; 3; 5; 7; 11; 13; 17; 19; 23; 29; 31; 37; 41; 43; 47\}$
Die Mächtigkeit dieser Menge ist 15.

Die Mächtigkeiten der Mengen E und Ω können in den Quotienten für die Wahrscheinlichkeit eingesetzt werden.

Lösung
Wir müssen nur den Quotientenwert bestimmen.

$$P(\text{„erste Zahl eine Primzahl"}) = \frac{\lvert E \rvert}{\lvert \Omega \rvert}$$

$E = \{2; 3; 5; 7; \ldots; 43; 47\}$ mit $\lvert E \rvert = 15$ — Menge aller Primzahlen von 1 bis 49.
$\Omega = \{1; 2; 3; \ldots; 48; 49\}$ mit $\lvert \Omega \rvert = 49$ — Menge aller Zahlen von 1 bis 49.

$$P(\text{„erste Zahl eine Primzahl"}) = \frac{\lvert E \rvert}{\lvert \Omega \rvert} = \frac{15}{49} \approx 0{,}306 = 30{,}6\ \%$$

Im Samstags-Lotto beträgt die Wahrscheinlichkeit, als erste Zahl eine Primzahl zu ziehen, 30,6 %.

Überprüfung
Die Wahrscheinlichkeit liegt zwischen 0 und 1 bzw. zwischen 0 % und 100 %. Die Größenordnung der Wahrscheinlichkeit entspricht der eigenen Erwartung.

Funktionale Zusammenhänge

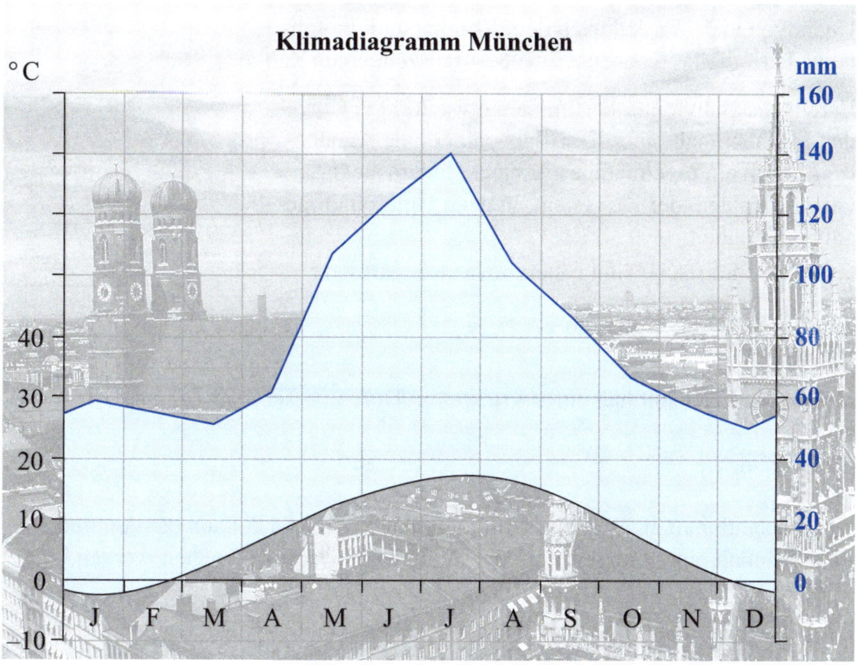

1 Der Kreis

Für Berechnungen am Kreis ist die Zahl π (Pi) notwendig:
$\pi = 3{,}1415926535897932384624\ldots$

Unendlich viele Stellen nach dem Komma und die fehlende Periodizität machen π zu einer transzendenten Zahl.

Bereits die Babylonier bestimmten etwa 2000 v. Chr. den Flächeninhalt einer Kreisfläche über eine Annäherung durch ein regelmäßiges Achteck, indem sie das Quadrat, in dem der Kreis liegt, in neun Unterquadrate aufgeteilt haben.

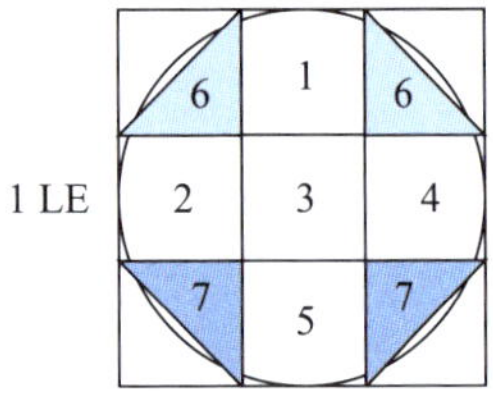

$\frac{7}{9}$ der Quadratfläche sind näherungsweise markiert.

$$\frac{7}{9} = \frac{63}{81} \approx \frac{64}{81} = \left(\frac{8}{9}\right)^2 \approx 0{,}79$$

Der exakte Flächeninhalt eines Kreises mit Durchmesser d = 1 LE ist:

$$\left(\frac{d}{2}\right)^2 \cdot \pi = \left(\frac{1}{2}\right)^2 \cdot \pi \approx 0{,}79$$

Der Flächeninhalt eines Kreises mit Durchmesser d = 1 LE kann damit durch den Flächeninhalt eines Quadrats mit der Seitenlänge $\frac{8}{9}$ LE angenähert werden.

Die Kreislinie, und damit auch der Kreis, ist eine Punktmenge, bei der alle Punkte von einem Punkt M der Zeichenebene (Mittelpunkt des Kreises) gleich weit entfernt sind.

- Der **Abstand** zwischen dem Punkt M und allen Punkten P auf der Kreislinie ist **konstant**. Man nennt ihn **Radius r**: $d(M; P) = r$
- Der doppelte Radius heißt der **Durchmesser d** des Kreises: $d = 2r$

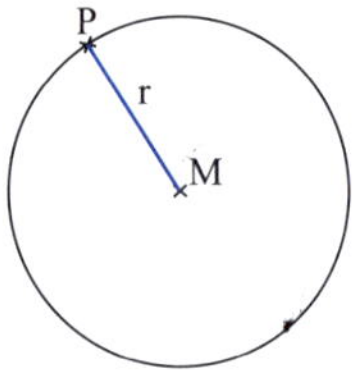

- Für den **Umfang** gilt: $U_{Kreis} = 2 \cdot r \cdot \pi = d \cdot \pi$ mit $\pi = 3{,}14159265\ldots$
- Für den **Flächeninhalt** gilt: $A_{Kreis} = r^2 \cdot \pi = \left(\frac{d}{2}\right)^2 \cdot \pi$

Beispiele

1. Betrachte den Umfang eines Kreises im Vergleich zum Radius.
Was stellst du dabei fest?

Lösung:

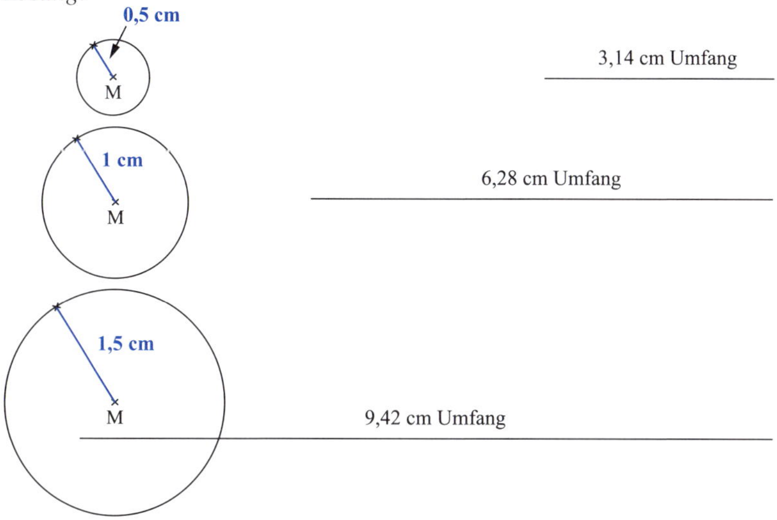

Dividierst du den (z. B. mithilfe einer Schnur) gemessenen Umfang durch den Radius, so erhältst du in allen drei Fällen den gleichen Wert:

$$\frac{U}{r} = \frac{3{,}14\text{ cm}}{0{,}5\text{ cm}} = \frac{6{,}28\text{ cm}}{1\text{ cm}} = \frac{9{,}42\text{ cm}}{1{,}5\text{ cm}} = \mathbf{6{,}28}$$

Die Auflösung der Gleichung nach U führt zu: $U = r \cdot 6{,}28 = 2 \cdot r \cdot 3{,}14$
Der genaue Wert der Konstanten wird mit dem griechischen Buchstaben π abgekürzt: $\pi = 3{,}14159265\ldots$

2. Bestimme den Kreisumfang und den Flächeninhalt eines Kreises mit dem Radius $r = 3$ cm.

Lösung:

$U_{Kreis} = 2 \cdot \pi \cdot r = 2\pi \cdot \mathbf{3\text{ cm}}$
$\approx 18{,}85$ cm

$A_{Kreis} = r^2 \cdot \pi = (\mathbf{3\text{ cm}})^2 \cdot \pi$
$\approx 28{,}27\text{ cm}^2$

Auf deinem Taschenrechner findest du zur Eingabe eine Taste mit dem Symbol π.

Aufgaben

1. Berechne die Kreisumfänge und die Flächeninhalte der Kreise mit folgenden Radien bzw. Durchmessern.

a) $r = 2{,}1$ cm

b) $r = 5\frac{1}{5}$ cm

c) $d = 3{,}1$ cm

d) $d = 2\frac{1}{3}$ mm

e) $d + r = 2{,}4$ cm

f) $d \cdot r = 2{,}88\ m^2$

2. Bestimme aus dem Umfang des Kreises den jeweils zugehörigen Radius.

a) $U = 14{,}1$ cm

b) $U = 11{,}4$ mm

c) $U = \pi$ cm

d) $U = \pi^2$ cm

3. Gegeben sind die Flächeninhalte von Kreisen.
Berechne die Quadrate der Durchmesser.

a) $A = 12\ cm^2$

b) $A = (3\ cm)^2$

c) $A = 12\ cm \cdot 3{,}4\ cm$

d) $A = \pi\ cm^2$

✳ **4.** Untersuche das Verhältnis zwischen Flächeninhalt und Umfang eines Kreises.
Zeige, dass $\frac{A}{U} = \frac{r}{2}$ ist.

✳ **5.** Bestimme Flächeninhalt, Kreisumfang und Radius für folgende Gleichungen:

a) $\frac{A}{U} = 5$ cm

b) $\frac{A}{r} = \pi$ cm

c) $\frac{U}{A} = 6 \cdot \frac{1}{cm}$

d) $A + \frac{U^2}{\pi} = 20\pi\ cm^2$

e) $U \cdot 2\ cm = A$

f) $\frac{A}{U^2} = \frac{1}{4\pi}$

2 Funktionale Abhängigkeit

Aktien werden an Wertpapierbörsen gehandelt. Um die Lage am Markt festzustellen, werden die wichtigsten Aktienkurse zum DAX-Wert zusammengerechnet. Mithilfe der „Kurve“ kann man für jede Uhrzeit des Handelstages den DAX-Wert feststellen, d. h., jeder Uhrzeit wird genau ein DAX-Wert zugeordnet. Es herrscht ein funktionaler Zusammenhang.

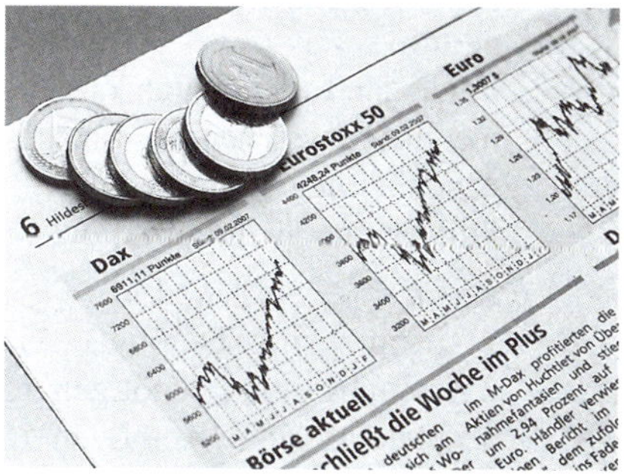

> Unter einer **funktionalen Abhängigkeit** versteht man eine **mathematische Beschreibung**, wie man ausgehend von einer gegebenen Größe A die gesuchte Größe B eindeutig bestimmt.
>
> $A \xrightarrow{FA} B$ (FA: Funktionale Abhängigkeit)

Beispiele

1. 6 Kugeln Eis kosten 3,60 €.
   Was ist der funktionale Zusammenhang?

   Lösung:

   1 Kugel kostet 3,60 € : 6 = 0,60 €.
   Der funktionale Zusammenhang heißt also:

   Gesucht ist der funktionale Zusammenhang zwischen der Kugelanzahl A und dem Kaufpreis B. Dazu berechnest du den Preis einer Kugel Eis. Mit diesem Faktor musst du die Kugelanzahl multiplizieren, um ihren Preis zu erhalten.

   $$x \cdot 0{,}60\,€ = y$$

   x ↑ **Größe A: Anzahl der Eiskugeln**

   y ↑ **Größe B: Kaufpreis in Euro**

   Du kannst dir den funktionalen Zusammenhang als einfachen Computer vorstellen, der mit deiner Eingabe folgende Berechnung durchführt und den Preis berechnet:

   Eingabe: Anzahl der Kugeln —15 Kugeln→ [Funktionaler Zusammenhang: $15 \cdot 0{,}60\,€$] —9 €→ Ausgabe: zu zahlender Betrag

2. Ein Swimming-Pool mit einem Volumen von 750 m^3 wird mit 5 Wasserrohren in 3 Stunden gefüllt.
Finde den funktionalen Zusammenhang zwischen der Anzahl der Zuleitungsrohre und der Füllzeit des Swimming-Pools.

Lösung:

1 Zuleitungsrohr benötigt $5 \cdot 3\ \text{h} = 15\ \text{h}$
2 Zuleitungsrohre benötigen $15\ \text{h} : 2 = 7{,}5\ \text{h}$
3 Zuleitungsrohre benötigen $15\ \text{h} : 3 = 5\ \text{h}$
⋮
x Zuleitungsrohre benötigen $15\ \text{h} : x = 15\ \text{h} \cdot \frac{1}{x}$

Man erhält den funktionalen Zusammenhang:

$$15\ \text{h} \cdot \frac{1}{x} \quad = \quad y$$

↑ **Größe A: Anzahl der Rohre** ↑ **Größe B: Fülldauer des Swimming-Pools**

Eingabe: Anzahl der Rohre —9 Rohre→ [Funktionaler Zusammenhang: $15\ \text{h} \cdot \frac{1}{9}$] —$1{,}\overline{6}\ \text{h} = 1\frac{2}{3}\ \text{h}$→ Ausgabe: Fülldauer des Swimming-Pools

3. Jede Bakterie teilt sich innerhalb eines Zyklus einmal.
Entwickle den funktionalen Zusammenhang zwischen der Anzahl der Zyklen und der Anzahl der Bakterien.

Lösung:

Man beginnt mit einer Bakterie:

nach einem Zyklus gibt es	2 Bakterien	2^1	
nach zwei Zyklen gibt es	4 Bakterien	2^2	$\cdot 2$
nach drei Zyklen gibt es	8 Bakterien	2^3	$\cdot 2$
nach vier Zyklen gibt es	16 Bakterien	2^4	$\cdot 2$
⋮	⋮		
nach x Zyklen gibt es	2^x Bakterien		

Man erhält den funktionalen Zusammenhang:

$$2^x = y$$

↑ **Größe A: Anzahl der Zyklen**

↑ **Größe B: Anzahl der Bakterien**

Eingabe: Anzahl der Zyklen — 10 Zyklen → | Funktionaler Zusammenhang: $2^{10} = 1\,024$ | — 1 024 Bakterien → Ausgabe: Bakterienanzahl

Aufgaben

6. Entwickle aus dem Bild den funktionalen Zusammenhang zwischen den Größen „Masse der Tomaten“ und „Kaufpreis“.

7. Am Rand eines Grundstücks muss ein 5 m langer Zaun gesetzt werden. Stelle einen funktionalen Zusammenhang zwischen der Größe „Zaunlattenabstand“ und der Größe „Anzahl der Zaunlatten“ dar.

8. Beschreibe den funktionalen Zusammenhang von Gewichtskraft und Masse, den du aus der Physik kennst.

3 Direkte Proportionalität

Die Ermittlung des Benzinpreises bei Kenntnis des Preises für 1 Liter Benzin wird durch eine direkte Proportionalität beschrieben.

Abgabe in Liter	1	2	4	6	8	10	12
Preis in €	1,50	3,00	6,00	9,00	12,00	15,00	18,00

1. Verdoppelt, verdreifacht, vervierfacht, … bzw. halbiert, drittelt, viertelt, … man die eine Größe, so verdoppelt, verdreifacht, vervierfacht, … bzw. halbiert, drittelt, viertelt, … man auch die andere Größe.
2. Quotientengleichheit: Dividierst du die Maßzahl der Abgabe durch die Maßzahl des Preises, so erhältst du den konstanten Wert $\frac{2}{3}$. Dividierst du die Maßzahl des Preises durch die Maßzahl der Abgabe, erhältst du ebenfalls einen konstanten Wert (hier: 1,5).

Abgabe in Liter	1	2	4	6	8	10	12
Preis in €	1,50	3,00	6,00	9,00	12,00	15,00	18,00
Quotient der Größen	$\frac{2}{3}$	$\frac{2}{3}$	$\frac{2}{3}$	$\frac{2}{3}$	$\frac{2}{3}$	$\frac{2}{3}$	$\frac{2}{3}$

3. Trägt man die proportionale Zuordnung in ein Koordinatensystem ein, so erhält man eine Ursprungsgerade, d. h. eine Halbgerade, die im Ursprung beginnt.

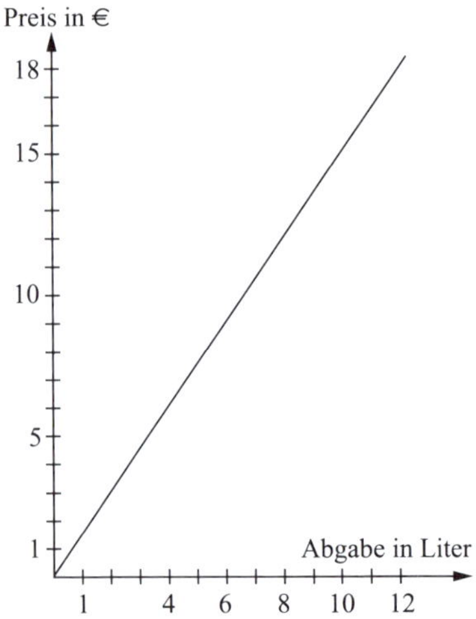

4. Die Zuordnungsvorschrift beschreibt den mathematischen Zusammenhang zwischen zwei Größen, hier die Benzinabgabe in Liter und den dafür zu zahlenden Preis.

$$1\,\ell \longrightarrow 1{,}50\,€$$
$$\mathbf{2}\cdot 1\,\ell = 2\,\ell \longrightarrow 3{,}00\,€ = \mathbf{2}\cdot 1{,}50\,€$$
$$\mathbf{6}\cdot 1\,\ell = 6\,\ell \longrightarrow 9{,}00\,€ = \mathbf{6}\cdot 1{,}50\,€$$
$$x \longrightarrow y = x \cdot 1{,}50\,€$$

↑ **Anzahl der Liter** (x) ↑ **Preis in Euro** (y) ↑ **Anzahl der Liter** (x)

Allgemein gilt die Zuordnungsvorschrift: $x \mapsto y = k \cdot x$ mit x als einzusetzende Maßzahl und k als Proportionalitätsfaktor.

Falls **eine** der vier folgenden Eigenschaften erfüllt ist, sind automatisch **alle vier** Eigenschaften erfüllt:
1. Direkte Proportionalität
2. Quotientengleichheit
3. Der Graph der Zuordnung ist eine Ursprungsgerade.
4. Zuordnungsvorschrift: $x \mapsto y = k \cdot x$, mit k als Proportionalitätsfaktor

Der **Proportionalitätsfaktor k** ist gleich dem **Quotienten** $\frac{y}{x}$ und gleich der **Steigung** der Halbgeraden im Schaubild der proportionalen Zuordnung.

Beispiele

1.

Größe A oder x	2	3	5	8	9	12		
Größe B oder y	3	4,5	7,5	12			24	15

a) Zeige die direkte Proportionalität dieser Zuordnung.

b) Bilde eine Zuordnungsvorschrift für die direkte Proportionalität.

c) Vervollständige die Tabelle.

Lösung:

a)

x	2	3	5	8
y	3	4,5	7,5	12
y : x	$\frac{3}{2}$	$\frac{3}{2}$	$\frac{3}{2}$	$\frac{3}{2}$

Es genügt, eine der drei Eigenschaften Quotientengleichheit, Ursprungsgerade oder Zuordnungsvorschrift $x \mapsto y = k \cdot x$ zu zeigen. Man entscheidet sich hier für die Quotientengleichheit und dividiert die Maßzahl der Größe y durch die Maßzahl der Größe x. Die entstehenden Brüche werden gekürzt.

Der Quotientenwert ist immer gleich, also ist der funktionale Zusammenhang eine direkte Proportionalität.

b) $\frac{y}{x} = \frac{3}{2} \quad | \cdot \mathbf{x}$

$y = \frac{3}{2} \cdot x$

Damit erhält man die Zuordnungsvorschrift:

$x \mapsto y = \frac{3}{2} \cdot x$

Aufgrund der Quotientengleichheit, die bei der direkten Proportionalität gilt, gibt die Gleichung, die du aus der Tabelle bei Teilaufgabe a erhältst, bereits die Zuordnung wieder. Du formst die Gleichung in die Zuordnungsvorschrift $y = k \cdot x$ um. y : x entspricht dem Proportionalitätsfaktor k.

c) **x = 9:**

$y = \frac{3}{2} \cdot \mathbf{x} \quad \Rightarrow \quad y = \frac{3}{2} \cdot \mathbf{9} = 13{,}5$

x = 12:

$y = \frac{3}{2} \cdot \mathbf{x} \quad \Rightarrow \quad y = \frac{3}{2} \cdot \mathbf{12} = 18$

Mithilfe der Zuordnungsvorschrift $x \mapsto y = \frac{3}{2}x$ kannst du durch Einsetzen der x-Werte die zugehörigen y-Werte berechnen.

y = 24:

$y = \frac{3}{2} \cdot x \quad \Rightarrow \quad 24 = \frac{3}{2} \cdot x$

$24 : \frac{3}{2} = x$

$24 \cdot \frac{2}{3} = x$

$16 = x$

Hier ist der y-Wert gegeben; beachte, dass du also 24 anstelle des y-Werts einsetzt. Die Gleichung löst du dann nach x auf.

y = 15:

$y = \frac{3}{2} \cdot x \quad \Rightarrow \quad 15 = \frac{3}{2} \cdot x \qquad \left| \cdot \frac{2}{3} \right.$

$15 \cdot \frac{2}{3} = x$

$10 = x$

Die vollständige Tabelle lautet damit:

x	2	3	5	8	9	12	**16**	**10**
y	3	4,5	7,5	12	**13,5**	**18**	24	15

2. Zeige, dass der funktionale Zusammenhang zwischen dem Kreisdurchmesser und dem Kreisumfang direkt proportional ist.

Lösung:

Die direkte Proportionalität folgt aus der Quotientengleichheit. Dividiert man Umfang durch Durchmesser, so erhält man für alle Kreise den gleichen Wert:

$\frac{U}{d} = \frac{2r \cdot \pi}{d} = \frac{d \cdot \pi}{d} = \pi$

Die Zuordnungsvorschrift lautet $d \mapsto U = d \cdot \pi$.

Aufgaben

9. Überprüfe folgende Tabellen auf direkte Proportionalität und ergänze mithilfe der Zuordnungsvorschrift die fehlenden Zahlen.

a)

x	1,2	3,5	8,7	9,3	10,4		
y	1,44	4,2	10,44			5,16	6,12

b)

x	$\frac{1}{2}$	$\frac{1}{3}$	$\frac{1}{4}$	$\frac{1}{5}$	$\frac{1}{6}$		
y	$\frac{3}{14}$	$\frac{1}{7}$	$\frac{3}{28}$			$\frac{1}{21}$	$\frac{3}{98}$

c)

x	3	5	7	9			
y	1	$1{,}\overline{6}$	$2\frac{1}{3}$		$\frac{2}{3}$	2	$3{,}\overline{3}$

10. Welche Graphen beschreiben eine direkte Proportionalität?

a)

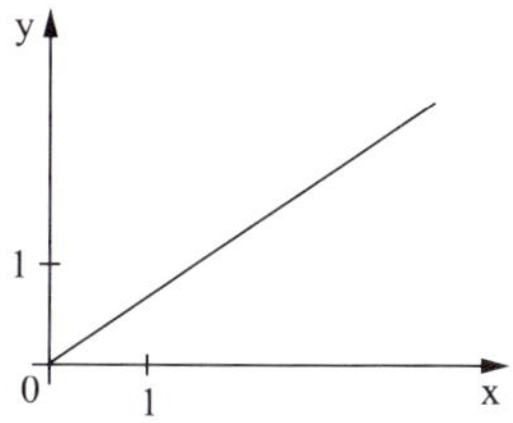

b)

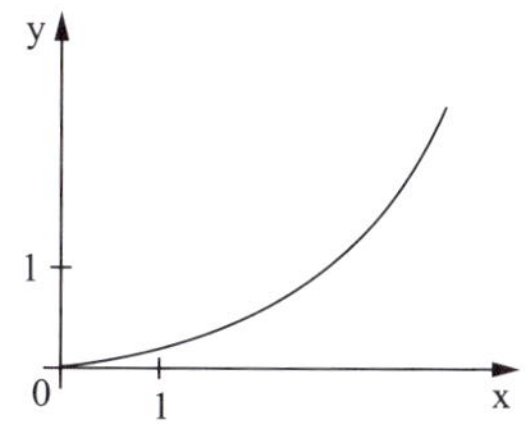

c)

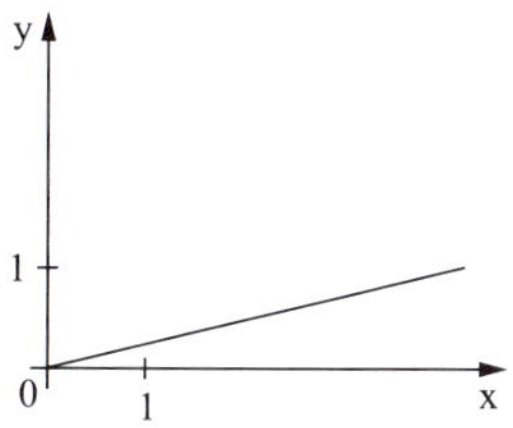

d)

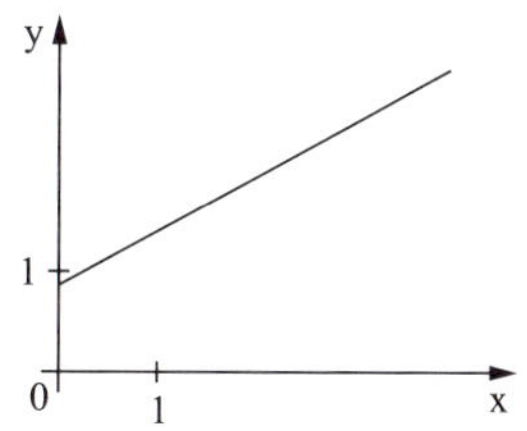

e)

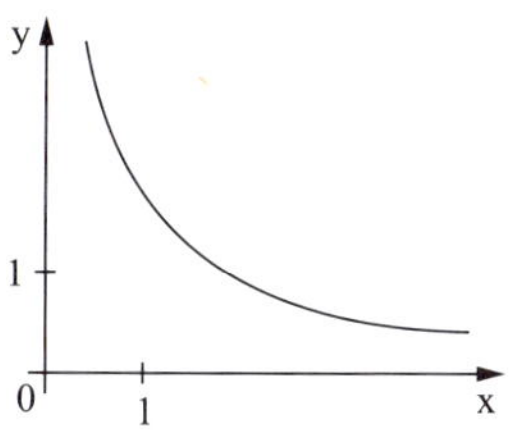

f)

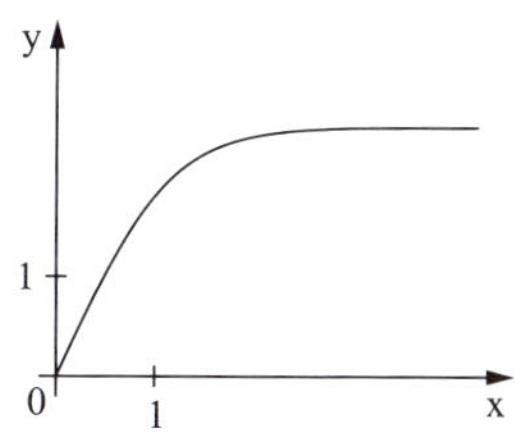

11. Ein Auto fährt mit der konstanten Geschwindigkeit $60\,\frac{\text{km}}{\text{h}}$.

a) Zeige, dass der funktionale Zusammenhang zwischen den Größen „zurückgelegter Weg Δx“ und „gefahrene Zeit Δt“ eine direkte Proportionalität darstellt.

b) Bilde die Zuordnungsvorschrift.

c) Zeichne den Graphen für $\Delta t \in [0\text{ h}; 3\text{ h}]$.

12. Welche folgenden funktionalen Zusammenhänge zwischen zwei Größen beschreiben eine direkte Proportionalität?

a) Seitenlänge eines Quadrats und Umfang des Quadrats

b) Seitenlänge eines Quadrats und Flächeninhalt des Quadrats

c) Radius und Durchmesser eines Kreises

d) Radius und Umfang eines Kreises

e) Durchmesser und Umfang eines Kreises

f) Volumen eines Quaders und Länge des Quaders bei konstanter Breite und Höhe

✳ **13.** Der Umfang eines Kreises ist direkt proportional zum Durchmesser.

a) Zeige mit dieser Voraussetzung, dass auch der Radius direkt proportional zum Umfang ist.

b) Zeige mit dieser Voraussetzung, dass der Radius direkt proportional zum Durchmesser ist.

c) Bestimme für beide Teilaufgaben den Proportionalitätsfaktor und die Zuordnungsvorschrift.

4 Indirekte Proportionalität

Eine Familie hat für den Urlaub 2 160 € zur Verfügung.
Wie viel kann die Familie täglich ausgeben, falls sie 2, 4, 6, 8, 10, 12, 15 oder 16 Tage verreisen will?
Der funktionale Zusammenhang wird durch eine indirekte Proportionalität beschrieben:

Anzahl der Reisetage	2	4	6	8	10	12	15	16
Höhe der täglichen Ausgaben	1 080 €	540 €	360 €	270 €	216 €	180 €	144 €	135 €

1. Verdoppelt, verdreifacht, vervierfacht, … bzw. halbiert, drittelt, viertelt, … man die eine Größe, so halbiert, drittelt, viertelt, … bzw. verdoppelt, verdreifacht, vervierfacht, … man die andere Größe.

2. Produktgleichheit: Bei der Multiplikation der zugehörigen Wertepaare ergibt sich immer der gleiche Produktwert.

Anzahl der Reisetage	2	4	6	8	10	12	15	16
Höhe der täglichen Ausgaben	1 080 €	540 €	360 €	270 €	216 €	180 €	144 €	135 €
Multiplikation beider Maßzahlen	2 160	2 160	2 160	2 160	2 160	2 160	2 160	2 160

3. Der Graph einer indirekt proportionalen Zuordnung ist eine gekrümmte Linie, die Hyperbel genannt wird.

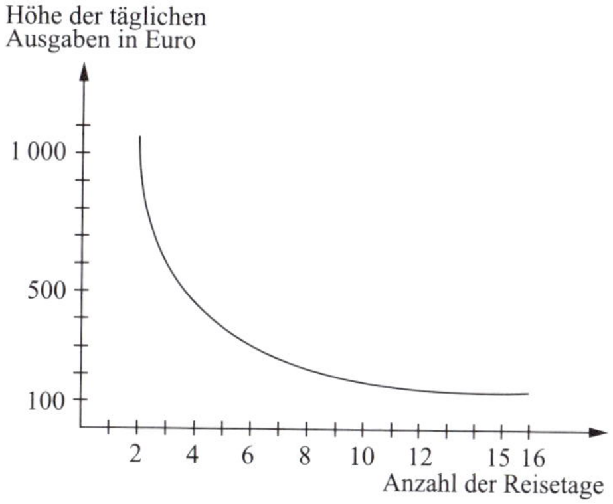

4. Auch bei indirekten Proportionalitäten findet man eine typische Zuordnungsvorschrift.
Anzahl der Reisetage **x** $\longrightarrow$ Höhe der täglichen Ausgaben **y**.
Aus der Produktgleichheit folgt ohne Beachtung der Einheiten:
$x \cdot y = 2\,160 \quad \Leftrightarrow \quad y = 2\,160 \cdot \frac{1}{x}$

Ersetzt man 2 160 durch eine allgemeine Konstante (Parameter), so erhält man die allgemeine Zuordnungsvorschrift für eine indirekte Proportionalität:

$$x \mapsto y = a \cdot \frac{1}{x}$$

Falls **eine** der vier folgenden Eigenschaften erfüllt ist, sind automatisch **alle vier** Eigenschaften erfüllt:

1. Indirekte Proportionalität
2. Produktgleichheit
3. Der Graph der Zuordnung ist eine Hyperbel.
4. Zuordnungsvorschrift: $x \mapsto y = a \cdot \frac{1}{x}$

Beispiel

a) Zeige die indirekte Proportionalität dieser Zuordnung.

b) Entwickle eine Zuordnungsvorschrift für diese indirekte Proportionalität.

c) Vervollständige die Tabelle.

x	2	3	4	6	7		
y	$\frac{4}{3}$	$\frac{8}{9}$	$\frac{2}{3}$			6	$\frac{20}{3}$

Lösung:

a)

x	2	3	4
y	$\frac{4}{3}$	$\frac{8}{9}$	$\frac{2}{3}$
x · y	$\frac{8}{3}$	$\frac{8}{3}$	$\frac{8}{3}$

Wieder genügt es, eine der Eigenschaften zu zeigen, d. h., wenn man die Produktgleichheit des funktionalen Zusammenhangs nachweist, ist die Aufgabe gelöst.
Bei der Multiplikation kürzt du die Brüche, um einfacher rechnen zu können.

Der Produktwert ist immer gleich, also ist der funktionale Zusammenhang eine indirekte Proportionalität.

b) $x \cdot y = \frac{8}{3} \quad \Leftrightarrow \quad y = \frac{8}{3} \cdot \frac{1}{x}$

Damit erhält man die Zuordnungsvorschrift:

$x \mapsto y = \frac{8}{3} \cdot \frac{1}{x}$

Aufgrund der Produktgleichheit, die bei der indirekten Proportionalität gilt, gibt die Gleichung, die du aus der Tabelle bei Teilaufgabe a erhältst, bereits die Zuordnung wieder. Du formst die Gleichung in die Zuordnungsvorschrift $y = a \cdot \frac{1}{x}$ um.

c) **x = 6:**

$y = \frac{8}{3} \cdot \frac{1}{\mathbf{x}} \quad \Rightarrow \quad y = \frac{8}{3} \cdot \frac{1}{\mathbf{6}} = \frac{4}{9}$

x = 7:

$y = \frac{8}{3} \cdot \frac{1}{\mathbf{x}} \quad \Rightarrow \quad y = \frac{8}{3} \cdot \frac{1}{\mathbf{7}} = \frac{8}{21}$

Mithilfe der Zuordnungsvorschrift $x \mapsto y = \frac{8}{3} \cdot \frac{1}{x}$ kannst du durch Einsetzen der x-Werte die zugehörigen y-Werte berechnen. Ebenso kannst du durch Einsetzen der y-Werte die x-Werte bestimmen.

y = 6:

$$\mathbf{y} = \frac{8}{3}\cdot\frac{1}{x} \quad\Rightarrow\quad \mathbf{6} = \frac{8}{3}\cdot\frac{1}{x} \qquad \left|\cdot\frac{3}{8}\right.$$

$$6\cdot\frac{3}{8} = \frac{1}{x}$$

$$\frac{9}{4} = \frac{1}{x}$$

$$x = \frac{4}{9}$$

$\mathbf{y = \frac{20}{3}}$**:**

$$\mathbf{y} = \frac{8}{3}\cdot\frac{1}{x} \quad\Rightarrow\quad \mathbf{\frac{20}{3}} = \frac{8}{3}\cdot\frac{1}{x} \qquad \left|\cdot\frac{3}{8}\right.$$

$$\frac{20}{3}\cdot\frac{3}{8} = \frac{1}{x}$$

$$\frac{5}{2} = \frac{1}{x}$$

$$\frac{2}{5} = x$$

Die vollständige Tabelle lautet damit:

x	2	3	4	6	7	$\mathbf{\frac{4}{9}}$	$\mathbf{\frac{2}{5}}$
y	$\frac{4}{3}$	$\frac{8}{9}$	$\frac{2}{3}$	$\mathbf{\frac{4}{9}}$	$\mathbf{\frac{8}{21}}$	6	$\frac{20}{3}$

Aufgaben

14. Überprüfe die folgenden Zuordnungen auf indirekte Proportionalität und entwickle eine Zuordnungsvorschrift.
Vervollständige danach die Tabellen.

a)

x	0,1	0,3	0,5	0,7		1,1	2,5		3,0
y	20	$6,\overline{6}$	4		$2,\overline{2}$			$1,\overline{3}$	

b)

x		3	5		15	$\frac{1}{2}$		$\frac{1}{8}$	$\frac{1}{3}$
y	0,2		0,04	$0,0\overline{2}$		0,4	0,8	1,6	

c)

x	–1 000		–10	–1	–0,1				1
y		0,0025	0,025	0,25	2,5	25	–25	–2,5	

15. Begründe, welche der folgenden Graphen eine indirekte Proportionalität beschreiben.

a)

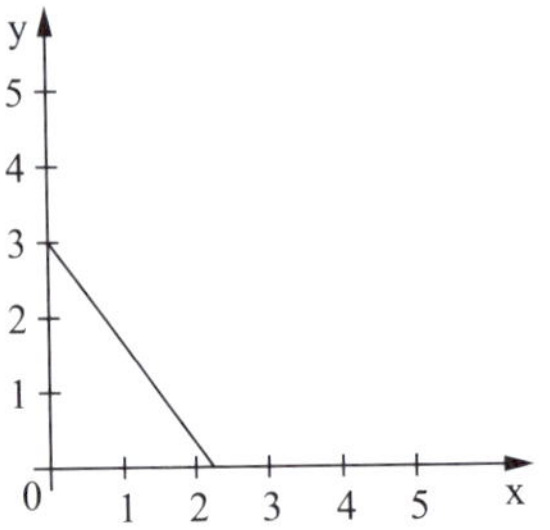

b)

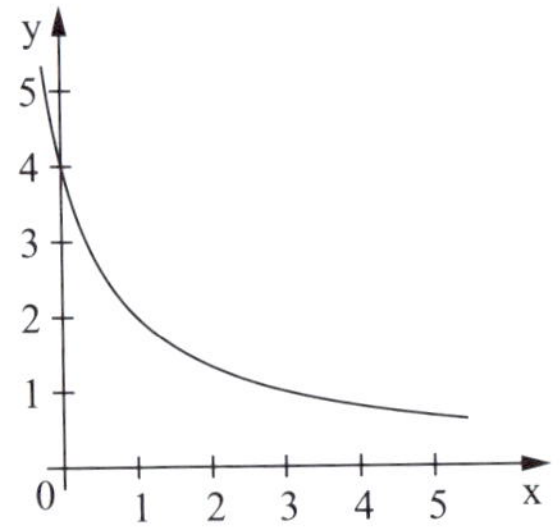

c)

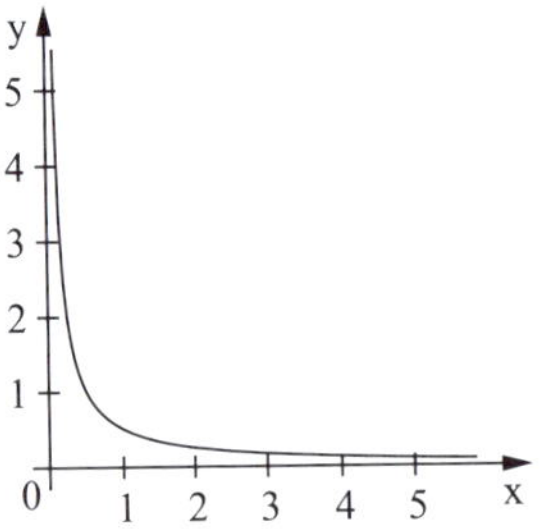

d)

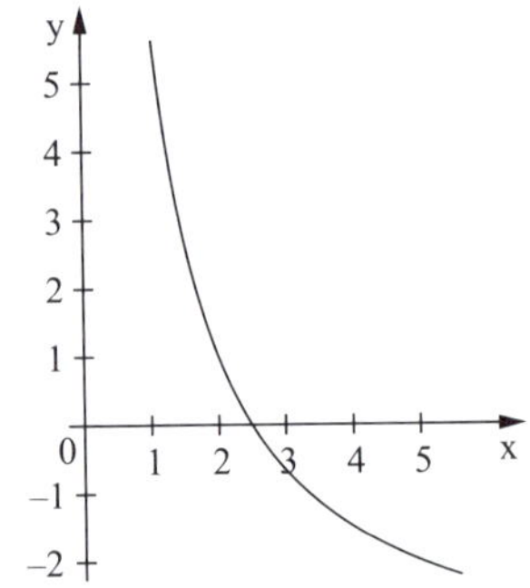

e)

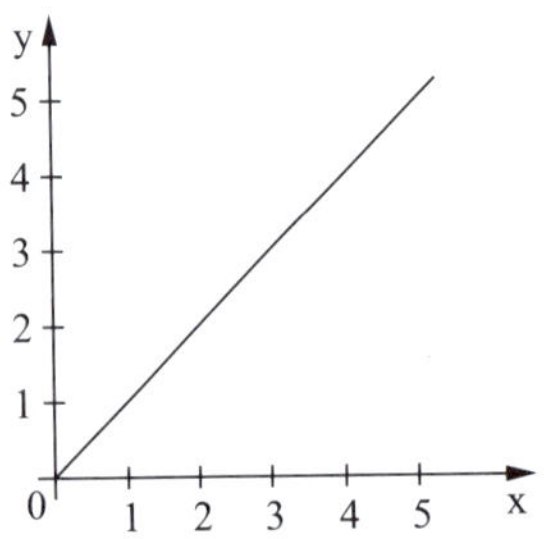

f)

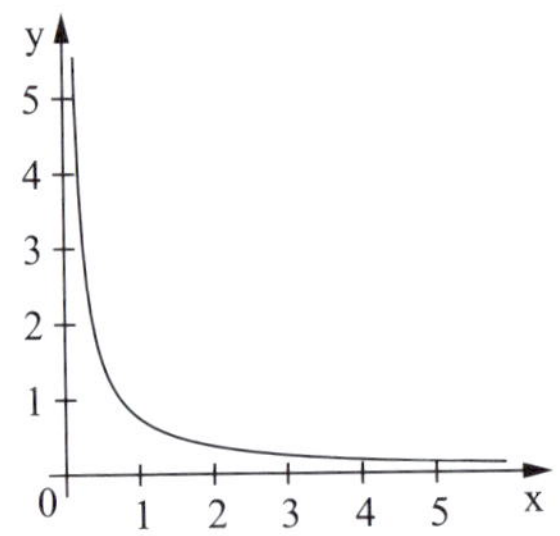

16. Welche der folgenden Größen sind zueinander indirekt proportional?

a) Geschwindigkeit und benötigte Zeit für eine feste Strecke

b) Länge und Breite bei Rechtecken mit gleichem Flächeninhalt

c) Flächeninhalt und Radius eines Kreises

d) Anzahl der Wasserleitungen und Fülldauer eines Schwimmbeckens

e) Anzahl der Bagger und die Baugrubenaushebedauer

f) Reismenge im Topf und Kochdauer des Reises

17. Bei einem Hüttenausflug auf eine Selbstversorgerhütte wird für 5 Tage und 16 Personen ein Essensvorrat angelegt.

a) Wie lange würde der Vorrat für eine Person ausreichen?

b) Ist die Zuordnung Anzahl der Personen → Vorratsdauer in Tagen eine indirekte Proportionalität?

c) Beschreibe die Zuordnungsvorschrift für die Abbildung aus Teilaufgabe b, stelle sie tabellarisch dar und zeichne den Graphen.

18. In einem mit Gas gefüllten, abgeschlossenen Gefäß ist bei konstanter Temperatur das Produkt aus Druck und Volumen konstant.

a) Begründe, warum die Größen Druck und Volumen indirekt proportional zueinander sind.

b) Um welchen Faktor ändert sich der Druck, falls das Volumen bei konstanter Temperatur halbiert (gedrittelt, verdoppelt, verdreifacht, vervierfacht) wird?

c) Wie groß muss das Volumen gemacht werden, um den Druck 0 zu bekommen?

Funktionen

1 Was ist eine Funktion?

Du willst mit dem Zug von Bahnhof A zu Bahnhof B fahren. Dazu benötigst du eine Fahrkarte. Am Ticketautomaten der Bahn AG wird jedem Zielort genau ein Fahrpreis zugeordnet. Man gibt den Zielort (x-Wert) ein und erhält mithilfe des Automaten den Fahrpreis (y-Wert). Der Automat sorgt für die Zuordnung.
Was macht nun eine Zuordnung zu einer Funktion?

> Bei einer **Funktion** wird jedem x-Wert aus einer Menge **genau ein** y-Wert aus einer zweiten Menge zugeordnet.

Funktionen sind daher spezielle Zuordnungen und können in Form von Tabellen, Zuordnungsvorschriften und Funktionsgraphen dargestellt werden.
Es gibt verschiedene Schreibweisen für Funktionen. In der Liste findest du drei Möglichkeiten:

> 1. Zuordnungsvorschrift: $\mathbf{f\colon x \mapsto y = x + 1}$
> 2. Funktionsgleichung: $\mathbf{f(x) = x + 1}$
> 3. Funktionsterm: $\mathbf{x + 1}$

In allen drei Fällen kann man ein Wertepaar erzeugen, indem man einen x-Wert einsetzt und dafür genau einen y-Wert erhält.

Beispiele

1. Untersuche die Zuordnung Kantenlänge eines Würfels → Oberflächeninhalt des Würfels.

   Lösung:
   Diese Zuordnung bekommt den Namen A:
   $A\colon \mathbf{a} \mapsto O = 6\mathbf{a}^2$
   Die zugeordneten Oberflächeninhalte der Würfel kann man mit einer Tabelle deutlich machen:
   $\mathbf{1} \mapsto O = 6 \cdot \mathbf{1}^2 = 6$
   $\mathbf{2} \mapsto O = 6 \cdot \mathbf{2}^2 = 24$
   $\mathbf{3} \mapsto O = 6 \cdot \mathbf{3}^2 = 54$
   $\mathbf{4} \mapsto O = 6 \cdot \mathbf{4}^2 = 96$

a in cm	1	2	3	4
O in cm^2	6	24	54	96

2. Untersuche die Zuordnung Radius eines Kreises → Flächeninhalt des Kreises.

   Lösung:
   Die Formel für den Flächeninhalt eines Kreises ist:
   $A_{Kreis} = r^2\pi$
   Zuordnungsvorschrift der Funktion k:
   k: $\mathbf{r} \mapsto A = \mathbf{r}^2\pi$

   Darstellung in tabellarischer Form:
   $\mathbf{1} \mapsto A = \mathbf{1}^2\pi = \pi$
   $\mathbf{2} \mapsto A = \mathbf{2}^2\pi = 4\pi$
   $\mathbf{3} \mapsto A = \mathbf{3}^2\pi = 9\pi$
   $\mathbf{4} \mapsto A = \mathbf{4}^2\pi = 16\pi$

r in cm	1	2	3	4
A in cm^2	π	4π	9π	16π

3. Gegeben ist die Zuordnung Schülerzahl → Klasse.
   Kann man alleine aus der Kenntnis der Schüleranzahl die Klasse ermitteln?

   Lösung:
   Sowohl die Klasse 7 d als auch die Klasse 9 a haben beispielsweise 32 Schüler, d. h., einem x-Wert (Anzahl der Schüler, hier 32) werden **zwei** y-Werte (9 a und 7 d) zugeordnet.
   Die eindeutige Zuordnung ist in diesem Fall **nicht** möglich. Die Zuordnung ist deshalb **keine** Funktion.

Aufgaben

19. Überprüfe die folgenden Tabellen, ob es sich bei den Zuordnungen um Funktionen handelt.

a)

x	–3	–2	–1	0	–1	–2	–3
y	$\frac{1}{3}$	$\frac{1}{2}$	1	0	1	$\frac{1}{2}$	$\frac{1}{3}$

b)

x	$\frac{1}{2}$	$\frac{1}{3}$	$\frac{1}{4}$	$\frac{1}{5}$	$\frac{1}{6}$	$\frac{1}{7}$
y	2	3	2	2	3	2

c)

x	1	2	3	4	5	6
y	10	100	1 000	10 000	100 000	1 000 000

d)

x	−3	−2	−1	0	1	2
y	$\frac{1}{6}$	5	2	1	5	2

e)

x	−1,5	−1	−0,5	0	−0,5	−1	−1,5
y	1,5	1	0,5	0	−0,5	−1	−1,5

f)

x	1	2	0	2	1
y	$\frac{1}{2}$	2	0	$\frac{1}{2}$	2

20. Welche Zuordnungen sind Funktionen?
Begründe deine Antwort.

a) Längengrad und Breitengrad → Stadt

b) Oberflächeninhalt eines Würfels → Kantenlänge des Würfels

c) Datum → Wochentag

d) Gesprächsdauer pro Monat in Minuten → Handyrechnung in Euro

e) Telefonnummer → Person

f) Lehrer der 1. Stunde → Wochentag

g) Oberflächeninhalt eines Würfels → Volumeninhalt des Würfels

21. Welche Zuordnungen sind Funktionen?
Begründe deine Antwort.

a) Zahl → Quersumme

b) Quersumme → Zahl

c) Zahl → Verdreifachung der Zahl

d) Zahl → Anzahl der Primfaktoren

e) Zahl → 100

f) Zahl → Quotientenwert mit der Zahl als Divisor und der gleichen Zahl als Dividend

g) Zahl → Quadratzahl

h) Quadratzahl → Zahl

22. Formuliere für folgende Funktionen die Zuordnungsvorschrift. Bezeichne die Funktionen mit f.

a) Quadrierung einer Zahl

b) Viertelung einer Zahl

c) Zu einer Zahl wird 4 addiert.
Die erhaltene Zahl wird quadriert.
Anschließend wird das Ergebnis gedrittelt.

d) Vom Siebenfachen einer Zahl wird 23 subtrahiert.
30 % von der erhaltenen Zahl werden mit 6 addiert.
Anschließend wird das Ergebnis quadriert.

e) Eine quadrierte Zahl wird von 7 subtrahiert.
Das Ergebnis wird durch das Sechsfache der eingesetzten Zahl dividiert.

f) Im Zähler ist der Betrag einer Differenz mit dem Subtrahenden 7 und der einzusetzenden Zahl als Minuend.
Der Betrag wird durch 25 % der Summe der einzusetzenden Zahl und 3 dividiert.

2 Die Definitionsmenge

Möchte man den Graphen der Funktion f: $x \mapsto \frac{1}{x}$ zeichnen, muss man zuerst die Funktion in tabellarischer Form entwickeln.

x	–3	–2	–1	0	1	2	3
y	$-\frac{1}{3}$	$-\frac{1}{2}$	–1	**?**	1	$\frac{1}{2}$	$\frac{1}{3}$

Was ist mit der Stelle x = 0?

Es ist mathematisch nicht erlaubt, x = 0 in den Nenner einzusetzen. x = 0 muss also aus der Definitionsmenge herausgenommen werden.

Die Definitionsmenge enthält alle Elemente, die als x-Wert in die Funktion eingesetzt werden dürfen.

Falls das x bei einer Funktionsgleichung im Nenner steht, muss die Definitionsmenge genauer untersucht werden, da der Nenner eines Bruchs nicht null werden darf. Das x, für das dies der Fall wäre, muss aus der Definitionsmenge herausgenommen werden.

Schreibweise:	$\mathbb{D}$	=	$\mathbb{Q}$	\	{a}
	↑		↑	↑	↑
lies:	**Definitionsmenge**	**=**	**Menge der rationalen Zahlen**	**ohne**	**Elemente, die aus der Menge herausgenommen werden**

So bestimmst du die maximale Definitionsmenge:

1. Die maximale Definitionsmenge ist $\mathbb{Q}$ ohne die „problematischen Stellen".
2. Setze jeden Nenner, falls vorhanden, gleich null.
3. Schreibe dein(e) Ergebnis(se) der gelösten Nullgleichung(en) in die geschweifte Mengenklammer.

Beispiele

1. Erstelle eine Wertetabelle für die Funktion f: $x \mapsto 2x - 1$ mit $\mathbb{D} = [1; 3]$.

   Lösung:

   In die Funktion f dürfen nur Elemente aus dem Intervall [1; 3] eingesetzt werden.

x	1	1,5	2	2,5	3
y	1	2	3	4	5

2. Bestimme die maximale Definitionsmenge der Funktion

   $$f:\ x \mapsto \frac{1}{x-1} + \frac{1}{x^2-4} + \frac{1}{x^2+1}.$$

Lösung:
Die Nenner müssen gleich null gesetzt werden.

$x-1=0 \;\Rightarrow\; x=1$

$x^2-4=0 \;\Rightarrow\; x^2=4$

$\Rightarrow\; x_1=2$ und $x_2=-2$

Zwei Lösungen, denn sowohl –2 als auch 2 ergeben quadriert 4.

$x^2+1=0 \;\Rightarrow\; x^2=-1$

Jede quadrierte rationale Zahl ist nicht negativ, d. h., das Problem hat keine Lösung.

1, 2 und –2 müssen aus der Definitionsmenge herausgenommen werden:
$\mathbb{D}=\mathbb{Q}\setminus\{-2;\,1;\,2\}$

Aufgaben

23. Bestimme die maximale Definitionsmenge der folgenden Funktionen über der Grundmenge $\mathbb{Q}$:

a) $f\colon x \mapsto \frac{1}{x-1}$

b) $f\colon x \mapsto \frac{x}{x+1}$

c) $f\colon x \mapsto \frac{1}{x^2-1}$

d) $f\colon x \mapsto \frac{x-2}{(x+3)\cdot(x-7)}$

e) $f\colon x \mapsto \left(\frac{1}{x-1}+\frac{1}{x+2}\right)\cdot 2$

f) $f\colon x \mapsto \frac{2x}{x^2-9}$

g) $f\colon x \mapsto \frac{(2x+1)\cdot(2x-1)}{(3x+1)\cdot(3x-1)}$

h) $f\colon x \mapsto \frac{1}{2}\cdot\frac{1}{x}\cdot\left(\frac{1}{3x-1}-\frac{1}{x+1}\right)^2$

24. Ordne jeder Funktion ihre Definitionsmenge zu und bilde mit den entsprechenden Buchstaben ein Lösungswort.

a) $f\colon x \mapsto \frac{5x}{2x+3}$

b) $f\colon x \mapsto \frac{10+3x}{(x^2-4)\cdot(x+3)}$

c) $f\colon x \mapsto \frac{1}{x+2}+\frac{1}{x+1}+\frac{1}{x^2-4}$

d) $f\colon x \mapsto \frac{4}{[(x+1)\cdot(x-3)]^3}\cdot(2x-1)$

e) $f\colon x \mapsto \left(\frac{1}{x+2}+\frac{1}{x+1}\right)\cdot\left(\frac{1}{x-3}\right)^2$

f) $f\colon x \mapsto \frac{2-x}{\frac{x+2}{(x-1)^2}}$

$\mathbb{D}=\mathbb{Q}\setminus\{1;\,-2\}$ → H

$\mathbb{D}=\mathbb{Q}\setminus\{-3;\,3\}$ → I

$\mathbb{D}=\mathbb{Q}\setminus\left\{-\frac{3}{2}\right\}$ → F

$\mathbb{D}=\mathbb{Q}\setminus\{-2;\,-1;\,2\}$ → O

$\mathbb{D}=\mathbb{Q}\setminus\{-3;\,-2;\,-1\}$ → U

$\mathbb{D}=\mathbb{Q}\setminus\left\{-\frac{2}{3}\right\}$ → M

$\mathbb{D}=\mathbb{Q}\setminus\{-2;\,-1;\,3\}$ → C

$\mathbb{D}=\mathbb{Q}\setminus\{-1;\,3\}$ → S

$\mathbb{D}=\mathbb{Q}\setminus\{-4;\,-2;\,1;\,2\}$ → R

$\mathbb{D}=\mathbb{Q}\setminus\{-3;\,-2;\,2\}$ → R

Lösungswort:

3 Graphen, Zeichnen von Graphen

Die Eigenschaften einer Funktion – beispielsweise den größten bzw. kleinsten y-Wert oder Stellen, an denen die Koordinatenachsen geschnitten werden – kann man leicht aus ihrem Graphen herauslesen.

Der Graph einer Funktion f ist eine Punktmenge, in der alle Wertepaare $(x\,|\,y)$, die sich aus der Zuordnungsvorschrift und der Definitionsmenge ergeben, enthalten sind.

G_f	=	$\{(x\,|\,y)$	$|$	$y=f(x)$	mit	$x \in \mathbb{D}_f\}$
↑		↑	↑	↑		↑
Graph von f	**=**	**Wertepaare**	**„mit der Eigenschaft“**	**Die Wertepaare (x | y) müssen diese Gleichung erfüllen.**		**Alle x dürfen nur aus dieser Definitionsmenge sein.**

Alle in der Funktion vorkommenden y-Werte fasst man als **Wertemenge $\mathbb{W}$** zusammen.

Hinweise für das Zeichnen von Graphen:
1. Beschrifte die Koordinatenachsen mit x und y.
2. Achte auf eine ordentliche Skalierung.
3. Zeichne mit Kreuzen alle Punkte aus deiner Wertetabelle deutlich ein.
4. Verbinde die einzelnen Punkte unter Berücksichtigung des Definitionsbereichs.

Beispiele

1. Zeichne den Graphen der Funktion mit der Funktionsgleichung $f(x)=2x-2$ und dem Definitionsbereich $\mathbb{D}_f=[0;\,4]$.
   Bestimme die Wertemenge.

   Lösung:

x	0	1	2	3	4
y	–2	0	2	4	6

   Die Anzahl der errechneten Werte muss ausreichend für die Zeichnung sein. Man kann bei Unsicherheiten auch im Nachhinein noch zusätzliche Wertepaare ermitteln.

   Die Wertepaare $(0\,|\,-2)$, $(1\,|\,0)$, $(2\,|\,2)$, $(3\,|\,4)$ und $(4\,|\,6)$ müssen in ein Koordinatensystem eingetragen werden.

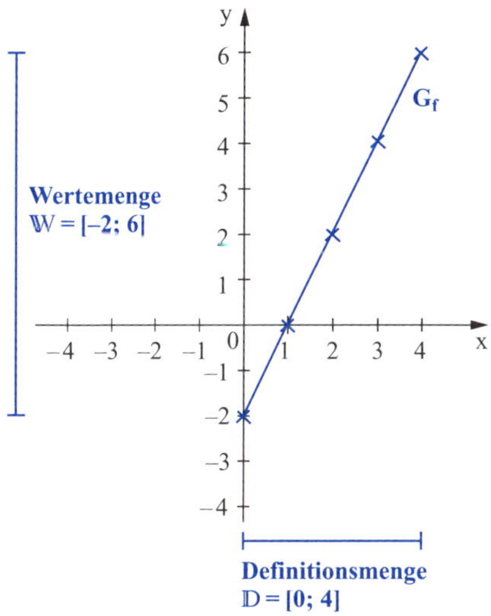

Die Wertemenge ist $\mathbb{W} = [-2; 6]$.

2. Zeichne den Graphen der Funktion $f(x) = \frac{1}{4}x^2$; $\mathbb{D} = [0; 4]$.

   Lösung:

x	0	1	2	3	4
y	0	$\frac{1}{4}$	1	$2\frac{1}{4}$	4

Die Punkte liegen nun nicht auf einer Geraden, sodass du beim Verbinden der Punkte aufpassen musst.

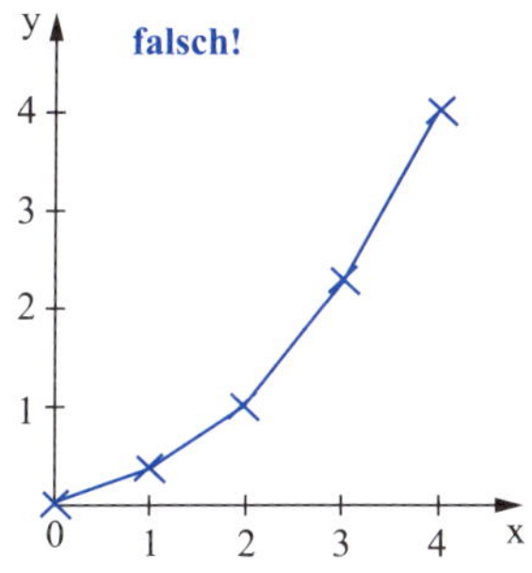

Je zwei Punkte durch eine Gerade zu verbinden erzeugt Ecken. Das ist zu vermeiden.

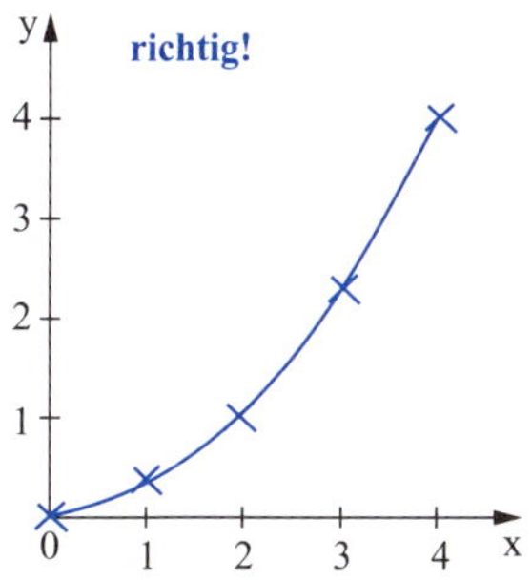

Es fehlen die Punkte des Graphen zwischen den errechneten Punkten. Zwischen den Punkten musst du dich um „rundes" Zeichnen bemühen.

3. Wie erkennst du anhand eines Graphen, ob es sich um den Graphen einer Funktion handelt?

Lösung:
Zeichne Parallelen zur y-Achse ein.

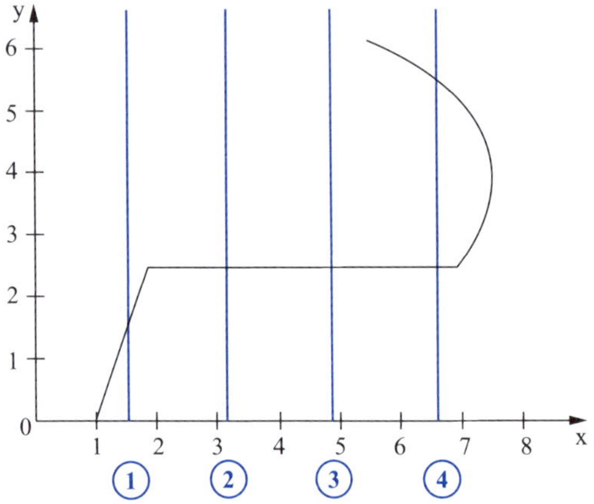

1–3: Jedem x-Wert wird genau ein y-Wert zugeordnet.
4: Die Parallele zur y-Achse schneidet den Graphen zweimal. Diesem x-Wert werden daher zwei y-Werte zugeordnet. Deshalb ist das kein Graph einer Funktion.

Aufgaben

25. Bei welchen Graphen handelt es sich um den Graphen einer Funktion? Begründe deine Antwort.

a) 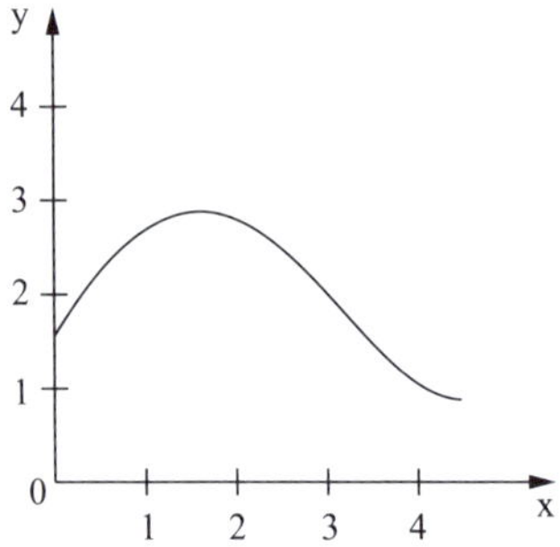

b) 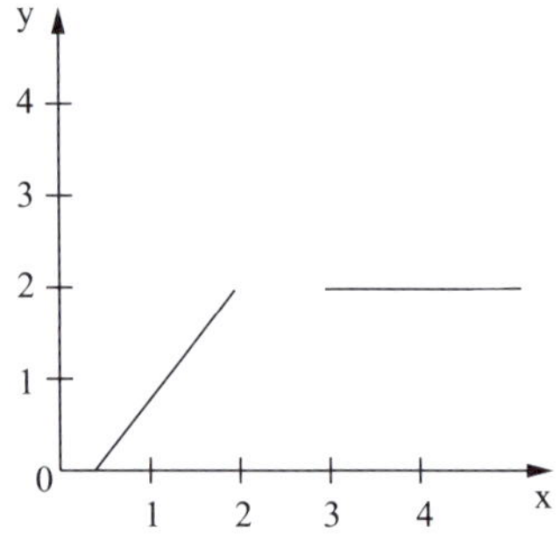

c)

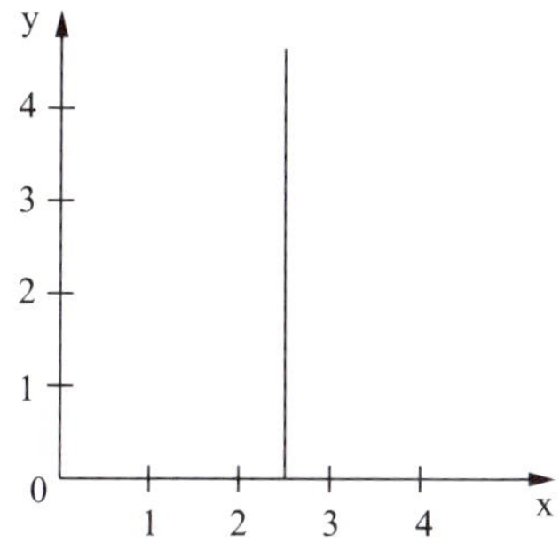

d)

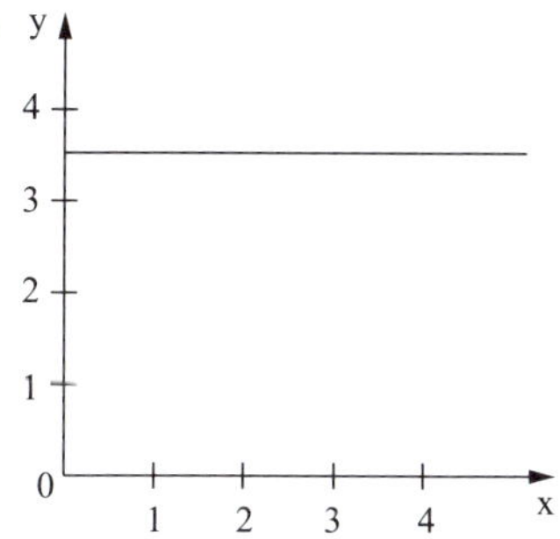

e)

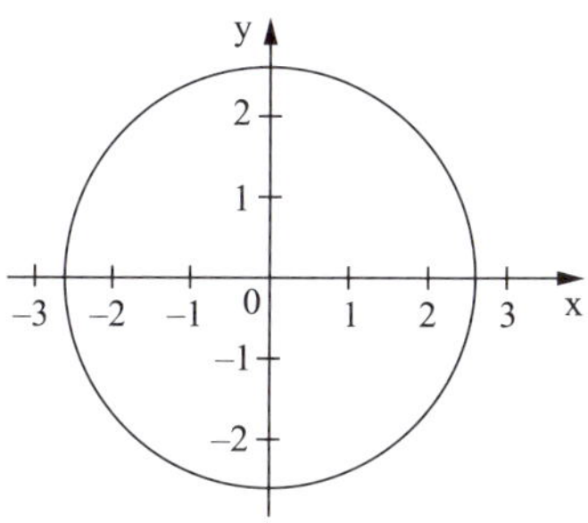

f)

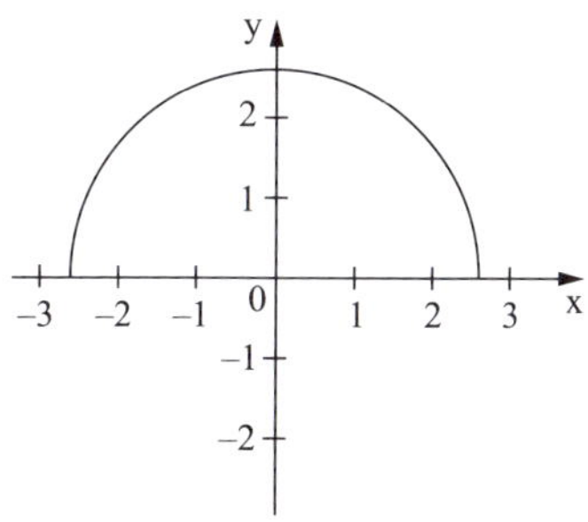

g)

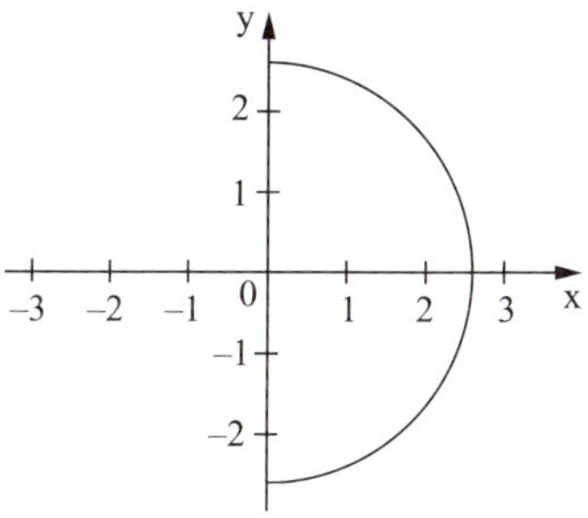

h)

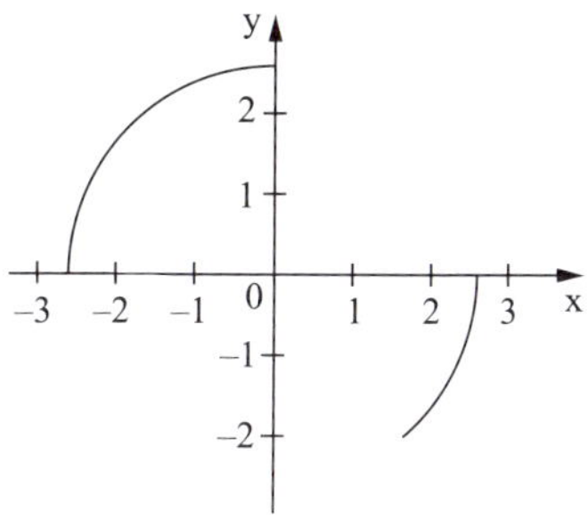

26. Berechne für die folgenden Zuordnungen die Funktionswerte für alle ganzen Zahlen ihres Definitionsbereichs in tabellarischer Form.
Zeichne anschließend den Graphen und ermittle den Wertebereich.

a) $f(x) = x - 3;\ \mathbb{D} = [-1; 5]$

b) $f(x) = \frac{1}{2} \cdot x^2;\ \mathbb{D} = [-3; 3]$

c) $f\colon x \mapsto y = \frac{3}{x+4};\ \mathbb{D} = [-3; 4]$

d) $f\colon x \mapsto y = x \cdot (x-1);\ \mathbb{D} = [-2; 3]$

e) $f\colon x \mapsto y = x + \frac{1}{2}x^2;\ \mathbb{D} = [-3; 3]$

f) $f\colon x \mapsto y = \frac{x-1}{x+5};\ \mathbb{D} = [-3; 4]$

27. Du legst 1 000 € auf einem Sparbuch an. 10 Jahre lang werden 5 % Zinsen garantiert. Der Wert deines Sparbuchs wird mit der Funktion $y = 1\,000 \cdot 1{,}05^x$ beschrieben.

a) Fülle eine Wertetabelle für die 10 Jahre aus.

b) Zeichne die Funktion in ein passendes Koordinatensystem für $x \in [0; 10]$.

c) Lies aus dem Graphen ab, zu welchem Zeitpunkt das Sparbuch den Wert 1 340 € hat.

28. Du springst im Freibad vom 10-m-Turm. Der Fall wird mit der Funktionsgleichung $y = 5 \cdot t^2$ beschrieben. Dabei ist t die Fallzeit in Sekunden und y die Fallhöhe in Meter.

a) Zeichne mithilfe einer Wertetabelle den Graphen der Funktion für $t \in [0; 2]$.

b) Nach welcher Zeit berührt man das Wasser? (grafische Lösung)

c) Nach welcher Zeit ist man in der Höhe des 5-m-Bretts? (grafische Lösung)

29. Die Firma Telavone Plus bietet einen Handytarif mit 4,50 € Grundgebühr an. Jede Gesprächsminute kostet 0,15 €.

a) Zeichne den Graphen für die Zuordnung
Gesprächszeit im Monat → Höhe der Handyrechnung mit 120 Minuten als maximale Gesamtgesprächsdauer.

b) Lies aus dem Graphen die Höhe der Rechnung bei 65 Minuten Gesprächsdauer im Monat heraus.

c) Wie viele Minuten wurden telefoniert, wenn am Monatsende 25,40 € gezahlt werden müssen?

d) Als zuverlässiger Kunde bekommt man das Angebot von acht Freiminuten im Monat.
Bearbeite die Teilaufgaben a bis c mit dieser Verbilligung.

Lineare Funktionen

1 Beispiele linearer Funktionen

Der Graph beschreibt eine Bewegung mit der Geschwindigkeit $10\,\frac{m}{s}$ („Meter pro Sekunde"). Nach doppelter Zeit hat man den doppelten Weg zurückgelegt. Fängt man erst an der Stelle 10 m an, die Zeit zu stoppen, verschiebt sich der Graph parallel nach oben und wir erhalten eine **allgemeine lineare Funktion**.

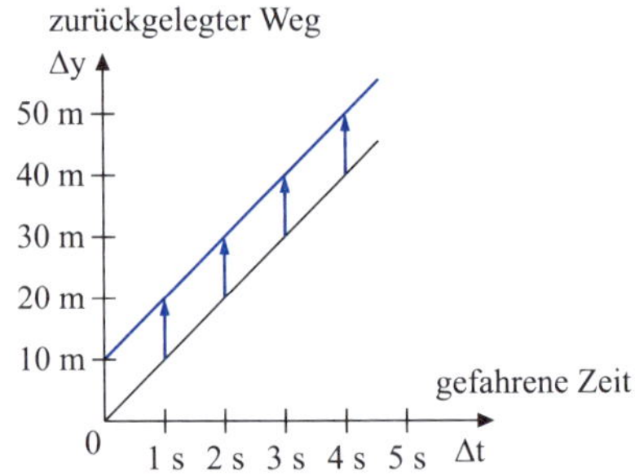

> Lineare Funktionen haben die allgemeine Form:
> **$x \mapsto y = mx + t$**
> $m = \frac{\Delta y}{\Delta x}$ ist die **Steigung** der Geraden.
> t nennt man **y-Achsenabschnitt**. Dieser beschreibt den Schnittpunkt der Geraden mit der y-Achse. Er hat die Koordinaten **(0 | t)**.

Je steiler die Gerade ist, desto größer ist Δy bzw. desto kleiner ist Δx, d. h., die Steigung $\frac{\Delta y}{\Delta x}$ nimmt zu.

Beispiele

1. Zeichne die Funktion f: $x \mapsto y = 2x + 1$ und gib ihre Steigung an.

Lösung:

Um den Graphen zu zeichnen, braucht man nur zwei Punkte:

$f(0) = 2 \cdot 0 + 1 = 1 \quad \Rightarrow \quad P_1(0 \mid 1)$

$f(3) = 2 \cdot 3 + 1 = 7 \quad \Rightarrow \quad P_2(3 \mid 7)$

Um diese zwei Punkte zu erhalten, kannst du für x zwei beliebige, verschiedene Werte einsetzen.

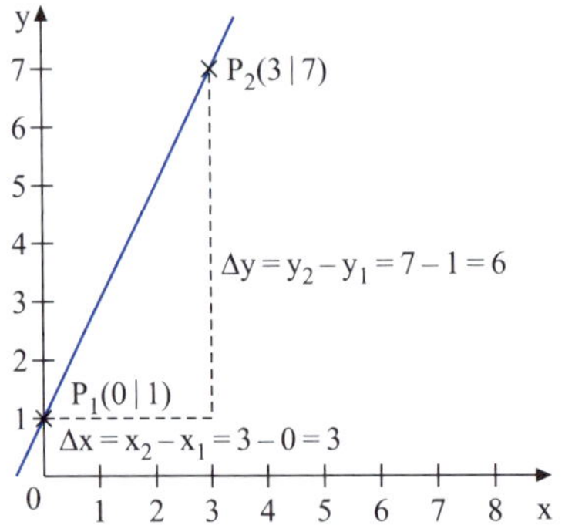

$$\frac{\Delta y}{\Delta x} = \frac{6}{3} = 2 \text{ Steigung der Geraden}$$

2. Entwickle die Funktionsgleichung einer linearen Funktion aus dem gegebenen Graphen.

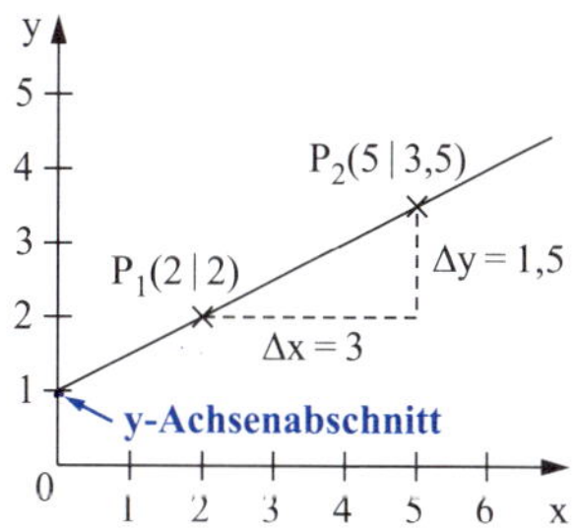

Lösung:
Die Funktionsgleichung hat die Form $y = mx + t$.
t bekommt man aus dem Schnittpunkt mit der y-Achse $(0 \mid \mathbf{1})$.
m erhält man aus dem Steigungsdreieck:

$$m = \frac{\Delta y}{\Delta x} = \frac{y_2 - y_1}{x_2 - x_1} = \frac{3{,}5 - 2}{5 - 2} = \frac{1{,}5}{3} = \frac{1}{2}$$

Man erhält die Geradengleichung:

$$y = \frac{1}{2}x + 1$$

3. Zeichne den Graphen der linearen Funktion $y = -2x + 1$ mithilfe des y-Achsenabschnitts und des Steigungsdreiecks.

Lösung:
$y = mx + t$
Aus der Gleichung kann der y-Achsenabschnitt **t** herausgelesen werden:
$y = -2x \mathbf{+1} \;\Rightarrow\; \mathbf{t = 1}$
Ebenso kann man die Steigung **m** aus der Funktionsgleichung ermitteln:
$y = \mathbf{-2}x + 1 \;\Rightarrow\; \mathbf{m = -2}$
Erweitere, falls notwendig, die Steigung zu einem Bruch:

$$\left.\begin{aligned} m &= -2 = \frac{-2}{1} \\ m &= \frac{\Delta y}{\Delta x} \end{aligned}\right\} \Rightarrow \frac{-2}{1} = \frac{\Delta y}{\Delta x}$$

U/O unten/oben Rechts Das führt zu $\Delta y = -2$ und $\Delta x = 1$.

Nun kann der Graph gezeichnet werden:

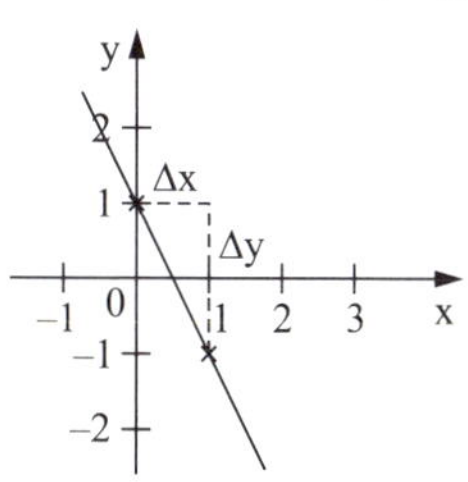

1. Schnittpunkt des Graphen mit der y-Achse einzeichnen.
2. Δx einzeichnen
3. Δy einzeichnen (negativ: nach unten; positiv: nach oben)
4. Die entstandenen zwei Punkte zu einer Geraden verbinden.

Wir nehmen zuerst den mit dem größeren x

Aufgaben

30. Ordne den Graphen der Funktionen die zugehörige Funktionsgleichung zu.

a) $y = x + 2$

b) $y = \frac{1}{2}x + 2$

c) $y = -x - 2$

d) $y = 2x + 1$

e) $y = 2x + 2$

f) $y = -\frac{1}{2}x - 2$

(1)

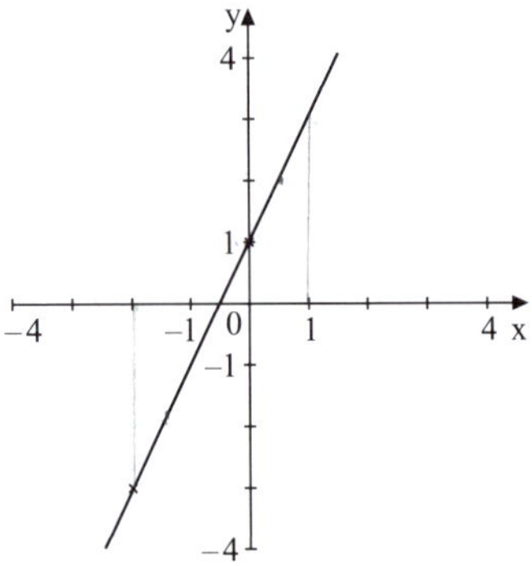

(2)

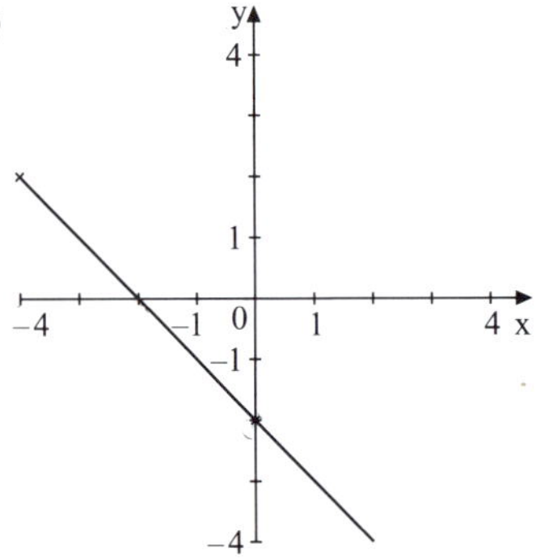

(3)

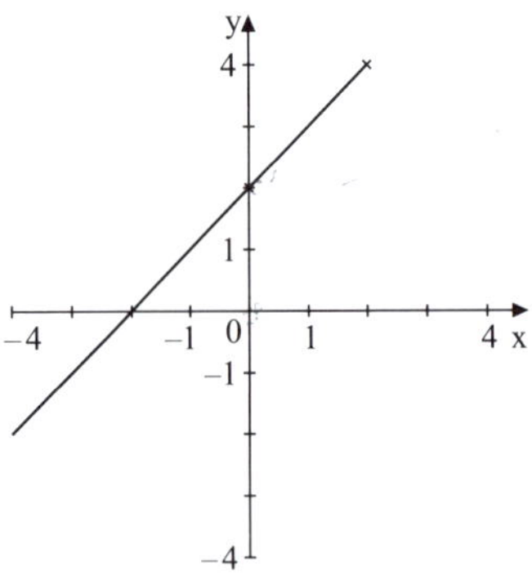

(4)

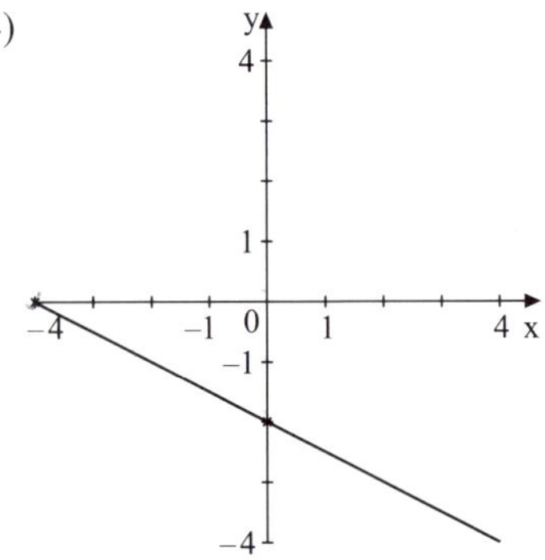

(5)

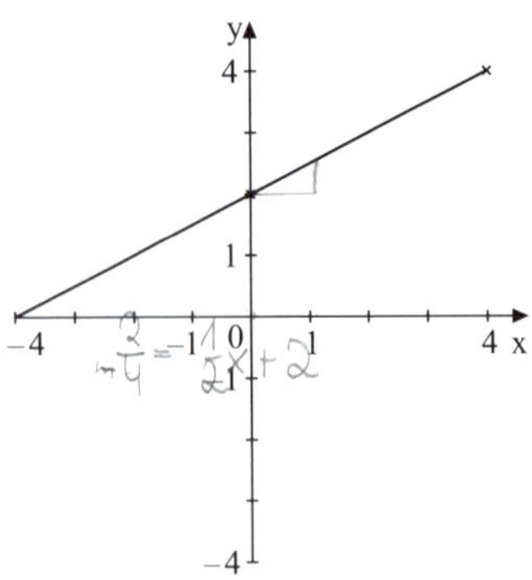

(6)

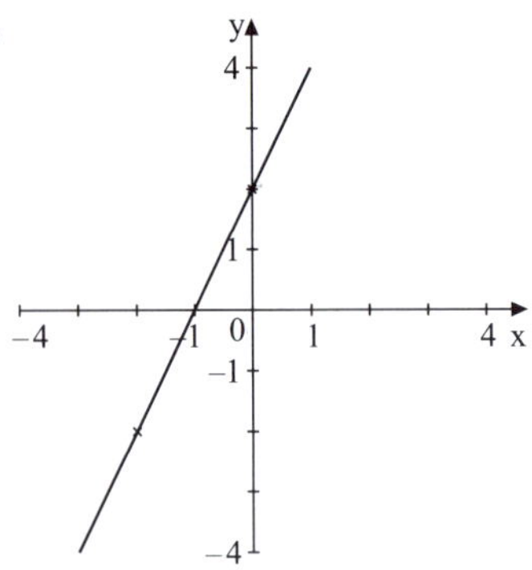

31. Zeichne die Graphen der folgenden Funktionen.
Verwende dabei nur das Steigungsdreieck und den y-Achsenabschnitt.

a) $y = 2x - 3$

b) $y = -x + 2$

c) $y = \frac{1}{3}x - \frac{1}{2}$

d) $y = 1{,}4x - 3$

e) $y + \frac{1}{2}x - 2 = 0$

f) $y - 3 = 4x$

g) $\frac{1}{2}y + \frac{1}{3}x - 2 = 0$

h) $y = 0{,}\overline{6}x - 0{,}\overline{3}$

32. Entwickle die Funktionsgleichungen der linearen Funktionen aus den gegebenen Graphen.

a)
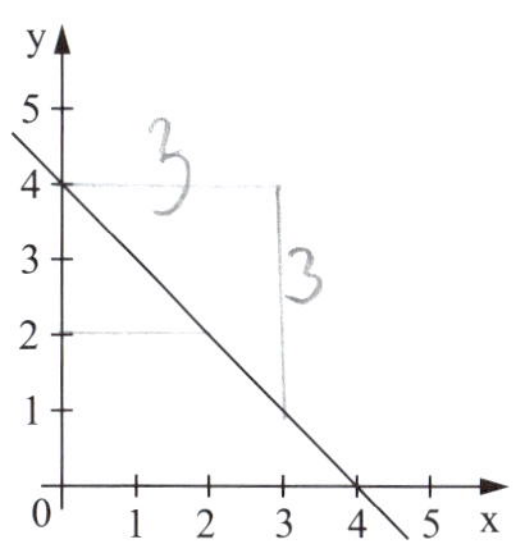

b)
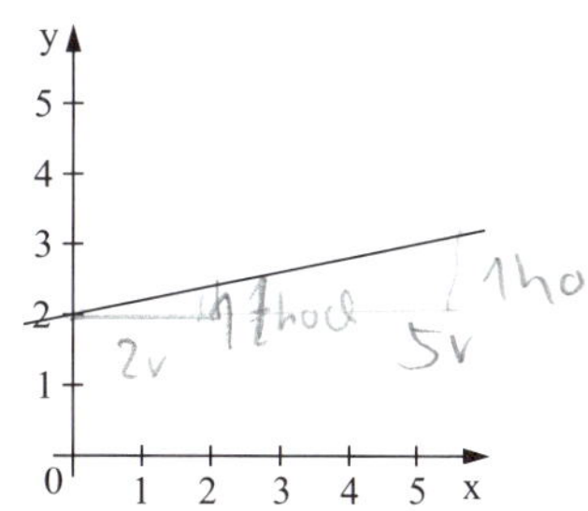

c)
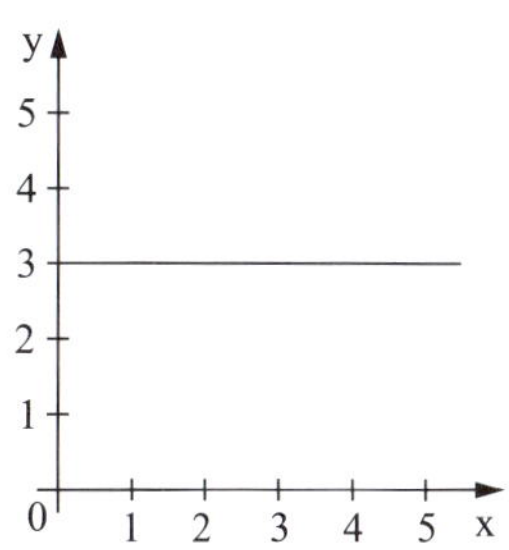

d)
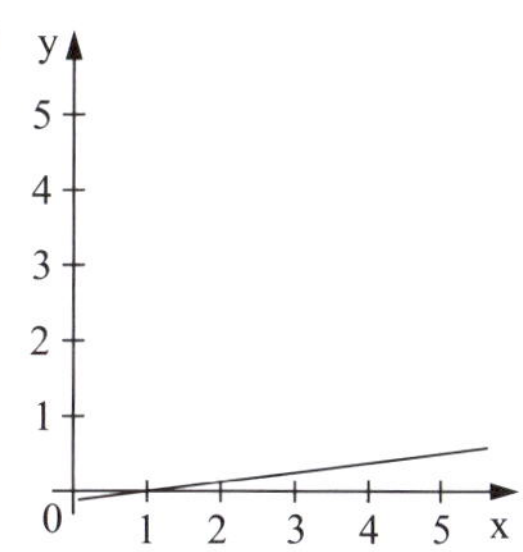

e)
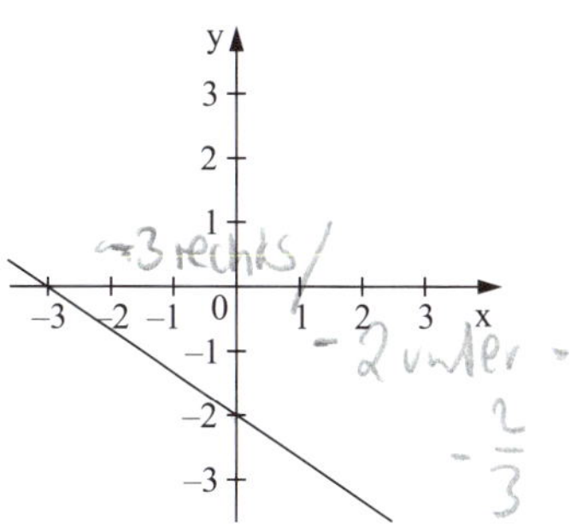

f)
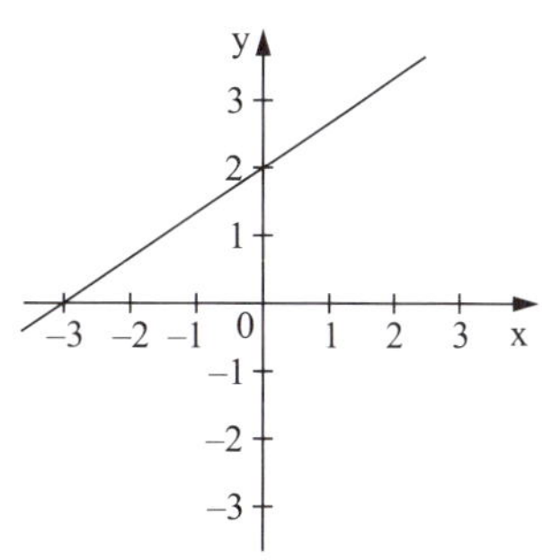

33. Überprüfe, ob die Punkte auf dem Graphen der Funktion mit der Funktionsgleichung $y = -3 + 2x$ liegen.

a) $(1|-1)$ b) $(2|-1)$

c) $(3|4)$ d) $\left(\frac{1}{2}\middle|-2\right)$

e) $\left(-\frac{1}{3}\middle|-\frac{11}{3}\right)$ f) $(-4|-11)$

34. Gegeben ist die Funktion mit der Gleichung $y = -\frac{1}{3}x - 2{,}5$.
Vervollständige die fehlenden Werte für x bzw. y.

a) $(1|?)$ b) $(0|?)$

c) $\left(-\frac{1}{2}\middle|?\right)$ d) $\left(-\frac{4}{3}\middle|?\right)$

e) $\left(?\middle|-2\frac{1}{6}\right)$ f) $\left(?\middle|-2\frac{2}{3}\right)$

g) $(?|-3{,}5)$ h) $\left(?\middle|-1\frac{5}{6}\right)$

35. Nenne die Funktionsgleichung der Funktion, deren Graph parallel zum Graphen der Funktion $y = \frac{2}{3}x - 2$ verläuft und durch den angegebenen Punkt geht.

a) $(3|1)$ b) $(1|1)$

c) $(-2|-2)$ d) $\left(\frac{1}{3}\middle|\frac{2}{9}\right)$

e) $(3|-2)$ f) $\left(1\middle|2\frac{1}{6}\right)$

36. Der Stromanbieter Orange verlangt für die Kilowattstunde (kWh) Strom 18,40 ct. Die Grundgebühr für einen Haushalt beträgt 8,30 € pro Monat.

a) Formuliere allgemein die Funktionsgleichung der monatlichen Abrechnung in Abhängigkeit von den verbrauchten Kilowattstunden (kWh).
Zeichne den zugehörigen Graphen im Intervall $x \in [0\text{ kWh}; 1\,000\text{ kWh}]$.

b) Ein zweiter Tarif der Firma Orange verlangt mit 48 € eine höhere Grundgebühr. Als Ausgleich ist der Preis pro kWh mit 11 ct kleiner.
Zeichne den Graphen für $x \in [0 \text{ kWh}; 1\,000 \text{ kWh}]$ in das bereits bestehende Koordinatensystem ein und ermittle zeichnerisch die Anzahl der Kilowattstunden, ab der sich die höhere Grundgebühr rentiert.

✳ **37.** Ein Außerirdischer vom Planeten Ork kommt auf die Erde. Auf Ork hat ein Tag 32 Stunden, d. h., der Stundenzeiger eines Orkianers läuft in 16 Stunden einmal herum. Bei der Ankunft auf der Erde (um 6.00 Uhr) zeigt die orkianische Uhr 26.00 Uhr.

a) Welchen Winkel bildet die 0.00-Uhr-Marke mit der 26.00-Uhr-Marke?

b) Stelle für beide Uhren eine lineare Funktion auf, die die Winkel zwischen der 0.00-Uhr-Marke und dem Stundenzeiger beschreibt.
Der y-Achsenabschnitt beschreibt jeweils die Situation bei der Ankunft des Orkianers.

c) Um wie viel Uhr zeigen die Stundenzeiger in die gleiche Richtung?
Ermittle den Wert mithilfe der beiden Graphen.

2 Bestimmung von Nullstellen

Du lernst pro Tag fünf Seiten in deinem Mathebuch zur Vorbereitung auf die Klassenarbeit. 25 Seiten sind insgesamt für die Prüfung zu lernen.
Der Graph beschreibt deine Vorbereitung und zeigt durch den Schnittpunkt mit der x-Achse, dass du nach 5 Tagen fertig bist.
Diesen Schnittpunkt nennt man **Nullstelle**.

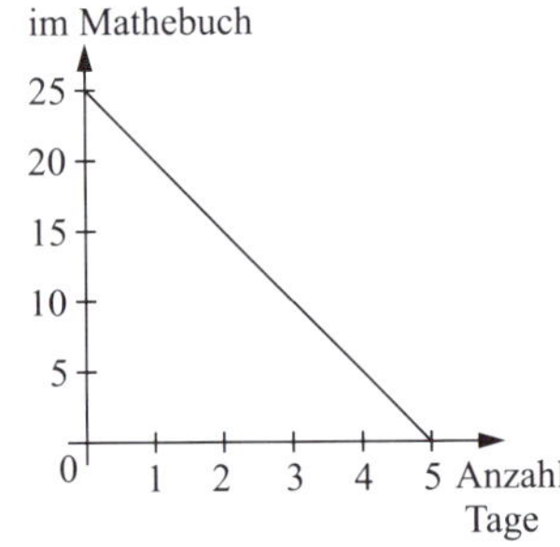

Der Schnittpunkt des Graphen einer linearen Funktion mit der y-Achse $(0|\mathbf{t})$ kann einfach aus der Funktionsgleichung

$$y = mx + \mathbf{t}$$

herausgelesen werden.
Der Aufwand wird beim Schnittpunkt mit der x-Achse größer.

> Die Schnittpunkte eines Funktionsgraphen mit der x-Achse werden **Nullstellen** genannt: $\mathbf{N(x_N|0)}$
> Zur Bestimmung von x_N setzt man y in der Funktionsgleichung 0.
> Diese Gleichung muss anschließend nach x_N aufgelöst werden.

Beispiele

1. Zeichne den Graphen der Funktion g: $x \mapsto y = -\frac{2}{3}x + 4$.
   Ermittle grafisch und rechnerisch die Nullstelle.

   Lösung:
   Grafische Lösung:
   Punkte zur Zeichnung der Geraden:
   $(0|4)$; $(3|2)$
   Aus der Zeichnung kann man die Nullstelle $(6|0)$ ablesen.

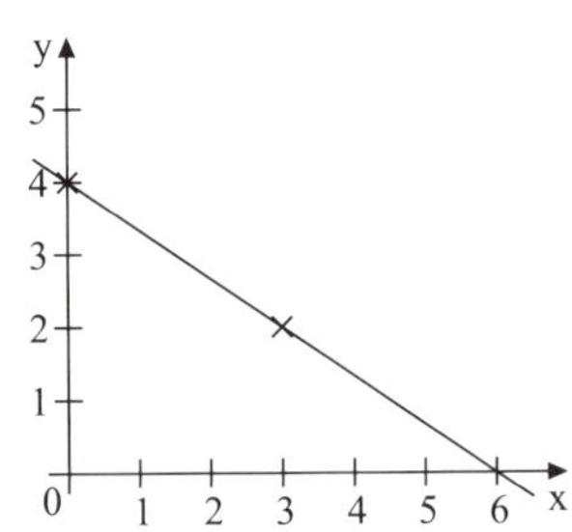

   Rechnerische Lösung:
   Die Nullstelle einer Funktion befindet sich auf der x-Achse, der y-Wert ist daher null.
   Es wird der x-Wert für den Punkt $\mathbf{(x_N|0)}$ gesucht.
   Setze den bekannten y-Wert in die gegebene Funktionsgleichung ein:

$$y = -\frac{2}{3}x + 4$$

$$\mathbf{0} = -\frac{2}{3}\mathbf{x_N} + 4$$

Der x-Wert ist nun so zu ermitteln, dass die Gleichung erfüllt ist.
Löse dafür nach x auf:

$$0 = -\frac{2}{3}\mathbf{x_N} + 4 \qquad |-4$$

$$-4 = -\frac{2}{3}\mathbf{x_N} \qquad |:\left(-\frac{2}{3}\right)$$

Man dividiert durch einen Bruch, indem man mit dem Kehrbruch multipliziert.
$(-):(-)=(+)$

$$4 \cdot \frac{3}{2} = \mathbf{x_N}$$

$$\mathbf{x_N = 6}$$

Die Nullstelle erhält den Namen N und lautet N(6|0).

2. Ein linearer Graph schneidet die y-Achse im Punkt (0|–2). Die Nullstelle der linearen Funktion ist (4|0).
Bestimme die Funktionsgleichung.

Lösung:
(0|**–2**) liefert den y-Achsenabschnitt und damit den Wert für **t** in der allgemeinen Geradengleichung:

$y = mx + \mathbf{t}$

$y = mx \mathbf{- 2}$

Die Nullstelle (**4**|0) hilft bei der Ermittlung der Steigung m. Setzt man **y = 0** und **x = 4** in die Geradengleichung ein, muss diese erfüllt sein.

$\mathbf{y} = m\mathbf{x} - 2$

$\mathbf{0} = m \cdot \mathbf{4} - 2$

Löse nach **m** auf:

$$0 = \mathbf{m} \cdot 4 - 2 \qquad |+2$$

$$2 = \mathbf{m} \cdot 4 \qquad |:4$$

$$\mathbf{\frac{1}{2} = m}$$

Als komplette Geradengleichung erhält man:

$$y = \frac{1}{2}x - 2$$

y und x müssen in der fertigen Geradengleichung vorkommen.

Aufgaben

38. Bestimme rechnerisch die Nullstellen folgender Funktionen:

a) $y=-\frac{1}{2}x-\frac{1}{2}$

b) $y=2\frac{1}{2}x+3$

c) $y+x=\frac{1}{2}$

d) $y=-\frac{2}{3}x$

e) $y=-13x+169$

f) $y=(x-3)\cdot(x+4)$

g) $\left(\frac{1}{3}x-2\right)\cdot 5=y$

h) $\frac{y}{x}=\frac{2}{x}+1;\ x\neq 0$

i) $(x-1)\cdot(x+1)\cdot(x-4)=y$

j) $(x-3)\cdot\frac{1}{2}+2y+3=1$

39. Bestimme die Funktionsgleichungen linearer Funktionen, auf deren Graphen die angegebenen Punkte liegen.

a) $(2|0);\ (0|4)$

b) $\left(\frac{1}{2}\middle|0\right);\ \left(0\middle|-\frac{1}{3}\right)$

c) $(1|0);\ (0|1)$

d) $(5|0);\ \left(0\middle|-\frac{1}{2}\right)$

e) $\left(1\frac{1}{2}\middle|0\right);\ (0|-2)$

f) $(3|0);\ (0|-3)$

g) $(2{,}5|0);\ \left(0\middle|\frac{1}{3}\right)$

h) $(27|0);\ (0|-9)$

40. Der Aktienkurs der Firma Galois hat heute den Wert 51,40 €. Täglich verliert die Aktie im Mittel 1,25 € an Wert.

a) Beschreibe den Wertverlauf der Aktie anhand einer Funktionsgleichung. (x-Wert: Tage gerechnet ab heute; y-Wert: Wert der Aktie am x-ten Tag)

b) Nach wie vielen Tagen ist die Aktie nichts mehr wert?

c) Überprüfe deine Rechnung mithilfe des Graphen der Aktienwertfunktion.

41. In die Bajuwaren-Halle passen 8 750 Menschen. Pro Sekunde können fünf Zuschauer die Halle verlassen. Um 20.30 Uhr endet die Veranstaltung und die ausverkaufte Halle beginnt, sich zu leeren.
Bestimme rechnerisch und grafisch die Uhrzeit, zu der der letzte Zuschauer die Halle verlässt.

42. Die Spielzeugfirma Spielkisterl bringt die neue Spielzeugpuppe „Botscherl" heraus. Die Entwicklungskosten betrugen 8 500 €. Der Gewinn pro verkaufter Puppe ist 12 €.

a) Beschreibe den Gesamtgewinn in Abhängigkeit von der verkauften Stückzahl.

b) Ermittle rechnerisch und grafisch die Stückzahl, ab der das Spielzeug rentabel wird.

c) Wie viele „Botscherl" müssen verkauft werden, falls die Firma 10 000 € Gewinn machen will?

3 Zwei Geraden schneiden sich

Zwei Autos fahren auf der Landstraße. Das eine Auto will das andere überholen. Der Vorgang des Überholens kann mithilfe von Graphen beschrieben werden.

Auto 1 startet zum Zeitpunkt 0 am Ort 0, Auto 2 zum Zeitpunkt t_1 am Ort 0.

Die Steigungen entsprechen den Geschwindigkeiten. Der Moment und der Ort des Überholens kann aus dem t- bzw. x-Wert des Schnittpunktes abgelesen werden.

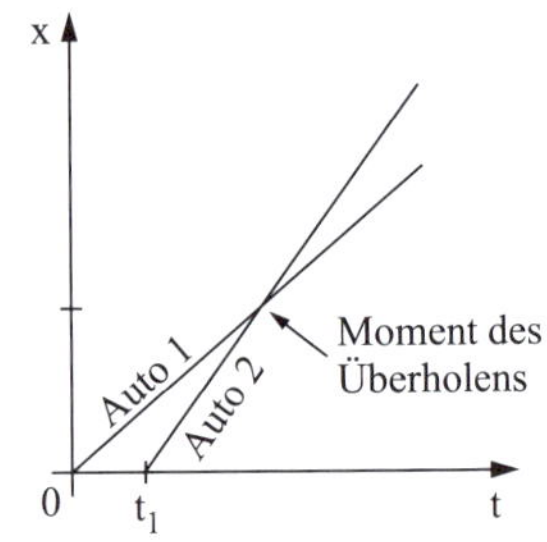

Zwei verschiedene Geraden können sich entweder in einem oder keinem Punkt schneiden.
Nur wenn sie echt parallel verlaufen, d. h., wenn sie die gleiche Steigung m besitzen, haben sie keinen gemeinsamen Schnittpunkt.

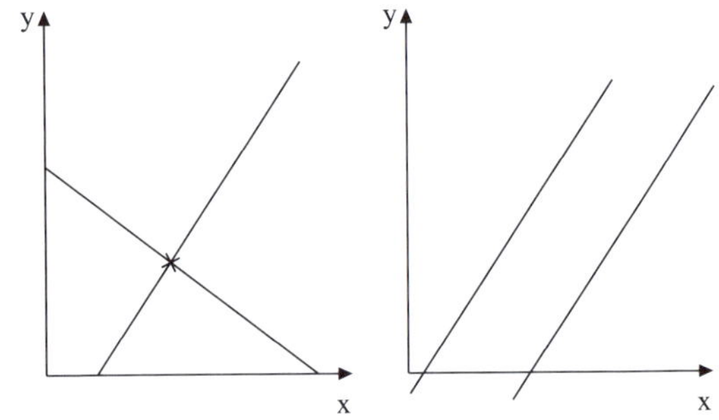

Bestimmung des **Schnittpunktes $(x_S | y_S)$** von zwei Geraden:

1. Setze die rechten Seiten der Funktionsgleichungen gleich.
2. Löse die so entstandene Gleichung nach x_S auf.
3. Setze x_S in eine der beiden Funktionsgleichungen ein, um y_S zu erhalten.

Beispiele

1. Bestimme grafisch und rechnerisch den Schnittpunkt der Geraden

   g_1: $x \mapsto y = -\frac{3}{4}x + 3$ und

   g_2: $x \mapsto y = 1{,}5x - 1{,}5$.

   Lösung:
   Grafische Lösung:
   Zeichne die Geraden in das Koordinatensystem ein.
   Aus der Zeichnung kannst du den Schnittpunkt $(2 | 1{,}5)$ ablesen.

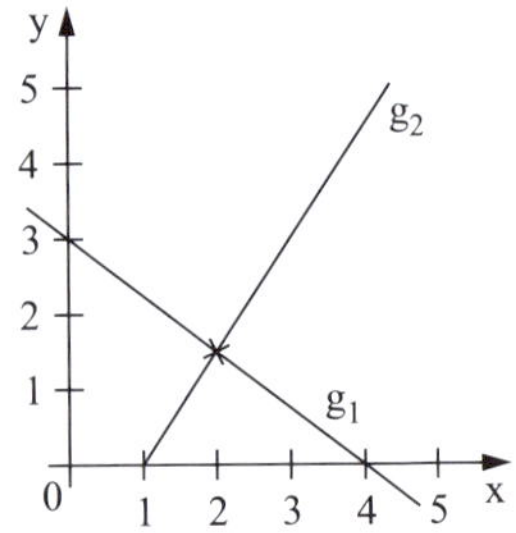

Rechnerische Lösung:

$\mathbf{y_S} = -\frac{3}{4}x_S + 3$

$\mathbf{y_S} = 1{,}5x_S - 1{,}5$

$-\frac{3}{4}x_S + 3 = 1{,}5x_S - 1{,}5$

Für den Schnittpunkt $(x_S \mid y_S)$ müssen beide Funktionsgleichungen erfüllt sein.

Die linken Seiten der Gleichungen sind identisch, also müssen die rechten Seiten auch gleich sein.

Löse nach $\mathbf{x_S}$ auf:

$$-\frac{3}{4}x_S + 3 = 1{,}5x_S - 1{,}5 \quad \Big| +1{,}5$$

$$-\frac{3}{4}x_S + 4{,}5 = 1{,}5x_S \quad \Big| +\frac{3}{4}x_S$$

$$4{,}5 = 2{,}25x_S \quad \Big| : 2{,}25$$

$$2 = x_S$$

Die x-Koordinate des Schnittpunktes hat den Wert 2. Für den y-Wert genügt es, in eine der beiden Gleichungen $x = 2$ einzusetzen.

$x_S = 2$ in g_1	$x_S = 2$ in g_2
$y_S = -\frac{3}{4} \cdot \mathbf{2} + 3$	$y_S = 1{,}5 \cdot \mathbf{2} - 1{,}5$
$y_S = 1{,}5$	$y_S = 1{,}5$

Die Ergebnisse für y_S sind wie erwartet gleich. Der Schnittpunkt ist $S(2 \mid 1{,}5)$.

2. Bestimme den Schnittpunkt für die Geraden $y = 2x + 4$ und $y = 2x - 1$.

Lösung:

Der Ansatz für den gemeinsamen Schnittpunkt führt zu:

$$2x + 4 = 2x - 1 \quad \Big| -2x$$

$$4 = -1 \quad ↯$$

Diese Gleichung ist nicht zu erfüllen. Die beiden Geraden haben also keinen gemeinsamen Schnittpunkt.

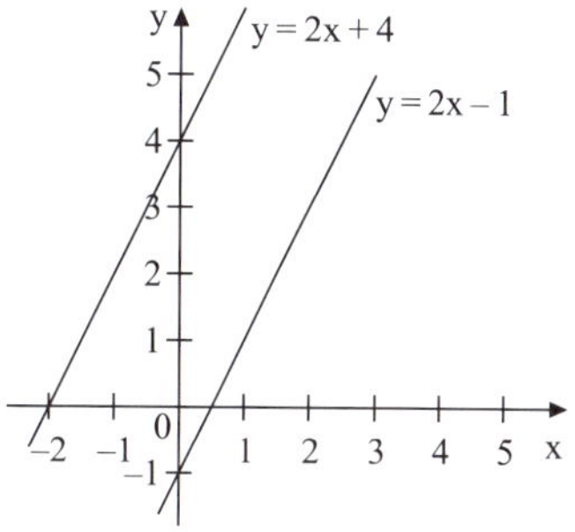

Aufgaben

43. Ermittle, falls möglich, den Schnittpunkt der beiden Geraden.

a) $y = 3x - 2$
$y = 2x - 3$

b) $y = x - 1$
$y = 2x - 1$

c) $y = -x$
$y = 3x - 2\frac{1}{2}$

d) $y = 3x - 2$
$y = -\frac{1}{3}x - 2$

e) $y = 3x - \frac{1}{3}$
$y = 3x + \frac{1}{3}$

f) $y = -\frac{1}{3}x + \frac{1}{3}$
$y = -\frac{1}{2}x + \frac{1}{2}$

g) $y = \frac{1}{2}x + \frac{1}{2}$
$y = -\frac{1}{2}x - \frac{1}{2}$

h) $y = x - 1 + 2y$
$y = -x + 1$

44. Laura hat einen Flyer von einem Fitnessstudio erhalten und vergleicht die beiden Angebote.

a) Formuliere die Funktionsgleichungen für beide Angebote, d. h. den zu zahlenden Betrag in Abhängigkeit der Besuche des Aerobic-Kurses.

b) Berechne, ab wie vielen Besuchen des Aerobic-Kurses das Angebot „Gold“ vorzuziehen ist.

c) Überprüfe deine Rechnung anhand der beiden Graphen der Angebotsfunktionen.

45. Gegeben sind zwei Geraden mit den Funktionsgleichungen $y = -0{,}75x + 4{,}5$ und $y = 0{,}75x + 1{,}5$.

a) Bestimme zeichnerisch und rechnerisch den Schnittpunkt beider Geraden.

b) Die beiden Geraden und die x-Achse schließen ein Dreieck ein. Bestimme den Flächeninhalt des Dreiecks.

46. Zwei Autos fahren zu verschiedenen Zeitpunkten vom gleichen Ort los. Das zuerst losgefahrene Auto ist langsamer und wird zu einem Zeitpunkt überholt. Die Bewegung der beiden Fahrzeuge kann bei konstanter Geschwindigkeit durch die Funktionsgleichungen

$x(t) = 2{,}5 \cdot t$ (Auto 1)

$x(t) = 4{,}5 \cdot t - 2$ (Auto 2)

beschrieben werden.

a) Bestimme rechnerisch und zeichnerisch den Überholort und den Überholzeitpunkt.

b) Zu welchem Zeitpunkt muss Auto 2 losfahren, falls der Überholzeitpunkt bei $t = 4$ ist?
Bestimme die zugehörige Geradengleichung für Auto 2 und zeichne den Graphen in das Koordinatensystem von Teilaufgabe a ein.

47. Die Gerade g geht durch den Punkt $(0|4)$, eine zweite Gerade h durch den Punkt $(-1|1)$. Beide Graphen schneiden sich im Punkt $(1|3)$.

a) Bestimme die beiden Funktionsgleichungen für die Geraden g und h.

b) Überprüfe deine Rechnung zeichnerisch.

48. Spiegle die Gerade mit der Funktionsgleichung $y = -\frac{1}{2}x + 2$ an der Winkelhalbierenden des I. und III. Quadranten.

a) Bestimme die Funktionsgleichung der gespiegelten Geraden.

b) Berechne den Schnittpunkt der beiden Geraden.

4 Intervalle

Sucht man alle Kreise mit einem Flächeninhalt größer oder gleich π, muss man den Radius größer oder gleich 1 wählen.
$r \geq 1$ beschreibt eine Menge von Werten für r, die mit einem Intervall dargestellt werden kann.

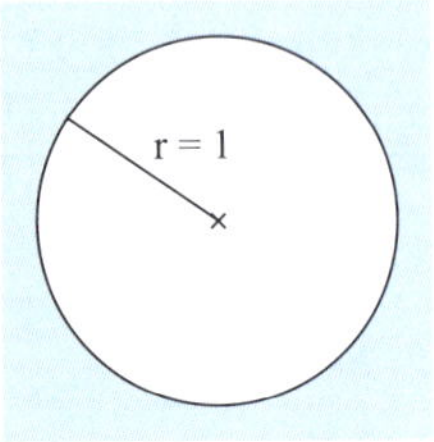

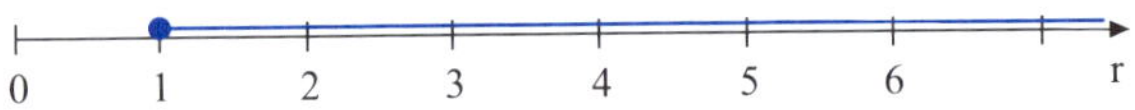

Eine zusammenhängende Punktmenge auf einem Zahlenstrahl nennt man Intervall. Bei der Schreibweise werden eckige Klammern benutzt. Soll der Anfangs- oder der Endwert des Intervalls nicht enthalten sein, so schreibt man die eckige Klammer in die verkehrte Richtung. Innerhalb des Intervalls kann man dann beliebig nahe an diesen Wert herankommen, ihn aber nie erreichen.

geschlossenes Intervall:

[a; b] $\{x \mid a \leq x \leq b\}$
$a, b \in [a; b]$

halboffenes Intervall:

]a; b] $\{x \mid a < x \leq b\}$
$a \notin]a; b]; b \in]a; b]$

halboffenes Intervall:

[a; b[$\{x \mid a \leq x < b\}$
$a \in [a; b[; b \notin [a; b[$

offenes Intervall

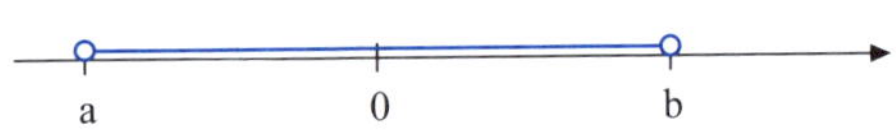

]a; b[$\{x \mid a < x < b\}$
$a, b \notin]a; b[$

Die Intervallklammern bei ∞ und $-\infty$ sind immer offen. Beispielsweise:
$\{x \mid x \leq 6\} =]-\infty; 6]$

Beispiele

1. Markiere das Intervall [–2; 5] auf dem Zahlenstrahl und gib die Mengenschreibweise an.

   Lösung:

   Mengenschreibweise: $\{x \mid -2 \leq x \leq 5\}$

2. Gib zum markierten Intervall die Mengen- und Intervallschreibweise an.

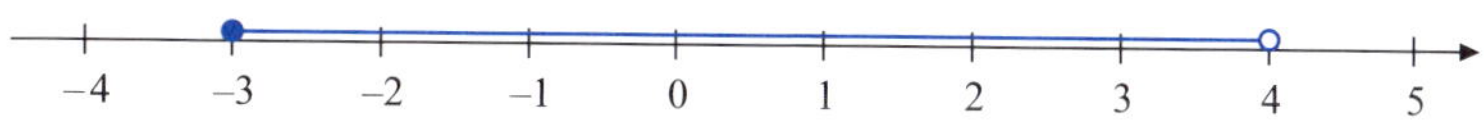

   Lösung:
   Intervall: [–3; 4[
   Mengenschreibweise: $\{x \mid -3 \leq x < 4\}$

3. Intervalle können auch vereinigt werden.

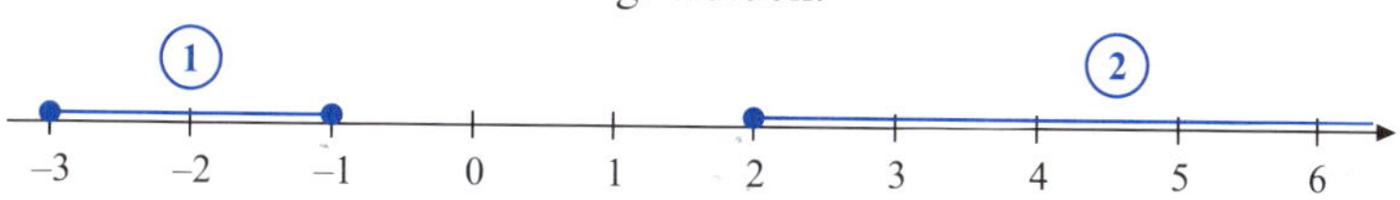

   Gib die Intervallschreibweise zum markierten Bereich an.

   Lösung:
   Die beiden Einzelintervalle werden in der Intervallschreibweise mit dem ∪-Zeichen („vereinigt mit") für Mengen verbunden.

   (1) [–3; –1]
   (2) [2; ∞[
   $\Rightarrow$ [–3; –1] ∪ [2; ∞[

   In der Mengenschreibweise werden die beiden Teilintervalle mit „∨"-Zeichen („oder") verbunden.

   $$\left.\begin{array}{r} -3 \leq x \leq -1 \\ 2 \leq x < \infty \end{array}\right\} \Rightarrow \{x \mid -3 \leq x \leq -1 \;\vee\; 2 \leq x < \infty\}$$

Aufgaben

49. Markiere auf dem Zahlenstrahl die folgenden Intervalle und gib jeweils die Mengenschreibweise an.

a)]–3; –1[
b)]–2; 5]
c)]1; 8[
d)]2; ∞[
e) [1; 4]
f) [–2; ∞[
g)]–∞; –4]
h) [–3; 2]

50. Gib zu den markierten Bereichen die Mengen- und Intervallschreibweise an.

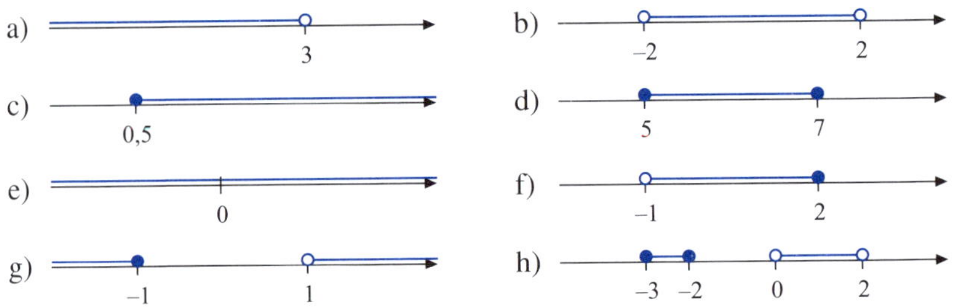

51. Gib zu den Mengen in Mengenschreibweise die Intervallschreibweise an und markiere die Bereiche auf einem Zahlenstrahl.

a) $\{x \mid -1{,}5 \leq x < 1{,}5\}$

b) $\{x \mid 2 < x < 4\}$

c) $\{x \mid -1 \leq x \leq 4\}$

d) $\{x \mid -2 < x \leq -0{,}5\}$

e) $\{x \mid -1 \leq x < 2 \;\vee\; 2{,}5 < x < \infty\}$

f) $\{x \mid -3 < x < -2 \;\vee\; 1 \leq x \leq 2 \;\vee\; 2{,}5 < x < \infty\}$

g) $\{x \mid -5 \leq x \leq -2 \;\vee\; 0 < x \leq 2\}$

h) $\{x \mid -3{,}5 < x \leq -2 \;\vee\; -2 < x < 2\}$

5 Lineare Ungleichungen

Ein Dreieck mit den Seitenlängen a = 1,5 cm, b = 7 cm und c = 5 cm kann nicht konstruiert werden.
Die Konstruierbarkeit der Figur wird durch die Dreiecksungleichung b < a + c beschrieben. Wird diese Bedingung nicht erfüllt, besitzen die zwei eingezeichneten Kreise keinen gemeinsamen Schnittpunkt.

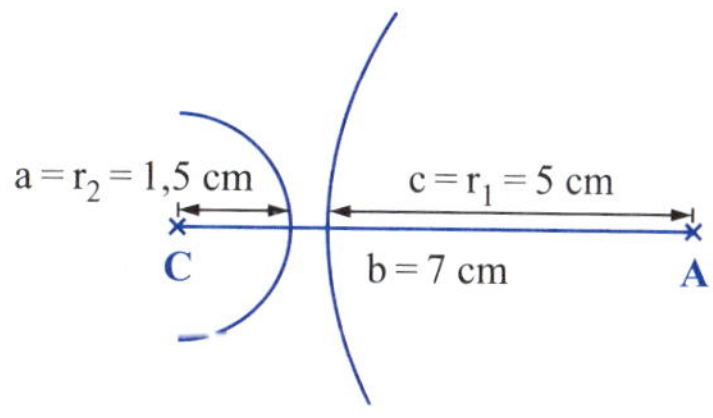

hier: b > a + c

Lineare Ungleichungen können ähnlich wie die linearen Gleichungen behandelt werden. Durch Äquivalenzumformungen werden die Ungleichungen soweit verändert, bis die Lösungsmenge einfach herauszulesen ist.

> Alle Äquivalenzumformungen von Gleichungen können auch bei Ungleichungen verwendet werden.
> **Ausnahme:** Bei der Multiplikation oder Division mit einer negativen Zahl muss zusätzlich das Ungleichheitszeichen umgedreht werden.

Beispiele

1. Löse folgende Ungleichung grafisch:

$$\frac{1}{2}x - 1 \leq 2$$

Lösung:

Grafische Lösung:

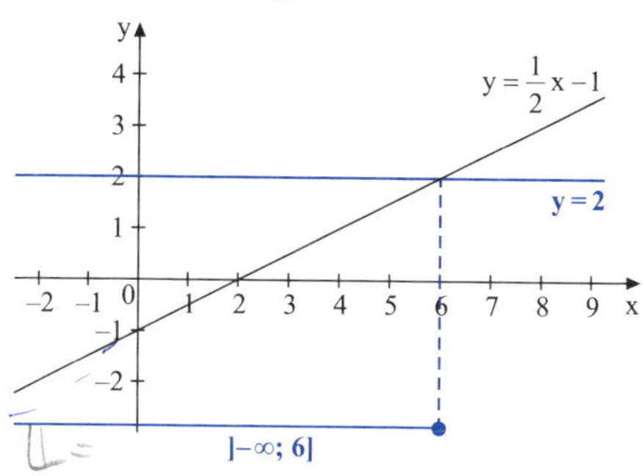

Zeichne die Gerade $y = \frac{1}{2}x - 1$ und die Gerade y = 2.
Betrachte, in welchem Intervall die Gerade $y = \frac{1}{2}x - 1$ unterhalb von y = 2 liegt.

Unterhalb der (y = 2)-Markierung sind die y-Werte kleiner als 2. Die Ungleichung ist demnach im Bereich $x \leq 6$ erfüllt.

$$\mathbb{L} =]-\infty; 6] = \{x \mid x \leq 6\}$$

Intervallschreibweise **Mengenschreibweise**

2. Löse die Ungleichung $\frac{1}{2}x - 1 \leq 2$ rechnerisch.

   Lösung:

$$\begin{aligned} \frac{1}{2}x - 1 &\leq 2 && \mid +1 \\ \frac{1}{2}x &\leq 3 && \mid : \frac{1}{2} \\ x &\leq 6 \end{aligned}$$

$\mathbb{L} =]-\infty; 6] = \{x \mid x \leq 6\}$

Auch bei Ungleichungen wird immer die Lösungsmenge angegeben.

Zur Probe kann eine beliebige Zahl aus der Lösungsmenge in die Ungleichung eingesetzt werden. Dabei wird eine wahre Aussage erwartet.

$\mathbf{2} \in]-\infty; 6]$

$$\begin{aligned} \frac{1}{2} \cdot \mathbf{2} - 1 &\leq 2 \\ 1 - 1 &\leq 2 \\ 0 &\leq 2 \quad \textbf{wahre Aussage!} \end{aligned}$$

3. Löse die Ungleichung $-3x + 4 \leq 2$.

   Lösung:

$$\begin{aligned} -3x + 4 &\leq 2 && \mid -4 \\ -3x &\leq -2 && \mid : (-3) \\ x &\geq \frac{2}{3} \end{aligned}$$

Das Ungleichheitszeichen wird gedreht!

$\mathbb{L} = \left[\frac{2}{3}; \infty\right[= \left\{x \mid x \geq \frac{2}{3}\right\}$

Probe: $\mathbf{6} \in \left[\frac{2}{3}; \infty\right[$

$$\begin{aligned} -3 \cdot \mathbf{6} + 4 &\leq 2 \\ -18 + 4 &\leq 2 \\ -14 &\leq 2 \quad \textbf{wahre Aussage!} \end{aligned}$$

Aufgaben

52. Bestimme rechnerisch die Lösungen folgender Ungleichungen. Gib das Ergebnis in Intervallschreibweise an.

a) $2x \leq 4$

b) $\frac{1}{3}x > 2$

c) $\frac{1}{2}x - 2 < 0$

d) $x + 2 > 0$

e) $-3x > -6$

f) $-\frac{1}{2}x \leq 2$

g) $-\frac{1}{3}x - 2 > 0$

h) $-x - 1 \geq 0$

53. Vereinfache folgende Ungleichungen mithilfe von Äquivalenzumformungen. Gib die Lösungsmenge in Intervall- und Mengenschreibweise an.

a) $3x + 2 \leq 4$

b) $x - 2 > -5$

c) $-\frac{1}{2}x + 1 < -3$

d) $-1\frac{1}{3} - 3x \geq -\frac{1}{2}$

e) $4x + 1 < 3x - 1$

f) $\frac{1}{2}x + 2 \leq 2x - \frac{1}{2}$

g) $x\left(-1 + \frac{1}{x}\right) > 2$

h) $2(x - 3) \leq 3 \cdot \left(-\frac{2}{3} + \frac{2}{3}x\right)$

54. Bestimme die Lösungsmengen der folgenden Ungleichungen rechnerisch und grafisch.

a) $\frac{3}{4}x - 1 \leq 4$

b) $2x - 1 > x - 1$

c) $x + 2 \leq x - 2$

d) $4x - 2 \leq x$

e) $\frac{2}{3}x - \frac{1}{3} \geq 0$

f) $-\frac{4}{5}x - 1 < \frac{4}{5}x + 1$

g) $-\frac{1}{3}x + \frac{1}{2} \geq -\frac{1}{3}x - \frac{1}{4}$

h) $\frac{4}{3}x - \frac{1}{2} \leq \frac{4}{3}x - 2$

55. Aus einem Aquarium mit 1 000 ℓ Volumeninhalt wurden für einen Wasserwechsel 600 ℓ Wasser entfernt. Eine Zuleitung liefert 0,5 ℓ pro Sekunde.

a) Formuliere eine Ungleichung, mit der die maximale Fülldauer berechnet werden kann, und berechne die maximale Fülldauer.

b) Berechne die Zuleitungsmenge in $\frac{\ell}{s}$, falls die Fülldauer höchstens 15 Minuten betragen soll.

56. Ein gleichschenkliges Dreieck hat die Schenkellänge a.
Bestimme mithilfe der Dreiecksungleichung ein Intervall für die mögliche Seitenlänge der dritten Seite.

57. Auf einer Waage liegt auf der rechten Seite ein Stück mit der Masse 500 g, auf der linken Seite ein Körper mit der Masse 900 g. Auf der rechten Seite werden Gewichte mit der Masse 40 g und auf der linken Seite Gewichte mit der Masse 20 g wiederholt aufgelegt.

a) Beschreibe jeweils die Gesamtmassen auf den Seiten durch zwei Gleichungen in Abhängigkeit von der Anzahl der Gewichte.

b) Berechne die Intervalle, in denen die Waage nach links bzw. nach rechts hängt.

Lineare Gleichungssysteme

1 Eine Gleichung mit zwei Unbekannten

Bei dem Würfelspiel MacBlack würfelt man mit einem Würfel zweimal. Der erste Wurf hat den Wert x, der zweite Wurf den Wert y.
Man gewinnt, falls die gewürfelten Werte die Gleichung $2x-4y=4$ erfüllen. Die möglichen Zahlenpaare kann man rechnerisch und grafisch ermitteln.

Löst man diese Gleichung nach y auf, so erkennt man:

> Alle Lösungen einer Gleichung mit zwei Variablen bilden grafisch eine Gerade. Jeder Punkt $(x\,|\,y)$ auf der Geraden erfüllt die Geradengleichung und damit auch die ursprüngliche Gleichung. Es gibt daher unendlich viele Lösungen.

Beispiel

Löse die Gleichung $2x-4y=4$.

Lösung:

Rechnerische Lösung:

Isoliere y durch Äquivalenzumformungen

$$\begin{aligned} 2x-4y&=4 && \mid +4y \\ 2x&=4+4y && \mid -4 \\ 2x-4&=4y && \mid :4 \\ (2x-4):4&=y \\ \frac{1}{2}x-1&=y \end{aligned}$$

$y=\frac{1}{2}x-1$ beschreibt eine Gerade mit der Steigung $\frac{1}{2}$ und dem y-Abschnitt $t=-1$.

Die Lösungsmenge in Mengenschreibweise lautet

$$\mathbb{L}=\left\{(x\,|\,y)\,|\,x\in\mathbb{Q}\ \wedge\ y=\frac{1}{2}x-1\right\}.$$

$x\in\mathbb{Q}$ und $y\in\mathbb{Q}$ ↑ **und zugleich**

Grafische Lösung:
Die Lösungen einer linearen Gleichung mit zwei Unbekannten ergeben eine Gerade. Errate geschickt zwei Punkte und zeichne durch diese beiden Punkte die Lösungsgerade.

$x = 0$: $2x - 4y = 4$

$2 \cdot 0 - 4y = 4$

$-4y = 4 \quad |:(-4)$

$y = -1 \qquad P_1(0|-1)$

$y = 0$: $2x - 4y = 4$

$2x - 4 \cdot 0 = 4$

$2x = 4 \quad |:2$

$x = 2 \qquad P_2(2|0)$

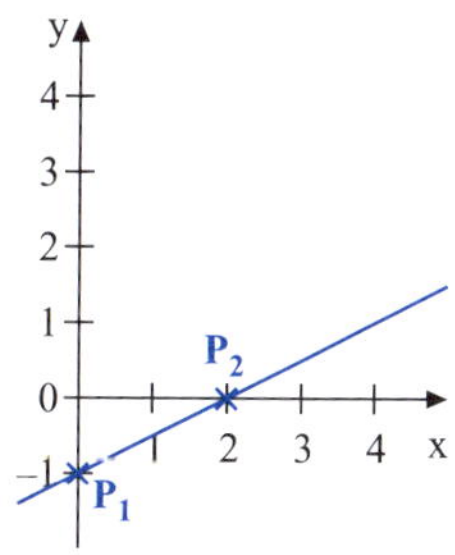

Aufgaben

58. Löse die folgenden Gleichungen rechnerisch und grafisch. Zeichne dazu den Graphen der Lösungsmenge und gib diese auch in Mengenschreibweise an.

a) $y + x = 1$

b) $4y = 2x - 3$

c) $x - y = 4$

d) $4x - \frac{1}{2}y + 2 = 0$

e) $3\left(x + \frac{1}{2}y\right) - 2 = 0$

f) $2x = 3y - 2$

59. Gesucht werden jeweils zwei Zahlen.
Bestimme zuerst eine lineare Gleichung und löse diese dann sowohl rechnerisch als auch grafisch.

a) Addiert man zum Dreifachen einer Zahl x das Zweifache einer anderen Zahl y, so erhält man 18.

b) Das Dreifache einer Zahl x wird von 4 subtrahiert.
Die Differenz wird durch eine andere Zahl y dividiert.
Der Wert dieses Quotienten ist 2.

2 Grafische Lösung linearer Gleichungssysteme

Die Summe zweier Zahlen ist 12, ihre Differenz ist 7. Dieses kleine Zahlenrätsel kann in die folgenden beiden Gleichungen übersetzt werden:

$x + y = 12$ (I)

und $x - y = 7$ (II)

Ein lineares Gleichungssystem sind zwei (oder mehr) lineare Gleichungen mit zwei (oder mehr) gemeinsamen Variablen. Ein Zahlenpaar ist Lösung des Gleichungssystems, falls die Zahlen **alle** Gleichungen des Gleichungssystems erfüllen. Jede lineare Gleichung eines Gleichungssystems hat als grafische Lösung eine Gerade. Eine gemeinsame Lösung zweier Gleichungen entspricht deshalb einem gemeinsamen Punkt, d. h. dem **Schnittpunkt der beiden Geraden**.
Man kann deshalb lineare Gleichungssysteme mit zwei linearen Gleichungen und zwei Unbekannten in drei Gruppen unterteilen:

Das Gleichungssystem hat
- **genau eine** Lösung: Die Geraden schneiden sich in einem gemeinsamen Punkt.
- **keine** Lösung: Die Geraden sind parallel zueinander. Echt parallele Geraden zeichnen sich durch eine gemeinsame Steigung und einen unterschiedlichen y-Abschnitt aus.
- **unendlich viele** Lösungen: Die Geraden sind identisch und haben damit unendlich viele Schnittpunkte.

Allgemein gilt als Mindestanforderung für eindeutig lösbare Gleichungssysteme: Pro Unbekannte eine Gleichung.

Beispiel

Ermittle grafisch die Lösung der folgenden Gleichungssysteme:

a) $y = -3x + 5$ (I)
$y = x + 1$ (II)

b) $y = -2x + 4$ (I)
$y = -2x + 2$ (II)

c) $y = x - 2$ (I)
$2 = x - y$ (II)

Lösung:

a)

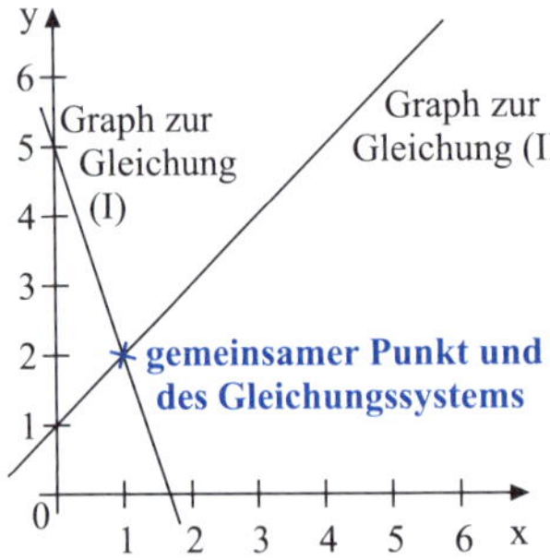

Zeichne die beiden Geraden ein und lies die Koordinaten des Schnittpunktes ab.

Grafisch ist die Lösung der Schnittpunkt beider Geraden **S(1 | 2)**.

Probe:

(I) $y = -3 \cdot x + 5$ $2 = -3 \cdot 1 + 5$ ✓

(II) $y = x + 1$ $2 = 1 + 1$ ✓

Das Einsetzen von x = 1 und y = 2 muss bei richtiger Lösung wahre Aussagen liefern.

b) Die Geraden zu den einzelnen Gleichungen sind parallel zueinander, d. h., es existiert kein Schnittpunkt und damit auch keine Lösung für das gesamte Gleichungssystem.

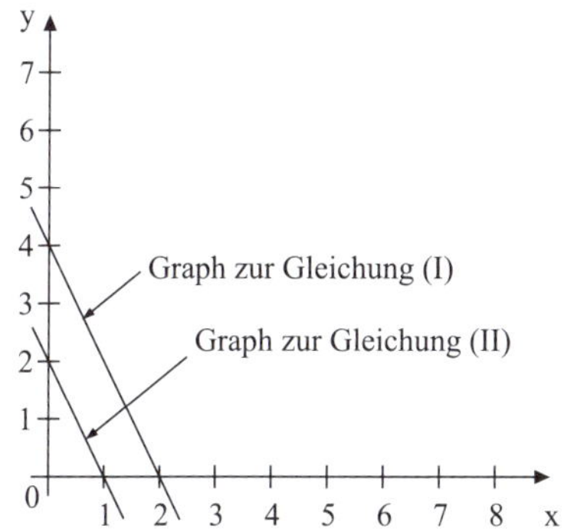

c) $y = x - 2$ (I)

$2 = x - y$ (II)

Die zweite Gleichung wird nach y aufgelöst:

$y = x - 2$

Sie ist damit identisch mit der ersten Gleichung. Die beiden Geraden der Lösung liegen übereinander und haben damit unendlich viele Schnittpunkte.

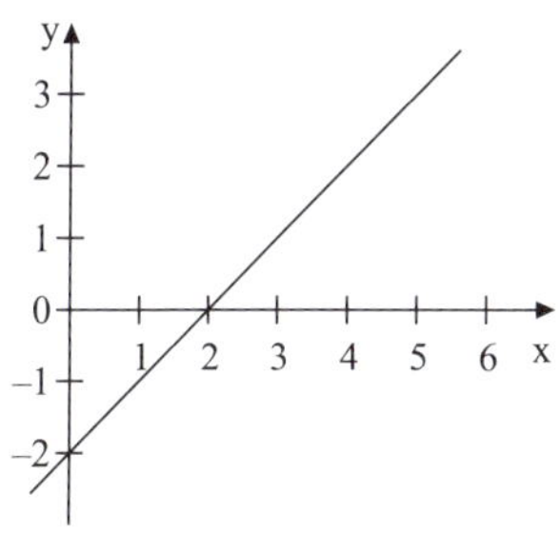

Aufgaben

60. Löse folgende Gleichungssysteme grafisch und überprüfe dein Ergebnis rechnerisch durch Einsetzen deiner Lösung in das Gleichungssystem.

a) $2x - 4 = y$
$3x - 2 = y$

b) $x - 2 = y$
$-\frac{5}{8}x + 4{,}5 = y$

c) $4 + y = \frac{1}{2}x$
$2y = x + 6$

d) $x - y = 2$
$x + y = 5$

e) $x - y = 1$
$x + y = 1$

f) $3x + 2y = -1$
$2x + 3y = 1$

g) $\frac{1}{2}y = \frac{1}{6}x + 1$
$3y + 6 = x$

h) $\frac{1}{3}y = \frac{1}{6}x - 1$
$2y - x + 6 = 0$

61. Ermittle anhand der Graphen die zugehörigen linearen Gleichungssysteme.

a)

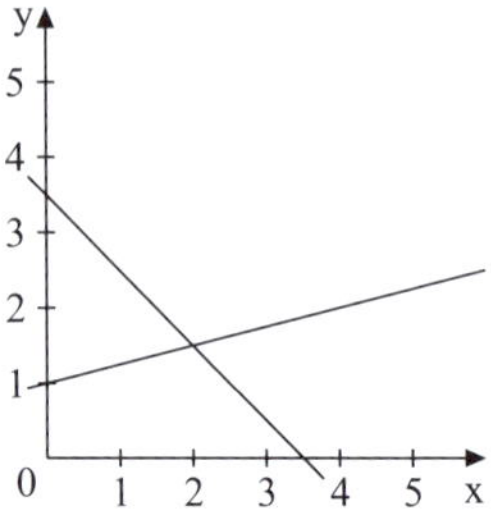

b)

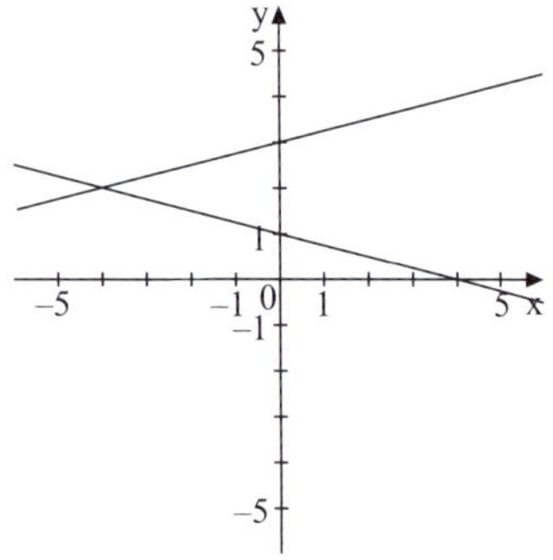

c)

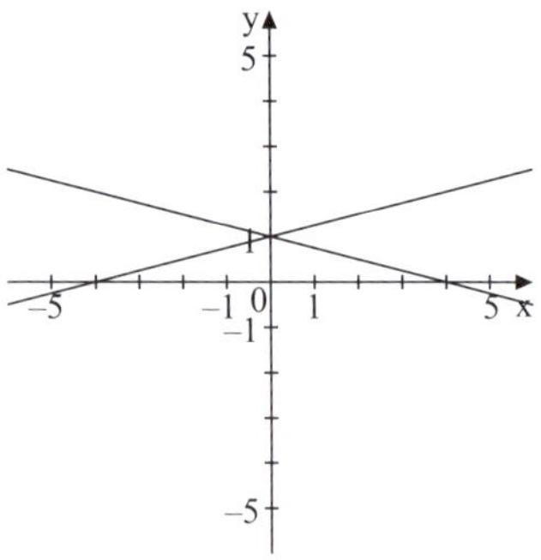

d)

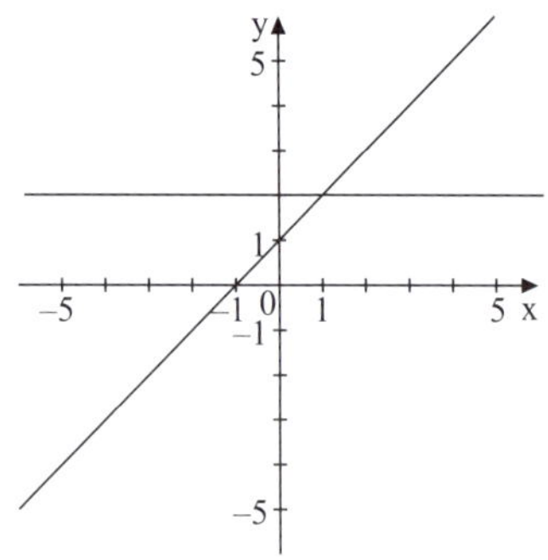

e)

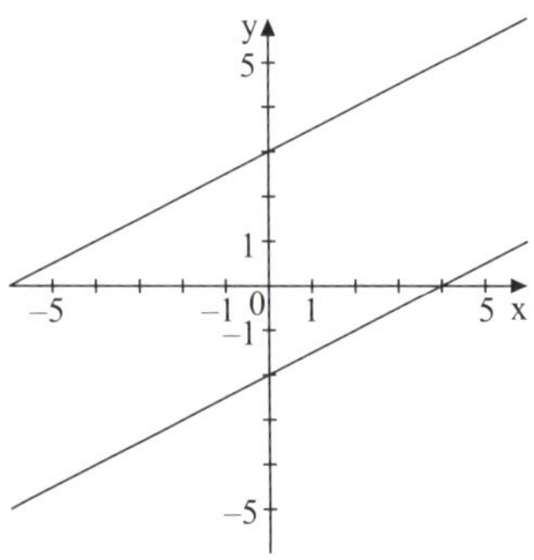

f)

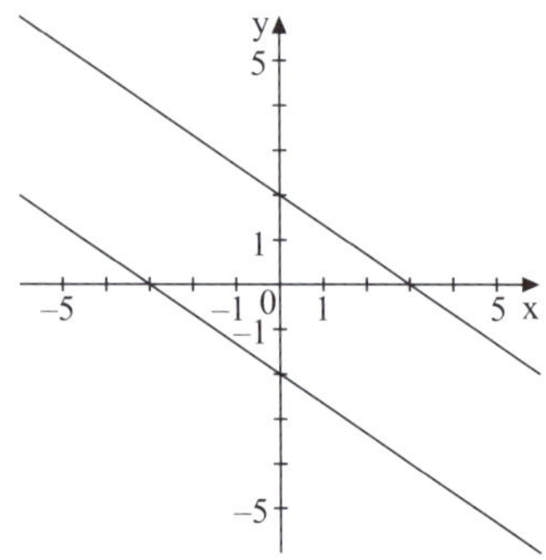

3 Rechnerische Lösung linearer Gleichungssysteme

Die grafische Lösung von linearen Gleichungssystemen stößt schnell an Grenzen:

$y = 5x + 7 \quad \text{(I)}$

$y = 2x + 5 \quad \text{(II)}$

hat die Lösungen $x = -\frac{2}{3} = -0,\overline{6}$ und $y = 3\frac{2}{3} = 3,\overline{6}$.

Diese Werte sind unmöglich aus einer Grafik genau herauszulesen.
Rechnerisch gibt es verschiedene Möglichkeiten, ein lineares Gleichungssystem zu lösen. Zwei davon werden im Folgenden vorgestellt.

3.1 Das Einsetzungsverfahren

Beim Einsetzungsverfahren wird eine der beiden Gleichungen nach einer der beiden Variablen aufgelöst. Diese wird anschließend in die andere Gleichung eingesetzt, wodurch eine Gleichung mit nur einer Unbekannten entsteht.

Lösungsstrategie mit dem Einsetzungsverfahren:
1. Löse eine Gleichung nach einer Variablen auf.
2. Setze diese Variable in die andere Gleichung ein.
3. Löse diese Gleichung nach der nun einzigen Variablen auf.
4. Setze den ermittelten Zahlenwert in eine beliebige Gleichung ein und berechne die zweite Variable.

Beispiel

Löse das folgende Gleichungssystem mithilfe des Einsetzungsverfahrens:

$2x - y = 4 \quad \text{(I)}$

$3x + 2y = 1 \quad \text{(II)}$

Lösung:

$$\begin{aligned} 2x - y &= 4 \quad \text{(I)} && |+y \\ 2x &= 4 + y && |-4 \\ 2x - 4 &= y \quad \text{(I')} \end{aligned}$$

Eine der beiden Gleichungen wird nach einer der beiden Variablen aufgelöst.

Die Lösungen bleiben wegen der Äquivalenzumformungen erhalten.
Das y aus (I') wird in die Gleichung (II) eingesetzt:

$$\mathbf{y = 2x - 4} \text{ in } \quad \begin{aligned} 3x + 2\mathbf{y} &= 1 \\ 3x + 2 \cdot (\mathbf{2x - 4}) &= 1 \\ 3x + 4x - 8 &= 1 && |+8 \\ 7x &= 9 && |:7 \\ x &= \frac{9}{7} \end{aligned}$$

In die Gleichung $y = 2\mathbf{x} - 4$ wird der Wert $\mathbf{x = \frac{9}{7}}$ eingesetzt. Dieses Einsetzen führt sofort zum y-Wert:

$$y = 2 \cdot \frac{\mathbf{9}}{\mathbf{7}} - 4$$

$$y = \frac{18}{7} - 4$$

$$y = -1\frac{3}{7}$$

Die Lösungsmenge ist:

$$\mathbb{L} = \left\{\left(\frac{9}{7} \,\middle|\, -1\frac{3}{7}\right)\right\}$$

Das Ergebnis wird in der Klammer wie ein Punkt (x | y) im Koordinatensystem angegeben.

Um sicher zu gehen, kann man eine Probe machen, indem die Werte (x | y) der Lösung in die ursprünglichen Gleichungen eingesetzt werden.

$x = \frac{9}{7}$ und $y = -1\frac{3}{7}$ in Gleichung (I):

$$2 \cdot \frac{9}{7} - \left(-1\frac{3}{7}\right) = \frac{18}{7} + 1\frac{3}{7} = 2\frac{4}{7} + 1\frac{3}{7} = 4$$

Es entsteht eine wahre Aussage.

$x = \frac{9}{7}$ und $y = -1\frac{3}{7}$ in Gleichung (II):

$$3 \cdot \frac{9}{7} + 2 \cdot \left(-1\frac{3}{7}\right) = \frac{27}{7} - 2\frac{6}{7} = 3\frac{6}{7} - 2\frac{6}{7} = 1$$

Es entsteht eine wahre Aussage.

Beide Gleichungen sind mit den Werten erfüllt. Die Probe war also erfolgreich.

Aufgabe **62.** Löse die Gleichungssysteme mithilfe des Einsetzungsverfahrens und führe anschließend die Probe durch.

a) $3x - 4 = 2y$
$3y + 4 = x$

b) $2 = 2x - y$
$y + x = 1$

c) $3x = 6y - 2$
$\frac{1}{3} = x - 2y$

d) $5y = 3y - 4$
$2x = 3x + 2$

e) $y + \frac{1}{2} = 3x$
$\frac{2}{3}y = 2x - \frac{1}{3}$

f) $2x - y = 4$
$3x = 2 + y$

g) $\frac{1}{3}x + \frac{1}{5}y = \frac{1}{7}$
$\frac{1}{2}y - \frac{1}{4}y = \frac{1}{6}$

h) $\frac{x - y}{x + y} = 2$
$\frac{x + 2y}{x - 2y} = 1$

i) $0,1x + 0,2y = 0,3$
$0,4x + 0,5y = 0,6$

j) $y = -\frac{1}{3}x + \frac{2}{5}$
$4 \cdot \frac{y}{x} + \frac{4}{3} = 1\frac{3}{5} \cdot \frac{1}{x}$

k) $2y + \frac{2}{3}x = 1$
$4 = -\frac{1}{3}x - y$

l) $\frac{1}{2}y + 3x - \frac{1}{3} = 0$
$-1\frac{1}{7} = \frac{1}{3}y + 2x$

m) $p + q = 2$
$p \cdot q = 0$

n) $(rs)^2 = 81$
$r + s = 0$

o) $s + 2r + t = 2$
$2s - r - t = 1$
$r + t = 0$

p) $2n + 2m - \ell = 1$
$m + \ell = 5$
$\frac{1}{2}\ell = -2$

3.2 Das Additionsverfahren

Wieder ist das Ziel, eine Unbekannte zu eliminieren. Diesmal gelingt es mithilfe der Addition beider Gleichungen. Die Gleichungen werden zuvor mit einer entsprechenden Zahl multipliziert, sodass bei der Addition eine Variable herausfällt. Die Lösungsmenge ändert sich dabei nicht.

Lösungsstrategie mit dem Additionsverfahren

1. Multipliziere die Gleichungen so, dass vor x (oder y) die gleiche Zahl mit unterschiedlichen Vorzeichen steht.
2. Addiere die entsprechenden Seiten beider Gleichungen zusammen und berechne aus der entstandenen Gleichung eine Unbekannte.
3. Setze dein Ergebnis in eine der beiden Gleichungen ein und ermittle die zweite Variable.

Beispiel

Löse das folgende Gleichungssystem mithilfe des Additionsverfahrens.

$2x - y = 4 \quad \text{(I)}$
$3x + 2y = 1 \quad \text{(II)}$

Lösung:
Hier bietet sich an, y zu eliminieren. Dazu muss man die Gleichung (I) mit 2 multiplizieren.

$$\mathbf{2}\cdot(2x-y)=\mathbf{2}\cdot 4 \qquad \mathbf{2\cdot(I)}$$
$$4x-2y=8 \qquad \mathbf{(I')}$$
$$3x+2y=1 \qquad \mathbf{(II)}$$

Nun addiert man die Gleichungen (I') und (II):

$$\underbrace{4x-2y}_{(I')}+\underbrace{3x+2y}_{(II)}=\underbrace{8}_{(I')}+\underbrace{1}_{(II)}$$
$$4x+3x-2y+2y=9$$
$$7x=9 \qquad |:7$$
$$x=\frac{9}{7}$$

Dieses Ergebnis setzt man in eine der beiden Gleichungen ein und löst nach der anderen Variable auf.

$$\mathbf{x=\frac{9}{7}} \text{ in } \quad 2\mathbf{x}-y=4$$
$$2\cdot\mathbf{\frac{9}{7}}-y=4 \qquad |+y$$
$$\frac{18}{7}=y+4 \qquad |-4$$
$$\frac{18}{7}-4=y$$
$$-1\frac{3}{7}=y$$

Die Lösungsmenge ist:

$$\mathbb{L}=\left\{\left(\frac{9}{7}\,\middle|\,-1\frac{3}{7}\right)\right\}$$

Aufgabe **63.** Ermittle die Lösungen folgender Gleichungssysteme mithilfe des Additionsverfahrens und mache anschließend die Probe.

a) $y-x=\frac{1}{3}$
$y+x=\frac{1}{4}$

b) $\frac{1}{5}x=3-y$
$y=x-2$

c) $3x-2y=5$
$2x+3y=4$

d) $0{,}2x-0{,}3y=0{,}5$
$\frac{1}{3}y-\frac{1}{2}x=2$

e) $\frac{1}{2}x + \frac{1}{3}y = \frac{1}{4}$
$x - y = 2$

f) $\frac{2}{3} = x - \frac{1}{3}y$
$-1 = 3x - y$

g) $x = y$
$x + y = 1$

h) $2 = \frac{1}{2}x - y$
$-1 = -\frac{1}{4}x + \frac{1}{2}y$

i) $3x - 0{,}5y = 2$
$2x + 0{,}3y = 5$

j) $0 = \frac{2}{3}x + 8 - 2y$
$3y + 9 = x$

k) $x - 1 = y + 2$
$x + y = 3$

l) $x - 2 = 2x + \frac{1}{2}y$
$7x - y = 3$

m) $2y = \frac{4}{3} + x$
$\frac{1}{3} = \frac{1}{2}x - y$

n) $7x - 3y = 2$
$3x + 7y = 5$

4 Anwendungsaufgaben

Zu linearen Gleichungssystemen gibt es zahlreiche Anwendungen in Sachaufgaben. Im Lösungsansatz gibt es dann zwei (oder mehr) Unbekannte, für die zwei (oder mehr) Gleichungen aufgestellt werden müssen. Das gefundene Gleichungssystem kann dann mit dem Additions- bzw. dem Einsetzungsverfahren gelöst werden.

Lösungsstrategie für Sachaufgaben:
1. Lies mehrmals konzentriert den Aufgabentext.
2. Mache dir klar, welche Größen gesucht sind.
3. Ordne diesen Größen jeweils einen Buchstaben zu.
4. Übertrage den Text in mathematische Gleichungen.
5. Löse die Gleichungen.
6. Formuliere einen Antwortsatz.

Beispiele

1. Der Handyanbieter Supremum hat zwei unterschiedliche Tarife. Von 18.00 Uhr bis 7.00 Uhr zahlt man 7 ct, in der restlichen Zeit 12 ct pro Minute. Am Ende des Monats bekommt Jessica den Rechnungsbetrag 27,25 € präsentiert. Insgesamt hat sie 300 Minuten in diesem Monat telefoniert. Wie viele Minuten hat Jessica im Tarif I bzw. Tarif II telefoniert?

   Lösung:

   Gesucht sind die Größen
   Anzahl der Minuten im Tarif I: **x** — Zuordnung der Größen
   Anzahl der Minuten im Tarif II: **y**

   Formulierung der mathematischen Gleichungen:

   $x + y = 300$ — Insgesamt hat sie 300 Minuten telefoniert.

   $\underbrace{7\text{ ct} \cdot x}_{\text{Rechnungsbetrag für Tarif (I)}} + \underbrace{12\text{ ct} \cdot y}_{\text{Rechnungsbetrag für Tarif (II)}} = 2\,725\text{ ct}$ — Rechnungsbetrag 27,25 € am Ende des Monats.

   Lösung des Gleichungssystems:

   $x + y = 300 \quad \text{(I)}$

   $7x + 12y = 2\,725 \quad \text{(II)}$

Einsetzungsverfahren

$x = 300 - y \qquad (I')$

x in (II):

$$7 \cdot (300 - y) + 12y = 2\,725$$
$$2\,100 - 7y + 12y = 2\,725$$
$$2\,100 + 5y = 2\,725 \qquad |-2\,100$$
$$5y = 625 \qquad |:5$$
$$y = 125$$

Setze $y = 125$ in (I) ein:

$$x + 125 = 300 \qquad |-125$$
$$x = 175$$

Additionsverfahren

$$-7x - 7y = -2\,100 \qquad -7 \cdot (I)$$
$$7x + 12y = 2\,725$$
$$5y = 625 \qquad |:5$$
$$y = 125$$

Jessica telefonierte von 18.00 bis 7.00 Uhr 175 Minuten und im zweiten Tarifbereich 125 Minuten.

2. Dieses Beispiel ist eine sogenannte Mischungsaufgabe:
Ein Chemiker benötigt 1 Liter 25 %ige Salzsäure. In seinem Schrank befindet sich jedoch nur 12 %ige und 35 %ige Salzsäure.
Berechne die Mengen für die exakte Mischung.

Lösung:
25 %ige Salzsäure bedeutet 75 % Wasser und 25 % reine Salzsäure im Gemisch.
Menge der 12 %igen Salzsäure: **x**
Menge der 35 %igen Salzsäure: **y**

Gleichungen:

$$\underbrace{x \cdot 0{,}12}_{\text{Salzsäuremenge in 12 \%iger Salzsäure}} + \underbrace{y \cdot 0{,}35}_{\text{Salzsäuremenge in 35 \%iger Salzsäure}} = \underbrace{1 \cdot 0{,}25}_{\text{Salzsäuremenge in einem Liter 25 \%iger Salzsäure}} \qquad (I)$$

$$x + y = 1 \qquad (II)$$ Die Gesamtmenge ist 1 ℓ.

Diese Gleichungen werden am einfachsten durch das Einsetzungsverfahren gelöst. Aus (II) folgt:

$x = 1 - y \quad (II')$

Setze $x = 1 - y$ in (I) ein:

$$(1 - y) \cdot 0{,}12 + y \cdot 0{,}35 = 1 \cdot 0{,}25$$
$$0{,}12 - 0{,}12y + 0{,}35y = 0{,}25$$
$$0{,}12 + 0{,}23y = 0{,}25 \quad | -0{,}12$$
$$0{,}23y = 0{,}13 \quad | : 0{,}23$$
$$y \approx 0{,}565$$

0,565 ℓ als Menge der 35 %igen Salzsäure.

y in (II'): $x = 1 - \mathbf{0{,}565}$

$$x = 0{,}435$$

0,435 ℓ als Menge der 12 %igen Salzsäure.

Mischt man 565 mℓ der 35 %igen Salzsäure mit 435 mℓ der 12 %igen Salzsäure, so erhält man 1 ℓ 25 %ige Salzsäure.

Aufgaben

64. Wie muss man 60 %igen und 80 %igen Obstsaft zusammenmischen, um 2 Liter 75 %igen Obstsaft zu erhalten?

65. Wie viel 15 %ige Salzsäure muss man mit 30 %iger Salzsäure mischen, um 3 Liter 25 %ige Salzsäure zu erhalten?

66. Gesucht ist eine Zahl. Die Quersumme der Zahl ist 13. Die Einerziffer ist um drei größer als die Zehnerziffer. Um welche Zahl handelt es sich?

67. Im Kino Cinerado gibt es eine Sonderaktion. Weibliche Zuschauer zahlen 6 € Eintritt, männliche 2 € mehr. Insgesamt nimmt der Kinobesitzer 366 € von 52 Kunden ein. Wie viele männliche bzw. weibliche Zuschauer waren im Kino?

68. Die Geschwister Petra und Christian sind heute zusammen 57 Jahre alt. Vor 14 Jahren war Petra doppelt so alt wie Christian. Wie alt sind Petra und Christian heute?

69. Dividiert man zwei Zahlen, so erhält man als Quotientenwert 5. Addiert man die gleichen Zahlen, ist der Summenwert 24. Wie lauten die beiden Zahlen?

70. In einem gleichschenkligen Dreieck sind die Basiswinkel zusammen dreimal so groß wie der dritte Winkel. Berechne alle Winkelgrößen im Dreieck.

71. Der Umfang eines Rechtecks beträgt 35,8 cm. Die Differenz zweier Seiten hat den Wert 3,1 cm.
Berechne den Flächeninhalt des Rechtecks.

72. Berechne in einem gleichschenkligen Dreieck mit dem Umfang 50 cm die Seitenlängen, falls ein Schenkel doppelt so lang wie die Basis ist.

*** 73.** Herr Wagner hat seine Ersparnisse von 11 025 € in zwei verschiedenen Aktienpaketen angelegt.
Er kaufte von der Firma A 70 Aktien zu je 86 € und 35 Aktien der Firma B zu je 143 €. Nach einem Jahr ist sein gesamtes Aktienpaket 14 133 € wert. Die Aktie der Firma A steigt dabei um 15 Prozentpunkte mehr als die Aktie der Firma B.
Um welchen Prozentsatz wurde der Wert der Aktien der Firma A bzw. der der Firma B nach einem Jahr gesteigert?

Elementare gebrochen-rationale Funktionen

1 Kennzeichen einer gebrochen-rationalen Funktion

Lena besorgt für ihre Geburtstagsfeier eine Packung Gummibärchen. Wie viele Gummibärchen erhält jeder Gast, wenn sie insgesamt 10 Leute einlädt? Wie verändert sich die Stückzahl, wenn sie 15 Gäste erwartet?

Hierbei handelt es sich um indirekte Proportionalität (siehe S. 19). Jeder dazugehörige Graph stellt eine Hyperbel dar, die zu den gebrochen-rationalen Funktionen gehört. Wegen der Produktgleichheit der indirekten Proportionalität gilt:

$$x \cdot y = a \qquad |:x$$

$$y = \frac{a}{x}$$

Alle solche Funktionen lassen sich daher durch einen Funktionsterm der Art

$$x \mapsto y = \frac{a}{x} \quad \text{mit} \quad a \in \mathbb{Q}$$

beschreiben mit der maximalen Definitionsmenge

$\mathbb{D}_{max} = \mathbb{Q} \setminus \{0\}$.

Funktionsterme wie $x \mapsto \frac{2}{x}$, $x \mapsto \frac{1}{x-5}$, $x \mapsto \frac{x}{x^2+1}$ oder $x \mapsto \frac{2+x}{(2-x)^2}$ gehören zur Gruppe der gebrochen-rationalen Funktionen.

> Funktionsterme, deren Nenner eine Variable enthält, nennt man **gebrochen-rationale Funktionen**.

Beispiel

Zeichne den Graphen der Funktion f mit der Gleichung

$f(x) = \frac{2}{x+1}$ und dem Definitionsbereich $\mathbb{D}_f = [-5; 5] \setminus \{-1\}$.

Lösung:

$$f(\mathbf{x}) = \frac{2}{\mathbf{x}+1}$$

$$f(\mathbf{-3}) = \frac{2}{\mathbf{-3}+1} = \frac{2}{-2} = -1$$

Berechne die Funktion in Tabellenform. Setze dafür x-Werte aus der Definitionsmenge in die Funktion ein.

$x = -1$ darf nicht Element des Definitionsbereichs sein, da sonst der Nenner den Wert 0 annehmen würde.

x	–5	–4	–3	–2	–1	0	1	2	3	4	5
f(x)	$-\frac{1}{2}$	$-\frac{2}{3}$	–1	–2	–	2	1	$\frac{2}{3}$	$\frac{1}{2}$	$\frac{2}{5}$	$\frac{1}{3}$

Eine erste Skizze des Graphen zeigt die Ungenauigkeit des Graphen in der Nähe der Stelle $x = -1$.

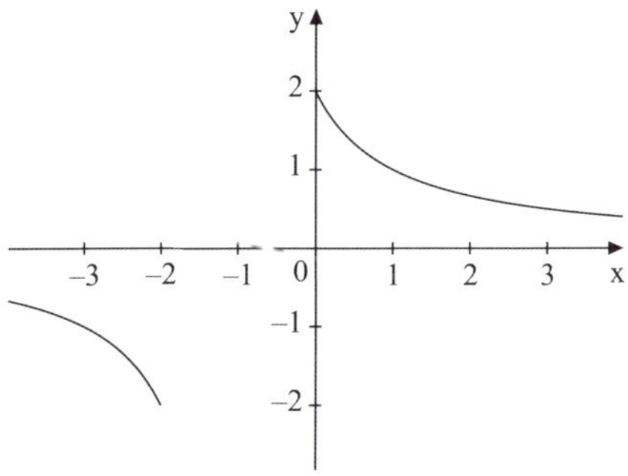

Eine Verfeinerung der Tabelle in der Umgebung von $x = -1$ ergibt:

x	–2	–1,5	–1,1	–0,9	–0,5	0
f(x)	–2	–4	–20	20	4	2

Nun kann auch die Umgebung von $x = -1$ genauer gezeichnet werden.

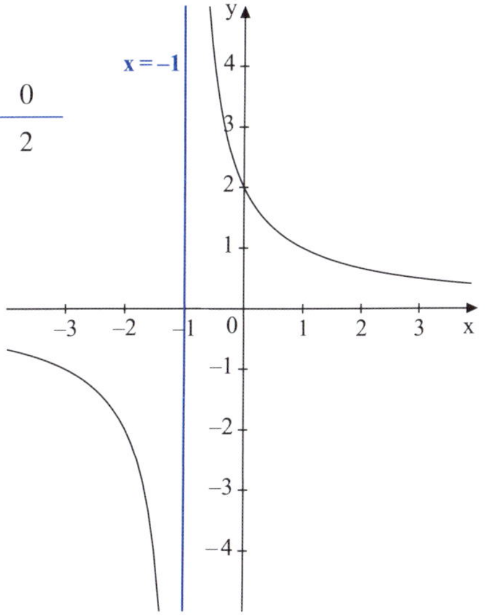

Aufgaben

74. Gegeben sind die Funktionen mit der Gleichung $y = \frac{a}{x}$ $(a \in \mathbb{Q})$ und der Definitionsmenge $\mathbb{D} = \mathbb{Q} \setminus \{0\}$.

a) Zeichne jeweils für $a \in \{-2; -1; 0; 1; 2\}$ und $x \in [-3; 3] \setminus \{0\}$ die Graphen der Funktionen.

b) Wie nennt man diese Art Graphen?

c) Nenne Unterschiede des Graphen für $a = 0$ zu den restlichen Graphen.

75. Zeichne für die angegebenen Funktionsgleichungen und zugehörigen Definitionsbereiche die Graphen.

a) $f(x) = \frac{1}{x+2}$; $\mathbb{D}_f = [-5; 5] \setminus \{-2\}$

b) $f(x) = \frac{3}{1-x} + 1$; $\mathbb{D}_f = [-5; 5] \setminus \{1\}$

c) $f(x) = \frac{1}{x^2-1}$; $\mathbb{D}_f = [-5; 5] \setminus \{-1; 1\}$

d) $f(x) = \frac{1}{x^2+1}$; $\mathbb{D}_f = [-5; 5]$

2 Asymptoten und Polstellen

Die Funktion mit der Gleichung $y = \frac{1}{x-1}$ hat den maximalen Definitionsbereich $\mathbb{D} = \mathbb{Q} \setminus \{1\}$. Was passiert in der Umgebung von $x = 1$?

x	0,9	0,99	0,999	0,9999	1,0001	1,001	1,01	1,1
$y = \frac{1}{x-1}$	−10	−100	−1 000	−10 000	10 000	1 000	100	10

Je näher man an die Stelle $x = 1$ kommt, desto größer werden die Beträge der Funktionswerte.

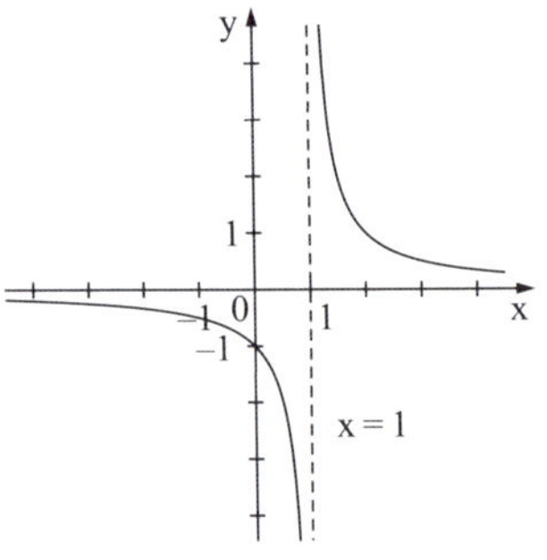

Im Allgemeinen enthält der Nenner bei gebrochen-rationalen Funktionen eine Variable. Da der Nenner nicht null werden darf, muss die Definitionsmenge (siehe S. 30) genauer untersucht werden. Punkte, die aus der Definitionsmenge herausgenommen werden müssen, nennt man **Definitionslücken**.

Asymptote
Eine Asymptote ist eine Gerade, der sich der Graph einer Funktion annähert, d. h., der Abstand zwischen Graph und Asymptote wird beliebig klein.

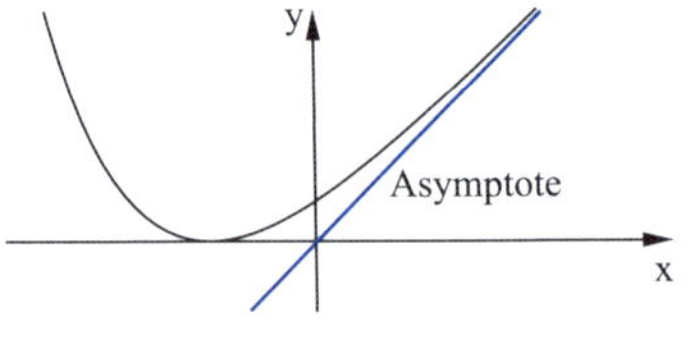

Waagrechte Asymptote
Eine waagrechte Asymptote ist eine Asymptote parallel zur x-Achse und wird durch die Funktionsgleichung $y = a$ ($a \in \mathbb{Q}$) beschrieben.

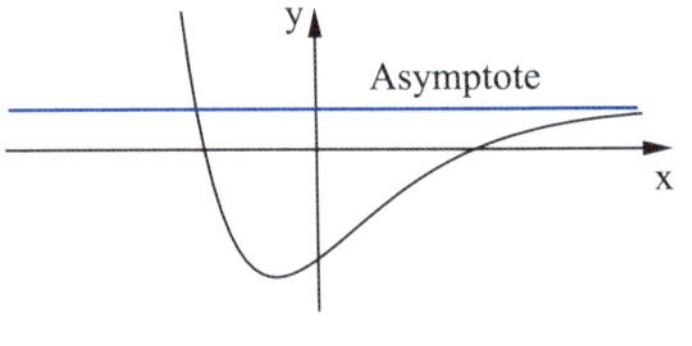

Senkrechte Asymptote
Senkrechte Asymptoten sind keine Funktionen. Der Graph nähert sich einer Parallelen zur y-Achse. Den zugehörigen x-Wert nennt man **Polstelle**.

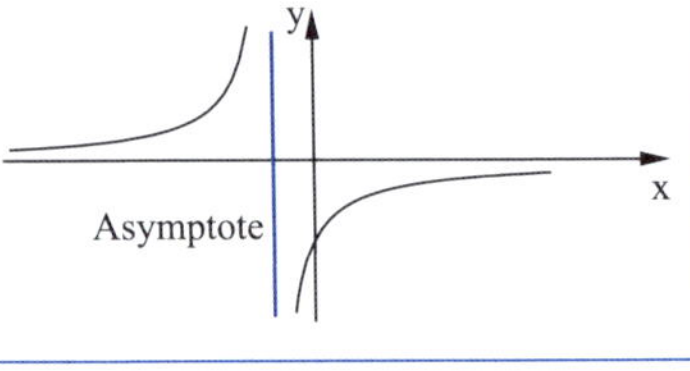

Beispiel

Untersuche die Funktion

$f\colon x \mapsto \frac{3}{x-1},\ \mathbb{D}_f = [-5; 5] \setminus \{1\}$

auf Polstellen und Asymptoten.

Lösung:

Die Funktion mit dem Funktionsterm

$f\colon x \mapsto \frac{3}{x-1},\ \mathbb{D}_f = [-5; 5] \setminus \{+1\}$

hat nebenstehenden Graphen. Der Graph hat eine senkrechte Asymptote bzw. eine Polstelle bei $x = 1$. Außerdem nähert sich der Graph für große x beliebig nahe der x-Achse an, d. h., $y = 0$ ist eine waagrechte Asymptote.

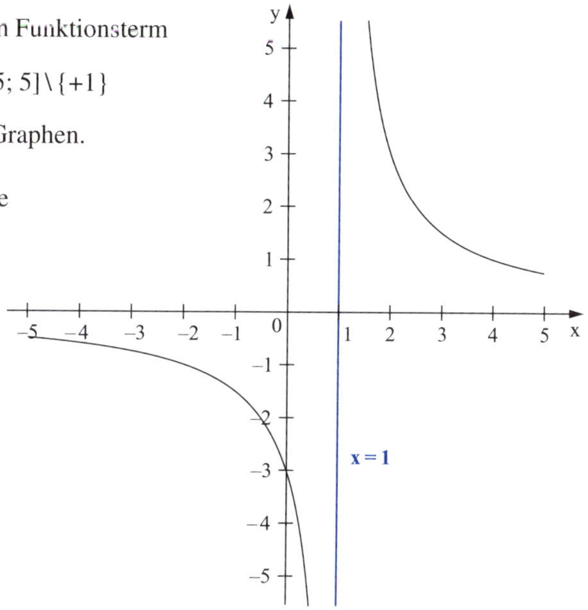

Aufgaben

76. Gegeben sind die Funktionen

a) $f(x) = \frac{3}{2x+1}$

b) $f(x) = \frac{2}{x^3-1}$

c) $f(x) = \frac{5x+1}{4x-1}$

d) $f(x) = \frac{-5}{x^2-3x}$

e) $f(x) = \frac{6x-1}{5}$

f) $f(x) = \frac{1{,}5}{x^2-4}$

g) $f(x) = \frac{2x-1}{2x+1} - 1$

* h) $f(x) = \frac{24}{(x-3)\cdot(x+4)\cdot x}$

Bearbeite für jede der Funktionen die nachfolgenden Punkte.

- Gib die maximale Definitionsmenge über der Grundmenge $\mathbb{Q}$ an.
- Überlege dir ohne Zeichnung alle Asymptoten des Funktionsgraphen.
- Skizziere den Graphen unter Verwendung einer Tabelle.

77. Ordne den gezeichneten Graphen die zugehörigen Funktionsgleichungen zu. Den Funktionsgleichungen ist jeweils ein Buchstabe zugeordnet. Die Buchstaben ergeben in der Reihenfolge der Aufgaben ein Lösungswort.

a)

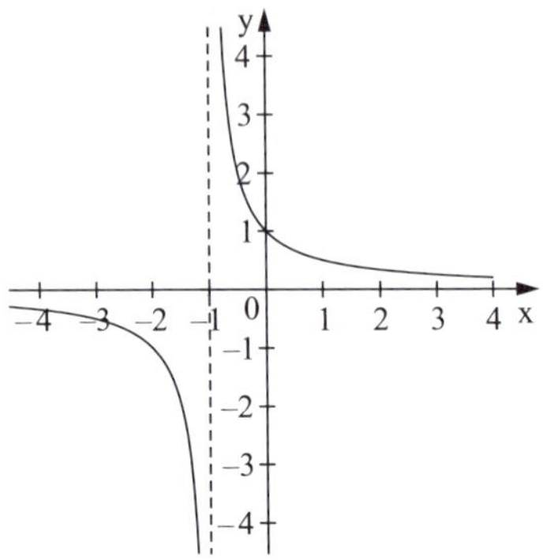

b)

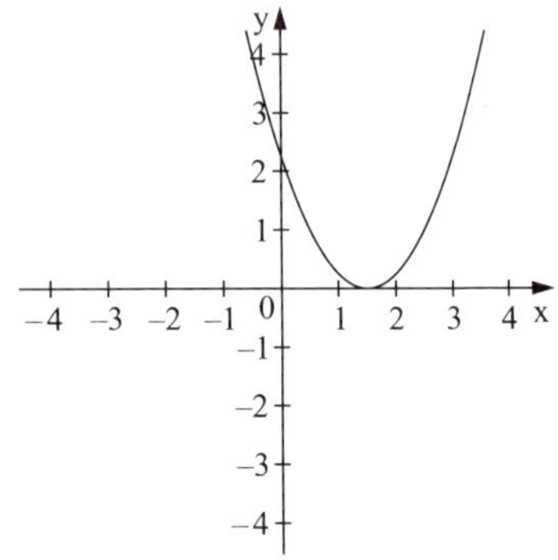

c)

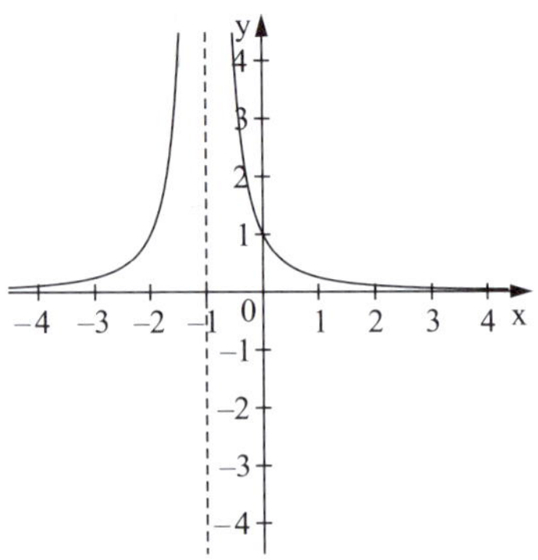

d)

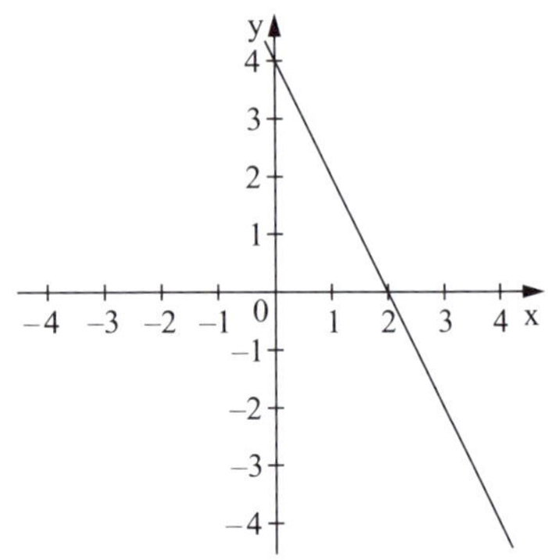

e)

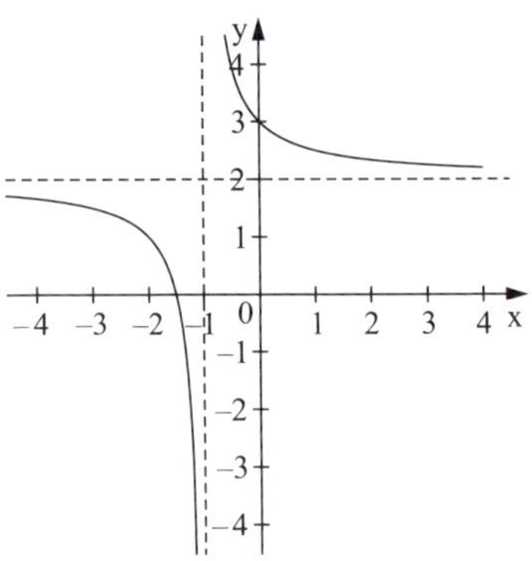

f)

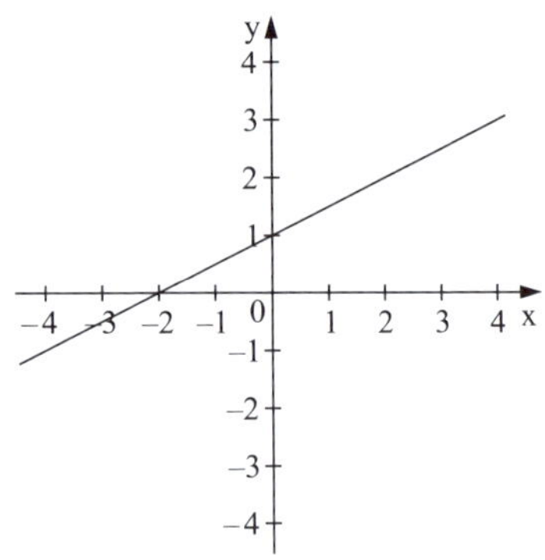

$y = \frac{1}{x+1} + 2$	E	$y = \frac{1}{x+1} - 2$	O
$y = 2x + 1$	N	$y = -2x + 1$	P
$y = \frac{1}{x-1} + 2$	L	$y = \frac{1}{(x-1)^2}$	U
$y = (x - 1{,}5)^2$	K	$y = -2x + 4$	T
$y = (x + 1{,}5)^2$	I	$y = 4x - 2$	B
$y = \frac{1}{x+1}$	S	$y = \frac{1}{2}x + 1$	R
$y = \frac{1}{x-1}$	M	$y = \frac{1}{x-1} - 2$	W
$y = \frac{1}{(x+1)^2}$	A	$y = x^2 - 1{,}5$	H

Lösungswort: | | | | | | |

3 Schnittpunkte zweier Funktionen

An Ostern verstecken Familie Schulz und Familie Hartmann Ostereier in ihren Gärten. Hätte Familie Schulz nur ein Kind, würde es 60 Minuten brauchen, um alle Eier zu finden. Bei Familie Hartmann würde es 80 Minuten dauern. Familie Hartmann hat ein Kind mehr als Familie Schulz. Die Kinder beider Familien brauchen gleich lang zum Suchen.

Funktion für die Zeit, bis alle Ostereier gefunden sind:

Familie Schulz: $t = \frac{60}{x}$ ← Anzahl der Kinder

Familie Hartmann: $t = \frac{80}{x+1}$ ← ein Kind mehr als Familie Schulz

Die Dauer ist gleich: $\frac{60}{x} = \frac{80}{x+1}$

Wie kann man allgemein solche Bruchgleichungen lösen?

Wie bei den linearen Funktionen kann man auch bei gebrochen-rationalen Funktionen den Schnittpunkt bestimmen. Bei einem gemeinsamen Punkt $S(x \mid y)$ der Funktion g und der Funktion h erfüllt das Zahlenpaar $(x \mid y)$ sowohl die Funktionsgleichung für g als auch die Funktionsgleichung für h.

Arbeitsmethode zur Ermittlung von Schnittpunkten:

1. Gleichsetzen beider Funktionsterme.
2. Auflösen der Gleichung nach x.
3. Einsetzen der x-Lösung in eine der beiden Funktionsgleichungen zur Ermittlung des y-Wertes.

Beispiel

Untersuche die folgenden Funktionen auf Schnittpunkte:

$$f: x \mapsto \frac{3}{2x+5}, \quad \mathbb{D}_f^{max} = \mathbb{Q} \setminus \left\{-\frac{5}{2}\right\}$$

$$g: x \mapsto \frac{1}{2x-3}, \quad \mathbb{D}_f^{max} = \mathbb{Q} \setminus \left\{\frac{3}{2}\right\}$$

Lösung:
Laut Funktionsgraphen haben die Funktionen einen gemeinsamen Punkt.

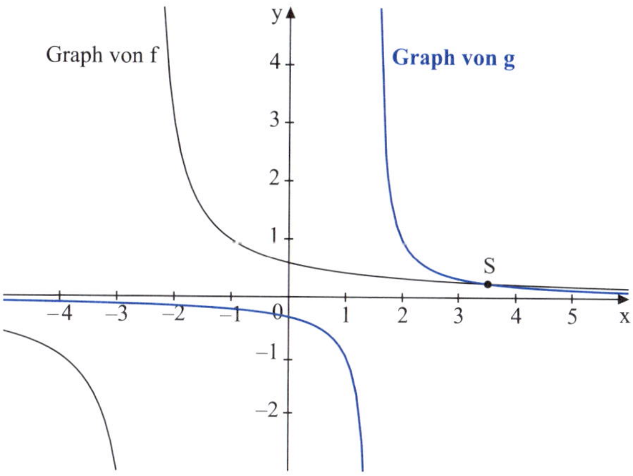

$\mathbf{y} = \frac{3}{2x+5}$ $\mathbf{y} = \frac{1}{2x-3}$ Zu gleichen y-Werten wird der x-Wert gesucht.

Gleichsetzen der beiden Funktionsterme:

$$\frac{3}{2x+5} = \frac{1}{2x-3}$$ über Kreuz multiplizieren.

$$\begin{aligned} 3\cdot(2x-3) &= 1\cdot(2x+5) \\ 6x-9 &= 2x+5 \quad &|-2x \\ 4x-9 &= 5 \quad &|+9 \\ 4x &= 14 \quad &|:4 \\ x &= 3{,}5 \end{aligned}$$

Die zweite Koordinate erhält man durch Einsetzen des x-Wertes in eine der beiden Funktionsgleichungen. Da der Schnittpunkt ein gemeinsamer Punkt ist, muss der y-Wert in beiden Gleichungen gleich sein.

$$f(\mathbf{x}) = \frac{3}{2\mathbf{x}+5} \qquad g(\mathbf{x}) = \frac{1}{2\mathbf{x}-3}$$

$$f(\mathbf{3{,}5}) = \frac{3}{2\cdot\mathbf{3{,}5}+5} \qquad g(\mathbf{3{,}5}) = \frac{1}{2\cdot\mathbf{3{,}5}-3}$$

$$= \frac{3}{7+5} = \frac{1}{4} = \mathbf{0{,}25} \qquad = \frac{1}{7-3} = \frac{1}{4} = \mathbf{0{,}25}$$

Der Schnittpunkt ist **S(3,5 | 0,25)**.

Aufgaben

78. Löse folgende Bruchgleichungen nach der Variable x auf.

a) $\frac{1}{x}+\frac{1}{4}=\frac{1}{3}$

b) $\frac{5}{x+2}-\frac{1}{3}=0$

c) $\frac{1}{x+1}-\frac{1}{x-1}=1$

d) $\frac{x^2-4}{x}=5+x$

e) $\frac{1}{x}+\frac{1}{2x}+\frac{3}{4x}=x$

f) $\frac{x^2-1}{2x-2{,}5}=0$

g) $\frac{3}{x}+\frac{x}{3}=\frac{1}{3}x$

h) $\frac{1+x}{2}+\frac{2}{x+1}=\frac{1}{2}x-1$

79. Löse folgende physikalische Gleichungen nach der farbig markierten Größe auf.

a) $R=\frac{\mathbf{U}}{I}$

b) $W=\frac{1}{2}\mathbf{C}U^2$

c) $R=\frac{U}{\mathbf{I}}$

d) $2\pi rm\mathbf{v}=h$

e) $\lambda=\frac{h}{\mathbf{m}v}$

f) $F=G\cdot\frac{\mathbf{m_1}m_2}{r^2}$

g) $\frac{1}{R}=\frac{1}{R_1}+\frac{1}{\mathbf{R_2}}$

h) $u_1=\frac{m_1v_1+\mathbf{m_2}v_2}{m_1+\mathbf{m_2}}$

80. Berechne den Schnittpunkt der Graphen folgender Funktionen.

a) $y_1(x)=\frac{4}{2x-1}$

$y_2(x)=\frac{5}{3x+1}$

b) $r(x)=\frac{1}{x}+\frac{1}{2x}$

$s(x)=\frac{5}{2x-3}$

c) $u(x)=\frac{5x-4}{x}-4$

$v(x)=\frac{x-1}{2x}$

d) $o(x)=\frac{2}{2x-3}$

$p(x)=\frac{1}{x+1}$

e) $v(x)=\frac{1}{x}-1$

$s(x)=\frac{2}{x-1}-1$

f) $v(x)=\frac{1}{x}+1$

$w(x)=\frac{1}{2x}+2$

81. Gegeben sind zwei Funktionen mit den Funktionsgleichungen $g(x)=\frac{1}{x+2}$ und $h(x)=\frac{2x}{x-1}$.

a) Versuche den bzw. die Schnittpunkt(e) der beiden Graphen rechnerisch zu ermitteln. Beschreibe dabei das Problem.

b) Zeichne die beiden Graphen zu den Funktionen g und h und ermittle näherungsweise die Schnittpunkte grafisch.

82. Die Abbildung von Gegenständen (hier der Pfeil G) mithilfe einer (Sammel-)Linse gehorcht der „Linsengleichung“:

$\frac{1}{f}=\frac{1}{b}+\frac{1}{g}$

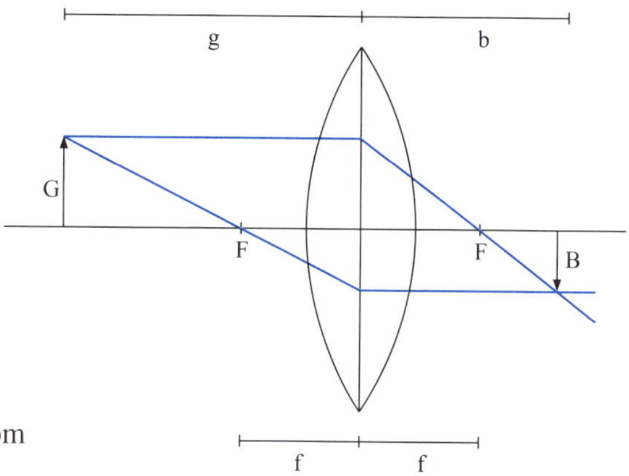

f: Brennweite (Abstand des Brennpunktes F zur Linsenmitte)
b: Bildweite (Abstand vom Bild zur Linsenmitte)
g: Gegenstandsweite (Abstand des abzubildenden Gegenstandes zur Linsenmitte)
Die eingezeichneten speziellen Lichtstrahlen helfen, das Bild zu konstruieren.

a) Löse die Linsengleichung nach f, nach g und nach b auf.

b) Eine Linse mit der Brennweite $f=10$ cm bildet mit der Bildweite $b=26$ cm einen Gegenstand scharf ab.
Wie weit ist der Gegenstand von der Linsenmitte entfernt?

✱ c) Wo befindet sich der Gegenstand, falls $f=b$ gilt, d. h., das Bild auf den Brennpunkt abgebildet wird?

4 Potenzen mit ganzzahligen Exponenten

Dein Ur-Ur-Großvater lebte in Amerika und legte im Jahr 1908 100 $ an. Jedes Jahr wurde das Geld mit 3 % verzinst. Das Konto wurde nach 100 Jahren wiederentdeckt.
Wie viel Geld ist heute auf dem Konto?

Jahr		Kontostand
1908	**0 Jahre**	100 $
1909	**1 Jahr**	$100\ \$ \cdot 1{,}03^{1} = 103\ \$$
1910	**2 Jahre**	$100\ \$ \cdot 1{,}03^{2} = 106{,}1\ \$$
⋮	⋮	⋮
2008	**100 Jahre**	$100\ \$ \cdot 1{,}03^{100} \approx 1\,922\ \$$

Anzahl der Jahre als positiver Exponent.

Auf dem Konto liegen heute 1 922 $.

Wie du weißt, gibt es für das Rechnen mit natürlichen Zahlen als Exponenten bestimmte Rechenregeln. Diese Regeln können auf die ganzen Zahlen erweitert werden.

Potenzrechenregeln für Exponenten aus der Menge der ganzen Zahlen

	Multiplikation	Division	Potenzieren
gleicher Exponent	$a^m \cdot b^m = (ab)^m$	$\frac{a^m}{b^m} = \left(\frac{a}{b}\right)^m$	
gleiche Basis	$a^m \cdot a^n = a^{m+n}$	$\frac{a^m}{a^n} = a^{m-n}$	$(a^m)^n = a^{m \cdot n}$

Diese Rechenregeln verwendet man, um Potenzterme so weit wie möglich zu vereinfachen. Alle Basen sollen dabei ungleich null sein.

Nur für die Regel $\frac{a^m}{a^n} = a^{m-n}$ müssen bei den ganzzahligen Exponenten Besonderheiten beachtet werden.

$m = n$

$$\frac{3^5}{3^5} = 3^{5-5} = 3^0 = 1$$

Zähler und Nenner sind gleich, also ist der Bruchwert 1.

m < n:

$$\frac{3^5}{3^6} = \frac{\cancel{3} \cdot \cancel{3} \cdot \cancel{3} \cdot \cancel{3} \cdot \cancel{3}}{\cancel{3} \cdot \cancel{3} \cdot \cancel{3} \cdot \cancel{3} \cdot \cancel{3} \cdot 3} = \frac{1}{3}$$

Nach der Potenzregel für Quotienten ergibt sich:

$$\frac{3^5}{3^6} = 3^{5-6} = 3^{-1}$$

Im Exponenten erhält man nun eine negative Zahl.

Damit gilt:

$$3^{-1} = \frac{1}{3}$$

Der Exponent 0

$a^0 = 1$ für alle $a \in \mathbb{Q} \setminus \{0\}$

Der negative Exponent

$a^{-n} = \frac{1}{a^n}$ für alle $n \in \mathbb{N}$ und $a \in \mathbb{Q} \setminus \{0\}$

Beispiele

1. $11^{-7} = \frac{1}{11^7}$

Vorzeichenwechsel im Exponenten bedeutet Positionswechsel im Bruch.

2. $(-3)^{-2} = \frac{1}{(-3)^2} = \frac{1}{9}$
3. $12^0 = 1$
4. $(-5)^{-2} \cdot (-5)^{+2} = (-5)^{-2+2} = (-5)^0 = 1$
5. $\frac{a^5}{a^7} = a^{5-7} = a^{-2} = \frac{1}{a^2}$
6. $r^{-7} \cdot r^{-5} = r^{-7-5} = r^{-12} = \frac{1}{r^{12}}$
7. $\frac{b^4}{b^{-8}} = b^{4-(-8)} = b^{4+8} = b^{12}$
8. $(-2)^{-3} = \frac{1}{(-2)^3} = \frac{1}{-8} = -\frac{1}{8}$

Der ungerade Exponent sorgt für den Erhalt des negativen Vorzeichens.

Zur Formulierung sehr großer und sehr kleiner Zahlen wird die Gleitkommadarstellung verwendet. Dabei werden die ersten Ziffern der gerundeten Werte mit der entsprechenden Zehnerpotenz multipliziert.

Gleitkommadarstellung:

$6{,}5 \cdot 10^{5}$	10^{5} bedeutet die Verschiebung der Kommastelle um **5** Stellen nach **rechts**.
$7 \cdot 10^{-8}$	10^{-8} bedeutet die Verschiebung der Kommastelle um **8** Stellen nach **links**.

Beispiele

1. Wandle die Gleitkommazahlen $2{,}056 \cdot 10^7$ und $2{,}531 \cdot 10^{-5}$ in Dezimalzahlen um.

   Lösung:

   $2{,}056 \cdot 10^7 = 2{,}056\mathbf{0000000} = 20\,560\,000{,}00 = 20\,560\,000$

   Nullen anhängen,
   Komma um 7 Stellen nach rechts verschieben

   $2{,}531 \cdot 10^{-5} = \mathbf{00000}2{,}531 \cdot 10^{-5} = 0{,}00002531$

   Nullen voranstellen,
   Komma um 5 Stellen nach links verschieben

2. Wandle die Dezimalzahlen 254 000 000 und 0,0000000789 in Gleitkommazahlen um.

   Lösung:

   $254\,000\,000 = 254 \cdot 10^{6}$
   1 2 3 4 5 [6]

   1. Nullen am Ende weglassen.
   2. Anzahl der Nullen als Exponent der Zehnerpotenz schreiben.

   $0{,}0000000789 = 0{,}789 \cdot 10^{-7}$
   1 2 3 4 5 6 [7]

   1. Nullen nach dem Komma bis zur ersten Ziffer ungleich Null weglassen.
   2. Anzahl der weggelassenen Nullen mit einem „–“-Zeichen als Exponent der Zehnerpotenz schreiben.

Aufgaben

83. Vereinfache bzw. berechne folgende Terme.

a) $10^8 - 10^4$

b) $\{[(5^3 - 5^2) : 10^2] - 1\}^0$

c) $(x+2)^{-1} + x + 2$

d) $\dfrac{a^5 - a^3}{a^4 - a^2}$

e) $-x^6 + (-x)^6$

f) $x^{1-n} : x^{n-1}$

84. Simon geht zum Sport. Wohin geht er auf welchem Weg?
Beginne mit der Rechnung im Kasten nach dem ersten Pfeil und berechne die Lösung des Potenzwerts ohne Taschenrechner. Ist das angegebene Ergebnis richtig, so folge dem Pfeil „wahr", ist es falsch, so folge dem Pfeil „falsch". Damit gelangst du zu einem neuen Kästchen, bei dem du analog vorgehst. Am Ende erreichst du Simons Ziel.

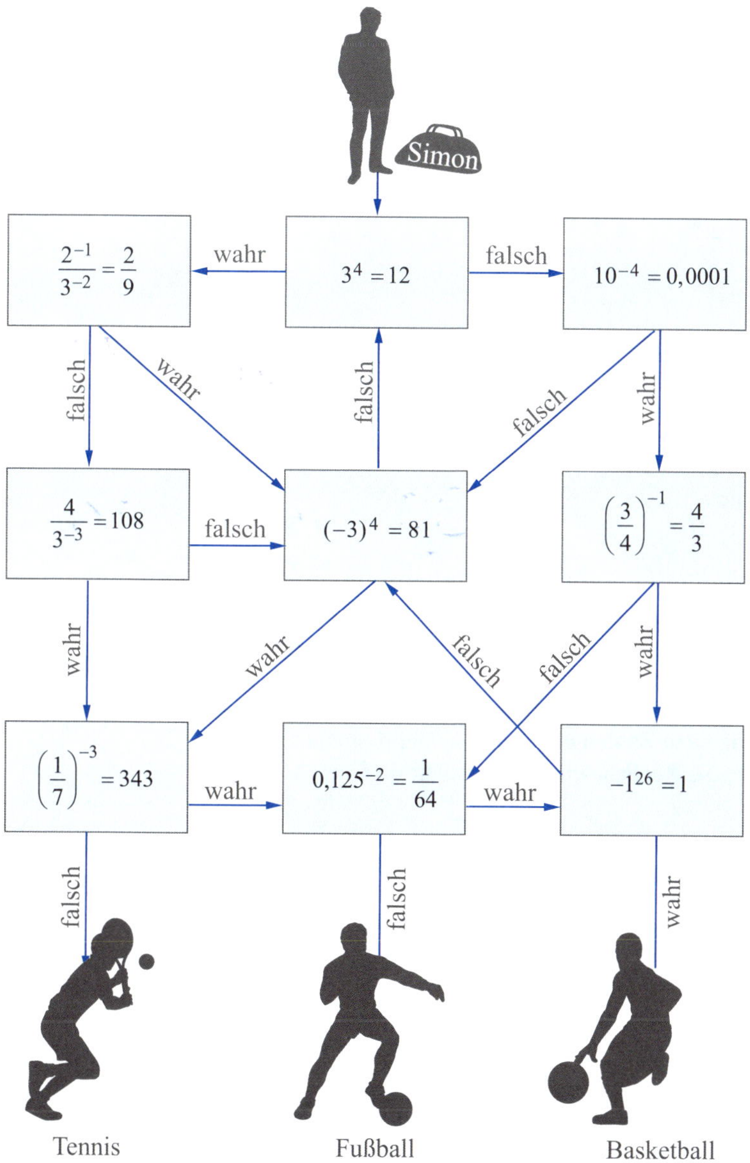

85. Vereinfache die folgenden Terme. Formuliere dabei dein Ergebnis ohne Bruchstrich.

a) $\dfrac{r^{-5}s^4}{t^{-6}p^4}$

b) $\dfrac{a^2b^{-4}c^3}{a^3b^{-2}c^{-5}}$

c) $\dfrac{(a^5+a^4)b^2}{a^5b^7a^{-3}}$

d) $\dfrac{x^5y^{-4}x^{-2}}{(y^{-4})^2\cdot(x^3\cdot x^{-2})^3}$

e) $\dfrac{(-b)^{-5}\cdot(-a)^4c^3}{(-1)^7\cdot(b^2a^{-3})^2}$

f) $\left(\dfrac{1}{x^{-9}\cdot x^{-3}}\right)^{-2}$

g) $\dfrac{b^{-3}c^5}{a^{-4}}\cdot\dfrac{a^{-3}}{b^2\cdot c^{-3}}$

h) $\left(\dfrac{r^6s^5}{t^4s^{-3}}\right)^{-1}\cdot\left(\dfrac{r^4t^2}{s^7}\right)^2$

i) $\left(\dfrac{x^4y^{-3}}{(y^2)^3}\cdot\dfrac{x^{-3}y^2}{(x^3)^2}\right)^{-1}$

j) $\dfrac{r^{-5}s^{-4}}{t^3}:\dfrac{r^2s^{-4}}{t^2}$

k) $\dfrac{y^{26}x^{24}}{y^{-22}}:\left(\dfrac{y^5}{x^{-3}}\right)^{-4}$

l) $\left\{\left[\left(\dfrac{c^0b^1y^4}{y^0b^{-1}c^{-1}}\right)^{-1}\right]^2\right\}^{-3}$

86. Schreibe die in Gleitkommadarstellung angegebenen Zahlen als Dezimalzahlen.

a) $6\cdot10^3$

b) $5{,}47\cdot10^4$

c) $17{,}7\cdot10^5$

d) $1{,}09\cdot10^9$

e) $4\cdot10^8$

f) $5\cdot10^{-3}$

g) $4{,}67\cdot10^{-4}$

h) $2{,}3\cdot10^{-13}$

i) $2{,}78\cdot10^{-9}$

j) $5\cdot10^{-8}$

87. Ordne den Zahlen die passende Gleitkommazahl zu.
Lies die Buchstaben in der Reihenfolge der Aufgaben.

a) 20 000

b) 2 000 000

c) 0,2

d) 0,02

e) 2

f) 0,000000002

g) 0,00002

$2\cdot10^{-10}$	**R**	$2\cdot10^{-2}$	**L**	$2\cdot10^{-9}$	**E**	$2\cdot10^{-1}$	**I**
$2\cdot10^{-8}$	**S**	$2\cdot10^{0}$	**L**	$2\cdot10^{-7}$	**T**	$20\cdot10^{1}$	**E**
$2\cdot10^{-6}$	**L**	$2\cdot10^{2}$	**E**	$2\cdot10^{-5}$	**N**	$2\cdot10^{3}$	**P**
$2\cdot10^{-4}$	**M**	$2\cdot10^{4}$	**C**	$2\cdot10^{-3}$	**A**	$20\cdot10^{5}$	**H**

Lösungswort:

Strahlensatz und Ähnlichkeit

1 Die zentrische Streckung

Bei der Abbildung eines Gegenstands mithilfe einer punktförmigen Lichtquelle und eines Bildschirms erhält man einen Schattenwurf des Gegenstands. Der Schatten ist vergrößert. Dieses Verfahren zur Erzeugung eines vergrößerten bzw. verkleinerten Bildes nennt man **zentrische Streckung**.

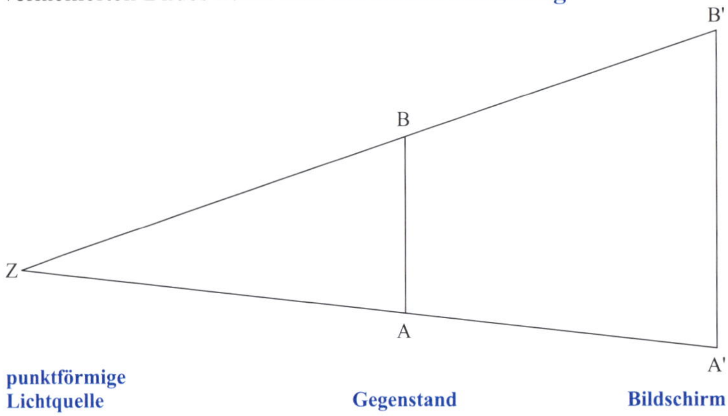

1. B' liegt auf der Geraden ZB	**Z heißt Zentrum der Streckung**
2. $\overline{ZB'} = k \cdot \overline{ZB}$	**k heißt Streckungsfaktor**

Für $\mathbf{k > 1}$ ist $\mathbf{\overline{ZB'} > \overline{ZB}}$, ein Gegenstand wird **vergrößert**.

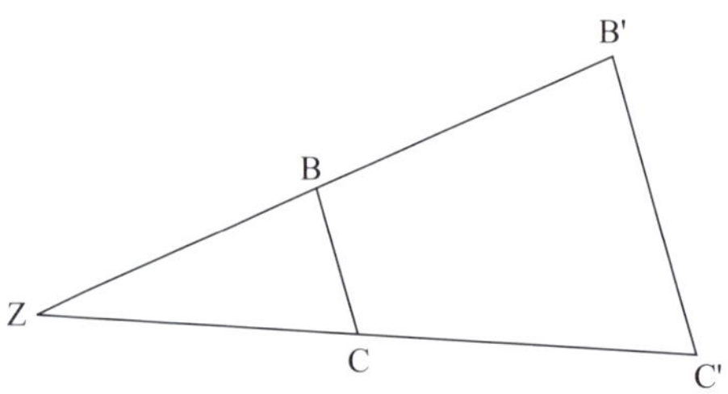

$$\overline{ZB'} = 2 \cdot \overline{ZB}$$

Für $\mathbf{0 < k < 1}$ ist $\mathbf{\overline{ZB'} < \overline{ZB}}$, ein Gegenstand wird **verkleinert**.

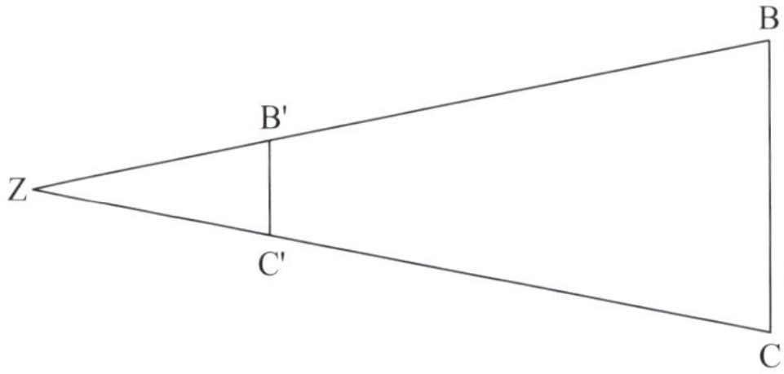

$$\overline{ZB'} = \frac{1}{3} \cdot \overline{ZB}$$

Eigenschaften einer zentrischen Streckung

- Parallelität von Strecke und Bildstrecke:
  Strecke und Bildstrecke sind zueinander immer parallel.
  [AC] ∥ [A'C']; [BC] ∥ [B'C']
- Winkeltreue:
  Entsprechende Winkel bei Figur und Bildfigur sind gleich.
  $\beta = \beta'$

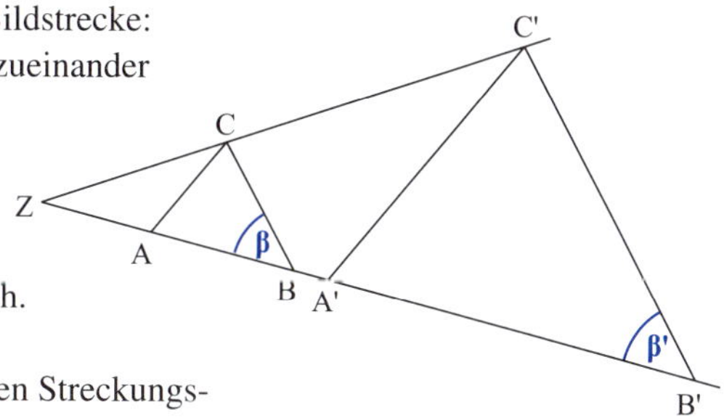

- Streckung einer Strecke um den Streckungsfaktor k:
  Die Bildstrecke ist k-mal so lang wie die (Ur-)Strecke.
  $\overline{ZA'} = 2 \cdot \overline{ZA}$
  $\overline{ZB'} = 2 \cdot \overline{ZB}$
  $\overline{A'B'} = 2 \cdot \overline{AB}$

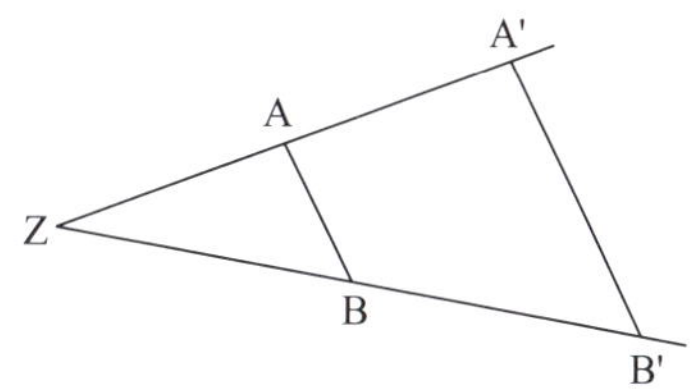

- Veränderung des Flächeninhalts einer Figur um den Faktor k^2:
  Nach der Streckung einer Figur mit dem Flächeninhalt A um den Faktor k hat das Bild den Flächeninhalt $k^2 \cdot A$:
  $A' = k^2 \cdot A$

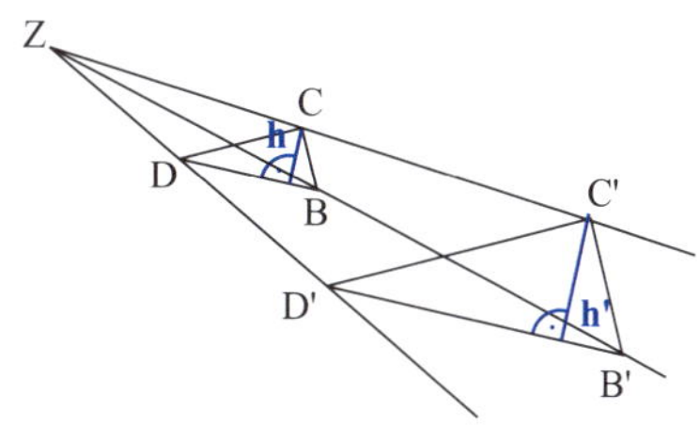

Beispiele

1. Strecke ein beliebiges Dreieck ABC mit dem Abbildungsfaktor $\frac{5}{4}$.

   Lösung:

   Zur Zeichnung des Bildes einer zentrischen Streckung verwendet man eine Hilfsskala, deren Längeneinheit beliebig ist.

   Abbildungsfaktor k sei $\frac{5}{4}$ ← Skalierung für das Bild (5); ← Skalierung für das Original (4)

   Arbeitsmethode:
   1. Verbinde A mit 4.
   2. Verschiebe die Strecke parallel zur Stelle 5.
   3. Der Schnittpunkt der verschobenen Parallelen mit ZA ergibt A'.
   4. Alle anderen Strecken erhält man durch Parallelverschiebung.

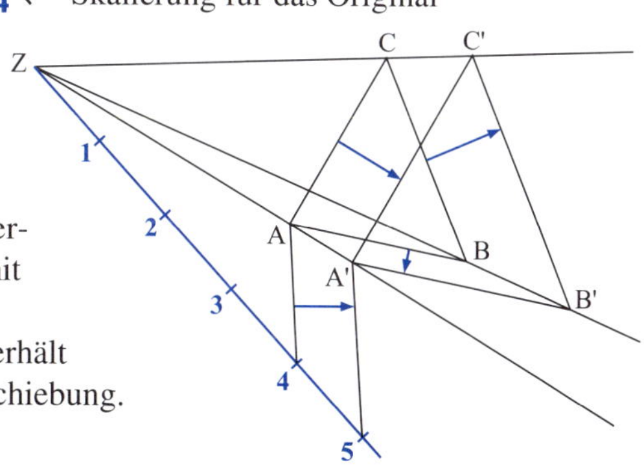

2. Gegeben ist eine Figur mit dem Flächeninhalt 12,5 cm^2.
Die Figur wird mit dem Faktor $k = \frac{8}{5}$ gestreckt.
Berechne den Flächeninhalt der gestreckten Figur.

Lösung:
Den Flächeninhalt der gestreckten Figur erhält man mithilfe der Formel
$\mathbf{A' = k^2 \cdot A}$.

$k = \frac{8}{5} \qquad A = 12,5\ cm^2$

$$A' = \left(\frac{8}{5}\right)^2 \cdot 12,5\ cm^2 = \frac{64}{25} \cdot 12,5\ cm^2 = \mathbf{32\ cm^2}$$

Aufgaben

88. a) Vergrößere ein Quadrat der Seitenlänge $a = 3,5$ cm mit dem Streckungsfaktor $k = \frac{8}{7}$.

b) Verkleinere das Rechteck mit den Seitenlängen $a = 5$ cm und $b = 8$ cm mit dem Streckungsfaktor $\frac{1}{3}$.
Berechne auch den Flächeninhalt der Figur und der Bildfigur.

89. Vergrößere einen Kreis mit dem Radius $r = 4$ cm mit dem Streckungsfaktor $k = \frac{3}{2}$ und dem Zentrum Z

a) auf dem Mittelpunkt des Originalkreises,

b) innerhalb des Kreises, aber nicht auf dem Mittelpunkt,

c) außerhalb des Kreises.

90. Ein Dreieck mit dem Flächeninhalt $A = 25\ cm^2$ wird zentrisch gestreckt. Der Umfang des Dreiecks wird dabei verdreifacht.
Berechne den Flächeninhalt des Bilddreiecks.

91. a) Konstruiere ein gleichseitiges Dreieck mit $h_c = 5$ cm.

b) Berechne den Flächeninhalt dieses Dreiecks.

c) Durch eine zentrische Streckung wird der Flächeninhalt des Dreiecks geviertelt.
Wähle ein geeignetes Zentrum und zeichne die zentrische Streckung.

92. Welche der folgenden Bilder bzw. Originale entstehen durch eine zentrische Streckung (Begründung).
Bestimme zeichnerisch (falls möglich) das Zentrum der Streckung und den Streckungsfaktor.

a)

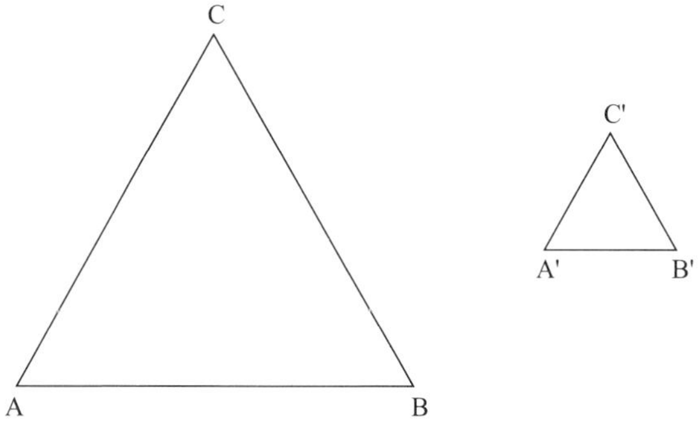

b)

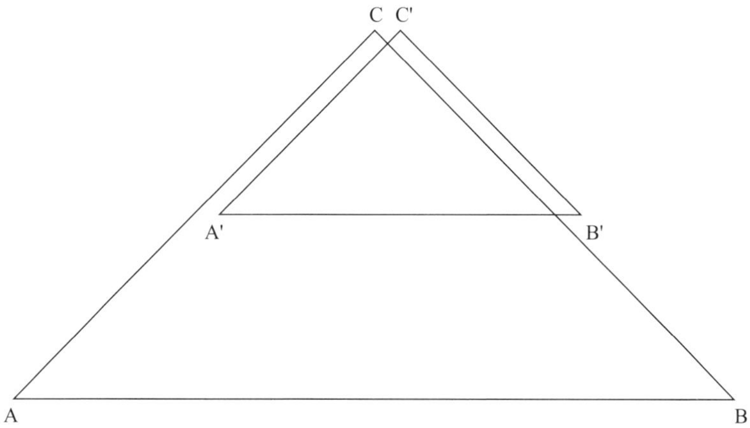

c)

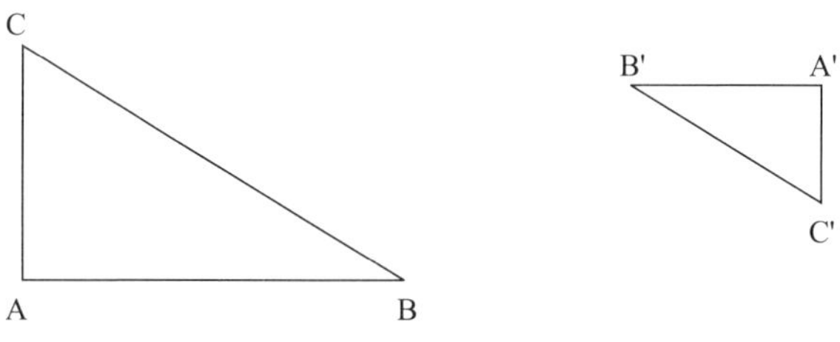

d)

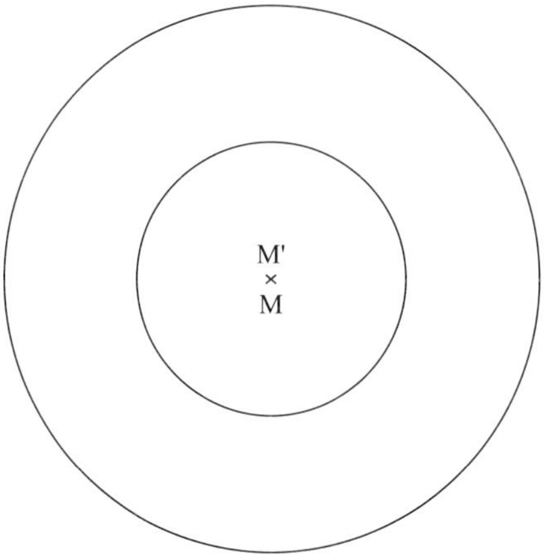

e)

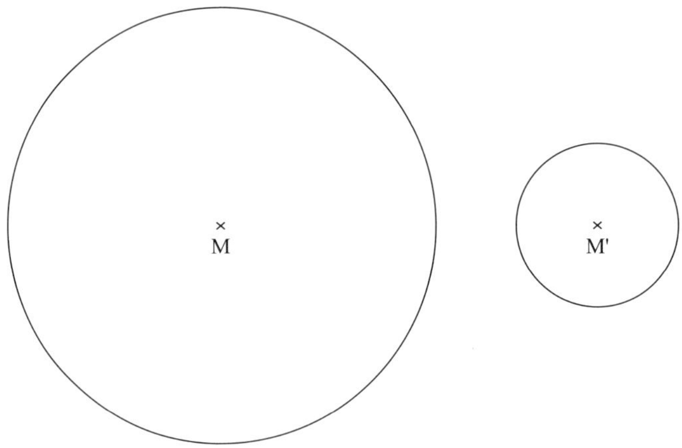

f)

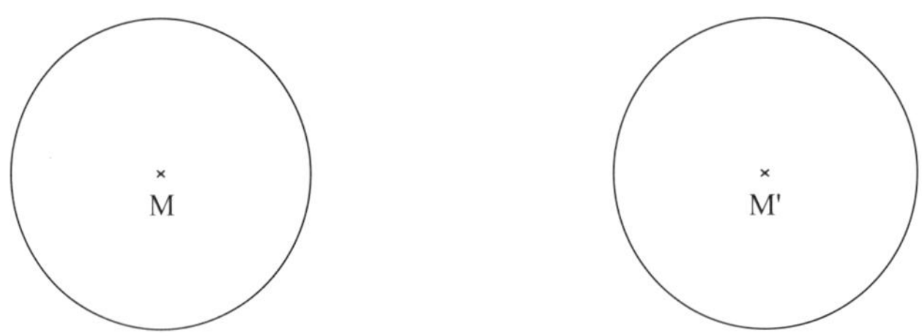

g)

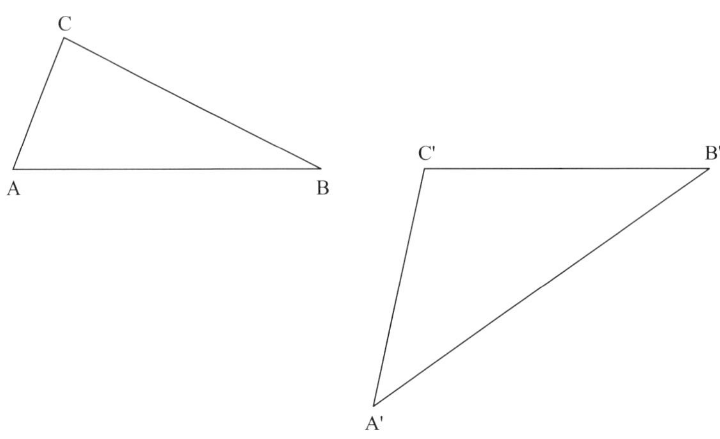

h)

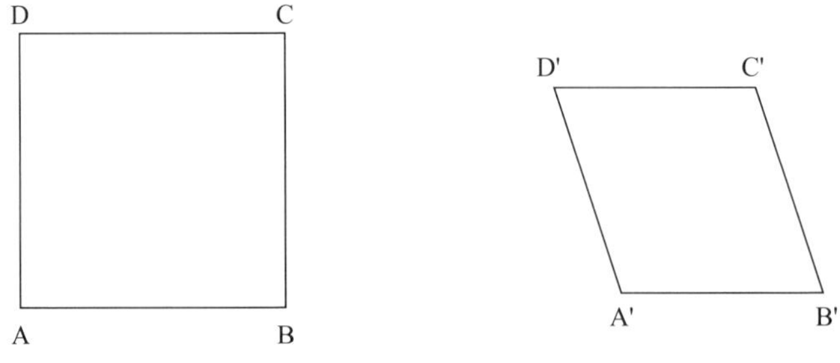

2 Strahlensatz

Ein Burggraben schließt an einen Burgturm an. Schaut man von oben an der Ecke des Balkons vorbei, sieht man das äußere Ufer des Burggrabens. Der Burgturm ist 15 m hoch, der Balkon 3 m tief und hängt auf einer Höhe von 10 m. Wie breit ist der Burggraben?
Diese Aufgabe lässt sich mithilfe des Strahlensatzes lösen.

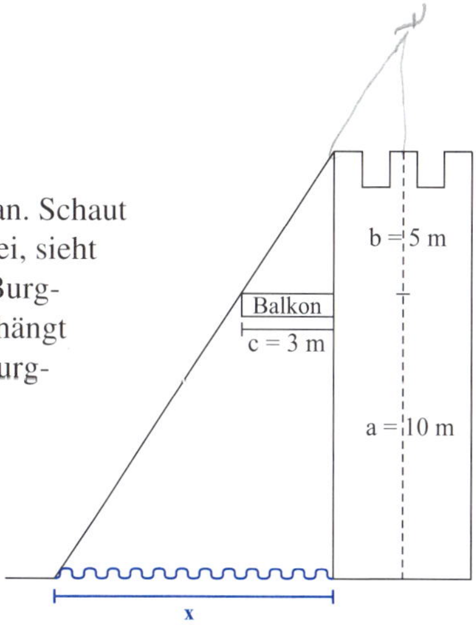

Zwei Geraden g und h schneiden sich in einem Punkt Z. Die Geraden werden von zwei zueinander parallelen Geraden außerhalb von Z geschnitten.

1. Strahlensatz:
Zwei Abschnitte auf g verhalten sich wie wie entsprechenden Abschnitte auf h.

$$\frac{a}{a'} = \frac{b}{b'} \qquad \frac{a'-a}{a} = \frac{b'-b}{b}$$

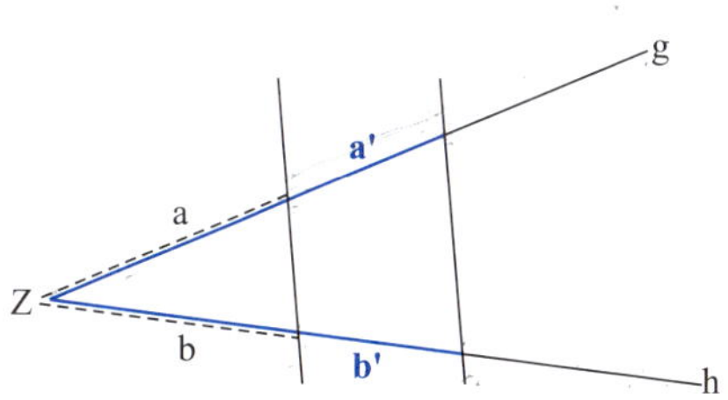

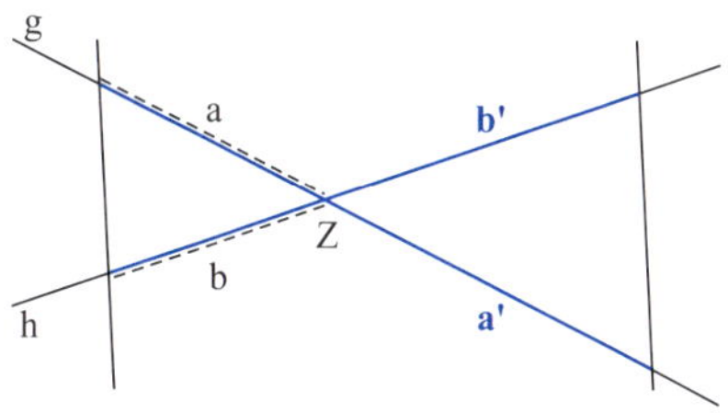

2. Strahlensatz:
Die Abschnitte auf den Parallelen verhalten sich wie die entsprechenden von Z aus gemessenen Abschnitte auf den Geraden.

$$\frac{a'}{a} = \frac{b'}{b}$$

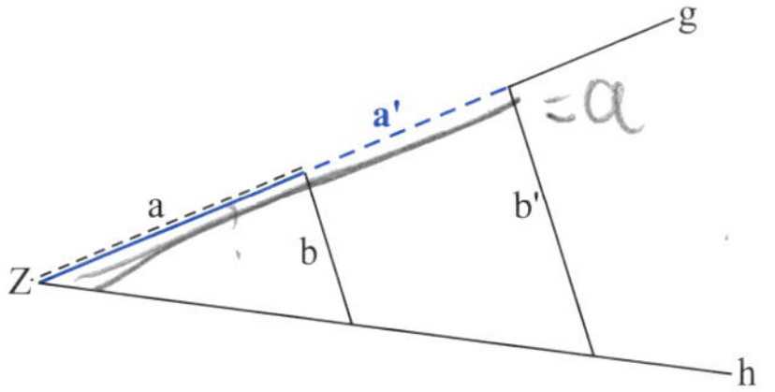

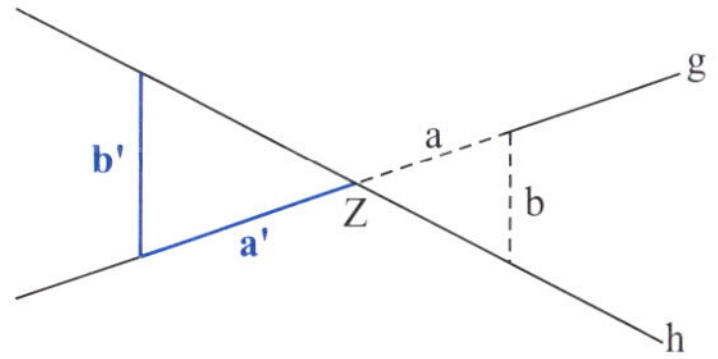

Überprüfung der Verhältnisse: Ist der linke Zähler kleiner als sein Nenner, dann ist auch der rechte Zähler kleiner als sein Nenner. Ist der linke Zähler größer als sein Nenner, dann ist auch der rechte Zähler größer als sein Nenner.

Beispiele

1. Berechne die Breite des Burggrabens auf S. 97.

Lösung:

Der Strahlensatz liefert

$$\frac{c}{x} = \frac{b}{a+b}$$

$$c \cdot (a+b) = x \cdot b \qquad |:b$$

$$\frac{c \cdot (a+b)}{b} = x$$

$$\Rightarrow \quad x = \frac{3\text{ m} \cdot (10\text{ m} + 5\text{ m})}{5\text{ m}} = \frac{3 \cdot 15}{5}\text{ m} = 9\text{ m}$$

Der Burggraben ist 9 m breit.

2. Gegeben sind die Strecken $a+b=7$ cm, $c+d=9$ cm, $e+f=6$ cm, $a=3$ cm. Berechne b, c, d, e und f.

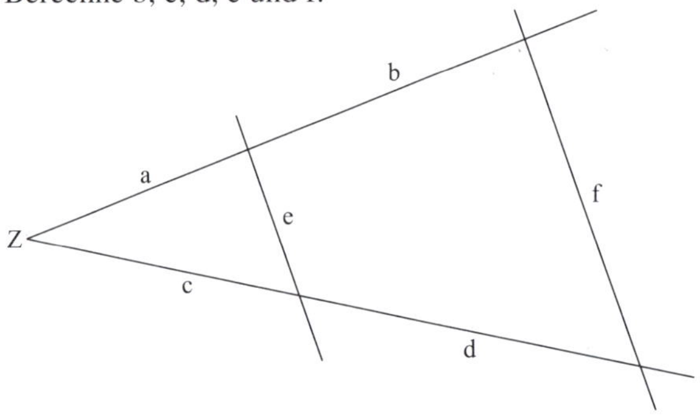

Lösung:

Die Aufgabe besteht darin, die passenden Quotienten aus dem Strahlensatz zu finden.

$$\frac{a}{a+b} = \frac{c}{c+d}$$

$$a \cdot (c+d) = c \cdot (a+b)$$

$$\mathbf{c} = a \cdot \frac{c+d}{a+b} = 3\text{ cm} \cdot \frac{9\text{ cm}}{7\text{ cm}} = \mathbf{3\frac{6}{7}\text{ cm}} \qquad (\approx 3{,}86\text{ cm})$$

$$\mathbf{d} = (c+d) - c = 9\text{ cm} - 3\frac{6}{7}\text{ cm} = \mathbf{5\frac{1}{7}\text{ cm}} \qquad (\approx 5{,}14\text{ cm})$$

$$\mathbf{b} = (a+b) - a = 7\text{ cm} - 3\text{ cm} = \mathbf{4\text{ cm}}$$

$$\frac{e}{f} = \frac{a}{a+b}$$

$$e = f \cdot \frac{a}{a+b} = f \cdot \frac{3\text{ cm}}{7\text{ cm}} = \frac{3}{7} \cdot f$$

$$e = \frac{3}{7} \cdot f \text{ in } e+f=6\text{ cm: } \frac{3}{7}f + f = 6\text{ cm}$$

$$\frac{10}{7}f = 6\text{ cm} \qquad \Big| \cdot \frac{7}{10}$$

$$\mathbf{f = 4{,}2\text{ cm}}$$

$$\mathbf{e} = \frac{3}{7} \cdot f = \frac{3}{7} \cdot 4{,}2\text{ cm} = \mathbf{1{,}8\text{ cm}}$$

3.

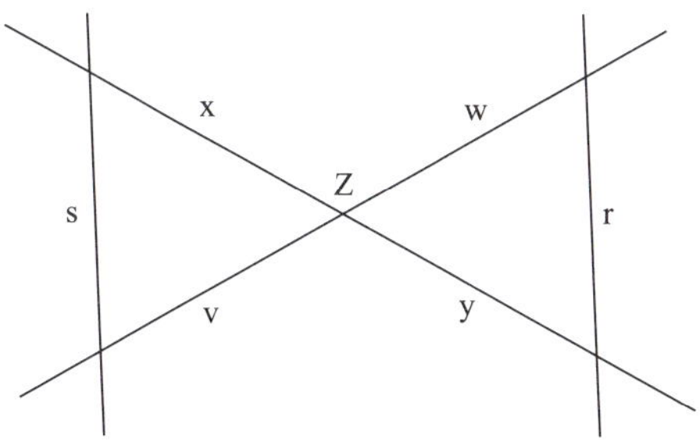

a) Bestimme möglichst viele Längenverhältnisse.

b) Berechne für s = 8 m, x = 5 m, r = 6 m und v = 4 m die fehlenden Größen w und y.

Lösung:

a) $\frac{x}{y} = \frac{s}{r}$ $\quad \frac{x}{y} = \frac{v}{w}$ $\quad \frac{v}{w} = \frac{s}{r}$ $\quad \frac{w}{w+v} = \frac{y}{y+x}$ $\quad \frac{v}{w+v} = \frac{x}{y+x}$

b) $\frac{s}{r} = \frac{x}{y} \quad \Rightarrow \quad \mathbf{y} = x \cdot \frac{r}{s} = 5\text{ m} \cdot \frac{6\text{ m}}{8\text{ m}} = 5\text{ m} \cdot \frac{3}{4} = \mathbf{3\frac{3}{4}\text{ m}}$

$\frac{s}{r} = \frac{v}{w} \quad \Rightarrow \quad \mathbf{w} = v \cdot \frac{r}{s} = 4\text{ m} \cdot \frac{6\text{ m}}{8\text{ m}} = 4\text{ m} \cdot \frac{3}{4} = \mathbf{3\text{ m}}$

Aufgaben

93. Fülle die Lücken in der Tabelle.

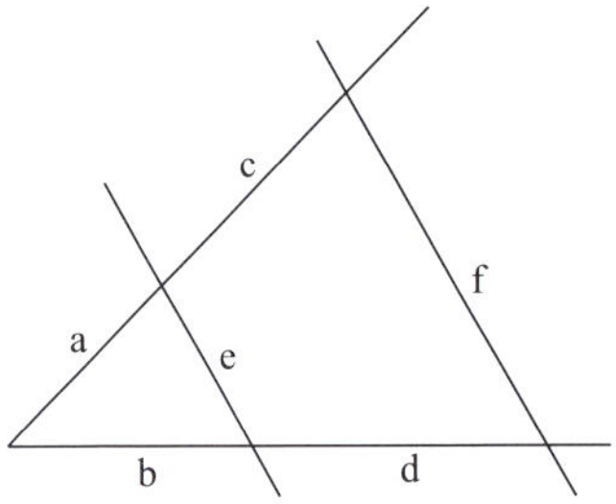

	a	b	c	d	e	f	a + c	b + d
a)	5	3	2			4		
b)	4			6	3	5		
c)		3			6	9	8	
d)		4			8	10	11	

94. g und h sind zueinander parallele Geraden.
Bestimme möglichst viele Längenverhältnisse.

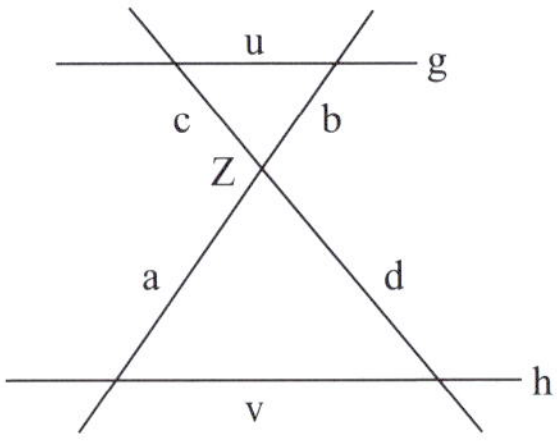

95. g und h sind zueinander parallele Geraden.
Bestimme möglichst viele Längenverhältnisse.

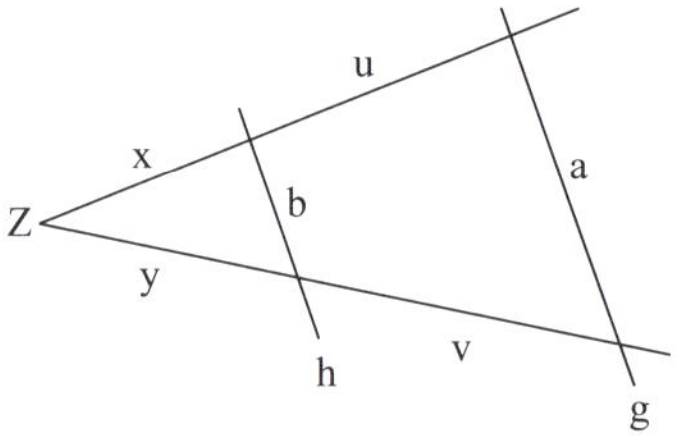

96. Mithilfe zweier verschiebbarer aufeinander senkrecht stehender Hölzer kann wie in der Skizze dargestellt ein Baum angepeilt werden.
Bestimme aus den gemessenen Größen a = 2,7 cm; c = 10 cm; d = 45 m die Höhe des angepeilten Baumes.

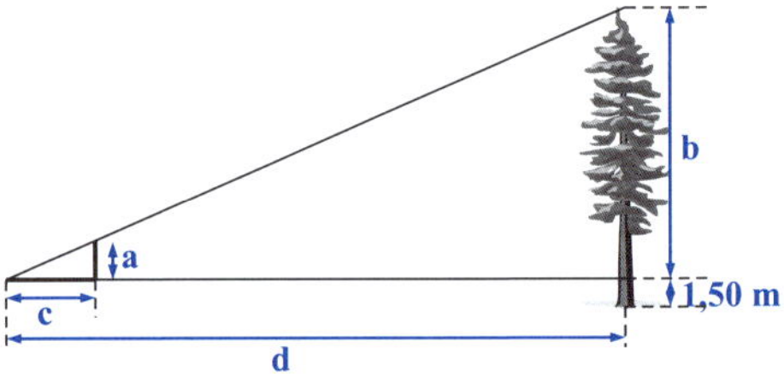

97. ABCD sind die Ecken eines Trapezes. Die Seiten [AB] und [CD] seien dabei parallel zueinander. S ist der Diagonalenschnittpunkt mit $\overline{DS} = 3{,}0$ cm und $\overline{SB} = 6{,}7$ cm.
Bestimme die Länge von [CD] mit $\overline{AB} = 4{,}0$ cm.

✳ 98. Die Summe der in der Zeichnung eingetragenen Winkel α und β beträgt 180°.

a) Zeige, dass die Geraden g und h parallel zueinander sind.

b) Bestimme aus den Strecken $a = 4$ cm, $b = 6$ cm und $e = 5$ cm die Größen c, d und f mit der Forderung, dass $c = d - 1\frac{1}{2}$ cm ist.

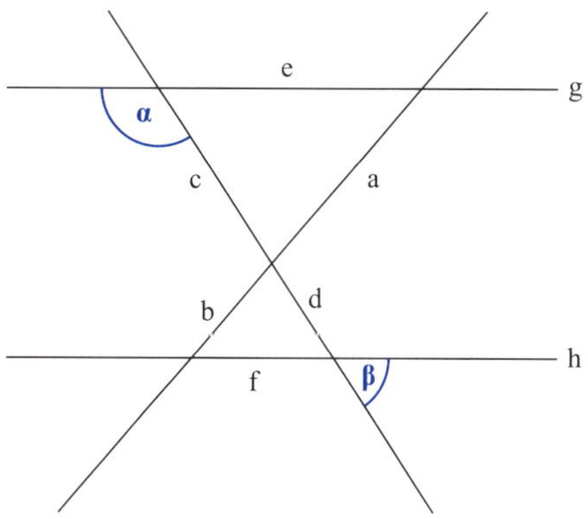

3 Ähnlichkeit von Figuren

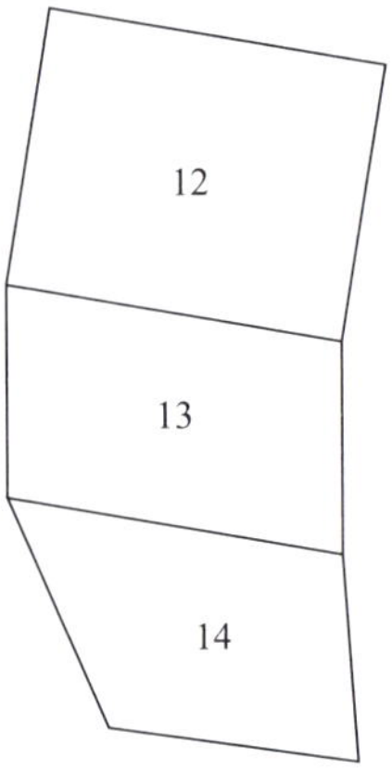

In der Gemeinde Baldusdorf existiert ein im Maßstab 1 : 1 400 gezeichneter Bebauungsplan. Die Vierecke in der Karte sind ähnlich zu den tatsächlichen Grundstücken. Das Rechteck 12 auf der Karte hat die Länge 2,5 cm und die Breite 2 cm.
Durch Multiplikation der Kantenlängen mit der Maßzahl 1 400 erhält man die tatsächliche Größe des Grundstücks:
$\ell = 2{,}5\ \text{cm} \cdot 1\,400 = 35\ \text{m}$
$b = 2\ \text{cm} \cdot 1\,400 = 28\ \text{m}$

Zwei Figuren sind zueinander ähnlich, wenn eine Figur durch eine zentrische Streckung aus der anderen Figur hervorgeht.

Gemeinsamkeiten von zueinander ähnlichen Figuren:
- Entsprechende Winkel sind gleich groß.
- Entsprechende Längenverhältnisse bleiben trotz Streckung gleich.
  $$\frac{a'}{a} = \frac{b'}{b} = \frac{c'}{c} = k$$
  Seitenverhältnisse entsprechender Figurenseiten sind gleich dem Streckungsfaktor k.
- Der Flächeninhalt verändert sich bei der zentrischen Streckung um den Faktor k^2.

Beispiele

1. Zeige, dass die beiden Rechtecke ABCD und A'B'C'D' zueinander ähnlich sind.

   Lösung:
   Die beiden Rechtecke sind wegen des gemeinsamen Zentrums ähnlich zueinander. Verbindet man alle zusammenhängenden Punkte durch Geraden, so erhält man genau einen Schnittpunkt, das Zentrum Z.

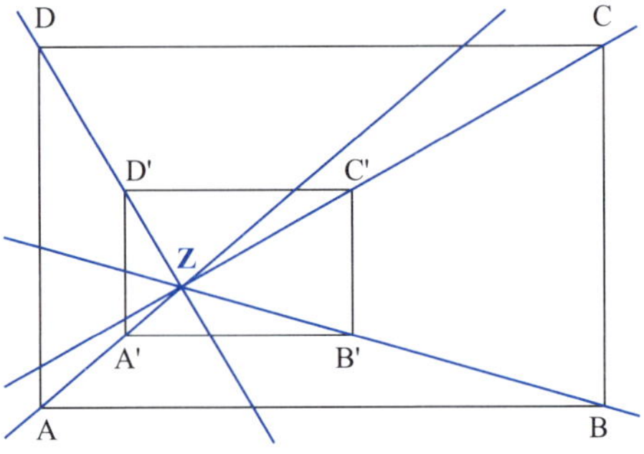

2. Konstruiere ein gleichschenkliges Dreieck mit der Basis c. Die Basiswinkel sollen jeweils 30° betragen, die Höhe auf die Basis hat die Länge 5 cm.

Lösung:
Konstruiere ein ähnliches Dreieck mit den Winkeln 30°, 30° und 120°. Strecke das Dreieck passend ($h_c = 5$ cm) mit dem Zentrum C.

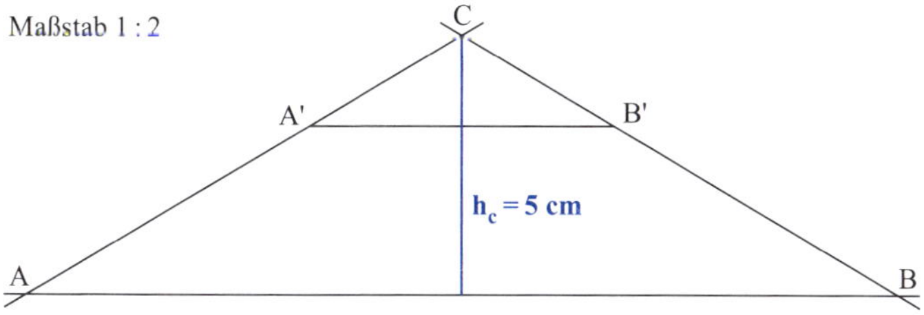

Aufgaben

99. Ein rechteckiges Grundstück wird auf der Landkarte mit dem Maßstab 1 : 15 000 abgebildet. Die Seitenlängen des Rechtecks auf der Karte betragen 8 cm und 6 cm.

a) Berechne die tatsächlichen Maße des Grundstücks.

b) Berechne den tatsächlichen Flächeninhalt des Grundstücks.

c) Zeige, dass die drei Gemeinsamkeiten ähnlicher Figuren im Fall des Grundstücks erfüllt sind.

100. Zwei zueinander ähnliche Dreiecke haben die Flächeninhalte $A = 10 \text{ cm}^2$ und $A' = 90 \text{ cm}^2$. Die Grundlinie g des Dreiecks mit dem Flächeninhalt A ist 5 cm lang.
Berechne die entsprechende Grundlinie g' des Dreiecks mit dem Flächeninhalt A'.

101. „Zwei Figuren sind zueinander ähnlich, falls alle Winkel übereinstimmen."
Widerlege diesen Satz mithilfe eines Beispiels.

102. Bei zwei zueinander ähnlichen 5-Ecken entsprechen sich die Seiten $a = 6$ cm und $a' = 8$ cm. Das 5-Eck mit der Seite a hat den Flächeninhalt $A = 26 \text{ cm}^2$.
Bestimme den Flächeninhalt A' des anderen 5-Ecks.

103. a) Konstruiere ein Dreieck mit den Seitenlängen $a_1 = 5$ cm, $b_1 = 7$ cm und $c_1 = 4$ cm, sowie ein zweites Dreieck mit den Seitenlängen $a_2 = 5$ cm, $b_2 = 4$ cm und $c_2 = 3$ cm.

b) Begründe ohne Ermittlung eines Zentrums die fehlende Ähnlichkeit der beiden Dreiecke.

*** 104.** Von einem Dreieck sind die Innenwinkel 45° und 80° bekannt.

a) Zeichne das Dreieck, falls der Umkreisradius 5 cm beträgt.

b) Zeichne das Dreieck, falls der Inkreisradius 5 cm beträgt.

c) Sind die beiden Dreiecke ähnlich zueinander? (Begründung!)

4 Ähnlichkeitssätze für Dreiecke

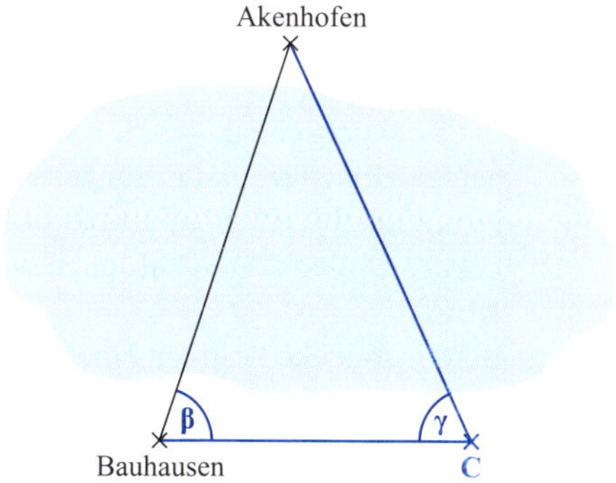

Akenhofen und Bauhausen sind durch einen See voneinander getrennt. Um den Abstand der beiden Dörfer zu ermitteln, kann man ähnliche Dreiecke verwenden.
Mithilfe eines Punktes C misst man den Abstand von Bauhausen zu C, sowie die beiden eingezeichneten Winkel β und γ. Jedes Dreieck mit den Winkeln β und γ ist ähnlich zu dem tatsächlichen Dreieck. Die fehlende Strecke von Akenhofen nach Bauhausen kann aus dem gezeichneten ähnlichen Dreieck herausgemessen werden und mithilfe des gleichen Längenverhältnisses entsprechender Seiten bestimmt werden.
Warum sind die beschriebenen Dreiecke ähnlich zueinander?

Die gemeinsamen Eigenschaften von ähnlichen Dreiecken verwendet man zur Formulierung von Ähnlichkeitssätzen. Wie bei den Kongruenzsätzen werden gemeinsame Eigenschaften geprüft, um eine Ähnlichkeit zu zeigen.

Zwei Dreiecke sind zueinander ähnlich,
- falls sie in zwei (und damit wegen der Innenwinkelsumme in drei) Winkeln übereinstimmen. **WW-Satz**
- falls die Längenverhältnisse entsprechender Seiten übereinstimmen. **S : S : S-Satz**
- falls das Verhältnis zweier Seitenlängen und der eingeschlossene Winkel übereinstimmen. **S : W : S-Satz**

Zwei kongruente Dreiecke sind auch zueinander ähnlich.

Beispiele

1. Sind die Dreiecke ABD und AEC zueinander ähnlich?

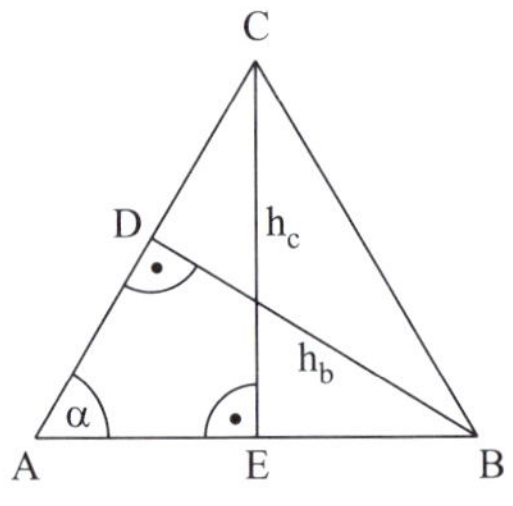

Lösung:
In das gleichschenklige Dreieck ABC sind die beiden Höhen h_c und h_b eingezeichnet.
Der Winkel $\alpha = \sphericalangle EAC$ ist sowohl Innenwinkel des Dreiecks ABD als auch des Dreiecks AEC.
Beide Dreiecke besitzen einen rechten Winkel.
Die beiden Dreiecke ABD und AEC stimmen in zwei Winkeln überein und sind nach dem WW-Satz zueinander ähnlich.

2. Das Dreieck ABC hat die Seitenlängen
$a = 3$ cm $\quad b = 5$ cm $\quad c = 6$ cm.
Ein zweites Dreieck DEF hat die Seitenlängen
$d = 7{,}5$ cm $\quad e = 12{,}5$ cm $\quad f = 15$ cm.
Sind die Dreiecke ABC und DEF zueinander ähnlich?

Lösung:
Es sind jeweils drei Seiten gegeben, das führt zur Anwendung des S : S : S-Satzes:
Aus den entsprechenden Seiten a – d (kürzeste Seiten), b – e und c – f (längste Seiten) sind Längenverhältnisse zu bilden.
$\frac{a}{d} = \frac{3}{7{,}5} = 0{,}4 \qquad \frac{b}{e} = \frac{5}{12{,}5} = 0{,}4 \qquad \frac{c}{f} = \frac{6}{15} = 0{,}4$
Die Längenverhältnisse entsprechender Seiten stimmen überein. Die beiden Dreiecke sind nach dem S : S : S-Satz zueinander ähnlich.

Aufgaben

105. Ein Dreieck ABC hat Innenwinkel der Größe 45° und 77°. Von weiteren Dreiecken sind zwei Innenwinkel bekannt.
Welche dieser Dreiecke sind ähnlich zum Dreieck ABC?

a) $\alpha = 45°; \beta = 85°$

b) $\alpha = 45°; \beta = 58°$

c) $\alpha = 92°; \beta = 30°$

d) $\alpha = 58°; \beta = 58°$

106. Überprüfe die Ähnlichkeit der beiden Dreiecke ABC und DEF.

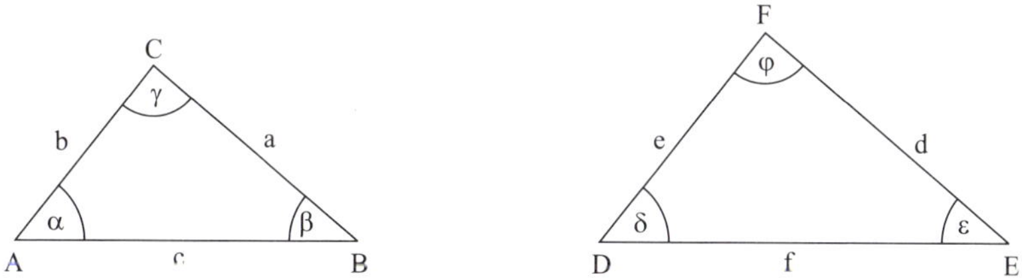

a)	a = 21 cm;	b = 24 cm;	c = 15 cm;	d = 35 mm;	e = 40 mm;	f = 25 mm
b)	a = 15 cm;	b = 6 cm;	c = 7 cm;	d = 5 mm;	e = 2 mm;	f = 4 mm
c)	$\alpha = 62°$;	$\beta = 31°$;	c = 5 cm;	$\delta = 62°$;	$\varphi = 87°$;	f = 7 cm
d)	$\alpha = 63°$;	c = 5 cm;	b = 8 cm;	$\delta = 63°$;	f = 1 cm;	e = 1,6 cm
e)	$\varphi = 48°$;	b = 6 cm;	a = 9 cm;	$\gamma = 48°$;	d = 4 cm;	e = 8 cm
f)	$\alpha = 88°$;	a = 5 cm;	b = 2 cm;	$\delta = 88°$;	d = 1,5 cm;	f = 6 cm
g)	a = 4 cm;	b = 5 cm;	e = 5 cm;	f = 3 cm;	d = 40 cm	

107. Zeige, dass die beiden Dreiecke ABC und A'B'C' zueinander ähnlich sind.

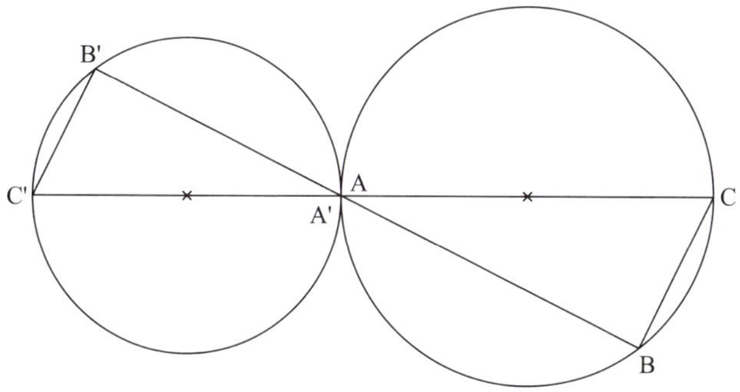

108. a) Zeige die Ähnlichkeit der Dreiecke ABC, ADC und DBC.

b) Bei ähnlichen Dreiecken stimmen alle Seitenverhältnisse und Winkel überein. Zeige für das rechtwinklige Dreieck ABC mit dem Höhenfußpunkt D:
$h_c^2 = \overline{AD} \cdot \overline{DB}$

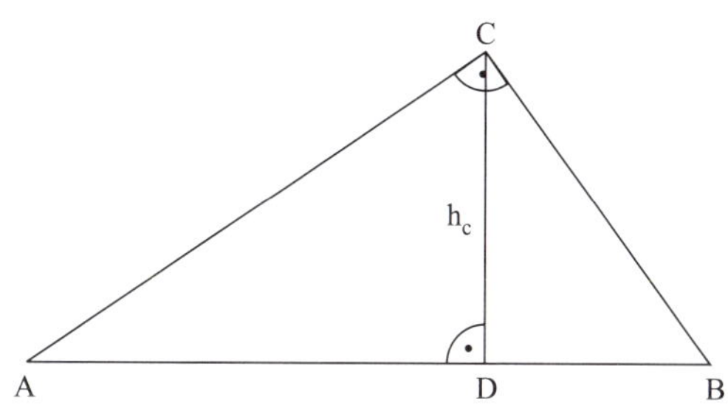

109. a) Beweise den WW-Satz.
Verwende dafür die Skizze, in der BC und B'C' parallel sind.

b) Beweise den S : S : S-Satz.
Verwende auch dafür wieder die Skizze.

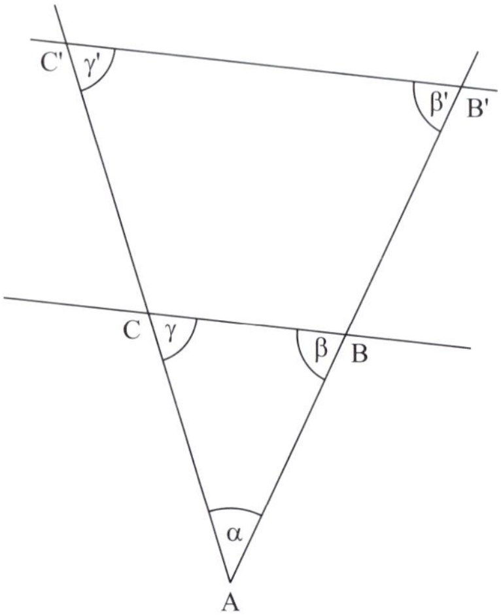

110. Die Punkte A(4 | 0) und B(0 | –2) liegen auf der Geraden g.

a) Bestimme die Geradengleichung der Geraden g.

b) Zeichne die Gerade g in ein Koordinatensystem ein.

c) Zeichne drei verschiedene Steigungsdreiecke ein und begründe, warum jedes Steigungsdreieck die gleiche Steigung liefert.

✳ **111.** Zeichnet man durch die Punkte A(0 | 0), B(2 | 1) und C(1 | 3) drei Geraden, so erhält man das Dreieck ABC.

a) Zeichne die Punkte und anschließend die Geraden in ein Koordinatensystem ein.

b) Das Dreieck AB'C' ist ähnlich zum Dreieck ABC.
Bestimme zeichnerisch die Punkte und rechnerisch die Geradengleichungen, die das Dreieck AB'C' abschließen, falls die Fläche des Dreiecks AB'C' den vierfachen Wert des ursprünglichen Dreiecks hat.
(zwei Lösungen!)

Wahrscheinlichkeitsrechnung nach Laplace

1 Ergebnis und Ereignis eines Zufallsexperiments

Welche Strategie führt beim Glücksspiel Roulette sicher zum Sieg?
Fragen des Glücksspiels waren Grundlage für die Entwicklung der Wahrscheinlichkeitsrechnung. Heute werden allgemein Experimente mit einem zufälligen Ergebnis als **Zufallsexperimente** bezeichnet. Das Ergebnis eines Zufallsexperiments ist nicht vorhersehbar.
Anhand eines Zufallsexperiments werden alle wichtigen Begriffe der Wahrscheinlichkeitsrechnung erklärt. Ein Würfel wird geworfen und die geworfene Augenzahl notiert. Dabei können die Ergebnisse **1, 2, 3, 4, 5** oder **6** auftreten.

Begriff	Abkürzung	Erklärung	Beispiel
Ergebnis	ω	Ausgang eines Zufallsexperiments	3
Ergebnismenge	Ω	Menge aller möglichen Ergebnisse	$\Omega = \{1; 2; 3; 4; 5; 6\}$
Mächtigkeit der Ergebnismenge	$\lvert\Omega\rvert$	Anzahl der Ergebnisse in der Ergebnismenge	$\lvert\Omega\rvert = 6$
Ereignis		Teilmenge der Ergebnismenge	P: Die Augenzahl ist eine Primzahl $P = \{2; 3; 5\}$
sicheres Ereignis		Ereignis tritt beim Zufallsexperiment sicher ein	S: Die Augenzahl ist kleiner als 7 $S = \Omega$
Gegenereignis zu E	$\overline{E}$	$\overline{E}$ enthält alle Elemente aus Ω, die nicht zu E gehören	$E = \{1; 3; 5\}$ $\overline{E} = \{2; 4; 6\}$
unmögliches Ereignis		Keines der erwünschten Ergebnisse kann eintreten	F: Die Augenzahl ist zweistellig $F = \{\}$
Elementarereignis		Die Ereignismenge enthält nur **ein** Element	G: Augenzahl ist 3 $G = \{3\}$

Beispiel

Auf einem Glücksrad befinden sich die Ziffern 3 und 8. Das Rad wird 4-mal gedreht und damit eine vierstellige Zahl erzeugt.

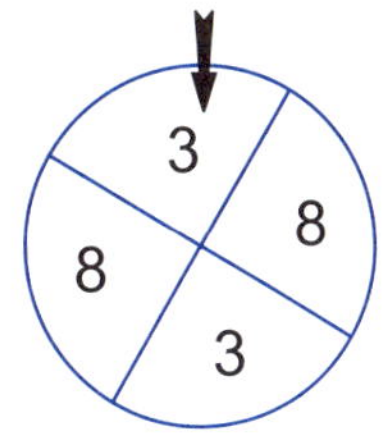

a) Stelle die Ergebnismenge auf und bestimme ihre Mächtigkeit.

b) Beschreibe folgende Ereignisse:
   A: Das Ergebnis ist größer als 8 000.
   B: Das Ergebnis ist eine gerade Zahl.
   C: Das Ergebnis ist kleiner als 3 300.
   D: Das Ergebnis ist durch 3 teilbar.

Lösung:

a) In der Ergebnismenge müssen alle möglichen Ergebnisse, d. h. alle vierstelligen Zahlen aus den Ziffern 8 und 3, gebildet werden. Hierzu sollte man ein Baumdiagramm verwenden, um kein Ergebnis zu vergessen.

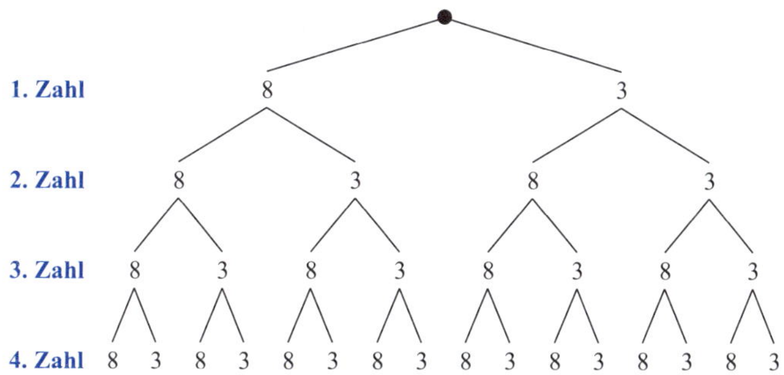

Jeder Weg von oben nach unten wird als **Pfad** bezeichnet. Jeder Pfad steht für ein Ergebnis.

$\Omega = \{8888; 8883; 8838; 8833; 8388; 8383; 8338; 8333; 3888; 3883; 3838; 3833; 3388; 3383; 3338; 3333\}$

Die Mächtigkeit der Ergebnismenge Ω ist 16: $\mathbf{|\Omega| = 16}$

Diese Mächtigkeit kann man auch rechnerisch ermitteln:

Jedes Quadrat ist ein Platzhalter für die beiden möglichen Ziffern 3 und 8.

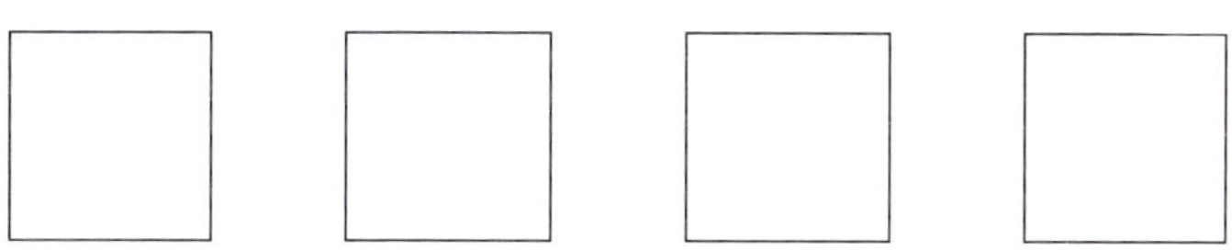

2 Möglichkeiten 2 Möglichkeiten 2 Möglichkeiten 2 Möglichkeiten

$\mathbf{2 \cdot 2 \cdot 2 \cdot 2 = 16}$

b) Die Beschreibung der Ereignisse erfolgt in Form von Ereignismengen.

A = {8888; 8883; 8838; 8833; 8388; 8383; 8338; 8333}	Alle passenden Elemente aus Ω werden Elemente in A.
B = {8888; 8838; 8388; 8338; 3888; 3838; 3388; 3338}	Alle Elemente aus Ω, die mit 8 enden, werden Elemente in B.
C = { }	Es gibt kein Element in Ω, das diese Bedingung erfüllt.
D = {8883; 8838; 8388; 3888; 3333}	Die Quersumme muss durch 3 teilbar sein.

Aufgaben

112. Ein Würfel wird zweimal geworfen und die geworfenen Zahlen werden addiert.

a) Stelle die Ergebnismenge auf.

b) Gib die folgenden Ereignisse in Mengenschreibweise an.
A: Die Zahl ist eine Primzahl.
B: Die Zahl ist durch 3 teilbar.
C: Die Zahl ist durch 7 teilbar.
D: Die Zahl ist eine Quadratzahl.
E: Die Zahl ist gerade.

113. Auf einem Glücksrad befinden sich die Zahlen 1 bis 7. Bei einer Lotterie darf man zweimal drehen. Man ermittelt dabei eine zweistellige Zahl, wobei die größte Ziffer an der Zehnerstelle steht.

a) Gib die Ergebnismenge an.

b) Gib die folgenden Ereignisse in Mengenschreibweise an.
A: Die Zahl ist durch 9 teilbar.
B: Die Zahl ist durch 3 teilbar.
C: Die Zahl ist eine Primzahl.
D: Die Zahl ist eine Quadratzahl.
E: Die Zahl ist größer als 63.
F: Die Quersumme ist 10.

114. Die 1-€-Münze ist mit den Motiven Wappen (W) und Zahl (Z) bedruckt. Die Münze wird dreimal geworfen.

a) Gib die Ergebnismenge an.

b) Gib folgende Ereignisse in Mengenschreibweise an:
A: genau zweimal Zahl
B: mindestens zweimal Zahl
C: höchstens zweimal Zahl
D: genau dreimal Wappen
E: keinmal Wappen

c) Gib die Gegenereignisse zu den Ereignissen aus Teilaufgabe b an.

2 Relative Häufigkeit und Wahrscheinlichkeit

Ein Würfel wird 200-mal geworfen und die Ergebnisse werden in einer Tabelle notiert.

Augenzahl	1	2	3	4	5	6
Anzahl der Würfe	26	35	41	23	40	35

Diese Zahlen sind nicht voraussagbar. Eigentlich wird jede Augenzahl bei **$200 : 6 = 33,\overline{3}$** Würfen erwartet. Ist der Würfel nicht in Ordnung?
Zur Klärung dieser Frage werden drei Begriffe benötigt:

Absolute Häufigkeit eines Ereignisses
Tatsächliche Anzahl des Auftretens eines bestimmten Ereignisses bei einem Zufallsexperiment.

Relative Häufigkeit eines Ereignisses
Tritt ein Ereignis k-mal bei n Versuchen auf, so ist

$$h_n(k) = \frac{k}{n} \quad \textbf{(relative Häufigkeit)}$$

der Anteil der Treffer (k) an der Gesamtzahl (n) der Versuche.

Gesetz der großen Zahlen
Bei einer zunehmenden Anzahl von Versuchen in einem Zufallsexperiment stabilisieren sich die relativen Häufigkeiten.
Den stabilen Wert der relativen Häufigkeit eines Ereignisses A bei einem Zufallsexperiment nennt man **Wahrscheinlichkeit** des Ereignisses A, kurz **P(A)**.

Eigenschaften der Wahrscheinlichkeit

- Der Wert einer Wahrscheinlichkeit ist Element des Intervalls [0; 1]:
  $0 \leq P(E) \leq 1$,
  wobei E ein Ereignis ist.
- **$P(\Omega) = 1$**, d. h., das sichere Ereignis hat den Wert 1.
  Beispielereignis: Beim Roulette gewinnt man sicher, wenn man auf schwarz, rot und die Null setzt.
- **$P(\{\}) = 0$**, d. h., das unmögliche Ereignis hat den Wert 0.
  Beispielereignis: Ziehung der Zahl 52 beim Lotto.

Je näher der Wert der Wahrscheinlichkeit bei 1 liegt, desto wahrscheinlicher ist das Ereignis.

Beispiele

1. Bestimme die relativen Häufigkeiten des Würfelwurfs:

Augenzahl	1	2	3	4	5	6
Anzahl der Würfe	26	35	41	23	40	35

Lösung:
Relative Häufigkeit der Augenzahl 1:

$\left.\begin{array}{l} n = 200 \text{ Würfe} \\ k = 26 \text{ Treffer} \end{array}\right\} h_{200}(26) = \frac{26}{200} = 26 : 200 = 0{,}13 = 13\ \%$

Division **Kommaverschiebung**

Die Tabelle zu dem 200-Würfelwürfe-Zufallsexperiment wird um die relative Häufigkeit erweitert.

Augenzahl	1	2	3	4	5	6
absolute Häufigkeit	26	35	41	23	40	35
relative Häufigkeit	$\frac{26}{200}$	$\frac{35}{200}$	$\frac{41}{200}$	$\frac{23}{200}$	$\frac{40}{200}$	$\frac{35}{200}$
(Angabe in Prozent)	13 %	17,5 %	20,5 %	11,5 %	20 %	17,5 %

Der zu erwartende Anteil an Würfen mit der Augenzahl „3" ist $\frac{1}{6} = 16{,}\overline{6}\ \%$. Die im Versuch ermittelten Werte bewegen sich in der gleichen Größenordnung, nehmen den exakten Wert jedoch nicht an. Dies ändert sich bei einer wachsenden Zahl von Versuchen.

2. Mit welcher Wahrscheinlichkeit fallen beim Münzwurf „Zahl" und „Wappen"?

Lösung:
Bei einer fairen Münze werden bei einer großen Anzahl von Versuchen das „Wappen" und die „Zahl" in identischer Häufigkeit auftreten.

$P(\text{„Zahl"}) = P(\text{„Wappen"}) = \frac{1}{2}$

3. Ein Oktaeder besteht aus acht gleich großen Seitenflächen. Auf den Seitenflächen sind die geraden Zahlen 2, 4, 6, 8, 10, 12, 14 und 16 aufgemalt. Wie groß ist die Wahrscheinlichkeit, 14 zu würfeln?

Lösung:
Jede Seitenfläche wird bei einer großen Anzahl von Versuchen gleich häufig eintreten. Daher wird die Augenzahl 14 bei jedem 8. Wurf erwartet.

$P(\text{„2"}) = P(\text{„4"}) = \ldots = P(\text{„14"}) = P(\text{„16"}) = \frac{1}{8} = 0{,}125 = 12{,}5\ \%$

Aufgaben

115. Auf einem Jahrmarkt stehen zwei Arten eines Glücksrades. Zur Überprüfung notiert der Besitzer des Glücksradstandes bei 300 Drehungen die Ergebnisse mit.

Punktezahl	1	2	3	4	5
Anzahl	51	33	78	89	49

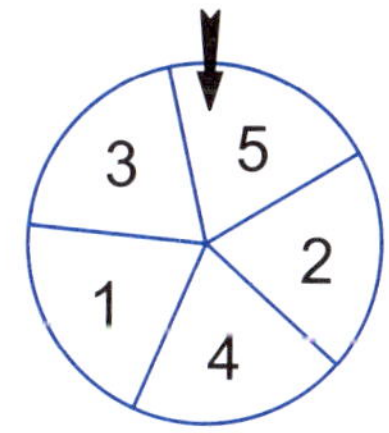

Punktezahl	1	3	5
Anzahl	128	112	60

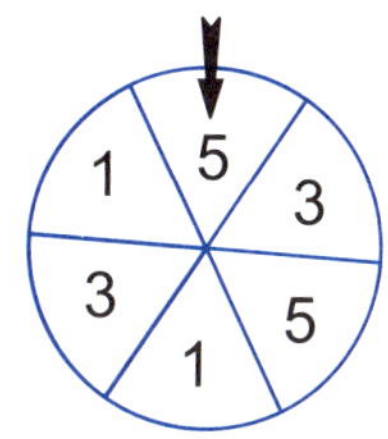

a) Berechne die relativen Häufigkeiten der acht Ereignisse.

b) Welche Wahrscheinlichkeiten wären zu erwarten?

c) Um wie viel Prozent weicht die ermittelte relative Häufigkeit von der erwarteten Wahrscheinlichkeit ab?

d) Kann man nun mit absoluter Sicherheit sagen, dass die Glücksräder in Ordnung oder gezinkt sind?

116. Aus einem Kartenpäckchen werden zufällig 180 Karten gezogen. Jede Karte wird nach der Notiz der Kartenfarbe wieder in den Stoß zurückgelegt. Dabei entsteht folgende Tabelle:

Kartenfarbe	Herz	Karo	Pik	Kreuz
absolute Häufigkeit				39
relative Häufigkeit		30 %	28,3 %	

a) Leider ist ein Tintenfass über der Tabelle verschüttet worden. Vervollständige die Tabelle richtig.

b) Zeichne ein Kreisdiagramm, das die relativen Häufigkeiten repräsentiert.

c) Ein Kartenpäckchen besteht aus 32 Karten mit vier verschiedenen Kartenfarben.
Welche Wahrscheinlichkeiten sind bei diesen Versuchen zu erwarten?

117. Thomas und Christian würfeln je 300-mal mit einem normalen sechsseitigen Würfel. Die Auswertung ergibt folgende Tabelle:

Augenzahl	1	2	3	4	5	6
Thomas	48	61	32	55	51	53
Christian	58	43	42	51	57	49

a) Berechne die relativen Häufigkeiten.

b) Beschreibe den Versuch in zwei Balkendiagrammen.

c) Welche Wahrscheinlichkeiten sind bei diesem Versuch zu erwarten?

118. Du willst mit zwei Freunden mit dem Zug nach München fahren. In der geplanten Zeit fahren drei Züge (Z_1, Z_2 und Z_3), die von euch drei Freunden unabhängig voneinander gebucht werden.

a) Wie viele Möglichkeiten gibt es, die Züge zu buchen (verwende ein Baumdiagramm).

b) Wie groß ist die Wahrscheinlichkeit, dass alle drei Freunde in einem Zug sitzen?

119. Ein Tetraeder besteht aus 4 gleich großen Seitenflächen mit den Beschriftungen 1, 2, 5 und 6. Bei einem Versuch wird 200-mal gewürfelt und dabei folgende Tabelle ermittelt:

Augenzahl	1	2	5	6
absolute Häufigkeit	57	23	81	

a) Berechne die fehlende absolute Häufigkeit und ermittle alle relativen Häufigkeiten.

b) Welche Wahrscheinlichkeiten sind bei diesem Versuch zu erwarten?

Julian würfelt 4-mal mit dem Tetraeder und bestimmt aus den gewürfelten Werten mit ihrer Reihenfolge eine vierstellige Zahl (z. B. 2 115 oder 5 526).

c) Mit welcher Wahrscheinlichkeit ist die ermittelte Zahl gerade?

d) Mit welcher Wahrscheinlichkeit ist die ermittelte Zahl durch 5 teilbar?

* e) Mit welcher Wahrscheinlichkeit ist die ermittelte Zahl durch 4 teilbar?

3 Laplace-Experiment

Zieht man aus einer Lostrommel beliebig ein Los heraus, so ist es für alle Lose gleich wahrscheinlich, gezogen zu werden.

Zufallsexperimente, bei denen jedes mögliche Ergebnis gleich wahrscheinlich ist, nennt man **Laplace-Experimente**.

> Die Wahrscheinlichkeit P(E) eines Ereignisses E bei Laplace-Experimenten wird mit folgender Formel berechnet:
>
> $$P(E) = \frac{\text{Anzahl der Ergebnisse, bei denen E eintritt}}{\text{Anzahl aller möglichen Ergebnisse}}$$
>
> $$= \frac{\text{Anzahl der Elemente von E}}{\text{Anzahl der Elemente von } \Omega}$$

Beispiel

Ermittle in einem Zufallsexperiment mit zwei Laplace-Würfeln die Wahrscheinlichkeit eines Pasches (zwei gleiche Augenzahlen).

Lösung:

Für die Ergebnismenge gilt:

$$\Omega = \{\mathbf{(1;1)}, (1;2), (1;3), (1;4), (1;5), (1;6),\\ (2;1), \mathbf{(2;2)}, (2;3), (2;4), (2;5), (2;6),\\ (3;1), (3;2), \mathbf{(3;3)}, (3;4), (3;5), (3;6),\\ (4;1), (4;2), (4;3), \mathbf{(4;4)}, (4;5), (4;6),\\ (5;1), (5;2), (5;3), (5;4), \mathbf{(5;5)}, (5;6),\\ (6;1), (6;2), (6;3), (6;4), (6;5), \mathbf{(6;6)}\}$$

Schreibe die Menge Ω zur Bestimmung aller möglichen Ergebnisse sorgfältig auf.

Die Anzahl aller möglichen Ergebnisse entspricht der Anzahl aller Elemente aus Ω:

$|\Omega| = 36$

Die Elemente aus Ω, die zu dem Ereignis „Pasch" gehören, sind blau markiert. Das Ereignis „Pasch" besteht aus 6 Elementen.

Markiere die günstigen Ergebnisse farbig.

$$P(\text{„Pasch"}) = \frac{\text{Anzahl der Elemente von „Pasch"}}{\text{Anzahl der Elemente von } \Omega} = \frac{|\text{„Pasch"}|}{|\Omega|} = \frac{6}{36} = \frac{1}{6}$$

Bei einer genügend großen Anzahl von Versuchen erwartet man im Mittel bei jedem sechsten Versuch einen Pasch.

Aufgaben

120. Beim Roulette gibt es insgesamt 37 Felder.
Untersuche folgende Ereignisse:

A: „ungerade“ B: „1. Dutzend“
C: {0} D: {10; 11; 12; 13; 14; 15}
E: „gerade“ F: „schwarz“
G: {23} H: {34; 35; 36}

a) Ermittle zu jedem beschriebenen Ereignis die Wahrscheinlichkeit.

b) Setzt man auf eine einzelne Zahl, so erhält man als Gewinn den 36-fachen Einsatz zurück.
Kann man bei diesem Spiel auf lange Sicht gewinnen?

121. Beim Samstagslotto werden 6 aus 49 nummerierten Kugeln gezogen. Die Ziehung geschieht ohne Zurücklegen, d. h., die gezogenen Kugeln kommen nicht zurück in die Lostrommel. Betrachte nur die Ziehung der ersten Kugel.

a) Mit welcher Wahrscheinlichkeit wird die „23“ gezogen?

b) Mit welcher Wahrscheinlichkeit wird nicht die „5“ gezogen?

c) „Die gezogene Zahl ist durch 6 teilbar“ ist ein mögliches Ereignis.
Berechne die Wahrscheinlichkeit.

d) Bestimme die Wahrscheinlichkeiten folgender Ereignisse:
A: „Die gezogene Zahl ist höchstens 17.“
B: „Die gezogene Zahl ist mindestens 24.“
C: „Die gezogene Zahl ist eine Primzahl.“
D: „Die gezogene Zahl ist eine Quadratzahl.“
E: „Die Quersumme der gezogenen Zahl ist 5.“
F: „Die gezogene Zahl ist größer als 27.“
G: „Die gezogene Zahl ist kleiner als 29.“

122. Beim Skat verwendet man 32 Karten mit 4 Farben. Man zieht eine Karte aus dem kompletten Stoß. Wie groß ist die Wahrscheinlichkeit für die Ziehung

a) eines Herz-Ass,

b) einer Karte mit der Farbe Karo,

c) eines Königs,

d) einer „7“ oder einer „8“,

e) einer Karte mit der Farbe Herz oder Pik,

f) eines Herz-Ass oder eines Pik-Königs oder einer „Kreuz 7“?

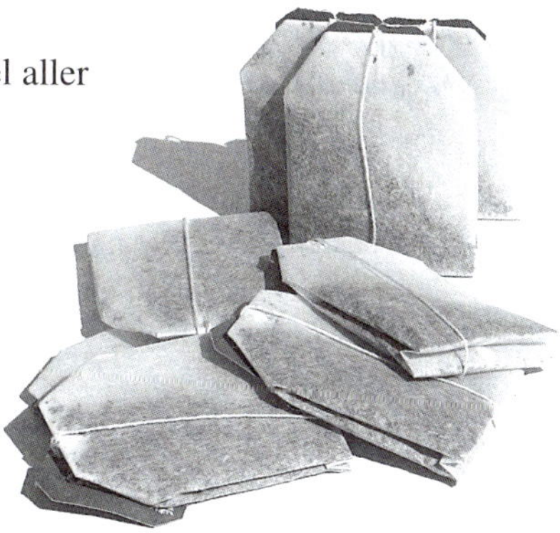

123. In einer Jugendherberge werden die Teebeutel aller Geschmacksrichtungen in einen Korb gelegt:

schwarzer Tee	60 Beutel
Früchtetee	24 Beutel
grüner Tee	10 Beutel
Kamillentee	25 Beutel
Pfefferminztee	26 Beutel

Du ziehst ohne hinzuschauen einen Teebeutel aus den gut gemischten Beuteln.

a) Berechne alle Wahrscheinlichkeiten, einen Tee bestimmter Geschmacksrichtung zu ziehen.

b) Wie groß ist die Wahrscheinlichkeit, einen Kamillentee oder Pfefferminztee zu ziehen?

c) Wie groß ist die Wahrscheinlichkeit, keinen Früchtetee zu ziehen?

d) Du möchtest zwei Teetassen. Zuerst hast du bereits einen Kamillentee gezogen. •
Wie groß ist die Wahrscheinlichkeit, nun einen schwarzen Tee zu ziehen?

124. Bei einer Wohltätigkeitstombola sind 425 Nieten und 575 Gewinne in einer Lostrommel.

a) Wie groß ist die Wahrscheinlichkeit, dass man einen Gewinn zieht (gehe von einem Laplace-Experiment aus)?

b) Wie groß ist beim zweiten Versuch die Wahrscheinlichkeit, einen Gewinn zu ziehen, falls bei der ersten Ziehung
   i) ein Gewinn gezogen wird,
   ii) eine Niete gezogen wird.

wieviel Mgl. gibt es überhaupt bei 2 Zügen diese Lose zu ziehen: 1000.999...
(verschiedenen)

Alle! Mgl, Gewinne zu ziehen

Alle Mgl.

4 Das Zählprinzip

Der mobile Eismann hat vier Eissorten in seinem Angebot: Erdbeere (E), Vanille (V), Schokolade (S) und Banane (B). Du hast Geld für drei Kugeln. Wie viele Möglichkeiten gibt es, die 3-Kugel-Eistüte zusammenzustellen, falls jede Kugel höchstens einmal enthalten sein darf?
Diese Art von (Kombinatorik-)Aufgaben löst man anschaulich mit einem Baumdiagramm.

Zählprinzip
Multipliziert man die Möglichkeiten in den einzelnen Baumdiagramm-Ebenen, so ergibt das Produkt die Gesamtzahl der Pfade (Gesamtzahl aller Möglichkeiten) im Baumdiagramm.

Bei Anwendung des Zählprinzips hat man häufig Rechenterme der Form $8 \cdot 7 \cdot 6 \cdot \ldots \cdot 2 \cdot 1$. Diese Art der Multiplikationskette mit um 1 abnehmenden Faktoren nennt man **Fakultät**.

$n! = n \cdot (n-1) \cdot (n-2) \cdot \ldots \cdot 2 \cdot 1$ **„!" steht für Fakultät**

Beispiele

1. Wie viele Möglichkeiten gibt es, bei vier verschiedenen Eissorten eine 3-Kugel-Eistüte zusammenzustellen, falls jede Kugel höchstens einmal enthalten sein darf?

Lösung:

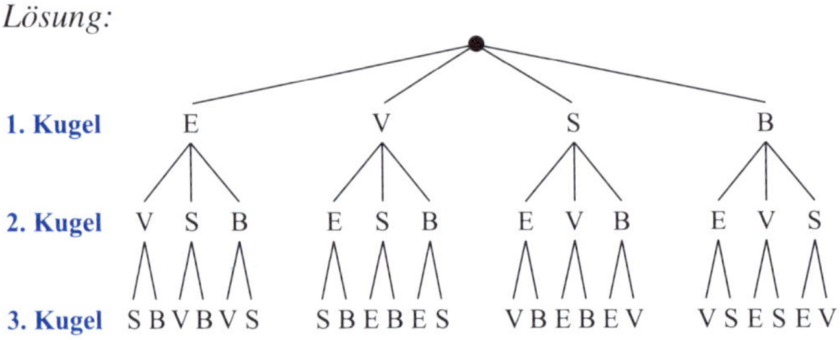

Jeder Pfad liefert ein Ergebnis. Insgesamt gibt es 24 Möglichkeiten, die Eiskugeln anzuordnen, wobei die Reihenfolge unterschieden wird, d. h., EVS und VES sind zwei verschiedene Ergebnisse.

$24 = 4 \cdot 3 \cdot 2$

4 ↓ **Möglichkeiten für die 1. Kugel**; 3 ↓ **Möglichkeiten für die 2. Kugel**; 2 ↓ **Möglichkeiten für die 3. Kugel**

Die Forderung nach verschiedenen Kugeln führt dazu, dass sich die Möglichkeiten verringern.

2. Löse 13! mit dem Taschenrechner.

Lösung:

$13! = 13 \cdot 12 \cdot 11 \cdot \ldots \cdot 2 \cdot 1$

$\quad = 6\,227\,020\,800$

Das „Ausrufezeichen" (x!) für die Fakultätsrechnung findet man auf jedem brauchbaren Taschenrechner.

Aufgaben

125. Ein Legosteinturm soll aus 5 bzw. 6 Steinen gebaut werden. Es stehen die Farben grün, rot, weiß, orange und blau mit jeweils 7 Steinen zur Verfügung.
Wie viele Möglichkeiten gibt es,

a) einen fünfstöckigen Turm mit beliebiger Farbreihenfolge zu bauen?

b) einen fünfstöckigen Turm aus fünf verschiedenen Farben zu bauen?

c) einen sechsstöckigen Turm zu bauen, wobei der erste und der letzte Stein weiß sein sollen?

d) einen sechsstöckigen Turm zu bauen, wobei die letzten drei Steine die umgekehrte Farbreihenfolge der ersten drei Steine haben sollen?

126. Berechne ohne Taschenrechner.

a) $3!$ b) $5!$

c) $6! - 5!$ d) $\dfrac{6!}{5!}$

e) $\dfrac{124!}{122!}$ f) $\dfrac{8!}{4!4!}$

127. Berechne mit Taschenrechner.

a) $\dfrac{49!}{6! \cdot 43!}$ b) $12!$

c) $13! - 11!$ d) $\dfrac{(7!)^2}{6!}$

128. Bei der Auslosung der Gruppen zur UEFA-Champions-League gibt es drei Töpfe mit je 8 Mannschaften. Aus jedem der drei Töpfe wird dem FC Bayern München ein Gruppengegner zugelost.

a) Wie viele Möglichkeiten der Gruppenbildung gibt es für den FC Bayern München, falls keine weiteren Anforderungen gestellt werden?

b) Im Topf 1 befindet sich eine weitere, im Topf 2 zwei weitere deutsche Mannschaften.
Wie viele Möglichkeiten der Gruppenbildung gibt es, falls der FC Bayern München keine weitere deutsche Mannschaft in der Gruppe haben soll?

c) Real Madrid ist im Topf 1.
Mit welcher Wahrscheinlichkeit trifft Bayern bereits in der Gruppenphase auf diesen Klub?

129. In einer Urne befinden sich 10 Kugeln. Jede Kugel ist mit einem Buchstaben markiert:
K L M T A R E I N S

a) Es werden 5 Kugeln mit Zurücklegen gezogen.
Wie groß ist die Wahrscheinlichkeit, dass das Wort STARK in der richtigen Reihenfolge gezogen wird?

b) Wie groß ist die Wahrscheinlichkeit, das Wort RAKETENSTART bei zwölf Ziehungen mit Zurücklegen in der richtigen Reihenfolge zu erhalten?

130. Hans hat in diesem Schuljahr 11 Schulbücher von seiner Schule erhalten.

a) Wie viele Möglichkeiten gibt es, diese Schulbücher in einem Bücherregal anzuordnen?

b) Das Lieblingsfach von Hans ist Mathematik.
Wie viele Möglichkeiten der Anordnung gibt es, falls die ersten beiden Bücher sein Algebra- und sein Geometriebuch sein sollen?

131. Bei einem Fahrradschloss kann man vierstellige Zahlen aus den Ziffern 0 bis 9 einstellen.

a) Mit welcher Wahrscheinlichkeit kann man mit einer zufällig eingestellten Zahl das Schloss öffnen?

b) Die richtige Zahl besteht aus zwei zweistelligen Quadratzahlen.
Wie viele Zahlen musst du mit dieser Information höchstens überprüfen, wenn du das Schloss öffnen willst?

Grundwissen der 5. bis 8. Klasse

Absolute Häufigkeit eines Ereignisses

Tatsächliche Anzahl des Auftretens eines bestimmten Ereignisses bei einem Zufallsexperiment.

Abstand

Der Abstand ist die kürzeste Entfernung zweier Objekte.

Beispiele:
- Abstand der Punkte A und B: Länge der Strecke [AB]
- Abstand von Punkt A und Gerade g: Länge der Strecke [AF], wobei F der Lotfußpunkt ist.

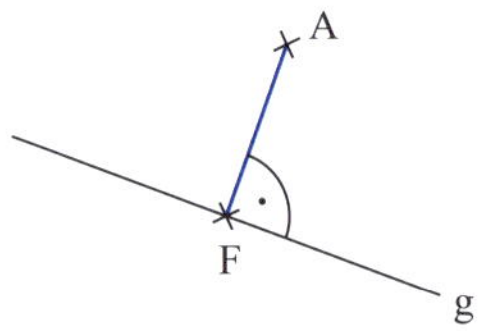

- Abstand der parallelen Geraden g und h: Länge der Strecke von einem beliebigen Punkt A auf g zum Lotfußpunkt des Lotes von A auf h.

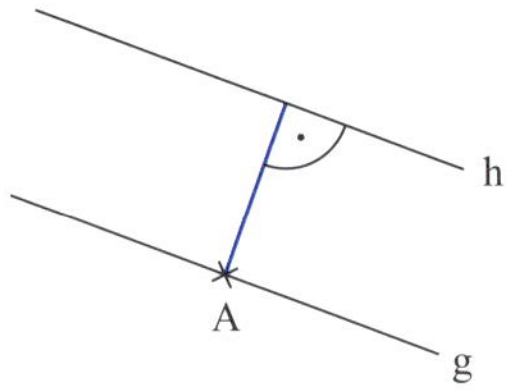

Achsensymmetrie

Zwei Punkte A und A' sind symmetrisch bezüglich der Symmetrieachse a, wenn die Verbindungsstrecke der Punkte senkrecht auf der Achse a steht und von ihr halbiert wird.

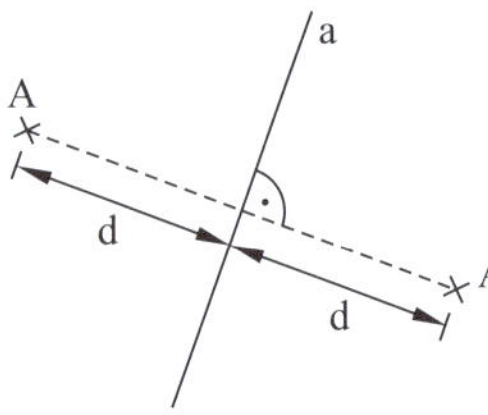

Achsensymmetrisches Trapez

Ein Trapez, das achsensymmetrisch zur Mittelsenkrechten einer der parallelen Seiten ist, heißt achsensymmetrisches Trapez.

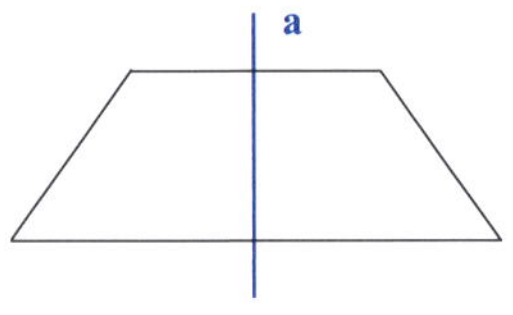

Eigenschaften:
- Die Schenkel sind gleich lang.
- Die Diagonalen sind gleich lang.
- Die beiden an einer der parallelen Seiten anliegenden Winkel sind gleich groß.

Addition/Subtraktion von Brüchen

Bringe die Brüche durch Erweitern auf einen gleichen Nenner (Hauptnenner bzw. kgV der ursprünglichen Nenner). Addiere/Subtrahiere die Zähler und behalte den gemeinsamen Nenner bei.

Addition/Subtraktion von Dezimalbrüchen

Addiere/Subtrahiere die Dezimalen mit den gleichen Stellenwerten. Erweitere bei Bedarf eine Dezimalzahl durch Anhängen von Nullen.

Ähnlichkeit

Zwei Figuren sind zueinander ähnlich, wenn eine Figur durch eine zentrische Streckung aus der anderen Figur hervorgeht.

Ähnlichkeitssätze

Zwei Dreiecke sind zueinander ähnlich,

- falls sie in zwei (und damit wegen der Innenwinkelsumme in drei) Winkeln übereinstimmen. **WW-Satz**
- falls die Längenverhältnisse entsprechender Seiten übereinstimmen. **S : S : S-Satz**
- falls das Verhältnis zweier Seitenlängen und der eingeschlossene Winkel übereinstimmen. **S : W : S-Satz**

Arithmetisches Mittel

Das arithmetische Mittel gibt den Durchschnitt von Werten an. Zur Berechnung werden alle Werte addiert und danach durch die Anzahl der Werte dividiert.

Asymptoten

Eine Asymptote ist eine Gerade, der sich der Graph einer Funktion annähert, d. h., der Abstand zwischen Graph und Asymptote wird beliebig klein.

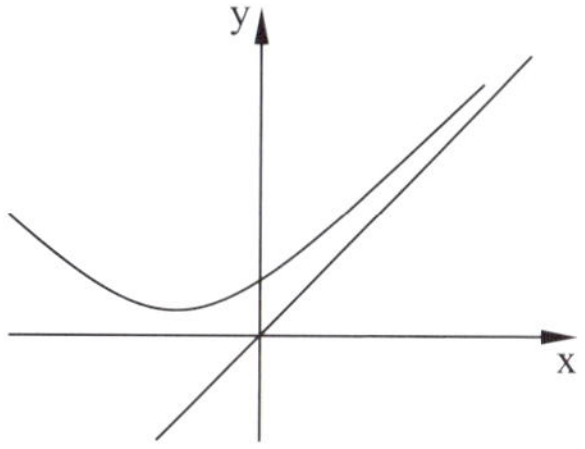

Eine **waagrechte Asymptote** ist eine Asymptote parallel zur x-Achse und wird durch die Funktionsgleichung $y = a$ ($a \in \mathbb{Q}$) beschrieben.
Senkrechte Asymptoten sind keine Funktionen.
Der Graph nähert sich einer Parallelen zur y-Achse. Den zugehörigen x-Wert nennt man **Polstelle**.

Betragsgleichungen

Der Betrag einer Zahl ist ihr Abstand zum Ursprung, z. B. $|-5| = |5| = 5$
Die Anzahl der Lösungen für Betragsgleichungen der Form $|x| = a$ hängt von der Zahl $a \in \mathbb{Q}$ ab:

$\mathbb{L} = \{-a; a\}$ falls $a > 0$
$\mathbb{L} = \{0\}$ falls $a = 0$
$\mathbb{L} = \{\ \}$ falls $a < 0$

Brüche

Nenner: Anzahl der gleichen Teile, die ein Ganzes ergeben
Zähler: Anzahl dieser gleichen Teile

$$\text{Bruch} = \frac{\text{Zähler}}{\text{Nenner}}$$

Dezimalbrüche

Dezimalbrüche sind Zahlen in Kommaschreibweise.

Direkte Proportionalität

Falls eine der vier folgenden Eigenschaften erfüllt ist, sind automatisch alle vier Eigenschaften erfüllt.

1. Direkte Proportionalität
2. Quotientengleichheit
3. Der Graph der Zuordnung ist eine Ursprungsgerade.
4. Zuordnungsvorschrift: $x \mapsto y = k \cdot x$, mit k als Proportionalitätsfaktor

Division von Brüchen

Durch einen Bruch wird dividiert, indem man mit dem Kehrbruch multipliziert.

$$\frac{a}{b} : \frac{c}{d} = \frac{a}{b} \cdot \frac{d}{c}$$

Division von Dezimalbrüchen

Man verschiebt das Komma bei Divisor und Dividend um die gleiche Stellenzahl, bis der Divisor eine ganze Zahl ist.
Beim Überschreiten des Dividenden-Kommas wird beim Ergebnis ein Komma gesetzt.

Division von ganzen Zahlen

Dividiere die Beträge der Zahlen und bestimme danach das Vorzeichen des Ergebnisses:

$(-) : (-) = (+)$ $\quad$ $(+) : (-) = (-)$
$(-) : (+) = (-)$ $\quad$ $(+) : (+) = (+)$

Drachenviereck

Ein Viereck, bei dem eine Diagonale Symmetrieachse ist, heißt Drachenviereck.

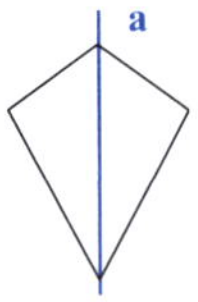

Eigenschaften:

- Je zwei Seiten, deren gemeinsamer Endpunkt auf der Symmetrieachse liegt, sind gleich lang.

- Die Symmetrieachse ist Winkelhalbierende der beiden entsprechenden Winkel; die beiden anderen Winkel sind gleich groß.
- Die Diagonalen stehen senkrecht aufeinander, wobei die eine der beiden von der anderen halbiert wird.

Dreieck

Die gängigen Bezeichnungen im Dreieck findest du in nebenstehender Abbildung. Die Summe der Innenwinkel (hier: α, β, γ) beträgt 180°.

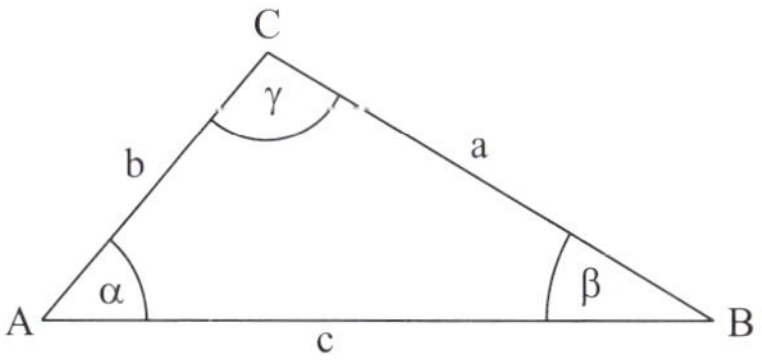

Elementarereignis

Die Ereignismenge enthält nur ein Element.

Empirisches Gesetz der großen Zahlen

Bei einer zunehmenden Anzahl von Versuchen in einem Zufallsexperiment stabilisieren sich die relativen Häufigkeiten. Den stabilen Wert der relativen Häufigkeit eines Ereignisses A bei einem Zufallsexperiment nennt man **Wahrscheinlichkeit** des Ereignisses A, kurz **P(A)**.

Ereignis

Teilmenge der Ergebnismenge

Ergebnis (Wahrscheinlichkeitsrechnung)

Abkürzung: ω
Ausgang eines Zufallsexperiments

Ergebnismenge

Abkürzung: Ω
Menge aller möglichen Ergebnisse

Erweitern

Der Wert eines Bruchs bleibt erhalten, falls Zähler und Nenner mit der gleichen Zahl multipliziert werden.

$$\frac{a}{b} = \frac{a \cdot n}{b \cdot n} \qquad a, b, n \in \mathbb{Z} \quad b \neq 0; n \neq 0$$

Faktorisieren einer Summe

Kommt in jedem Summanden ein gleicher Faktor vor, so kann man diesen Faktor ausklammern und die Summe als Produkt schreiben.

Fakultät

$n! = n \cdot (n-1) \cdot (n-2) \cdot \ldots \cdot 2 \cdot 1$

„!“ steht für Fakultät.

Flächeninhalt

Einheiten: 1 m^2, 1 dm^2, 1 cm^2, 1 mm^2, 1 a (Ar), 1 ha (Hektar), 1 km^2

Umrechnungstabelle:

$100\ mm^2 = 1\ cm^2$

$100\ cm^2 = 1\ dm^2$

$100\ dm^2 = 1\ m^2$

$100\ m^2 = 1\ a$

$100\ a = 1\ ha$

$100\ ha = 1\ km^2$

Formeln zur Flächenberechnung:

Dreieck	$A = \frac{1}{2} a \cdot h_a = \frac{1}{2} b \cdot h_b = \frac{1}{2} c \cdot h_c$
Rechteck	$A = a \cdot b$
Quadrat	$A = a^2$
Parallelogramm	$A = g \cdot h$
Trapez	$A = \frac{1}{2}(a + c) \cdot h$ mit $a \parallel c$

Komplizierte Flächen lassen sich oft bestimmen, indem sie in Rechtecke zerlegt oder zu Rechtecken ergänzt werden. Häufig lassen sie sich auch zu berechenbaren Flächen umbauen.

Funktion

Eine Funktion ist eine Zuordnung, bei der jedem x-Wert aus einer Menge genau ein y-Wert aus einer zweiten Menge zugeordnet wird.

Zuordnungsvorschrift:	f: $x \mapsto y = x + 1$
Funktionsgleichung:	$f(x) = x + 1$
Funktionsterm:	$x + 1$

Gebrochen-rationale Funktionen

Funktionen, deren Nenner eine Variable enthält, nennt man gebrochen-rationale Funktionen.

Gegenereignis zu E

Abkürzung: $\overline{E}$

$\overline{E}$ enthält alle Elemente aus Ω, die nicht zu E gehören.

Gerade

Die Verlängerung der Strecke [AB] über A und B hinaus ergibt die Gerade AB. Geraden werden häufig mit kleinen lateinischen Buchstaben bezeichnet: g, h, …

Gleichschenkliges Dreieck

Ein Dreieck mit zwei gleich langen Seiten heißt gleichschenkliges Dreieck.
Die beiden gleich langen Seiten nennt man Schenkel, die dritte Seite Grundseite oder Basis. Die an der Basis anliegenden Winkel heißen Basiswinkel und sind gleich groß.

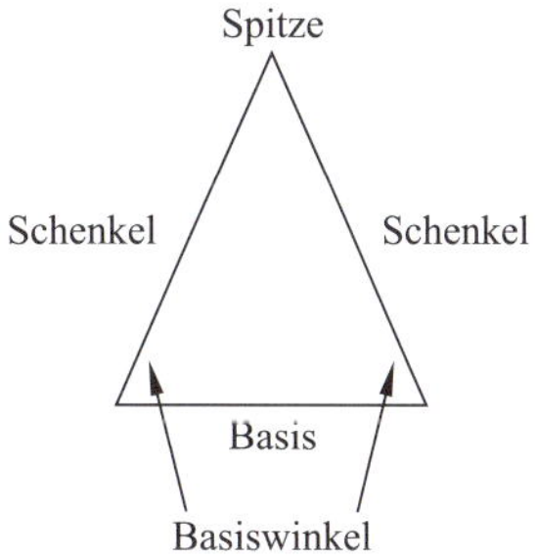

Gleichseitiges Dreieck

Ein Dreieck mit drei gleich langen Seiten heißt gleichseitig.

Gleichungen

Isoliere zum Lösen von Gleichungen die Variable auf einer Seite des Gleichheitszeichens mithilfe folgender Äquivalenzumformungen:

- Addition/Subtraktion auf beiden Seiten der Gleichung mit denselben Zahlen
- Multiplikation/Division derselben Zahlen ungleich null auf beiden Seiten der Gleichung

Gleitkommadarstellung

$7{,}1 \cdot 10^{\mathbf{4}} = 71\,000$	bedeutet die Verschiebung der Kommastelle um **4** Stellen nach rechts.
$6{,}3 \cdot 10^{\mathbf{-3}} = 0{,}0063$	bedeutet die Verschiebung der Kommastelle um **3** Stellen nach links.

Halbgerade

Verlängert man die Strecke von A nach B über B hinaus, so entsteht die Halbgerade [AB.
Halbgeraden werden oft mit kleinen lateinischen Buchstaben bezeichnet: g, h, …

Höhe

Die Höhe eines Dreiecks ist das Lot von einem Eckpunkt auf die jeweils gegenüberliegende Dreiecksseite.

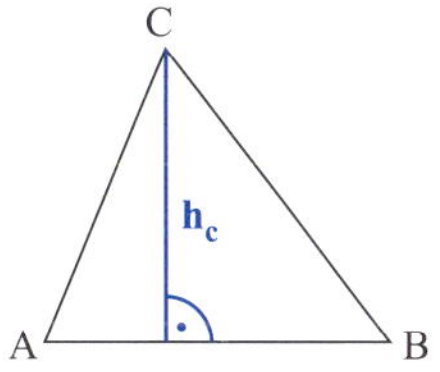

Indirekte Proportionalität

Falls eine der vier folgenden Eigenschaften erfüllt ist, sind automatisch alle vier Eigenschaften erfüllt.

1. Indirekte Proportionalität
2. Produktgleichheit
3. Der Graph der Zuordnung ist eine Hyperbel.
4. Zuordnungsvorschrift: $x \mapsto y = a \cdot \frac{1}{x}$

Inkreis

Sind alle Seiten eines n-Ecks Tangenten an einen Kreis, so wird dieser als Inkreis des n-Ecks bezeichnet.

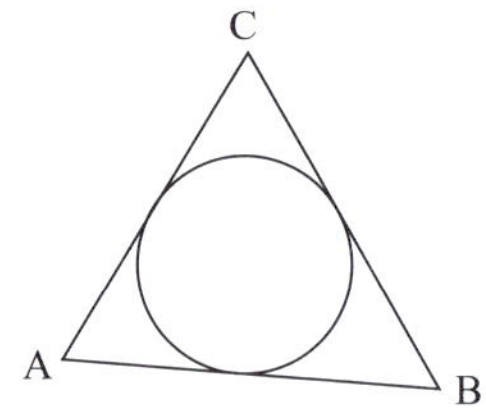

Intervalle

Eine zusammenhängende Punktmenge auf einem Zahlenstrahl nennt man Intervall.

geschlossenes Intervall:
$\{x \mid a \leq x \leq b\}$; $a, b \in [a; b]$

halboffenes Intervall:
$\{x \mid a < x \leq b\}$; $a \notin\ ]a; b]$; $b \in\ ]a; b]$

halboffenes Intervall:
$\{x \mid a \leq x < b\}$; $a \in [a; b[$; $b \notin [a; b[$

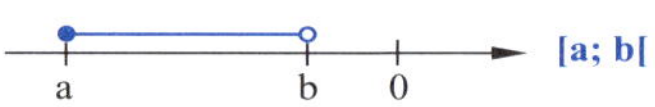

offenes Intervall:
$\{x \mid a < x < b\}$; $a, b \notin\ ]a; b[$

Kegel

Die Grundfläche ist ein Kreis. Die gekrümmte Mantelfläche lässt sich zu einem Kreissektor „auseinanderrollen“.

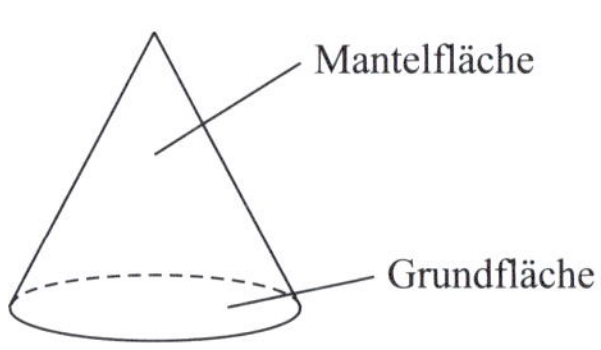

Kegelnetz:

kgV (kleinstes gemeinsames Vielfaches)

Das kleinste gemeinsame Element aus den Vielfachenmengen von Zahlen wird kgV genannt.

Kongruenz

Figuren, die ausgeschnitten so aufeinander gelegt werden können, dass sie zur Deckung kommen, nennt man deckungsgleich oder kongruent.
Man schreibt: $F_1 \cong F_2$

Kongruenzsätze

- Zwei Dreiecke sind kongruent, wenn sie in drei Seiten übereinstimmen. **SSS-Satz**
- Zwei Dreiecke sind kongruent, wenn sie in zwei Seiten und dem dazwischen liegenden Winkel übereinstimmen. **SWS-Satz**
- Zwei Dreiecke sind kongruent, wenn sie in einer Seite und zwei Winkeln übereinstimmen. **WSW-** bzw. **SWW-Satz**
- Zwei Dreiecke sind kongruent, wenn sie in zwei Seiten und dem der größeren Seite gegenüberliegenden Winkel übereinstimmen. **SsW-Satz**

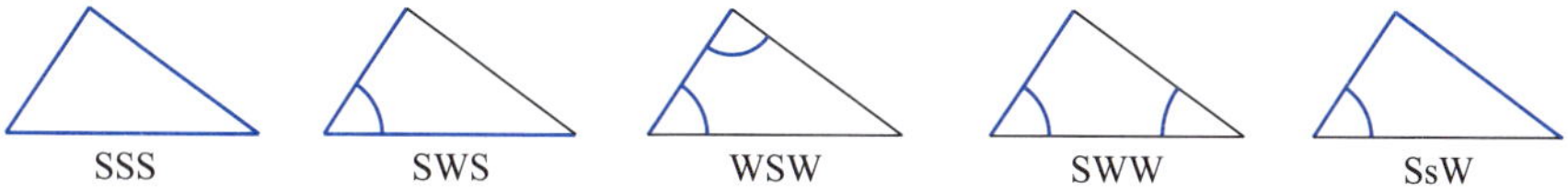

Koordinatensystem

Zwei sich senkrecht bei den Nullpunkten kreuzende Zahlengeraden ergeben ein Koordinatensystem (KOSY).
Der Nullpunkt wird als Ursprung des Koordinatensystems bezeichnet.
Das Koordinatensystem unterteilt die Zeichenebene in vier Quadranten.

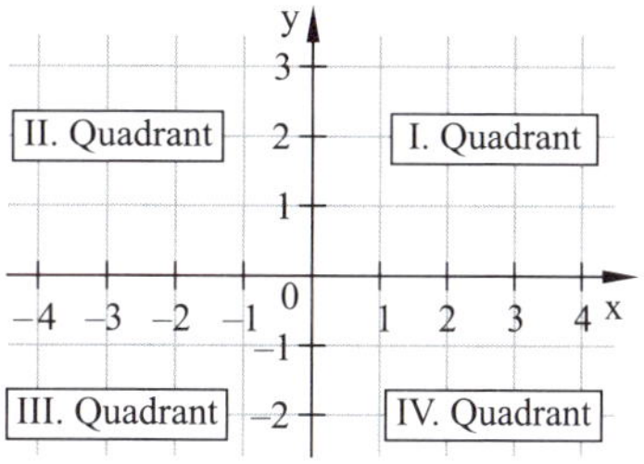

Kreis

Alle Punkte eines Kreises haben vom Mittelpunkt den gleichen Abstand. Dieser Abstand heißt Radius.
Kurzschreibweise: k(M, r) „Kreis um Mittelpunkt M mit Radius r"
Eine Sehne ist eine Strecke, die von einem Punkt auf der Kreislinie zu einem anderen Punkt auf der Kreislinie verläuft.
Der Durchmesser eines Kreises ist eine Sehne durch den Mittelpunkt des Kreises. Sie hat die doppelte Länge des Radius.
Umfang U: $U = 2 \cdot r \cdot \pi$ mit $\pi = 3{,}14159265\ldots$

Flächeninhalt A: $A = r^2\pi = \left(\frac{d}{2}\right)^2 \pi$

Kugel

Alle Punkte auf der Oberfläche haben den gleichen Abstand zum Mittelpunkt.

Kürzen

Der Wert eines Bruchs ändert sich nicht, falls Zähler und Nenner durch die gleiche Zahl dividiert werden.

$\frac{a}{b} = \frac{a:n}{b:n}$ $\quad$ $a, b, n \in \mathbb{Z}$; $b \neq 0$; $n \neq 0$

Laplace-Experiment

Ein Zufallsexperiment, bei dem jedes mögliche Ergebnis gleich wahrscheinlich ist, heißt Laplace-Experiment.

Berechnung der Wahrscheinlichkeit eines Ereignisses E:

$$P(E) = \frac{\text{Anzahl der Ergebnisse, bei denen E eintritt}}{\text{Anzahl der Elemente von } \Omega} = \frac{|E|}{|\Omega|}$$

Lineare Funktionen

Lineare Funktionen haben die allgemeine Form $x \mapsto y = mx + t$.

Der Graph ist eine Gerade.

$m = \frac{\Delta y}{\Delta x}$ Steigung der Geraden

t y-Achsenabschnitt; Schnittpunkt der Geraden mit der y-Achse $(0|t)$

Lineare Gleichungssysteme

Einsetzungsverfahren

- Löse eine Gleichung nach einer Variablen auf.
- Setze diese Variable in die andere Gleichung ein.
- Löse diese Gleichung nach der nun einzigen Variablen auf.
- Setze den ermittelten Zahlenwert in eine beliebige Gleichung ein und berechne die zweite Variable.

Additionsverfahren

- Multipliziere die Gleichungen so, dass vor x (oder y) die gleiche Zahl mit unterschiedlichen Vorzeichen steht.
- Addiere die entsprechenden Seiten beider Gleichungen und berechne aus der entstandenen Gleichung eine Unbekannte.
- Setze das Ergebnis in eine der beiden Gleichungen ein und ermittle die zweite Variable.

Lineare Ungleichungen

Bei der Multiplikation oder Division mit einer negativen Zahl muss zusätzlich das Ungleichheitszeichen umgedreht werden. Alle anderen Äquivalenzumformungen für Gleichungen können auch bei Ungleichungen verwendet werden.

Lot

Das Lot zu einer Geraden g ist eine Gerade, die senkrecht auf g steht. Der Schnittpunkt des Lotes mit der Geraden heißt Lotfußpunkt.

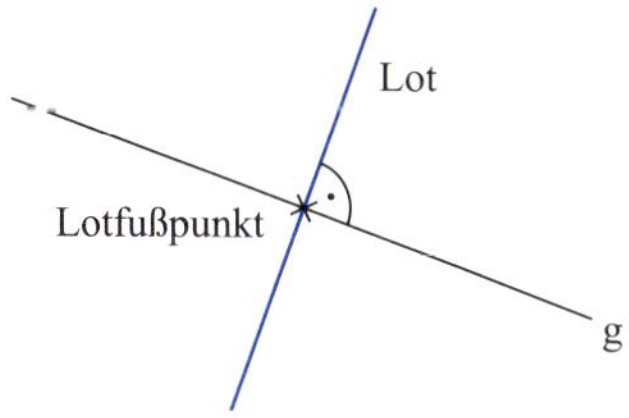

Mächtigkeit der Ergebnismenge

Abkürzung: $|\Omega|$

Anzahl der Ergebnisse in der Ergebnismenge

Maßstab

Maßstab 1 : 50 bedeutet, dass 1 cm in der Zeichnung 50 cm in Wirklichkeit entspricht.

Beispiele:

- 4 cm in der Zeichnung: $4\text{ cm} \cdot 50 = 200\text{ cm} = 2\text{ m}$ in Wirklichkeit
- 8 m in Wirklichkeit: $8\text{ m} : 50 = 800\text{ cm} : 50 = 16\text{ cm}$ in der Zeichnung

Mittelsenkrechte

Die Mittelsenkrechte $m_{[AB]}$ zur Strecke [AB] ist die Gerade, die senkrecht auf [AB] steht und [AB] halbiert. Sie ist die Symmetrieachse der Strecke [AB].

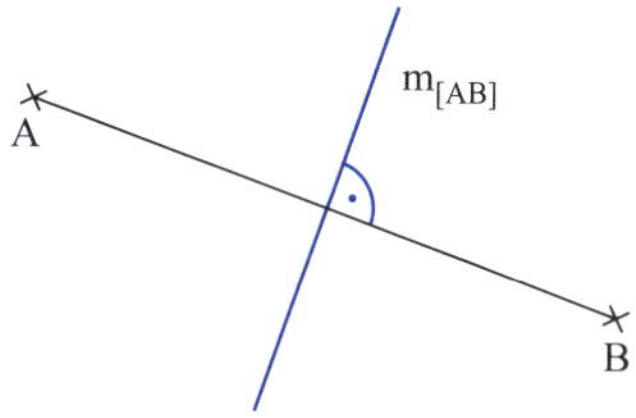

Multiplikation ganzer Zahlen

Multipliziere die Beträge der Zahlen und bestimme danach das Vorzeichen des Ergebnisses:

$(-)\cdot(-) = (+)$ $(+)\cdot(-) = (-)$

$(-)\cdot(+) = (-)$ $(+)\cdot(+) = (+)$

Multiplikation von Brüchen

Multipliziere Zähler mit Zähler und Nenner mit Nenner.

$$\frac{a}{b}\cdot\frac{c}{d} = \frac{a\cdot c}{b\cdot d}$$

Multiplikation von Dezimalbrüchen

Multipliziere die Dezimalbrüche ohne Rücksicht auf das Komma.
Das Ergebnis hat gleich viele Dezimalstellen wie beide Faktoren zusammen.

Multiplikation von Summen

Summen als Faktoren werden durch die Anwendung des Distributivgesetzes berechnet:
$(a+b) \cdot (c+d) = a \cdot c + a \cdot d + b \cdot c + b \cdot d$

Nebenwinkel

An einer Geradenkreuzung nebeneinander liegende Winkel heißen Nebenwinkel.
Sie addieren sich zu 180°:
$\alpha + \beta = 180°$

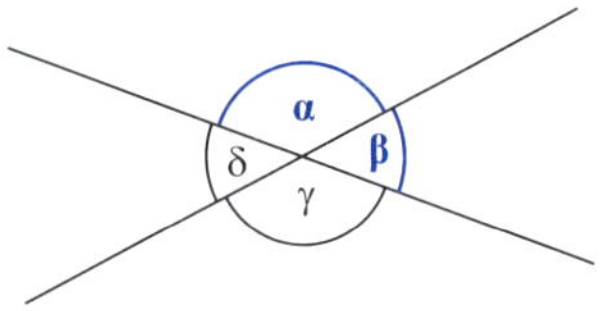

Netz

Schneidet man einen Körper so auf, dass er sich zu einer zusammenhängenden Fläche auseinanderfalten lässt, so wird diese Fläche als Netz des Körpers bezeichnet.

Nullstelle eines Funktionsgraphen

Der Schnittpunkt eines Graphen mit der x-Achse wird Nullstelle genannt.
$N(\ldots \mid 0)$
Zur Bestimmung wird die Funktionsgleichung null gesetzt und nach x aufgelöst.

Oberfläche

Die Oberfläche eines Körpers besteht aus allen Flächen, die den Körper begrenzen.
Für die Oberfläche eines Quaders mit den Kantenlängen a, b und c gilt:
$O_{Quader} = 2 \cdot a \cdot b + 2 \cdot a \cdot c + 2 \cdot b \cdot c = 2 \cdot (a \cdot b + a \cdot c + b \cdot c)$
Sonderfall: $O_{Würfel} = 6 \cdot a^2$

Parallelogramm

Ein Viereck, bei dem die jeweils gegenüberliegenden Seiten zueinander parallel sind, heißt Parallelogramm.

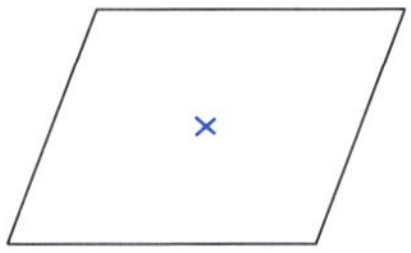

Eigenschaften:
- Gegenüberliegende Seiten sind gleich lang.
- Gegenüberliegende Winkel sind gleich groß.
- Die Diagonalen halbieren sich.
- Benachbarte Winkel ergänzen sich zu 180°.
- punktsymmetrisch zum Diagonalenschnittpunkt

Passante

Eine Gerade, die mit einem Kreis keinen gemeinsamen Punkt hat, heißt Passante zu diesem Kreis.

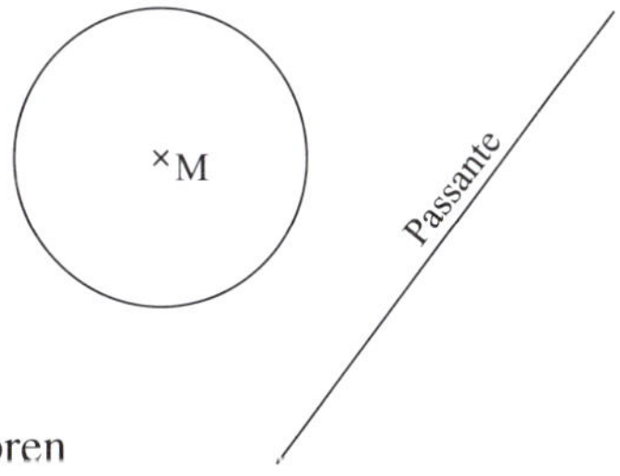

Potenz

Kurzschreibweise für Produkte mit gleichen Faktoren

Exponent, Basis

$$a^n = \underbrace{a \cdot a \cdot \ldots \cdot a}_{n \text{ Faktoren}}$$

Potenzregeln

	Multiplikation	Division	Potenzieren
gleicher Exponent	$a^m \cdot b^m = (ab)^m$	$\frac{a^m}{b^m} = \left(\frac{a}{b}\right)^m$	
gleiche Basis	$a^m \cdot a^n = a^{m+n}$	$\frac{a^m}{a^n} = a^{m-n}$	$(a^m)^n = a^{m \cdot n}$

$a^0 = 1$ für alle $a \in \mathbb{Q} \setminus \{0\}$

$a^{-n} = \frac{1}{a^n}$ für alle $n \in \mathbb{N}$ und $a \in \mathbb{Q} \setminus \{0\}$

Primzahlen

Primzahlen sind natürliche Zahlen, die genau zwei verschiedene Teiler haben.

Prisma

Grund- und Deckfläche eines n-seitigen Prismas sind zwei identische n-Ecke. Die Seitenflächen bestehen aus Rechtecken.

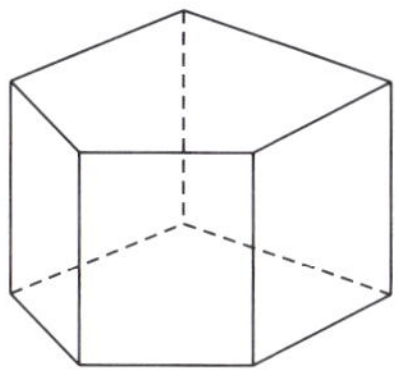
fünfseitiges Prisma

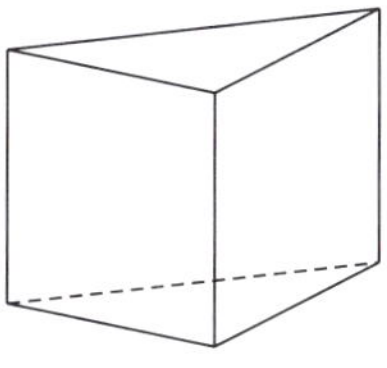
dreiseitiges Prisma

Prozent

„Prozent“ bedeutet „je hundert“ und wird bei der Berechnung von Anteilen verwendet.
Verschiebt man das Komma einer rationalen Zahl um zwei Stellen nach rechts, so erhält man ihren Wert in Prozent.

$1\,\% = \frac{1}{100}$ $\qquad$ $p\,\% = \frac{p}{100}$ (p Prozent)

$1\,‰ = \frac{1}{1\,000}$ $\qquad$ $p\,‰ = \frac{p}{1\,000}$ (p Promille)

Prozentrechnung

Prozentwert: $P = G \cdot \frac{p}{100}$

Prozentsatz: $p = \frac{P}{G} \cdot 100$

Grundwert: $G = \frac{P}{p} \cdot 100$

Punktsymmetrie

Zwei Punkte P und P' sind punktsymmetrisch bezüglich des Zentrums Z, wenn die Verbindungsstrecke der Punkte von Z halbiert wird.

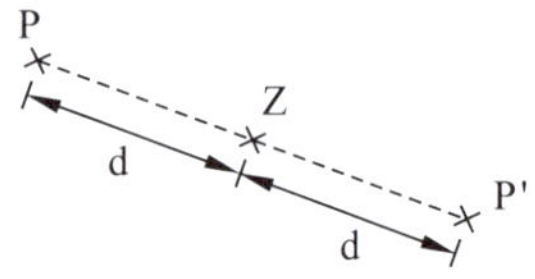

Pyramide

Die Grundfläche einer Pyramide ist ein n-Eck. Die Seitenflächen sind immer Dreiecke.

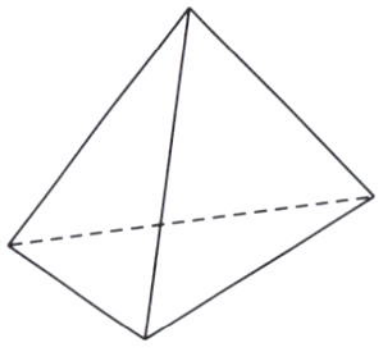

dreiseitige Pyramide

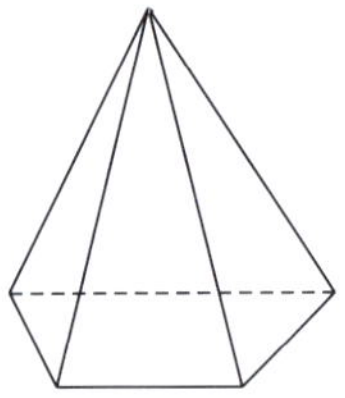

vierseitige Pyramide

Quader

Die sechs Seiten eines Quaders sind Rechtecke, wobei die beiden gegenüberliegenden Seitenflächen jeweils identisch sind. Aneinander angrenzende Seiten stehen zueinander senkrecht.

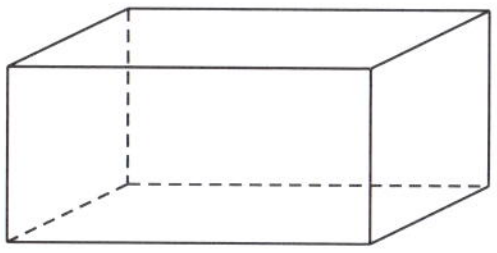

Quadernetz:

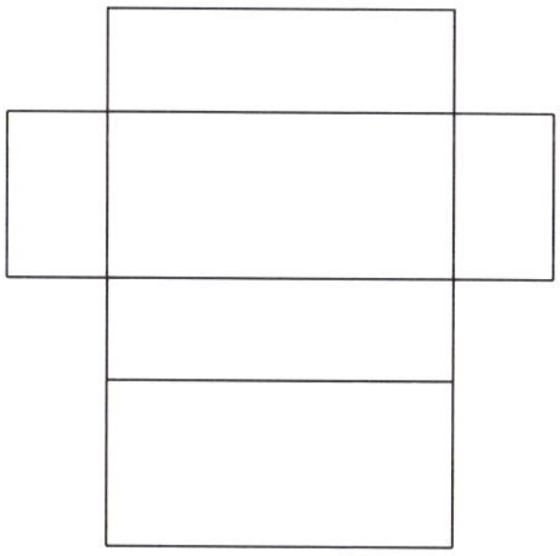

Quadrat

Ein Rechteck mit vier gleich langen Seiten heißt Quadrat.

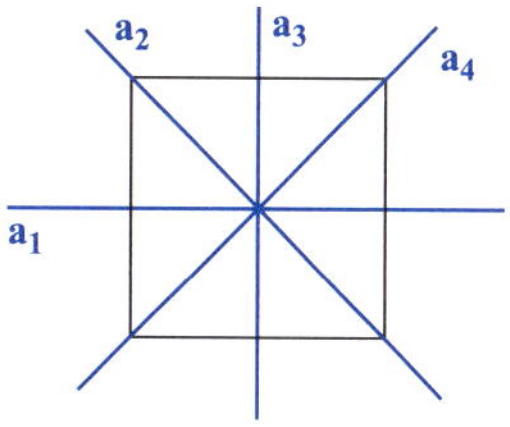

Eigenschaften:

- Die Diagonalen sind gleich lang, halbieren sich gegenseitig und stehen aufeinander senkrecht.
- punktsymmetrisch zum Diagonalenschnittpunkt
- achsensymmetrisch zu den Diagonalen und zu den Mittelsenkrechten (vier Symmetrieachsen)

Raute

Ein Viereck mit vier gleich langen Seiten heißt Raute.

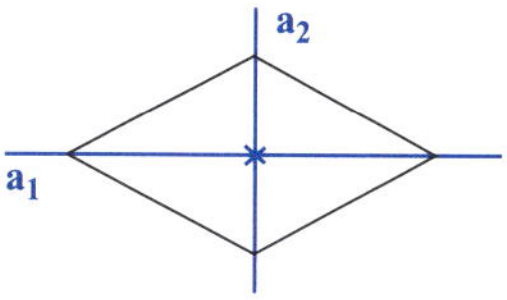

Eigenschaften:

- Gegenüberliegende Winkel sind gleich groß.
- Die Diagonalen stehen senkrecht aufeinander und halbieren sich gegenseitig.
- punktsymmetrisch zum Diagonalenschnittpunkt
- achsensymmetrisch zu den Diagonalen (zwei Symmetrieachsen)

Rechengesetze

Zuerst werden die Klammern berechnet, dann „Hoch“ vor „Punkt“ vor „Strich“.

Kommutativgesetz (K-Gesetz; Vertauschungsgesetz)

$a + b = b + a$ Addition

$a \cdot b = b \cdot a$ Multiplikation

Assoziativgesetz (A-Gesetz; Verbindungsgesetz)

$(a \cdot b) \cdot c = a \cdot (b \cdot c)$ Multiplikation

$(a + b) + c = a + (b + c)$ Addition

Distributivgesetz (D-Gesetz; Verteilungsgesetz)

$a \cdot (b \pm c) = a \cdot b \pm a \cdot c$ Multiplikation

$(a \pm b) : c = a : c \pm b : c$ Division

Rechteck

Ein Viereck mit vier rechten Winkeln heißt Rechteck.

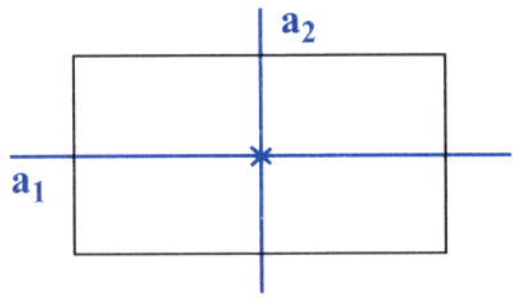

Eigenschaften:

- Die Diagonalen sind gleich lang und halbieren sich gegenseitig.
- Gegenüberliegende Seiten sind gleich lang.
- achsensymmetrisch zu den Mittelsenkrechten (zwei Symmetrieachsen)
- punktsymmetrisch zum Diagonalenschnittpunkt

Rechtwinkliges Dreieck

Ein Dreieck mit einem rechten Winkel heißt rechtwinkliges Dreieck.
Die dem rechten Winkel gegenüberliegende Seite heißt Hypotenuse, die an den rechten Winkel angrenzenden Seiten werden als Katheten bezeichnet.

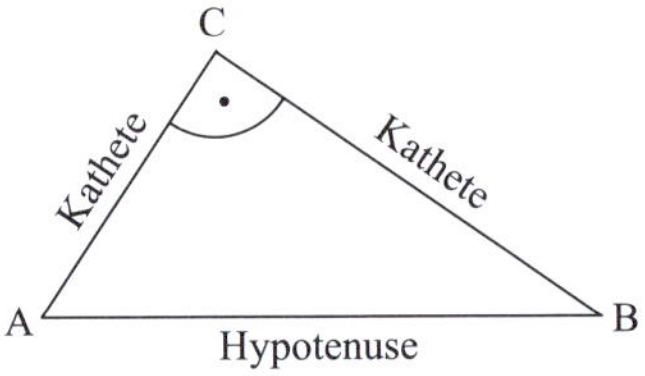

Relative Häufigkeit eines Ereignisses

Tritt ein Ereignis k-mal bei n Versuchen auf, so ist $h_n(k) = \frac{k}{n}$ (relative Häufigkeit) der Anteil der Treffer (k) an der Gesamtzahl (n) der Versuche.

Satz des Thales und Thaleskreis

Ein Dreieck ABC hat genau dann bei C einen rechten Winkel, wenn C auf dem Halbkreis über [AB] liegt.
Der Kreis mit dem Durchmesser [AB] heißt auch Thaleskreis über [AB].

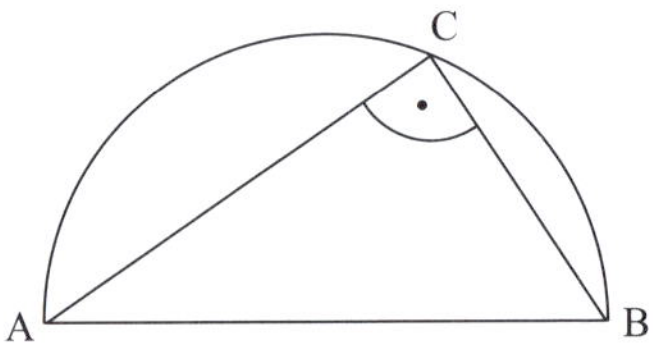

Scheitelwinkel

An einer Geradenkreuzung gegenüberliegende Winkel werden als Scheitelwinkel bezeichnet. Sie sind gleich groß: $\alpha = \gamma$

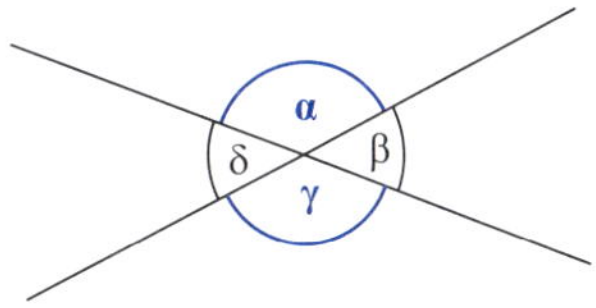

Schnittpunkt zweier Funktionsgraphen

Setze zuerst beide Funktionsterme gleich. Löse die entstandene Gleichung nach x auf und ermittle durch Einsetzen der errechneten Schnittstelle x_S in eine der beiden Funktionsgleichungen den zugehörigen y-Wert y_S.

$S(x_S \mid y_S)$

Seitenhalbierende

Als Seitenhalbierende in einem Dreieck wird die Strecke zwischen einem Eckpunkt und der gegenüberliegenden Seitenmitte bezeichnet.

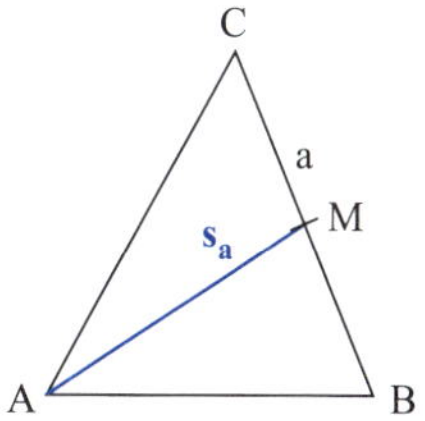

Sekante

Eine Gerade, die einen Kreis in zwei Punkten schneidet, heißt Sekante.

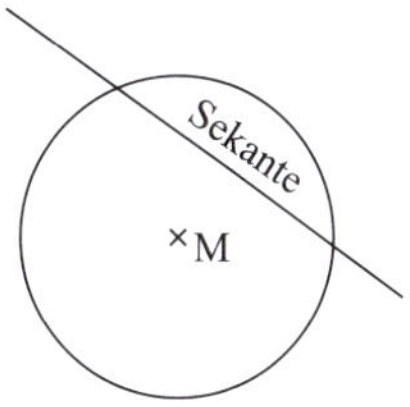

Sicheres Ereignis

Das Ereignis tritt bei einem Zufallsexperiment sicher ein.

Strahlensatz

1. Strahlensatz: Zwei Abschnitte auf g verhalten sich wie die entsprechenden Abschnitte auf h.

$$\frac{a}{a'} = \frac{b}{b'}$$

$$\frac{a' - a}{a} = \frac{b' - b}{b}$$

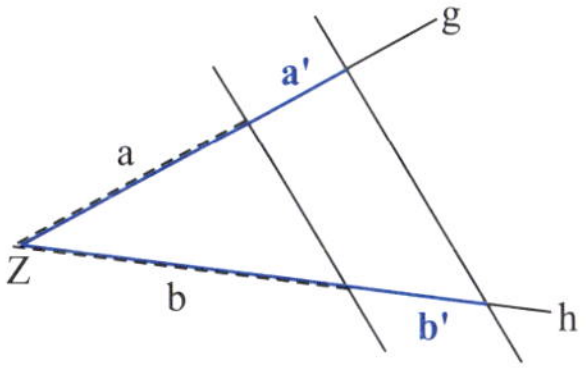

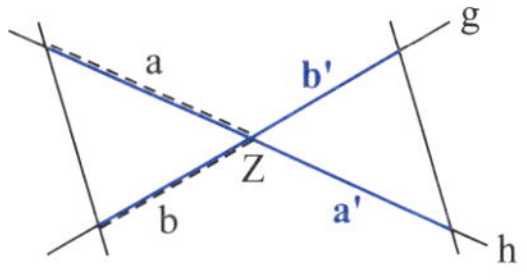

2. Strahlensatz: Die Abschnitte auf den Parallelen verhalten sich wie die entsprechenden von Z aus gemessenen Abschnitte auf den Geraden.

$$\frac{a}{a'} = \frac{b}{b'}$$

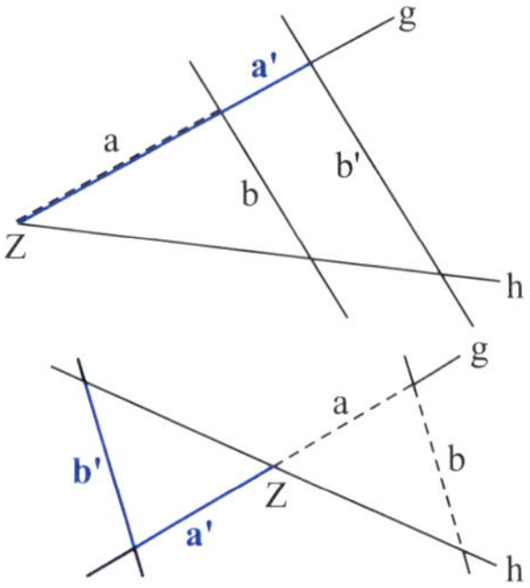

Strecke

Die kürzeste Verbindung zwischen zwei Punkten A und B ist die Strecke [AB]. Die Länge der Strecke [AB] wird abgekürzt als $\overline{AB}$.

Stufenwinkel

An einer Doppelkreuzung sind die Stufenwinkel an parallelen Geraden gleich groß.

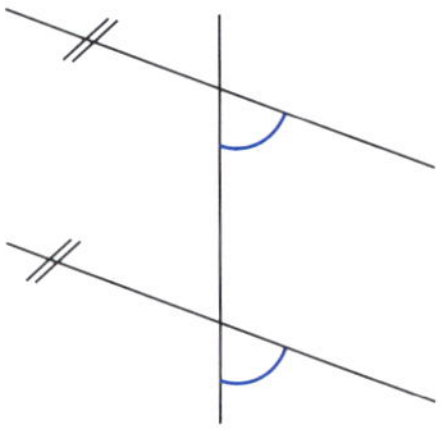

Tangente

Eine Gerade, die einen Kreis in einem Punkt berührt, heißt Tangente. Dieser Punkt heißt Berührpunkt. Die Gerade durch Berührpunkt und Mittelpunkt steht senkrecht auf der Tangente.

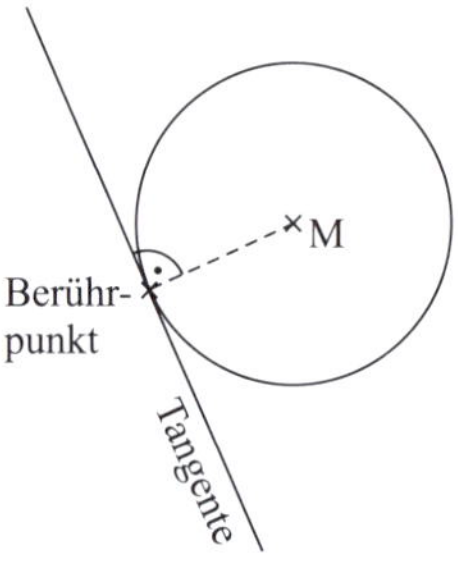

Trapez

Ein Viereck mit zwei zueinander parallelen Seiten heißt Trapez. Die nicht parallelen Seiten werden als Schenkel bezeichnet.

Eigenschaften:
Die an einem Schenkel anliegenden Winkel ergänzen sich zu 180°.

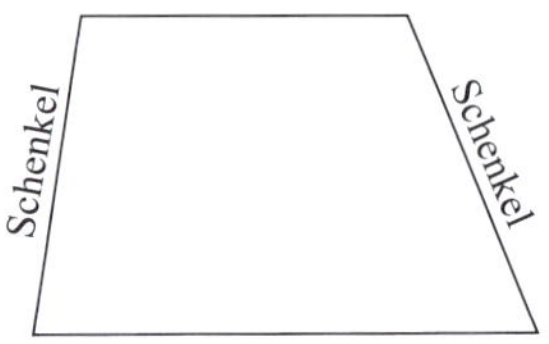

Umkreis

Der Kreis, auf dem alle Ecken eines n-Ecks liegen, heißt Umkreis des n-Ecks.

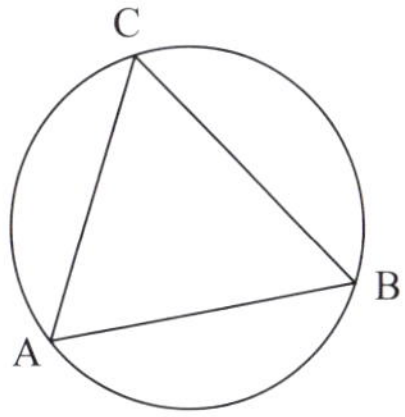

Unmögliches Ereignis

Keines der erwünschten Ergebnisse kann eintreten.

Viereck

Die gängigen Bezeichnungen im Viereck findest du in nebenstehender Abbildung.
Die Verbindung zweier gegenüberliegender Ecken heißt Diagonale.
Die Summe der Innenwinkel (hier: α, β, γ, δ) beträgt 360°.

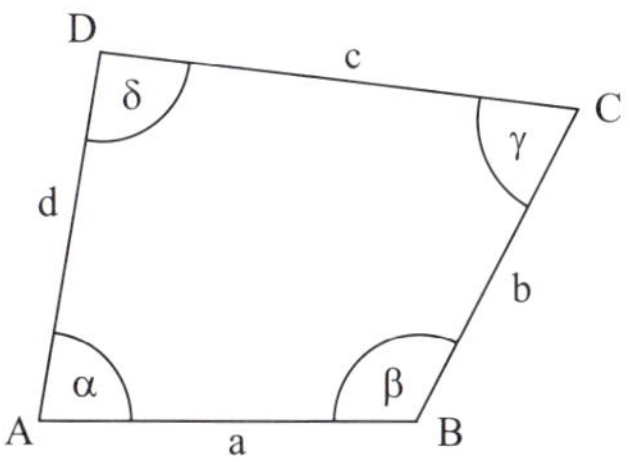

Besondere Vierecke:
Drachenviereck, Parallelogramm, Quadrat, Raute, Rechteck, Trapez

Volumen

Volumeneinheiten:
1 m^3, 1 dm^3, 1 cm^3, 1 mm^3, 1 km^3, 1 ℓ (Liter), 1 $h\ell$ (Hektoliter), 1 $m\ell$ (Milliliter)

Umrechnung:

$1\,000\ mm^3 = 1\ cm^3$

$1\,000\ cm^3 = 1\ dm^3$

$1\,000\ dm^3 = 1\ m^3$

$1\,000\,000\,000\ m^3 = 1\ km^3$

$1\ dm^3 = 1\ \ell$

$100\ \ell = 1\ h\ell$

$1\ cm^3 = 1\ m\ell$

Volumen eines Quaders mit den Seitenlängen a, b und c:
$V = a \cdot b \cdot c$
Volumen komplizierter Körper lassen sich oft bestimmen, indem sie in Quader zerlegt oder zu Quadern ergänzt werden. Auch ein geeigneter Umbau kann hilfreich sein.

Wechselwinkel

An einer Doppelkreuzung sind die Wechselwinkel an parallelen Geraden gleich groß.

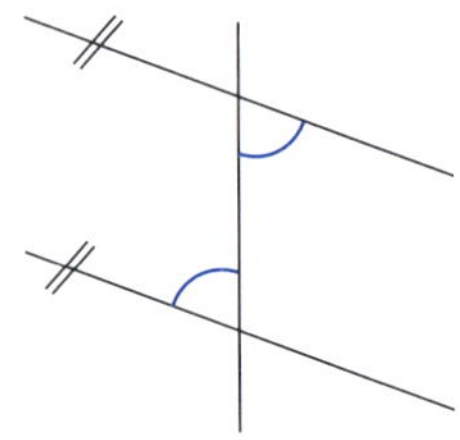

Winkel

Die Halbgeraden [SA und [SB bilden den Winkel α.
S: Scheitel des Winkels
[SA: 1. Schenkel
[SB: 2. Schenkel

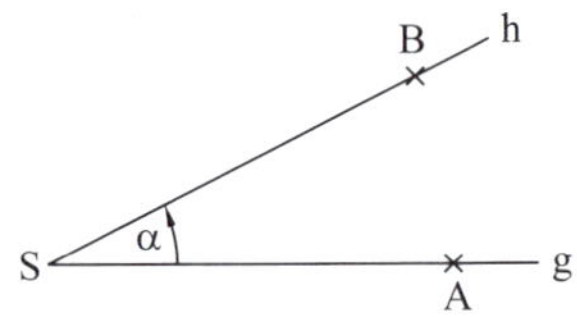

Es gibt unterschiedliche Bezeichnungen:

α, β, γ, δ, ε, φ, μ …	kleine griechische Buchstaben
∢ ASB	Punkt auf erstem Schenkel, Scheitelpunkt, Punkt auf zweitem Schenkel
∢ (g; h), ∢ (SA; SB)	Geraden oder Halbgeraden, die den Winkel einschließen

Besondere Winkel:

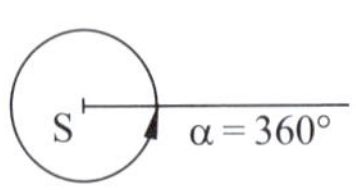

Vollwinkel

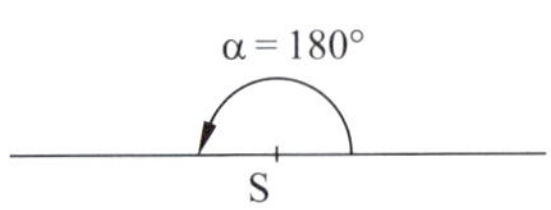

gestreckter Winkel

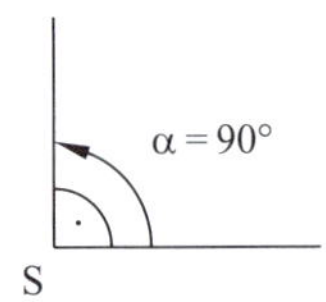

rechter Winkel

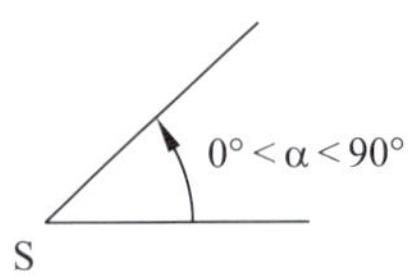

spitzer Winkel

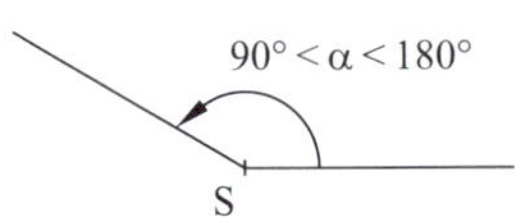

stumpfer Winkel

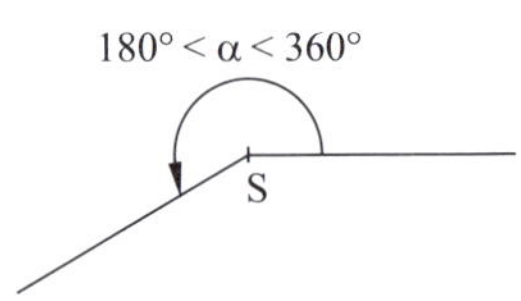

überstumpfer Winkel

Winkelhalbierende

Die Winkelhalbierende w_α des Winkels α ist die Gerade, die durch den Scheitel von α verläuft und den Winkel in zwei gleich große Teile teilt. Sie entspricht der Symmetrieachse der Schenkel von α.

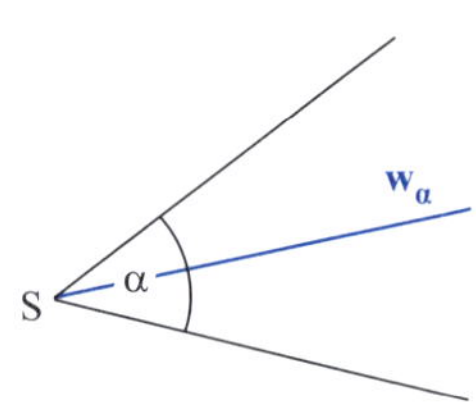

Würfel

Ein Würfel ist ein Quader mit gleicher Länge, Höhe und Breite.

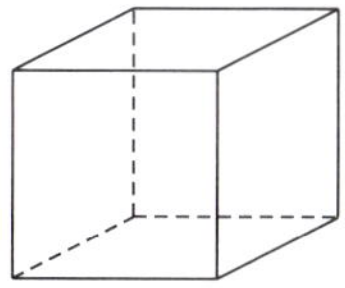

mögliches Würfelnetz:

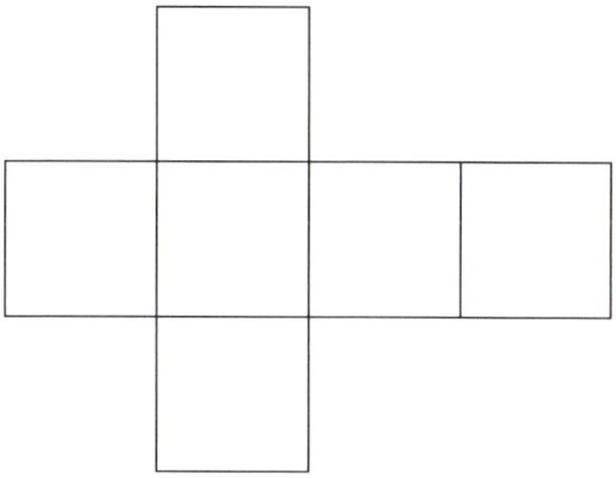

Zahlenmengen

$\mathbb{N}$:	Menge der natürlichen Zahlen	$\mathbb{N} = \{1; 2; 3; \ldots\}$
$\mathbb{N}_0$:	Menge der natürlichen Zahlen mit 0	$\mathbb{N}_0 = \{0; 1; 2; 3; \ldots\}$
$\mathbb{Z}$:	Menge der ganzen Zahlen	$\mathbb{Z} = \{\ldots; -3; -2; -1; 0; 1; 2; \ldots\}$
$\mathbb{Q}$:	Menge der rationalen Zahlen (Bruchzahlen)	$\frac{1}{2} \in \mathbb{Q}; \quad -5\frac{1}{3} \in \mathbb{Q}$

Zählprinzip

Multipliziert man die Möglichkeiten in den einzelnen Baumdiagramm-Ebenen, so ergibt das Produkt die Gesamtzahl der Pfade (Gesamtzahl aller Möglichkeiten) im Baumdiagramm.

Zentrische Streckung

1. B' liegt auf der Geraden ZB.
2. $\overline{ZB'} = k \cdot \overline{ZB}$
   (k: Streckungsfaktor)

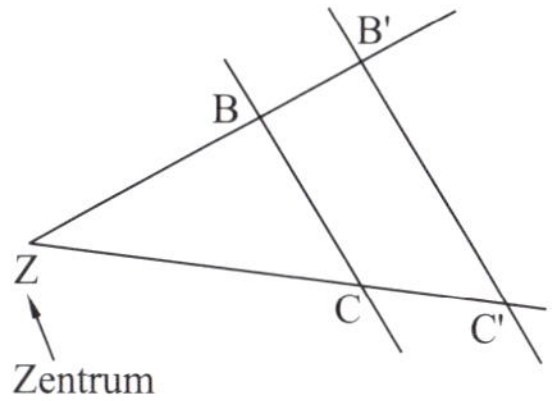

Eigenschaften:

- Parallelität von Strecke und Bildstrecke
- Winkeltreue (entsprechende Winkel bei Figur und Bildfigur sind gleich)
- Die Bildstrecke ist k-mal (Streckungsfaktor) so lang wie die (Ur-)Strecke.
- Der Flächeninhalt ändert sich durch eine zentrische Streckung um den Faktor k^2: $A' = k^2 \cdot A$

Zylinder

Grund- und Deckfläche sind identische Kreise. Die gekrümmte Mantelfläche lässt sich zu einem Rechteck „auseinanderrollen“.

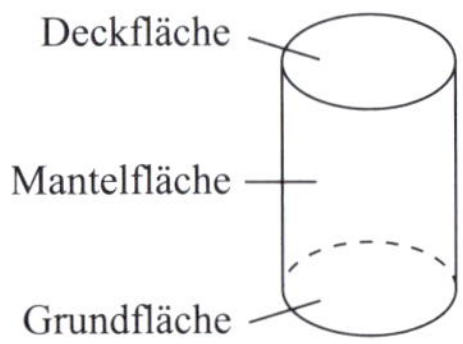

Zylindernetz:

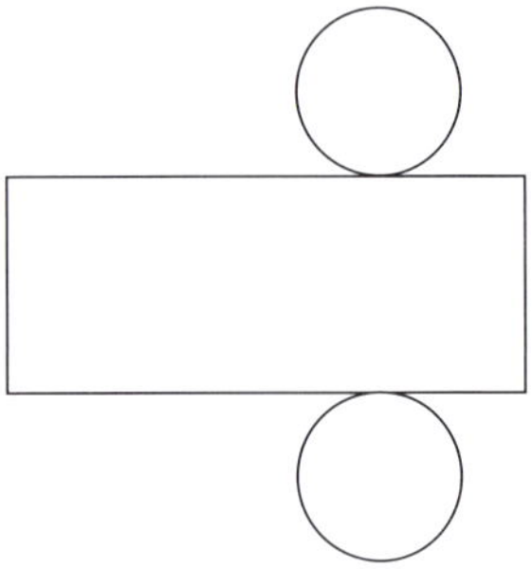

Lösungen

1. $U = 2\pi r,\ A = r^2\pi$

a) $r = 2{,}1\ \text{cm}$

$U = 2\pi \cdot 2{,}1\ \text{cm} \approx \mathbf{13{,}2\ cm}$
$A = (2{,}1\ \text{cm})^2 \cdot \pi \approx \mathbf{13{,}9\ cm^2}$

b) $r = 5\frac{1}{5}\ \text{cm} = 5{,}2\ \text{cm}$
$U = 2\pi \cdot 5{,}2\ \text{cm} \approx \mathbf{32{,}7\ cm}$
$A = (5{,}2\ \text{cm})^2 \cdot \pi \approx \mathbf{84{,}9\ cm^2}$

c) $d = 3{,}1\ \text{cm} \Rightarrow$
$r = \frac{d}{2} = \frac{3{,}1\ \text{cm}}{2} = 1{,}55\ \text{cm}$
$U = 2\pi \cdot 1{,}55\ \text{cm} \approx \mathbf{9{,}7\ cm}$
$A = (1{,}55\ \text{cm})^2 \cdot \pi \approx \mathbf{7{,}5\ cm^2}$

d) $d = 2\frac{1}{3}\ \text{mm} \Rightarrow r = 1\frac{1}{6}\ \text{mm}$
$U = 2\pi \cdot 1\frac{1}{6}\ \text{mm} \approx \mathbf{7{,}3\ mm}$

$A = \left(1\frac{1}{6}\ \text{mm}\right)^2 \cdot \pi \approx \mathbf{4{,}3\ mm^2}$

e) $d + r = 2{,}4\ \text{cm};\ d = 2 \cdot r$
$2r + r = 2{,}4\ \text{cm}$
$3r = 2{,}4\ \text{cm} \quad |:3$
$r = 0{,}8\ \text{cm}$
$U = 2\pi \cdot 0{,}8\ \text{cm} \approx \mathbf{5{,}0\ cm}$
$A = (0{,}8\ \text{cm})^2 \cdot \pi \approx \mathbf{2{,}0\ cm^2}$

f) $d \cdot r = 2{,}88\ \text{m}^2;\ d = 2 \cdot r$
$2 \cdot r \cdot r = 2{,}88\ \text{m}^2$
$r \cdot r = 1{,}44\ \text{m}^2$
$r = 1{,}2\ \text{m}$
$U = 2\pi \cdot 1{,}2\ \text{m} \approx \mathbf{7{,}5\ m}$
$A = (1{,}2\ \text{m})^2 \cdot \pi \approx \mathbf{4{,}5\ m^2}$

2. $U = 2\pi r \quad |:(2\pi)$

$r = \frac{U}{2\pi}$

r muss in dieser Gleichung isoliert werden.

a) $U = 14{,}1\ \text{cm}$
$r = \frac{14{,}1\ \text{cm}}{2\pi} \approx \mathbf{2{,}24\ cm}$

b) $U = 11{,}4\ \text{mm}$
$r = \frac{11{,}4\ \text{mm}}{2\pi} \approx \mathbf{1{,}81\ mm}$

c) $U = \pi\ \text{cm}$
$r = \frac{\pi\ \text{cm}}{2\pi} = \frac{1}{2}\ \text{cm} = \mathbf{0{,}5\ cm}$

d) $U = \pi^2\ \text{cm}$
$r = \frac{\pi^2\ \text{cm}}{2\pi} = \frac{\pi}{2}\ \text{cm} \approx \mathbf{1{,}57\ cm}$

3. $\left.\begin{array}{l} A = r^2\pi \\ r = \frac{d}{2} \end{array}\right\} \Rightarrow A = \left(\frac{d}{2}\right)^2 \cdot \pi$

$A = \frac{d^2}{4} \cdot \pi \quad |\cdot 4$

$4A = d^2 \cdot \pi \quad |:\pi$

$\frac{4A}{\pi} = d^2$

a) $A = 12\ \text{cm}^2$

$$d^2 = \frac{4 \cdot 12\ \text{cm}^2}{\pi} \approx \mathbf{15{,}3\ cm^2}$$

b) $A = (3\ \text{cm})^2 = 9\ \text{cm}^2$

$$d^2 = \frac{4 \cdot 9\ \text{cm}^2}{\pi} \approx \mathbf{11{,}5\ cm^2}$$

c) $A = 12\ \text{cm} \cdot 3{,}4\ \text{cm} = 40{,}8\ \text{cm}^2$

$$d^2 = \frac{4 \cdot 40{,}8\ \text{cm}^2}{\pi} \approx \mathbf{51{,}9\ cm^2}$$

d) $A = \pi\ \text{cm}^2$

$$d^2 = \frac{4 \cdot \pi\ \text{cm}^2}{\pi} = \mathbf{4\ cm^2}$$

4. Behauptung: $\frac{A}{U} = \frac{r}{2}$

$$\left.\begin{array}{l} A = r^2\pi \\ U = 2r\pi \end{array}\right\} \Rightarrow \frac{A}{U} = \frac{r^2 \cdot \pi}{2r\pi} = \frac{r \cdot \cancel{r} \cdot \cancel{\pi}}{2 \cdot \cancel{r} \cdot \cancel{\pi}} = \frac{r}{2}$$

Damit ist die Behauptung $\frac{A}{U} = \frac{r}{2}$ gezeigt.

5. a)

$$\left.\begin{array}{l} \frac{A}{U} = 5\ \text{cm} \\ \frac{A}{U} = \frac{r}{2} \end{array}\right\} \Rightarrow 5\ \text{cm} = \frac{r}{2} \Rightarrow r = \mathbf{10\ cm}$$

$U = 2r\pi = 2 \cdot 10\ \text{cm} \cdot \pi \approx \mathbf{62{,}8\ cm}$
$A = r^2\pi = (10\ \text{cm})^2 \cdot \pi \approx \mathbf{314{,}2\ cm^2}$

b)

$$\left.\begin{array}{l} \frac{A}{r} = \pi\ \text{cm} \\ A = r^2\pi \end{array}\right\} \Rightarrow \frac{r^2\pi}{r} = \pi\ \text{cm}$$

Ersetze A durch $r^2\pi$ und kürze anschließend mit r.

$$\frac{r\pi}{1} = \pi\ \text{cm} \quad |:\pi$$

$$r = \mathbf{1\ cm}$$

$U = 2\pi r = 2\pi \cdot 1\ \text{cm} = 2\pi\ \text{cm} \approx \mathbf{6{,}28\ cm}$
$A = r^2\pi = (1\ \text{cm})^2 \cdot \pi = \pi\ \text{cm}^2 \approx \mathbf{3{,}14\ cm^2}$

c)

$$\frac{U}{A} = 6 \cdot \frac{1}{\text{cm}} \Rightarrow \frac{A}{U} = \frac{1}{6}\ \text{cm}$$

Tausche Zähler und Nenner auf beiden Seiten der Gleichung.

$$\left.\begin{array}{l} \frac{A}{U} = \frac{1}{6}\ \text{cm} \\ \frac{A}{U} = \frac{r}{2} \end{array}\right\} \Rightarrow \frac{r}{2} = \frac{1}{6}\ \text{cm} \quad |\cdot 2$$

$$r = \mathbf{\frac{1}{3}\ cm}$$

$$U = 2\pi r = 2\pi \cdot \frac{1}{3}\ \text{cm} \approx \mathbf{2{,}09\ cm}$$

$$A = r^2\pi = \left(\frac{1}{3}\ \text{cm}\right)^2 \cdot \pi \approx \mathbf{0{,}349\ cm^2}$$

d) $\left.\begin{aligned} A + \frac{U^2}{\pi} &= 20\pi\ \text{cm}^2 \\ A &= r^2\pi \\ U^2 &= (2r\pi)^2 \end{aligned}\right\} \Rightarrow \quad r^2\pi + \frac{(2r\pi)^2}{\pi} = 20\pi\ \text{cm}^2$

$$r^2\pi + \frac{4r^2\pi^2}{\pi} = 20\pi\ \text{cm}^2$$
$$r^2\pi + 4r^2\pi = 20\pi\ \text{cm}^2$$
$$5r^2\pi = 20\pi\ \text{cm}^2 \quad |:5\pi$$
$$r^2 = 4\ \text{cm}^2$$
$$r = \mathbf{2\ cm}$$

$U = 2r\pi = 2 \cdot 2\ \text{cm} \cdot \pi \approx$ **12,6 cm**
$A = r^2\pi = (2\ \text{cm})^2 \cdot \pi =$ **12,6 cm²**

e) $\left.\begin{aligned} U \cdot 2\ \text{cm} &= A \\ A &= r^2\pi \\ U &= 2r\pi \end{aligned}\right\} \Rightarrow \quad 2r\pi \cdot 2\ \text{cm} = r^2 \cdot \pi \quad |:(r \cdot \pi)$

$$\mathbf{4\ cm} = r$$

$U = 2r\pi = 2 \cdot 4\ \text{cm} \cdot \pi \approx$ **25,1 cm**
$A = r^2\pi = (4\ \text{cm})^2 \cdot \pi =$ **50,3 cm²**

f) $\left.\begin{aligned} \frac{A}{U^2} &= \frac{1}{4\pi} \\ A &= r^2\pi \\ U &= 2r\pi \end{aligned}\right\} \Rightarrow \quad \frac{r^2\pi}{(2r\pi)^2} = \frac{1}{4\pi}$

$$\frac{r^2\pi}{4r^2\pi^2} = \frac{1}{4\pi} \qquad \text{Kürze mit } r^2\pi.$$
$$\frac{1}{4\pi} = \frac{1}{4\pi}$$

Die Gleichung $\frac{A}{U^2} = \frac{1}{4\pi}$ ist unabhängig vom Radius immer erfüllt. Der Radius ist deshalb frei wählbar und der Flächeninhalt bzw. der Umfang nicht allgemein berechenbar.

6. 2 kg Tomaten kosten 5 €.
1 kg Tomaten kostet 2,50 €.

Funktionaler Zusammenhang:

$$x \cdot 2{,}5\ € = y$$

x ↑ Massenzahl der Tomaten für die Einheit kg

y ↑ Preis der Tomaten in Euro

7. 2 Zaunlatten $5\,m : (2-1)$

3 Zaunlatten $5\,m : (3-1)$

5 Zaunlatten $5\,m : (5-1)$

6 Zaunlatten $5\,m : (6-1)$

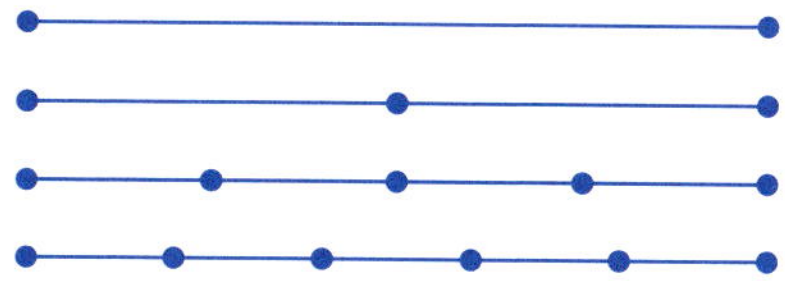

⋮

x Zaunlatten $5\,m : (x-1)$

Funktionaler Zusammenhang:

$$5\,m : \underset{\substack{\text{Anzahl}\\ \text{der Zaunlatten}}}{\underset{\uparrow}{(x-1)}} = \underset{\substack{\text{Abstand zwischen}\\ \text{zwei Zaunlatten}}}{\underset{\uparrow}{y}}$$

8. Die Formel $F = m \cdot g$ beschreibt den Zusammenhang zwischen Gewichtskraft und Masse. Ein funktionaler Zusammenhang muss nicht zwingend mit x und y beschrieben werden. Hier sind die Veränderlichen (Variablen) F und m, die Konstante ist g mit $9{,}81\,\frac{N}{kg}$.

$$\underset{\substack{\text{Masse des}\\ \text{Gegenstands in kg}}}{\underset{\uparrow}{m}} \cdot 9{,}81\,\frac{N}{kg} = \underset{\substack{\text{Gewichtskraft des}\\ \text{Gegenstands in N (Newton)}}}{\underset{\uparrow}{F}}$$

9. a)

x	1,2	3,5	8,7
y	1,44	4,2	10,44
$\frac{y}{x}$	**1,2**	**1,2**	**1,2**

Für die Überprüfung der direkten Proportionalität genügt es, die Quotientengleichheit festzustellen.
Mit $\frac{y}{x}$ erhält man den Proportionalitätsfaktor. Dieser ist für die Formulierung der Zuordnungsvorschrift notwendig.

Die Anforderung der Quotientengleichheit ist erfüllt.

Aus $\frac{y}{x} = 1{,}2$ bzw. $y = 1{,}2 \cdot x$ ergibt sich die Zuordnungsvorschrift:

$x \mapsto y = 1{,}2 \cdot x$

Berechnung der übrigen x- bzw. y-Werte:

$x = 9{,}3 \quad \Rightarrow \quad y = 1{,}2 \cdot 9{,}3 = \mathbf{11{,}16}$

$x = 10{,}4 \quad \Rightarrow \quad y = 1{,}2 \cdot 10{,}4 = \mathbf{12{,}48}$

$$y = 5{,}16 \quad \Rightarrow \quad x = \frac{y}{1{,}2} \quad \Rightarrow \quad x = \frac{5{,}16}{1{,}2} = \mathbf{4{,}3}$$

$$y = 6{,}12 \quad \Rightarrow \quad x = \frac{y}{1{,}2} \quad \Rightarrow \quad x = \frac{6{,}12}{1{,}2} = \mathbf{5{,}1}$$

x	1,2	3,5	8,7	9,3	10,4	**4,3**	**5,1**
y	1,44	4,2	10,44	**11,16**	**12,48**	5,16	6,12

b)

x	$\frac{1}{2}$	$\frac{1}{3}$	$\frac{1}{4}$
y	$\frac{3}{14}$	$\frac{1}{7}$	$\frac{3}{28}$
$\frac{y}{x}$	$\mathbf{\frac{3}{7}}$	$\mathbf{\frac{3}{7}}$	$\mathbf{\frac{3}{7}}$

Die Anforderung der Quotientengleichheit ist erfüllt.

Aus $\frac{y}{x} = \frac{3}{7}$ bzw. $y = \frac{3}{7} \cdot x$ ergibt sich die Zuordnungsvorschrift:

$$x \mapsto y = \frac{3}{7} \cdot x$$

Berechnung der übrigen x- bzw. y-Werte:

$$x = \frac{1}{5} \quad \Rightarrow \quad y = \frac{3}{7} \cdot \frac{1}{5} = \mathbf{\frac{3}{35}}$$

$$x = \frac{1}{6} \quad \Rightarrow \quad y = \frac{3}{7} \cdot \frac{1}{6} = \mathbf{\frac{1}{14}}$$

$$y = \frac{1}{21} \quad \Rightarrow \quad x = y \cdot \frac{7}{3} \quad \Rightarrow \quad x = \frac{1}{21} \cdot \frac{7}{3} = \mathbf{\frac{1}{9}}$$

$$y = \frac{3}{98} \quad \Rightarrow \quad x = y \cdot \frac{7}{3} \quad \Rightarrow \quad x = \frac{3}{98} \cdot \frac{7}{3} = \mathbf{\frac{1}{14}}$$

x	$\frac{1}{2}$	$\frac{1}{3}$	$\frac{1}{4}$	$\frac{1}{5}$	$\frac{1}{6}$	$\mathbf{\frac{1}{9}}$	$\mathbf{\frac{1}{14}}$
y	$\frac{3}{14}$	$\frac{1}{7}$	$\frac{3}{28}$	$\mathbf{\frac{3}{35}}$	$\mathbf{\frac{1}{14}}$	$\frac{1}{21}$	$\frac{3}{98}$

c)

x	3	5	7
y	1	$1,\overline{6}$	$2\frac{1}{3}$
$\frac{y}{x}$	$\mathbf{\frac{1}{3}}$	$\mathbf{\frac{1}{3}}$	$\mathbf{\frac{1}{3}}$

$$1,\overline{6} = 1\frac{2}{3} = \frac{5}{3}$$

$$\frac{5}{3} : 5 = \frac{5}{3} \cdot \frac{1}{5} = \frac{1}{3}$$

Die Anforderung der Quotientengleichheit ist erfüllt.

Aus $\frac{y}{x} = \frac{1}{3}$ bzw. $y = \frac{1}{3} \cdot x$ ergibt sich die Zuordnungsvorschrift:

$$x \mapsto y = \frac{1}{3} \cdot x$$

Berechnung der übrigen x- bzw. y-Werte:

$x = 9 \quad \Rightarrow \quad y = \frac{1}{3} \cdot 9 = \mathbf{3}$

$y = \frac{2}{3} \quad \Rightarrow \quad x = y \cdot 3 \quad \Rightarrow \quad x = \frac{2}{3} \cdot 3 = \mathbf{2}$

$y = 2 \quad \Rightarrow \quad x = y \cdot 3 \quad \Rightarrow \quad x = 2 \cdot 3 = \mathbf{6}$

$y = 3,\overline{3} = 3\frac{1}{3} = \frac{10}{3} \quad \Rightarrow \quad x = y \cdot 3 \quad \Rightarrow \quad x = \frac{10}{3} \cdot 3 = \mathbf{10}$

x	3	5	7	9	**2**	**6**	**10**
y	1	$1,\overline{6}$	$2\frac{1}{3}$	**3**	$\frac{2}{3}$	2	$3,\overline{3}$

10. a) Der Graph ist eine Ursprungsgerade und beschreibt damit eine direkte Proportionalität.

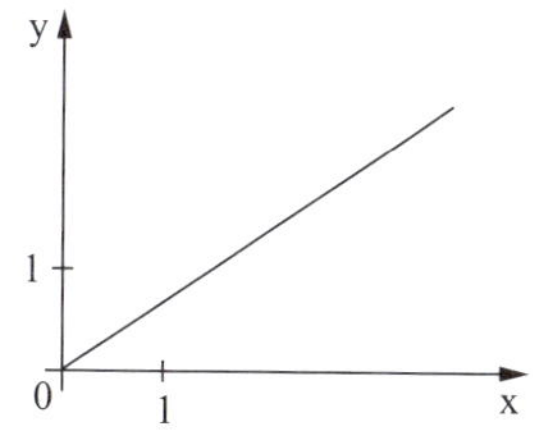

b) Der Graph ist keine Gerade und beschreibt deshalb keine direkte Proportionalität.

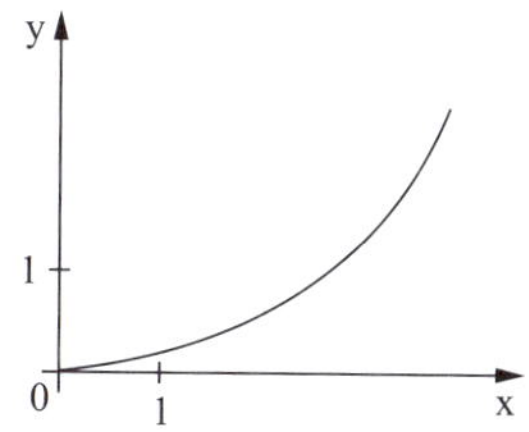

c) Diese Gerade durch den Ursprung stellt eine direkte Proportionalität dar.

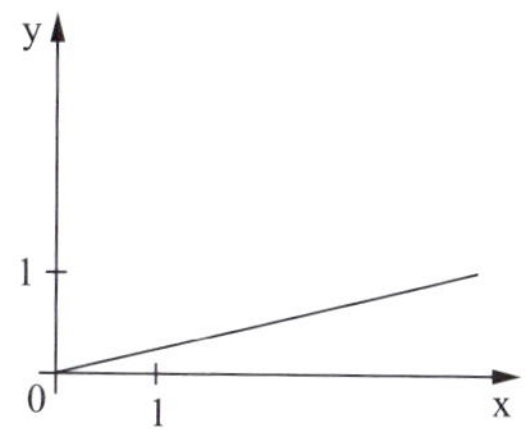

d) Der Graph ist eine Gerade. Die Gerade geht jedoch nicht durch den Ursprung. Es liegt keine direkte Proportionalität vor.

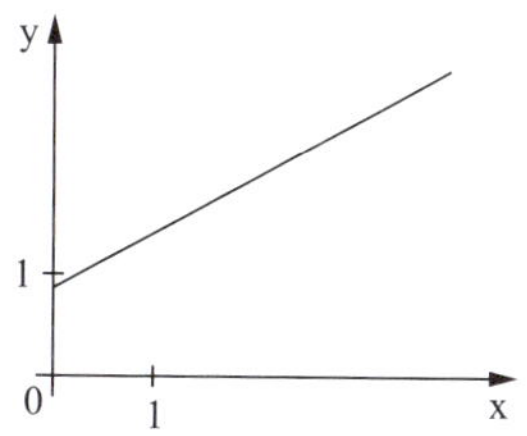

e) Der Graph ist weder eine Gerade noch geht er durch den Ursprung. Er beschreibt keine direkte Proportionalität.

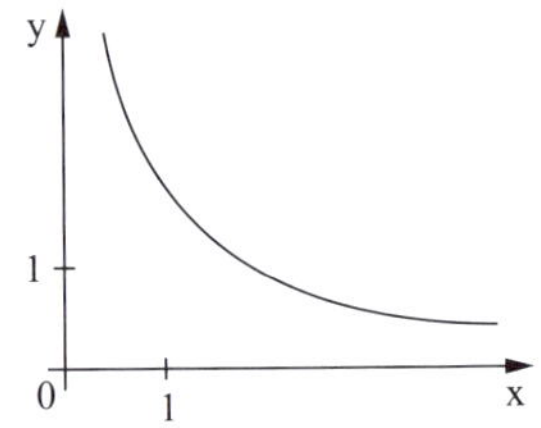

f) Der Graph kommt zwar gerade aus dem Ursprung, krümmt sich aber dann in seinem weiteren Verlauf, sodass hier keine direkte Proportionalität vorliegt.

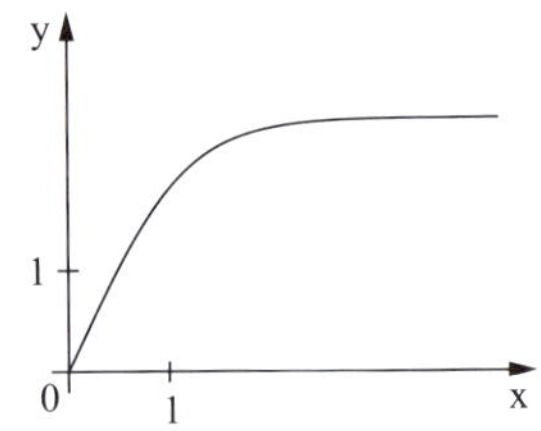

11. a) zurückgelegter Weg: Δx
gefahrene Zeit: Δt

$\frac{\Delta x}{\Delta t}$ ist der Quotient aus beiden Größen des funktionalen Zusammenhangs. Der Quotient entspricht aber auch der Geschwindigkeit: $\mathbf{v = \frac{\Delta x}{\Delta t}}$

Die Konstanz der Geschwindigkeit führt zur Quotientengleichheit und damit zur direkten Proportionalität.

b) Die Geschwindigkeit wird durch $v = \frac{\Delta x}{\Delta t}$ beschrieben:
$\Rightarrow \quad \Delta x = v \cdot \Delta t$

Das führt zur Zuordnungsvorschrift:
$\Delta t \mapsto \Delta x = v \cdot \Delta t$

c)

Δt in h	0	0,5	1	1,5	2	2,5	3
Δx in km	0	30	60	90	120	150	180

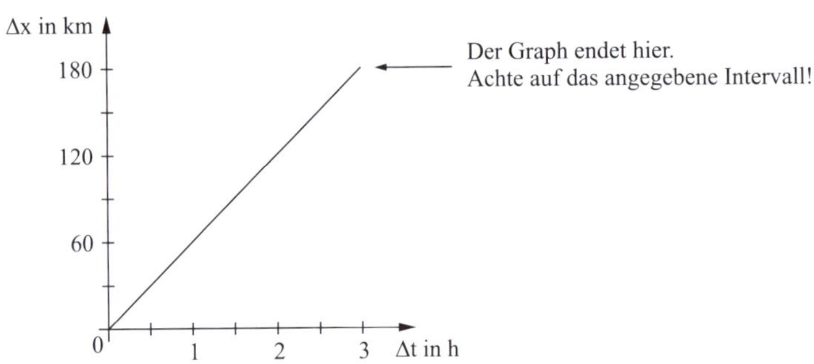

12. Am einfachsten ist der Nachweis der Quotientengleichheit. Gelingt es, diese nachzuweisen, folgt daraus sofort die direkte Proportionalität.

a) Seitenlänge eines Quadrats: a
Umfang eines Quadrats: $4 \cdot a$
$\frac{a}{4 \cdot a} = \frac{1}{4}$ zeigt die Quotientengleichheit der beiden Größen.
Seitenlänge und Umfang eines Quadrats sind zueinander direkt proportional.

b) Seitenlänge eines Quadrats: a
Flächeninhalt eines Quadrats: $a \cdot a = a^2$
$\frac{a}{a^2} = \frac{a}{a \cdot a} = \frac{1}{a}$
Der Quotientenwert ist von a abhängig und damit nicht konstant. Die Zuordnung ist keine direkte Proportionalität.

c) Radius eines Kreises: r
Durchmesser eines Kreises: $d = 2 \cdot r$
$\frac{r}{d} = \frac{r}{2 \cdot r} = \frac{1}{2}$ zeigt die Quotientengleichheit der beiden Größen.
Der Radius und der Durchmesser eines Kreises sind zueinander direkt proportionale Größen.

d) Radius eines Kreises: r
Umfang eines Kreises: $U = 2 \cdot r \cdot \pi$
$\frac{r}{U} = \frac{r}{2\pi r} = \frac{1}{2\pi}$ zeigt die Quotientengleichheit der beiden Größen.
Radius und Umfang eines Kreises sind zueinander direkt proportional.

e) Durchmesser eines Kreises: $d = 2 \cdot r$
Umfang eines Kreises: $U = 2 \cdot r \cdot \pi$
$\frac{d}{U} = \frac{2r}{2\pi r} = \frac{1}{\pi}$ zeigt die Quotientengleichheit der beiden Größen.

Der Durchmesser und der Umfang eines Kreises sind zueinander direkt proportional.

f) Volumen eines Quaders: $V = \ell \cdot b \cdot h$
Länge eines Quaders: ℓ
$\frac{V}{\ell} = \frac{\ell \cdot b \cdot h}{\ell} = \frac{b \cdot h}{1} = b \cdot h$
Der Quotient hat den Wert $b \cdot h$, Breite b und Höhe h werden als konstant angegeben, sodass das Produkt aus den beiden Größen auch konstant ist. Mit diesen Voraussetzungen liegt Quotientengleichheit vor und damit sind Quadervolumen und Quaderlänge zueinander direkt proportional.

13. Der Umfang eines Kreises ist direkt proportional zum Durchmesser, d. h., $\frac{U}{d}$ ist konstant.

a) Umfang eines Kreises: $U = 2\pi r$
Radius eines Kreises: r

$$\frac{U}{r} = \frac{2 \cdot U}{2 \cdot r} = \frac{2 \cdot U}{d} = 2 \cdot \frac{U}{d}$$

$\frac{U}{d}$ und damit auch $2 \cdot \frac{U}{d}$ sind konstante Quotienten. Deshalb ist auch $\frac{U}{r}$ konstant. U und r sind also quotientengleich bzw. direkt proportional zueinander.

b) Radius eines Kreises: r
Durchmesser eines Kreises: d

$$\frac{r}{d} = \frac{2\pi \cdot r}{2\pi \cdot d} = \frac{U}{2\pi d} = \frac{1}{2\pi} \cdot \frac{U}{d}$$

$\frac{U}{d}$ und damit auch $\frac{1}{2\pi} \cdot \frac{U}{d}$ sind konstante Quotienten. Deshalb ist auch $\frac{r}{d}$ konstant. r und d sind also quotientengleich bzw. direkt proportional zueinander.

c) Radius r und Umfang U:

$$\frac{U}{r} = \frac{2r\pi}{r} = \frac{2\pi}{1} = 2\pi \quad \text{(Proportionalitätsfaktor)}$$

$$\frac{U}{r} = 2\pi \quad \Big| \cdot r$$

$$U = 2\pi \cdot r$$

Zuordnungsvorschrift:

$$r \mapsto U = 2\pi \cdot r \quad \left(\text{oder } U \mapsto r = \frac{U}{2\pi}\right)$$

Radius r und Durchmesser d:

$$\frac{r}{d} = \frac{r}{2r} = \frac{1}{2} \quad \text{(Proportionalitätsfaktor)}$$

$$\frac{r}{d} = \frac{1}{2} \quad \Big| \cdot d$$

$$r = \frac{1}{2} \cdot d$$

Zuordnungsvorschrift:

$$d \mapsto r = \frac{1}{2}d \quad (\text{oder } r \mapsto d = 2r)$$

14. a) Es genügt, die Produktgleichheit $x \cdot y$ zu überprüfen.

$$0{,}1 \cdot 20 = 2$$
$$0{,}3 \cdot 6{,}\overline{6} = 2$$
$$0{,}5 \cdot 4 = 2$$

Alle Produkte aus einem x- und dem dazugehörigen y-Wert ergeben 2:

$$x \cdot y = 2 \qquad \left| \cdot \frac{1}{x} \right.$$
$$y = 2 \cdot \frac{1}{x}$$

Damit ist die Zuordnungsvorschrift:

$$x \mapsto y = 2 \cdot \frac{1}{x}$$

Berechnung der übrigen x- und y-Werte:

$$x = 0{,}7 \Rightarrow y = 2 \cdot \frac{1}{0{,}7} \approx \mathbf{2{,}857}$$

$$y = 2{,}\overline{2} \Rightarrow 2{,}\overline{2} = 2 \cdot \frac{1}{x} \qquad | \cdot x$$
$$2{,}\overline{2} \cdot x = 2 \qquad |: 2{,}\overline{2}$$
$$x = \mathbf{0{,}9}$$

$$x = 1{,}1 \Rightarrow y = 2 \cdot \frac{1}{1{,}1} = \mathbf{1{,}\overline{81}}$$

$$x = 2{,}5 \Rightarrow y = 2 \cdot \frac{1}{2{,}5} = \mathbf{0{,}8}$$

$$y = 1{,}\overline{3} \Rightarrow 1{,}\overline{3} = 2 \cdot \frac{1}{x} \qquad | \cdot x$$
$$1{,}\overline{3} \cdot x = 2 \qquad |: 1{,}\overline{3}$$
$$x = \mathbf{1{,}5}$$

$$x = 3{,}0 \Rightarrow y = 2 \cdot \frac{1}{3{,}0} = \mathbf{0{,}\overline{6}}$$

x	0,1	0,3	0,5	0,7	**0,9**	1,1	2,5	**1,5**	3,0
y	20	$6{,}\overline{6}$	4	**2,857**	$2{,}\overline{2}$	$\mathbf{1{,}\overline{81}}$	**0,8**	$1{,}\overline{3}$	$\mathbf{0{,}\overline{6}}$

b) Überprüfung der Produktgleichheit $x \cdot y$:

$$5 \cdot 0{,}04 = 0{,}2$$
$$\frac{1}{2} \cdot 0{,}4 = 0{,}2$$
$$\frac{1}{8} \cdot 1{,}6 = 0{,}2$$

Alle Produkte aus einem x- und dem dazugehörigen y-Wert ergeben 0,2:

$$x \cdot y = 0{,}2 \qquad \left| \cdot \frac{1}{x} \right.$$

$$y = 0{,}2 \cdot \frac{1}{x} \qquad \left(\text{oder } y = \frac{1}{5} \cdot \frac{1}{x}\right)$$

Damit ist die Zuordnungsvorschrift:

$$x \mapsto y = 0{,}2 \cdot \frac{1}{x}$$

Berechnung der übrigen x- bzw. y-Werte:

$$y = 0{,}2 \quad \Rightarrow \quad 0{,}2 = 0{,}2 \cdot \frac{1}{x} \quad | \cdot x$$

$$0{,}2 \cdot x = 0{,}2 \quad |: 0{,}2$$

$$x = \mathbf{1}$$

$$x = 3 \quad \Rightarrow \quad y = 0{,}2 \cdot \frac{1}{3} = \mathbf{0{,}0\overline{6}}$$

$$y = 0{,}0\overline{2} \quad \Rightarrow \quad 0{,}0\overline{2} = 0{,}2 \cdot \frac{1}{x} \quad | \cdot x$$

$$0{,}0\overline{2} \cdot x = 0{,}2 \quad |: 0{,}0\overline{2}$$

$$x = \mathbf{9}$$

$$x = 15 \quad \Rightarrow \quad y = 0{,}2 \cdot \frac{1}{15} = \mathbf{0{,}01\overline{3}}$$

$$y = 0{,}8 \quad \Rightarrow \quad 0{,}8 = 0{,}2 \cdot \frac{1}{x} \quad | \cdot x$$

$$0{,}8 \cdot x = 0{,}2 \quad |: 0{,}8$$

$$x = \mathbf{0{,}25}$$

$$x = \frac{1}{3} \quad \Rightarrow \quad y = 0{,}2 \cdot \frac{1}{\frac{1}{3}} = 0{,}2 \cdot 3 = \mathbf{0{,}6}$$

x	**1**	3	5	**9**	15	$\frac{1}{2}$	$\mathbf{\frac{1}{4}}$	$\frac{1}{8}$	$\frac{1}{3}$
y	0,2	**$0{,}0\overline{6}$**	0,04	$0{,}0\overline{2}$	**$0{,}01\overline{3}$**	0,4	0,8	1,6	**0,6**

c) Überprüfung der Produktgleichheit $x \cdot y$:

$$-10 \cdot 0{,}025 = -0{,}25$$

$$-1 \cdot 0{,}25 = -0{,}25$$

$$-0{,}1 \cdot 2{,}5 = -0{,}25$$

Alle Produkte aus einem x- und dem dazugehörigen y-Wert ergeben –0,25:

$$x \cdot y = -0{,}25 \qquad \left| \cdot \frac{1}{x} \right.$$

$$y = -0{,}25 \cdot \frac{1}{x}$$

Damit ist die Zuordnungsvorschrift:

$x \mapsto y = -0,25 \cdot \frac{1}{x}$

Berechnung der übrigen x- bzw. y-Werte:

$x = -1\,000 \Rightarrow y = -0,25 \cdot \frac{1}{-1\,000} = 0,00025 = \mathbf{2,5 \cdot 10^{-4}}$

$y - 0,0025 - 2,5 \cdot 10^{-3} \Rightarrow 2,5 \cdot 10^{-3} - -0,25 \cdot \frac{1}{x} \quad | \cdot x$

$2,5 \cdot 10^{-3} \cdot x = -0,25 \quad |:(2,5 \cdot 10^{-3})$

$x = \mathbf{-100}$

$y = 25 \Rightarrow 25 = -0,25 \cdot \frac{1}{x} \quad | \cdot x$

$25 \cdot x = -0,25 \quad |:25$

$x = \mathbf{-0,01}$

$y = -25 \Rightarrow -25 = -0,25 \cdot \frac{1}{x} \quad | \cdot x$

$-25 \cdot x = -0,25 \quad |:(-25)$

$x = \mathbf{0,01}$

$y = -2,5 \Rightarrow -2,5 = -0,25 \cdot \frac{1}{x} \quad | \cdot x$

$-2,5 \cdot x = -0,25 \quad |:(-2,5)$

$x = \mathbf{0,1}$

$x = 1 \Rightarrow y = -0,25 \cdot \frac{1}{1} = \mathbf{-0,25}$

x	–1 000	**–100**	–10	–1	–0,1	**–0,01**	**0,01**	**0,1**	1
y	**$2,5 \cdot 10^{-4}$**	$2,5 \cdot 10^{-3}$	0,025	0,25	2,5	25	–25	–2,5	**–0,25**

15. a) Der Graph ist eine Gerade und damit keine Hyperbel. Außerdem gibt es Schnittpunkte mit beiden Achsen. Der Graph beschreibt keine indirekte Proportionalität.

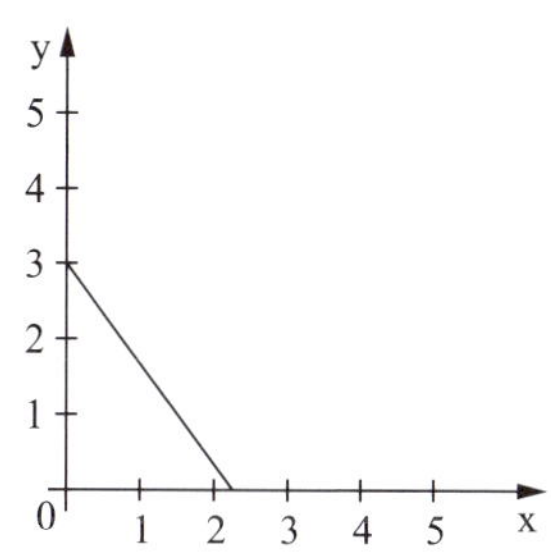

b) Der Graph hat das Aussehen einer Hyperbel, schneidet jedoch die y-Achse. Der Graph einer indirekten Proportionalität hat keine Schnittpunkte mit den Koordinatenachsen. Der Graph stellt keine indirekte Proportionalität dar.

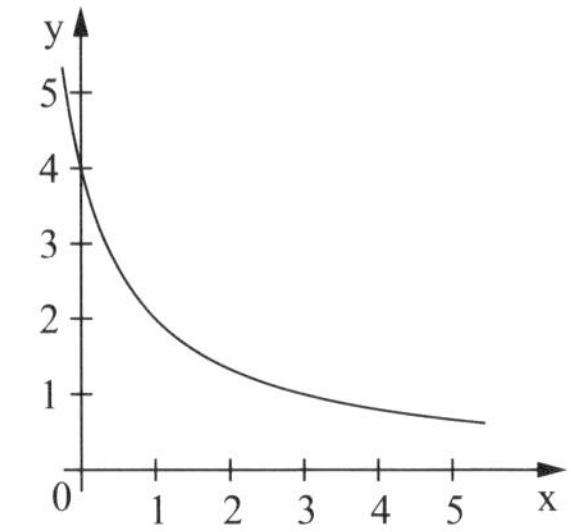

c) Der Graph sieht aus wie eine Hyperbel. Der Graph könnte eine indirekte Proportionalität beschreiben.

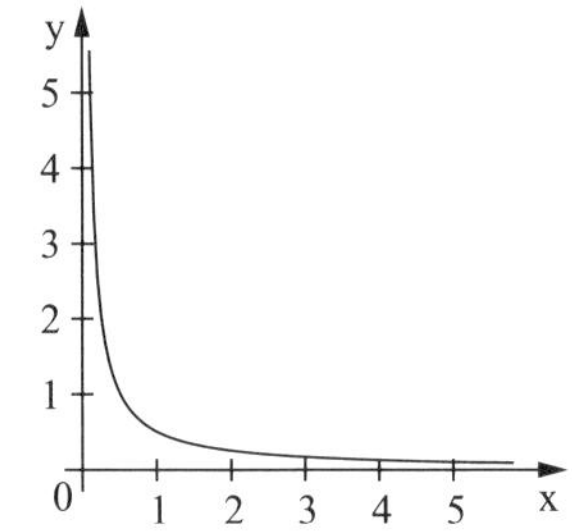

d) Der Graph schneidet die x-Achse und kann damit keine indirekte Proportionalität darstellen.

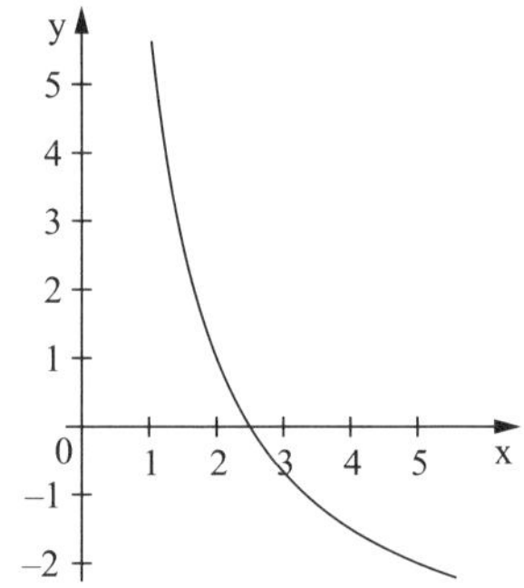

e) Der Graph ist eine Ursprungsgerade und beschreibt eine direkte Proportionalität.

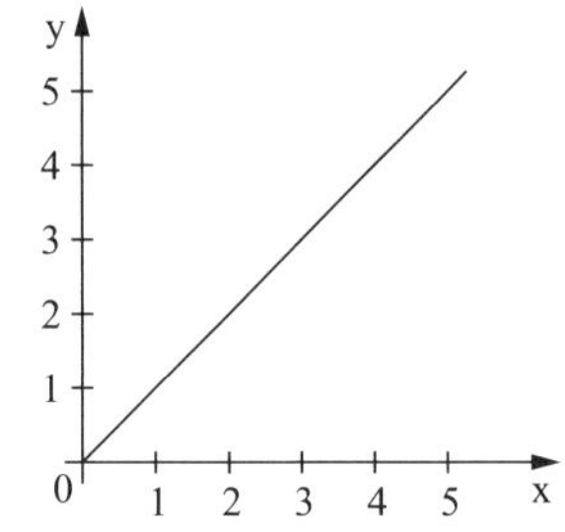

f) Der Graph sieht wie eine Hyperbel aus. Die Kurve könnte eine indirekte Proportionalität beschreiben.

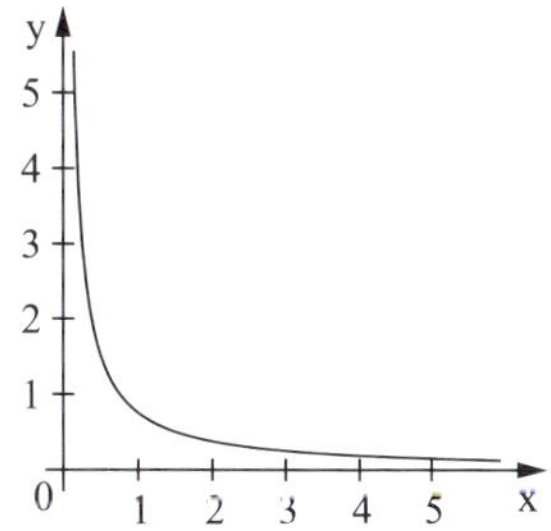

16. a) v Geschwindigkeit, Δt benötigte Zeit, Δx Streckenlänge

$$v = \frac{\Delta x}{\Delta t} \quad | \cdot \Delta t$$

$v \cdot \Delta t = \Delta x$

Bei einer konstanten Streckenlänge ist das Produkt aus Geschwindigkeit v und der benötigten Zeit Δt konstant. Aus der Produktgleichheit folgt die indirekte Proportionalität.

b) Länge ℓ des Rechtecks, Breite b des Rechtecks, Flächeninhalt A des Rechtecks

$A = \ell \cdot b$

Wegen des konstanten Flächeninhalts ist das Produkt aus Länge ℓ und Breite b konstant.

Aus der Produktgleichheit folgt die indirekte Proportionalität.

c) Flächeninhalt eines Kreises: $A_{Kreis} = r^2\pi$

Radius eines Kreises: r

Das Produkt $r^2\pi \cdot r = r^3\pi$ ist nicht konstant.

Die beiden Größen sind nicht indirekt proportional zueinander.

d) Verdoppelt man die Anzahl der Zuleitungen, halbiert sich die Fülldauer des Schwimmbeckens. Ver-n-facht man die Anzahl der Zuleitungen, n-telt sich die Fülldauer des Schwimmbeckens.

Die beiden Größen sind zueinander indirekt proportional.

e) Verdoppelt man die Anzahl der Bagger, halbiert sich die Baugrubenaushebedauer. Ver-n-facht man die Anzahl der Bagger, n-telt sich die Baugrubenaushebedauer.

Die beiden Größen sind zueinander indirekt proportional.

f) Die Kochdauer des Reises ist unabhängig von der Menge des Reises im Topf.

Die beiden Größen sind nicht indirekt proportional zueinander.

17. a) Der Vorrat reicht für eine Person 16-mal so lang:
$5 \cdot 16 = 80$
Der Vorrat würde für eine Person **80 Tage** ausreichen.

b) Das Produkt aus „Anzahl der Personen“ und „Vorratsdauer in Tagen“ ergibt immer 80. Wegen der Produktgleichheit der beiden Größen sind diese zueinander indirekt proportional.

c) Zuordnungsvorschrift:
Anzahl der Personen: x
Vorratsdauer in Tagen: y

$$x \cdot y = 80 \quad \left| \cdot \frac{1}{x} \right.$$
$$y = 80 \cdot \frac{1}{x}$$
$$x \mapsto y = 80 \cdot \frac{1}{x}$$

Tabellarische Funktion:

x	1	2	4	6	8	10	12	14	16	18	20
y	80	40	20	$13,\overline{3}$	10	8	$6,\overline{6}$	$\approx 5,7$	5	$4,\overline{4}$	4

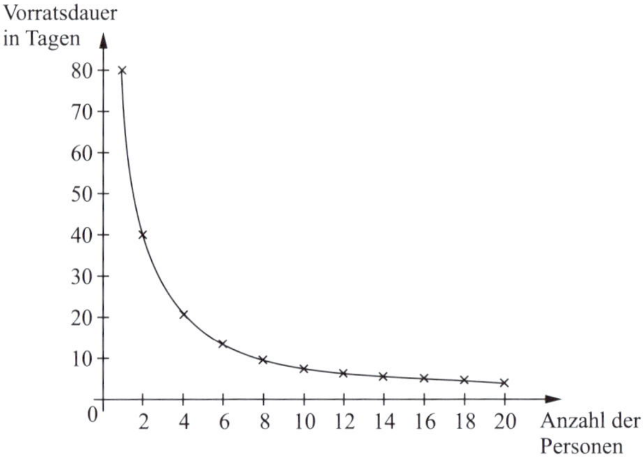

18. p Druck, V Volumen
$p \cdot V = \text{konst.}$

a) Die Größen Druck und Volumen sind produktgleich.
Druck und Volumen sind in einem abgeschlossenen Gefäß bei konstanter Temperatur zueinander indirekt proportional.

b) Volumen halbieren → Druck verdoppelt

Volumen	halbieren	→ Druck	verdoppelt
	dritteln		verdreifacht
	verdoppeln		halbiert
	verdreifachen		gedrittelt
	vervierfachen		geviertelt

c) Wegen der Produktgleichheit müsste das Volumen „unendlich“ groß sein.

19. a) Jedem x wird genau ein y zugeordnet.

$x \mapsto y$: $-3 \mapsto \frac{1}{3}$

$-2 \mapsto \frac{1}{2}$

$-1 \mapsto 1$

$0 \mapsto 0$

Bei der Zuordnung handelt es sich um eine Funktion.

b) Jedem x wird genau ein y zugeordnet.

$x \mapsto y$: $\frac{1}{2} \mapsto 2$ $\quad \frac{1}{5} \mapsto 2$

$\frac{1}{3} \mapsto 3$ $\quad \frac{1}{6} \mapsto 3$

$\frac{1}{4} \mapsto 2$ $\quad \frac{1}{7} \mapsto 2$

Bei der Zuordnung handelt es sich um eine Funktion.

c) Jedem x wird genau ein y zugeordnet.

$x \mapsto y$: $1 \mapsto 10$ $\quad 4 \mapsto 10\,000$

$2 \mapsto 100$ $\quad 5 \mapsto 100\,000$

$3 \mapsto 1\,000$ $\quad 6 \mapsto 1\,000\,000$

Bei der Zuordnung handelt es sich um eine Funktion.

d) Jedem x wird genau ein y zugeordnet.

$x \mapsto y$: $-3 \mapsto \frac{1}{6}$ $\quad 0 \mapsto 1$

$-2 \mapsto 5$ $\quad 1 \mapsto 5$

$-1 \mapsto 2$ $\quad 2 \mapsto 2$

Bei der Zuordnung handelt es sich um eine Funktion.

e) Bei dieser tabellarisch dargestellten Abbildung ist die Zuordnung nicht eindeutig.

$x \mapsto y$: $-1{,}5 \mapsto 1{,}5$ $\quad -1 \mapsto 1$ $\quad -0{,}5 \mapsto 0{,}5$

$-1{,}5 \mapsto -1{,}5$ $\quad -1 \mapsto -1$ $\quad -0{,}5 \mapsto -0{,}5$

Jedem dieser x-Werte werden zwei y-Werte zugeordnet. Die Zuordnung ist deshalb keine Funktion.

f) Diese Zuordnung ist nicht eindeutig.

$x \mapsto y$: $1 \mapsto \frac{1}{2}$ $\quad 2 \mapsto 2$

$1 \mapsto 2$ $\quad 2 \mapsto \frac{1}{2}$

Den x-Werten 1 und 2 werden jeweils zwei y-Werte zugeordnet. Die Zuordnung ist deswegen keine Funktion.

20. a) Längengrad und Breitengrad → Stadt
Jeder Kombination aus einem Längengrad und einem Breitengrad wird eindeutig ein Punkt auf der Erdoberfläche zugeordnet. Die Zuordnung ist wegen der Eindeutigkeit eine Funktion.

b) Oberflächeninhalt eines Würfels → Kantenlänge des Würfels

$$O = 6 \cdot a^2 \quad |:6$$

$$a^2 = \frac{1}{6} \cdot O$$

Nachdem nur positive Kantenlängen sinnvoll sind, ist die Zuordnung eindeutig und damit eine Funktion.

c) Datum → Wochentag
Der 9. Februar 2008 war ein Samstag. Jedem Datum (mit Jahreszahl) ist eindeutig ein Wochentag zuzuordnen. Die Zuordnung ist eine Funktion.

d) Gesprächsdauer pro Monat in Minuten → Handyrechnung in Euro
Jeder Anbieter hat verschiedene Tarife, die auf den Nutzer zugeschnitten sind. So kann man aus der Gesprächsdauer ohne Wissen des Tarifs die Handyrechnung in Euro nicht eindeutig zuordnen. Die Zuordnung ist keine Funktion.

e) Telefonnummer → Person
Eine Telefonnummer wird eindeutig einem Anschluss zugeordnet, nicht aber einer Person. Der Anschluss kann von mehreren Personen verwendet werden. Die Zuordnung ist nicht eindeutig und daher keine Funktion.

f) Lehrer in der 1. Stunde → Wochentag
Du hast z. B. Montag und Mittwoch in der 1. Stunde Englisch. Damit geht die Eindeutigkeit verloren. Die Zuordnung ist keine Funktion.

g) Oberflächeninhalt eines Würfels → Volumeninhalt des Würfels
Aus dem Oberflächeninhalt $O = 6 \cdot a^2$ kann man eindeutig die Kantenlänge $a^2 = \frac{1}{6} \cdot O$ berechnen. Aus dieser erhält man mit $V = a^3$ eindeutig den Volumeninhalt dieses Würfels. Aus dem Oberflächeninhalt lässt sich genau ein Volumeninhalt berechnen. Die Zuordnung ist eine Funktion.

21. a) Zahl → Quersumme
Jede Zahl hat genau eine Quersumme, d. h., die Zuordnung ist eindeutig und deshalb eine Funktion.

b) Quersumme → Zahl
Die Quersumme 7 kann aus mehreren verschiedenen Zahlen gebildet werden:
Quersumme 7 hat die Zahl 133.
Quersumme 7 hat die Zahl 43.
Quersumme 7 hat die Zahl 52.
Die Zuordnung ist nicht eindeutig und deshalb keine Funktion.

c) Zahl → Verdreifachung der Zahl
Jede Zahl hat genau ein Dreifaches, d. h., die Zuordnung ist eindeutig und deshalb eine Funktion.

d) Zahl → Anzahl der Primfaktoren
Die Primfaktorzerlegung einer Zahl ist eindeutig, d. h., es gibt genau eine Lösung für die Faktorisierung einer Zahl. Damit ist auch die Anzahl der Primfaktoren für eine Zahl festgeschrieben. Die Zuordnung beschreibt also eine Funktion.

e) Zahl → 100
Jeder Zahl wird der Wert 100 zugeordnet. Die Zuordnung ist damit eindeutig und wegen der Eindeutigkeit eine Funktion.

f) Zahl → Quotientenwert mit der Zahl als Divisor und der gleichen Zahl als Dividend

$$2 \mapsto 2 : 2 = 1$$
$$4 \mapsto 4 : 4 = 1$$
$$\vdots$$
$$1\,053 \mapsto 1\,053 : 1\,053 = 1$$

Jede Zahl wird auf den Wert 1 abgebildet. Die Zuordnung ist eindeutig und deshalb eine Funktion.

g) Zahl → Quadratzahl
Jede Zahl hat genau eine Quadratzahl, d. h., die Zuordnung ist eindeutig und deshalb eine Funktion.

h) Quadratzahl → Zahl
Diese Zuordnung ist nicht eindeutig. Sowohl 3 also auch –3 geben quadriert 9. Das führt zu den Zuordnungen:
$9 \mapsto 3$
$9 \mapsto -3$
Die Zuordnung stellt keine Funktion dar.

22. a) Quadrierung einer Zahl x
$f\colon x \mapsto y = x^2$

b) Viertelung einer Zahl x
$f\colon x \mapsto y = \frac{1}{4}x$

c)

$x+4$	Zahl mit 4 addieren
$(x+4)^2$	Quadrieren
$\frac{1}{3}\cdot(x+4)^2$	Dritteln

$f\colon x \mapsto y = \frac{1}{3}\cdot(x+4)^2$

d)

$7x-23$	Vom 7-Fachen einer Zahl 23 subtrahieren
$0{,}3\cdot(7x-23)$	30 % der erhaltenen Zahl
$0{,}3\cdot(7x-23)+6$	6 addieren
$[0{,}3\cdot(7x-23)+6]^2$	Quadrieren

$f\colon x \mapsto y = [0{,}3\cdot(7x-23)+6]^2$

e)

$7-x^2$	Quadratzahl x^2 von 7 subtrahieren
$\frac{7-x^2}{6x}$	Durch das 6-Fache von x teilen

$f\colon x \mapsto y = \frac{7-x^2}{6x}$

f)

$x-7$	Differenz von x und 7
$\lvert x-7\rvert$	Betrag
$\frac{\lvert x-7\rvert}{0{,}25\cdot(x+3)}$	Durch 25 % der Summe aus x und 3 teilen

$f\colon x \mapsto y = \frac{\lvert x-7\rvert}{0{,}25\cdot(x+3)}$

23. a) f: $x \mapsto \frac{1}{x-1}$ $\Rightarrow$ $x-1=0$ Der Nenner muss gleich null gesetzt werden.

$x=1$

$\mathbb{D}=\mathbb{Q}\setminus\{1\}$

b) f: $x \mapsto \frac{x}{x+1}$ $\Rightarrow$ $x+1=0$

$x=-1$

$\mathbb{D}=\mathbb{Q}\setminus\{-1\}$

c) f: $x \mapsto \frac{1}{x^2-1}$ $\Rightarrow$ $x^2-1=0$

$x^2=1$

Es gibt zwei Zahlen, die quadriert 1 ergeben, nämlich 1 und –1.

$\mathbb{D}=\mathbb{Q}\setminus\{-1;\ 1\}$

d) f: $x \mapsto \frac{x-2}{(x+3)\cdot(x-7)}$ $\Rightarrow$ $(x+3)\cdot(x-7)=0$

Ein Produkt ist gleich null, falls einer der Faktoren gleich null ist:

$x+3=0$ $x-7=0$

$x=-3$ $x=7$

$\mathbb{D}=\mathbb{Q}\setminus\{-3;\ 7\}$

e) f: $x \mapsto \left(\frac{1}{x-1}+\frac{1}{x+2}\right)\cdot 2$

Alle Nenner werden gleich null gesetzt:

$x-1=0$ $x+2=0$

$x=1$ $x=-2$

$\mathbb{D}=\mathbb{Q}\setminus\{-2;\ 1\}$

f) f: $x \mapsto \frac{2x}{x^2-9}$ $\Rightarrow$ $x^2-9=0$

$x^2=9$

Es gibt zwei Zahlen, die quadriert 9 ergeben, nämlich 3 und –3.

$\mathbb{D}=\mathbb{Q}\setminus\{-3;\ 3\}$

g) f: $x \mapsto \frac{(2x+1)\cdot(2x-1)}{(3x+1)\cdot(3x-1)}$ $\Rightarrow$ $(3x+1)\cdot(3x-1)=0$

Ein Produkt ist gleich null, falls einer der beiden Faktoren gleich null ist:

$3x+1=0$ $3x-1=0$

$3x=-1$ $3x=1$

$x=-\frac{1}{3}$ $x=\frac{1}{3}$

$\mathbb{D}=\mathbb{Q}\setminus\left\{-\frac{1}{3};\ \frac{1}{3}\right\}$

h) f: $x \mapsto \frac{1}{2} \cdot \frac{1}{x} \cdot \left(\frac{1}{3x-1} - \frac{1}{x+1} \right)^2$

Alle Nenner werden gleich null gesetzt:

$x = 0$ $\qquad$ $3x - 1 = 0$ $\qquad$ $x + 1 = 0$

$\qquad\qquad 3x = 1 \qquad\qquad x = -1$

$\qquad\qquad x = \frac{1}{3}$

$\mathbb{D} = \mathbb{Q} \setminus \left\{ -1; 0; \frac{1}{3} \right\}$

24. a) f: $x \mapsto \frac{5x}{2x+3}$ $\quad\Rightarrow\quad$ $2x + 3 = 0$

$2x = -3$

$x = -\frac{3}{2}$

$\mathbb{D} = \mathbb{Q} \setminus \left\{ -\frac{3}{2} \right\}$ $\rightarrow$ **F**

b) f: $x \mapsto \frac{10+3x}{(x^2-4) \cdot (x+3)}$ $\quad\Rightarrow\quad$ $(x^2-4) \cdot (x+3) = 0$

Jeder Faktor wird getrennt gleich null gesetzt:

$x^2 - 4 = 0$ $\qquad$ $x + 3 = 0$

$x^2 = 4$ $\qquad\qquad$ $x = -3$

Es gibt zwei Zahlen, die quadriert 4 ergeben, nämlich 2 und –2.

$\mathbb{D} = \mathbb{Q} \setminus \{-3; -2; 2\}$ $\rightarrow$ **R**

c) f: $x \mapsto \frac{1}{x+2} + \frac{1}{x+1} + \frac{1}{x^2-4}$

Alle Nenner werden gleich null gesetzt.

$x + 2 = 0$ $\qquad$ $x + 1 = 0$ $\qquad$ $x^2 - 4 = 0$

$x = -2$ $\qquad\qquad$ $x = -1$ $\qquad\qquad$ $x^2 = 4$

$x_1 = 2;\ x_2 = -2$

$\mathbb{D} = \mathbb{Q} \setminus \{-2; -1; 2\}$ $\rightarrow$ **O**

d) f: $x \mapsto \frac{4}{[(x+1) \cdot (x-3)]^3} \cdot (2x - 1)$

Alle Nenner werden gleich null gesetzt.

$x + 1 = 0$ $\qquad$ $x - 3 = 0$

$x = -1$ $\qquad\qquad$ $x = 3$

$\mathbb{D} = \mathbb{Q} \setminus \{-1; 3\}$ $\rightarrow$ **S**

e) f: $x \mapsto \left(\frac{1}{x+2}+\frac{1}{x+1}\right)\cdot\left(\frac{1}{x-3}\right)^2$

Nullsetzen aller Nenner führt zu:

$x+2=0$	$x+1=0$	$x-3=0$
$x=-2$	$x=-1$	$x=3$

$\mathbb{D}=\mathbb{Q}\setminus\{-2;-1;3\}$ $\rightarrow$ **C**

f) f: $x \mapsto \dfrac{2-x}{\frac{x+2}{(x-1)^2}}$

Der Nenner $\frac{x+2}{(x-1)^2}$ ist gleich null, falls $x+2=0$ gilt. Das führt zu $x=-2$ als auszuschließende Zahl. Im Nenner findest du den Nenner $(x-1)^2$. Dieser Nenner muss auch gleich null gesetzt werden

$(x-1)^2=0$
$x-1=0$
$x=1$

$\mathbb{D}=\mathbb{Q}\setminus\{1;-2\}$ $\rightarrow$ **H**

Lösungswort:

F	**R**	**O**	**S**	**C**	**H**

25. a) Jede zur y-Achse parallele Gerade schneidet den Graphen höchstens einmal. Damit wird jedem x-Wert genau ein y-Wert zugeordnet. Der Graph beschreibt eine Funktion.

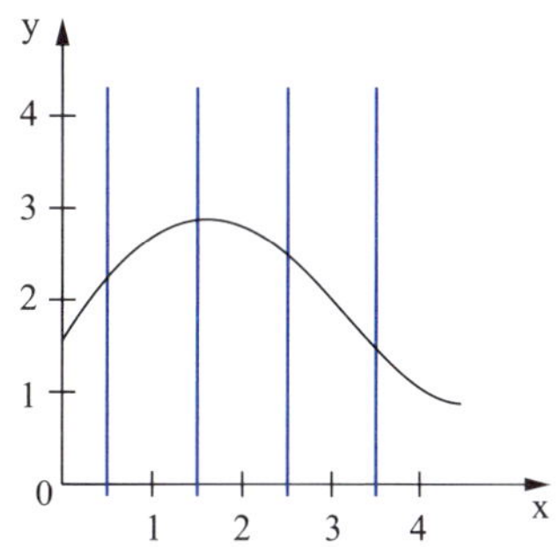

b) Jede Parallele zur y-Achse hat höchstens einen Schnittpunkt mit dem Graphen. Jedem x-Wert wird genau ein y-Wert zugeordnet. Jede zur y-Achse parallele Gerade schneidet den Graphen höchstens einmal. Der Graph beschreibt eine Funktion.

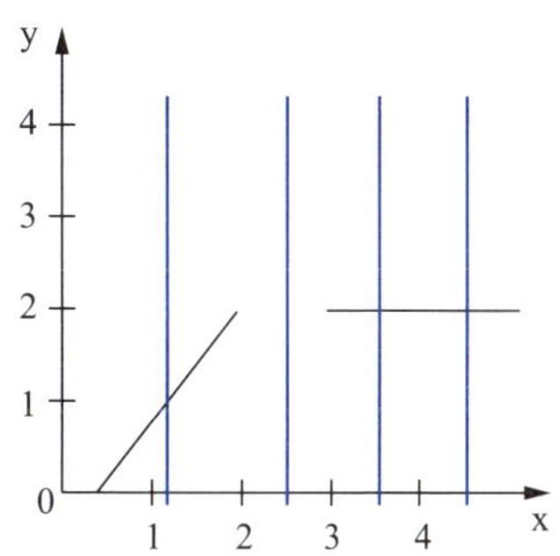

c) Der Graph ist eine Parallele zur y-Achse. Dem x-Wert 2,5 werden dabei unendlich viele y-Werte zugeordnet. Der Graph beschreibt keine Funktion.

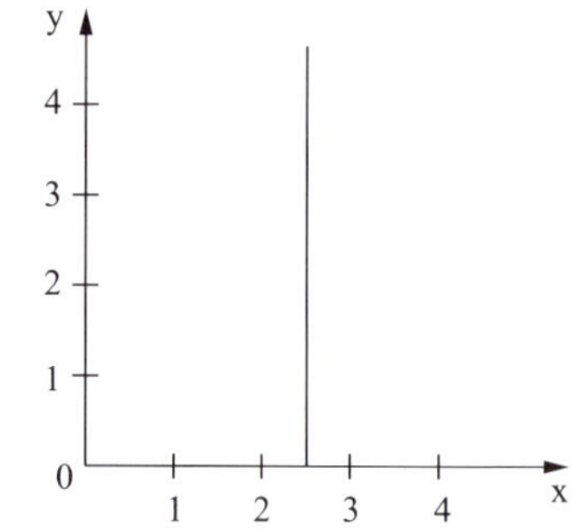

d) Jede Parallele zur y-Achse schneidet den Graphen höchstens einmal, d. h., jedem x-Wert wird genau ein y-Wert zugeordnet. Der Graph beschreibt eine Funktion.

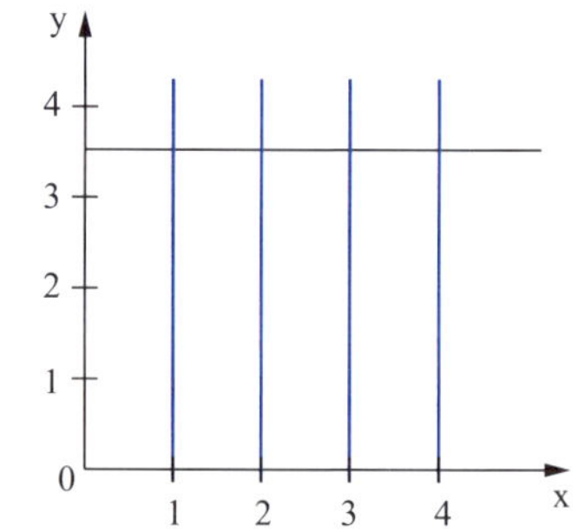

e) Die eingezeichnete Parallele zur y-Achse schneidet den Graphen zweimal. Dem x-Wert 1,5 werden zwei y-Werte zugeordnet. Der Graph kann damit keine Funktion darstellen.

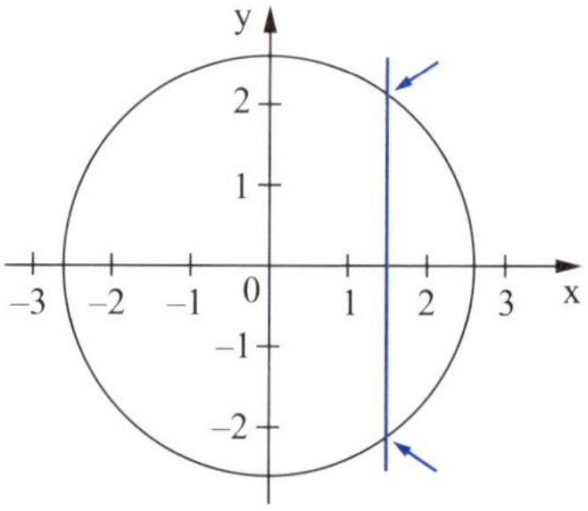

f) Jede Parallele zur y-Achse hat höchstens einen Schnittpunkt mit dem Graphen. Jedem x-Wert wird genau ein y-Wert zugeordnet. Der Graph beschreibt eine Funktion.

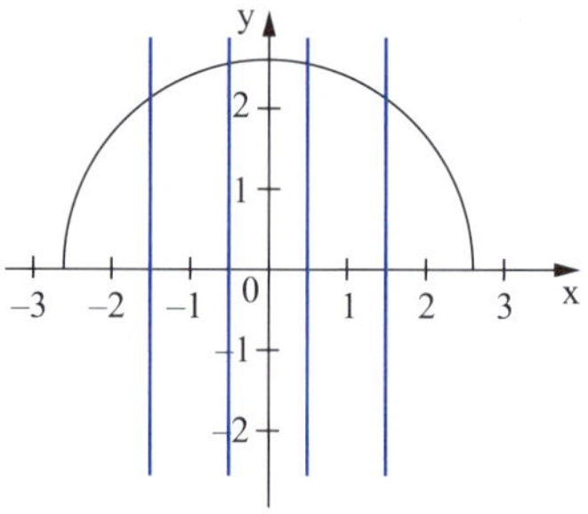

g) Die eingezeichneten Parallelen schneiden den Graphen zweimal. Damit zeigt man die fehlende Eindeutigkeit der Zuordnung. Der Graph beschreibt keine Funktion.

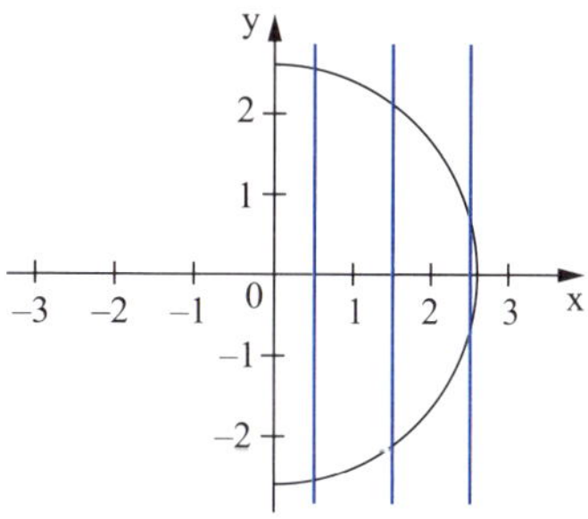

h) Alle Parallelen zur y-Achse schneiden den Graphen höchstens einmal. Die vom Graphen beschriebene Zuordnung ist eindeutig und damit eine Funktion.

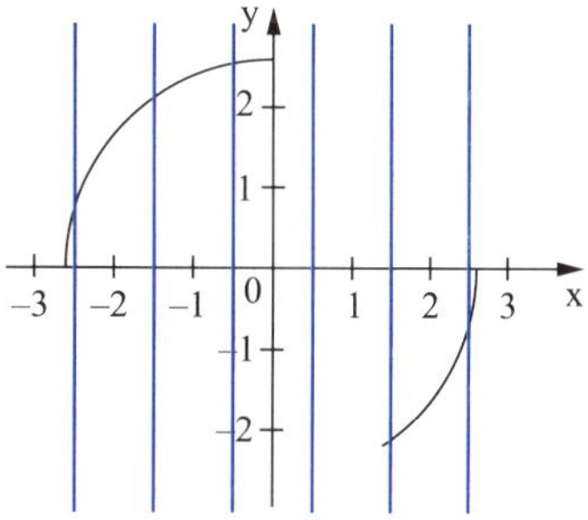

26. a) $f(x) = x - 3$; $\mathbb{D}_f = [-1; 5]$

x	–1	0	1	2	3	4	5
y	–4	–3	–2	–1	0	1	2

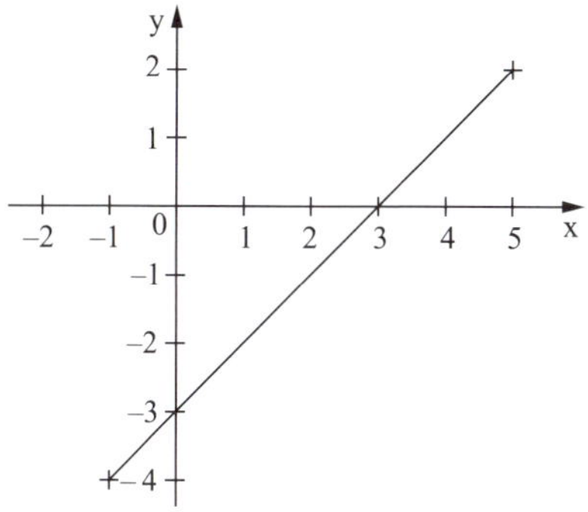

Benutze zur Zeichnung einen gespitzten Bleistift!

Achte bei der Zeichnung auf den Definitionsbereich.

$\mathbb{W} = [-4; 2]$

b) $f(x) = \frac{1}{2}x^2$; $\mathbb{D}_f = [-3; 3]$

x	–3	–2	–1	0	1	2	3
y	4,5	2	$\frac{1}{2}$	0	$\frac{1}{2}$	2	4,5

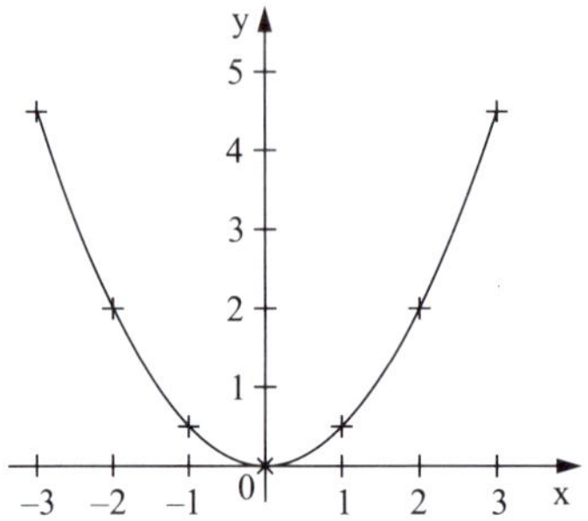

Setze bei der Zeichnung den Stift nicht ab!

$\mathbb{W} = [0; 4{,}5]$

c) f: $x \mapsto y = \frac{3}{x+4}$; $\mathbb{D}_f = [-3; 4]$

x	–3	–2	–1	0	1	2	3	4
y	3	1,5	1	$\frac{3}{4}$	0,6	$\frac{1}{2}$	≈ 0,43	≈ 0,38

$\mathbb{W} = [0{,}38; 3]$

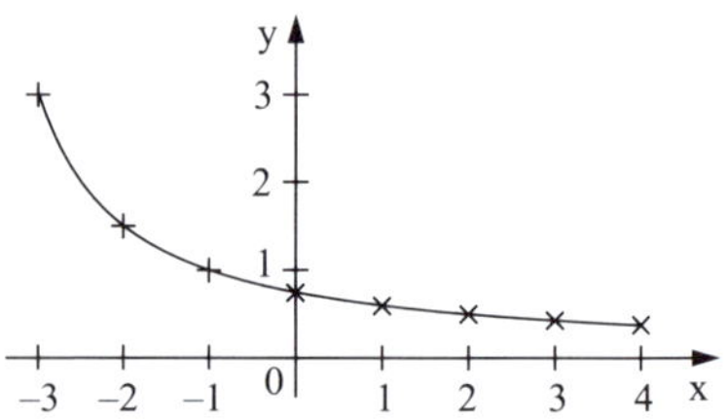

d) f: $x \mapsto y = x \cdot (x-1)$; $\mathbb{D}_f = [-2; 3]$

x	–2	–1	0	1	2	3
y	6	2	0	0	2	6

Zusätzlich: $f\left(\frac{1}{2}\right) = -0{,}25$

$\mathbb{W} = [-0{,}25; 6]$

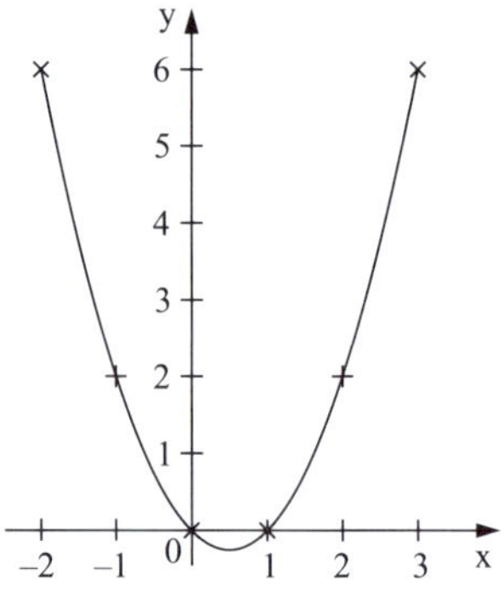

e) $f\colon x \mapsto y = x + \frac{1}{2}x^2$; $\mathbb{D}_f = [-3; 3]$

x	–3	–2	–1	0	1	2	3
y	1,5	0	$-\frac{1}{2}$	0	1,5	4	7,5

$\mathbb{W} = [-1; 7,5]$

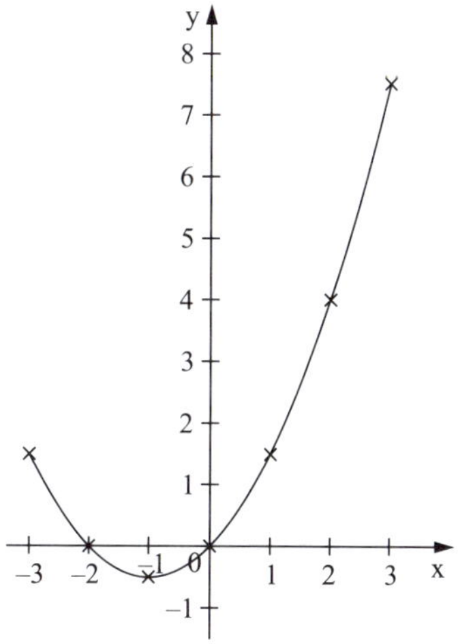

f) $f\colon x \mapsto y = \frac{x-1}{x+5}$; $\mathbb{D}_f = [-3; 4]$

x	–3	–2	–1	0	1	2	3	4
y	–2	–1	$-\frac{1}{2}$	–0,2	0	≈0,14	0,25	$0,\overline{3}$

$\mathbb{W} = [-2; 0,\overline{3}]$

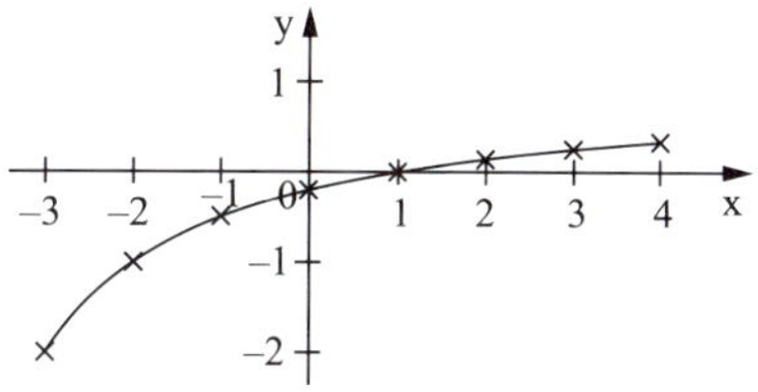

27. a) Tabelle:

Zeit in Jahren	1	2	3	4	5
Geld in Euro	1 050	1 102	1 158	1 216	1 276

Zeit in Jahren	6	7	8	9	10
Geld in Euro	1 340	1 407	1 477	1 551	1 629

b)

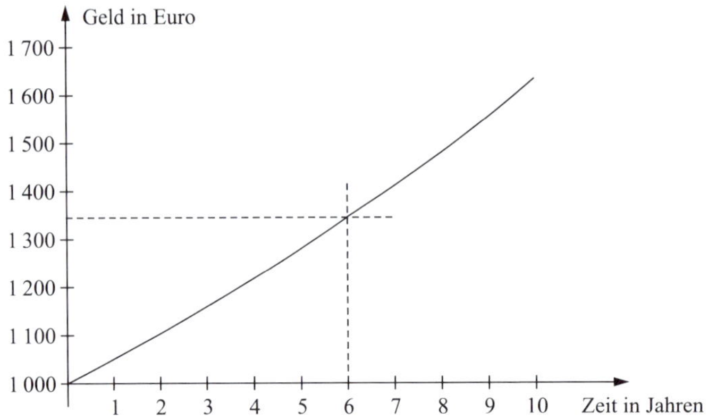

c) Nach **6 Jahren** hat das Sparbuch den Wert 1 340 €.

28. a) $y = 5 \cdot t^2$

t	0,2	0,4	0,6	0,8	1,0	1,2	1,4	1,6	1,8	2,0
y	0,2	0,8	1,8	3,2	5	7,2	9,8	12,8	16,2	20

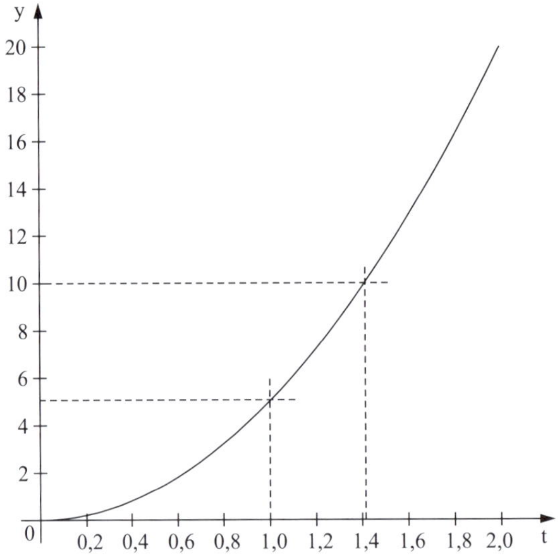

b) Man berührt das Wasser nach etwa **1,42 s**.

c) Nach **1 s** ist man 5 m gefallen.

29. 4,50 € Grundgebühr, 0,15 € pro Gesprächseinheit

a) Gesprächszeit im Monat → Höhe der Handyrechnung

Gesprächszeit in Minuten	0	10	20	30	40	50	60
Höhe der Handy-rechnung in Euro	4,50	6,00	7,50	9,00	10,50	12,00	13,50

Gesprächszeit in Minuten	70	80	90	100	110	120
Höhe der Handy-rechnung in Euro	15,0	16,50	18,00	19,50	21,00	22,50

Beispiele:

10 min: 4,50 € + 0,15 € · 10 = 6,00 €
20 min: 4,50 € + 0,15 € · 20 = 7,50 €
30 min: 4,50 € + 0,15 € · 30 = 9,00 €

+ 1,50 €
+ 1,50 €

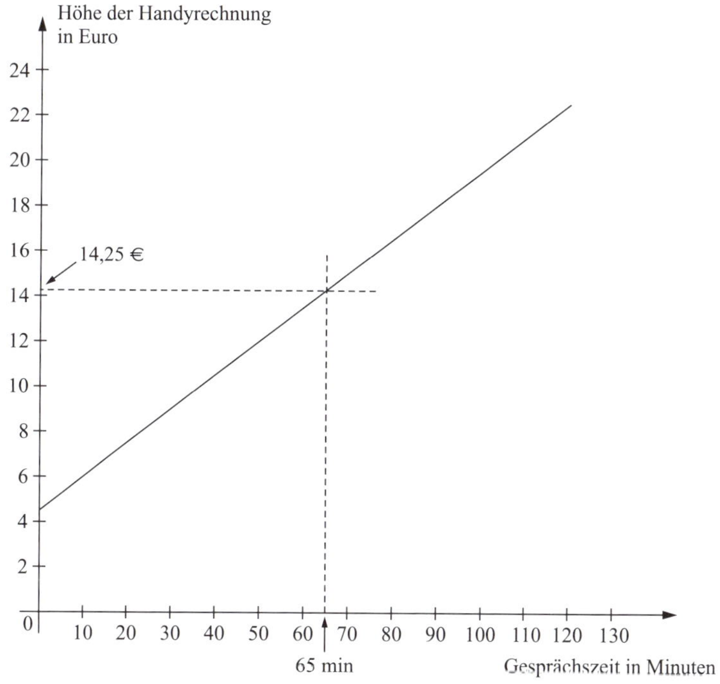

b) Bei 65 Minuten Gesprächsdauer muss man bei Telavone Plus **14,25 €** bezahlen.

c) Formel für die Berechnung des zu zahlenden Betrags:

$4{,}50\ € + x \cdot 0{,}15\ €$

$25{,}40 = 4{,}50 + x \cdot 0{,}15 \quad | -4{,}50$

$20{,}90 = x \cdot 0{,}15 \quad | :0{,}15$

$139{,}\overline{3} = x$

$139{,}\overline{3}\ \text{min} = 139\frac{1}{3}\ \text{min} = 139\ \text{min}\ 20\ \text{s}$

Es wurden **139 min und 20 s** telefoniert.

d) 8 Freiminuten

Gesprächszeit in Minuten	8	18	28	38	48	58	68
Höhe der Handyrechnung in Euro	4,50	6,00	7,50	9,00	10,50	12,00	13,50

Gesprächszeit in Minuten	78	88	98	108	118	120
Höhe der Handyrechnung in Euro	15,00	16,50	18,00	19,50	21,00	21,30

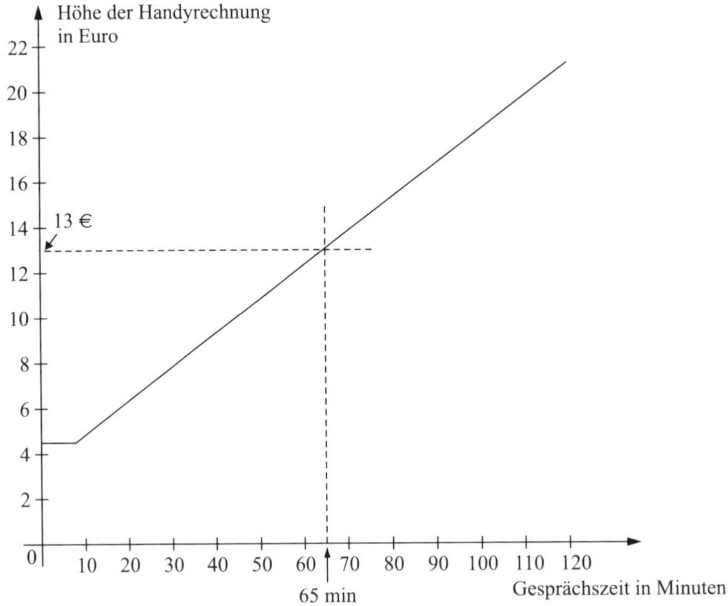

Bei 65 Minuten Gesprächsdauer muss man bei Telavone Plus mit den 8 Freiminuten etwa **13 €** bezahlen.

Formel für die Berechnung des zu zahlenden Betrags:

$4{,}50\ € + (x-8) \cdot 0{,}15\ €$

(x – 8), da von der Gesprächszeit 8 Freiminuten abgezogen werden.

$$\begin{aligned}
25{,}40 &= 4{,}50 + (x-8)\cdot 0{,}15 && \mid -4{,}50\\
20{,}90 &= (x-8)\cdot 0{,}15 && \mid :0{,}15\\
139{,}\overline{3} &= (x-8) && \mid +8\\
147{,}\overline{3} &= x
\end{aligned}$$

$147{,}\overline{3}\text{ min} = 147\frac{1}{3}\text{ min} = 147\text{ min } 20\text{ s}$

Es wurden **147 min und 20 s** telefoniert.

30. a) $y = x + 2$
y-Achsenabschnitt $t = 2$
Die y-Achse wird im Punkt $(0|2)$ geschnitten.
Geradensteigung $m = 1$
Graph **(3)** erfüllt diese Eigenschaften.

b) $y = \frac{1}{2}x + 2$
y-Achsenabschnitt $t = 2$
Die y-Achse wird im Punkt $(0|2)$ geschnitten.
Geradensteigung $m = \frac{1}{2}$
Graph **(5)** erfüllt diese Eigenschaften.

c) $y = -x - 2$
y-Achsenabschnitt $t = -2$
Die y-Achse wird im Punkt $(0|-2)$ geschnitten.
Geradensteigung $m = -1$
Graph **(2)** erfüllt diese Eigenschaften.

d) $y = 2x + 1$
y-Achsenabschnitt $t = 1$
Die y-Achse wird im Punkt $(0|1)$ geschnitten.
Geradensteigung $m = 2$
Graph **(1)** erfüllt diese Eigenschaften.

e) $y = 2x + 2$
y-Achsenabschnitt $t = 2$
Die y-Achse wird im Punkt $(0|2)$ geschnitten.
Geradensteigung $m = 2$
Graph **(6)** erfüllt diese Eigenschaften.

f) $y = -\frac{1}{2}x - 2$

y-Achsenabschnitt $t = -2$

Die y-Achse wird im Punkt $(0|-2)$ geschnitten.

Geradensteigung $m = -\frac{1}{2}$

Graph **(4)** erfüllt diese Eigenschaften.

31. a) $y = 2x - 3$

$t = -3$

$m = 2 = \frac{2}{1} \quad \Rightarrow \quad \begin{matrix} \Delta y = 2 \\ \Delta x = 1 \end{matrix}$

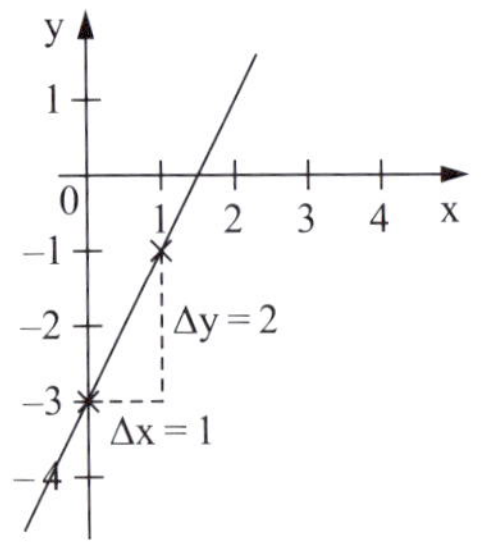

b) $y = -x + 2$

$t = 2$

$m = -1 = \frac{-1}{1} \quad \Rightarrow \quad \begin{matrix} \Delta y = -1 \\ \Delta x = 1 \end{matrix}$

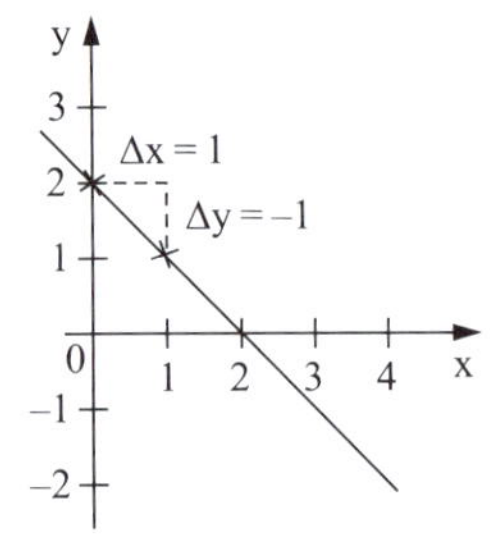

c) $y = \frac{1}{3}x - \frac{1}{2}$

$t = -\frac{1}{2}$

$m = \frac{1}{3} \quad \Rightarrow \quad \begin{matrix} \Delta y = 1 \\ \Delta x = 3 \end{matrix}$

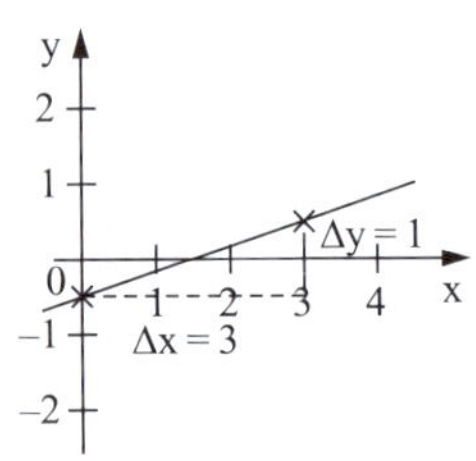

d) $y = 1{,}4x - 3$

$t = -3$

$m = 1{,}4 = \frac{14}{10} = \frac{7}{5} \quad \Rightarrow \quad \begin{matrix} \Delta y = 7 \\ \Delta x = 5 \end{matrix}$

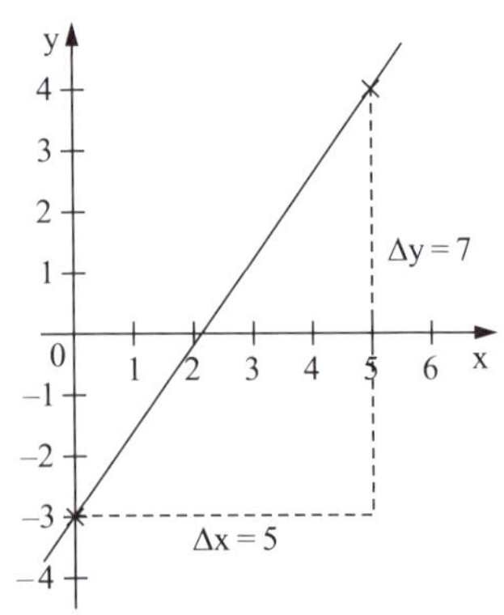

e) $y+\frac{1}{2}x-2=0$

$$y=-\frac{1}{2}x+2$$

$t=2$

$m=-\frac{1}{2}=\frac{-1}{2} \quad \Rightarrow \quad \begin{array}{l}\Delta y=-1\\ \Delta x=2\end{array}$

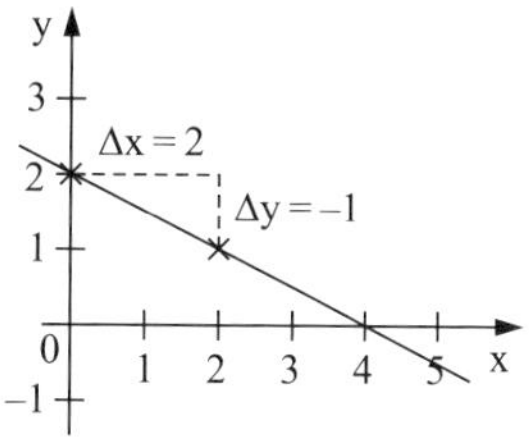

f) $y-3=4x$

$y=4x+3$

$t=3$

$m=4=\frac{4}{1} \quad \Rightarrow \quad \begin{array}{l}\Delta y=4\\ \Delta x=1\end{array}$

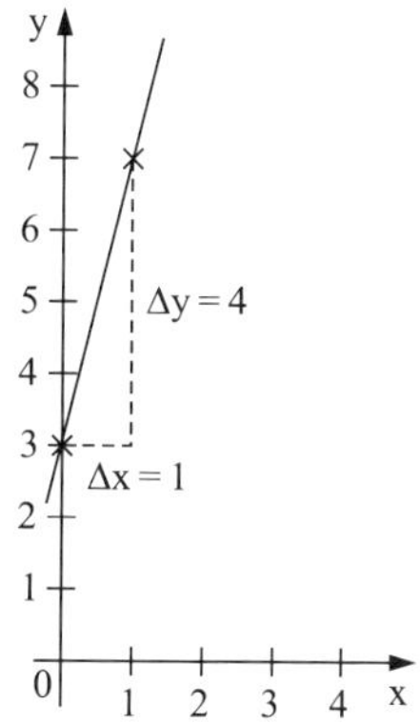

g) $\frac{1}{2}y+\frac{1}{3}x-2=0$

$$\frac{1}{2}y=-\frac{1}{3}x+2$$

$$y=-\frac{2}{3}x+4$$

$t=4$

$m=-\frac{2}{3}=\frac{-2}{3} \quad \Rightarrow \quad \begin{array}{l}\Delta y=-2\\ \Delta x=3\end{array}$

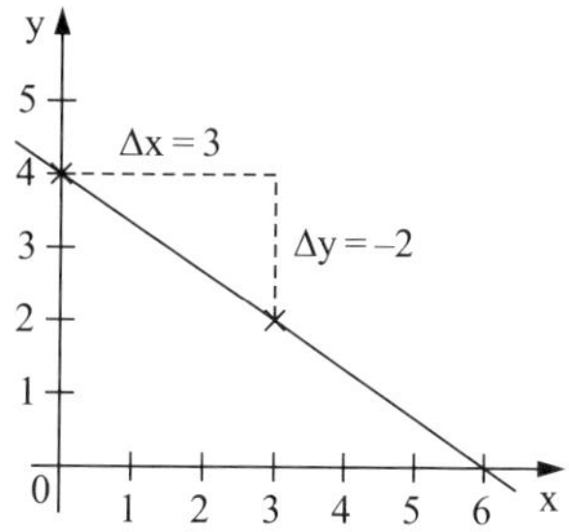

h) $y=0,\overline{6}x-0,\overline{3}$

$y=\frac{2}{3}x-\frac{1}{3}$

$t=-\frac{1}{3}$

$m=\frac{2}{3} \quad \Rightarrow \quad \begin{array}{l}\Delta y=2\\ \Delta x=3\end{array}$

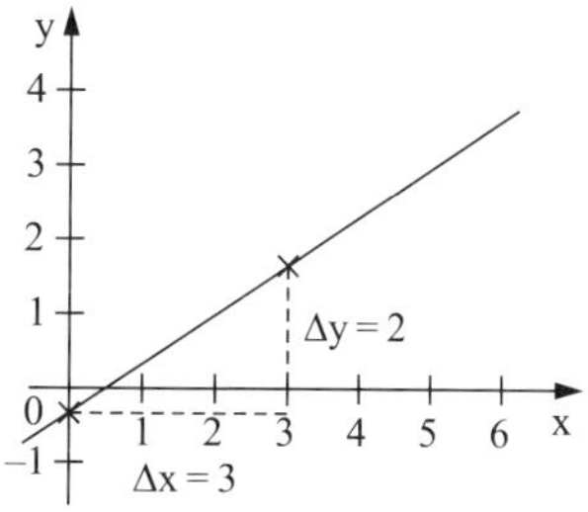

32. a) $y = mx + t$

$m = \frac{\Delta y}{\Delta x} = \frac{-2}{2} = -1$

$t = 4$

$\mathbf{y = -x + 4}$

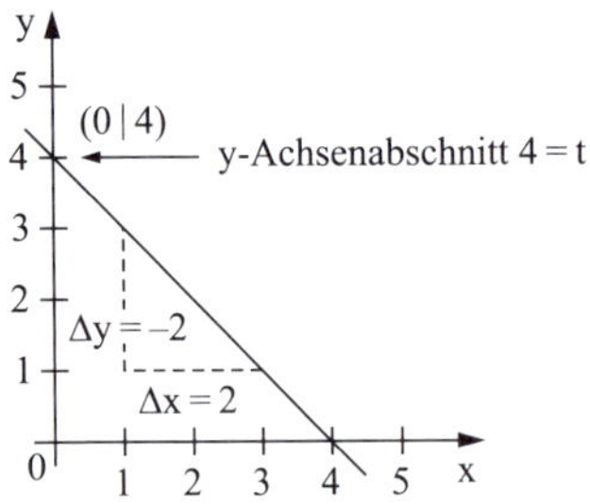

b) $y = mx + t$

$m = \frac{\Delta y}{\Delta x} = \frac{1}{5}$

$t = 2$

$\mathbf{y = \frac{1}{5}x + 2}$

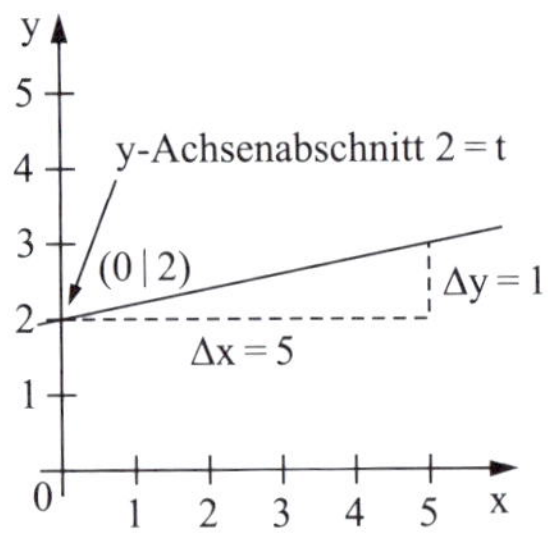

c) $y = mx + t$

$m = 0$

$t = 3$

$y = 0 \cdot x + 3$

$\mathbf{y = 3}$

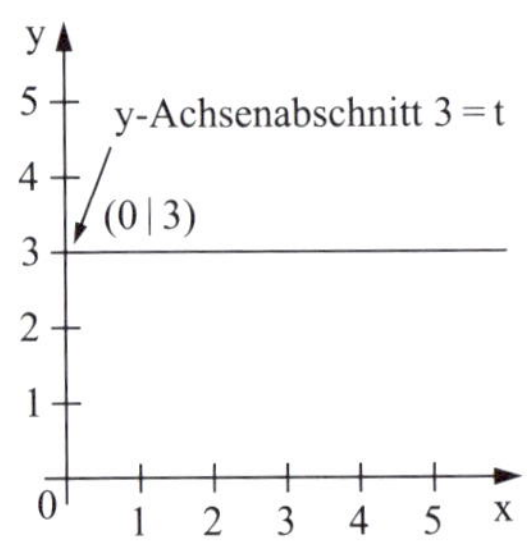

d) $y = mx + t$

$m = \frac{\Delta y}{\Delta x} = \frac{\frac{1}{2}}{4} = \frac{1}{8}$

Setze P(5 | 0,5) in die Gleichung $y = \frac{1}{8}x + t$ ein und bestimme t passend:

$0{,}5 = \frac{1}{8} \cdot 5 + t$

$0{,}5 = \frac{5}{8} + t \quad \left| -\frac{5}{8} \right.$

$-\frac{1}{8} = t$

$\mathbf{y = \frac{1}{8}x - \frac{1}{8}}$

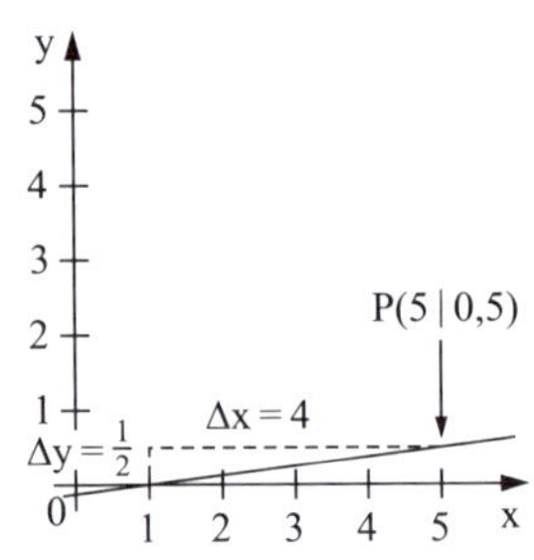

e) $y = mx + t$

$m = \frac{\Delta y}{\Delta x} = \frac{-2}{3}$

$t = -2$

$\mathbf{y = -\frac{2}{3}x - 2}$

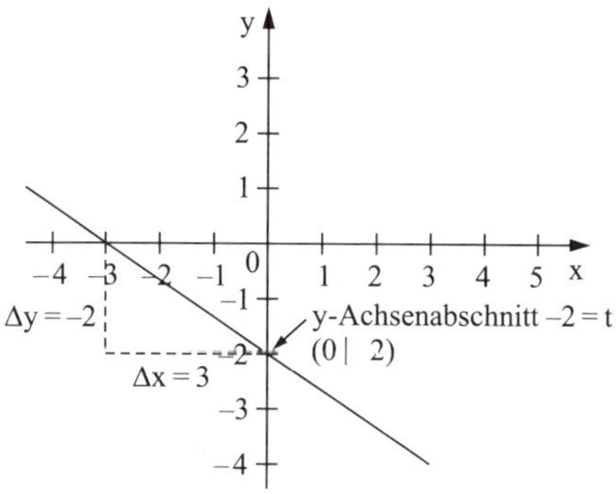

f) $y = mx + t$

$m = \frac{\Delta y}{\Delta x} = \frac{2}{3}$

$t = 2$

$\mathbf{y = \frac{2}{3}x + 2}$

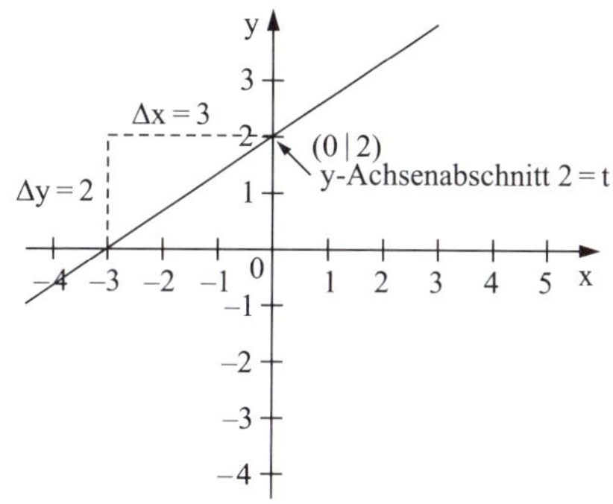

33. a) Punktprobe für $(1|-1)$:

$y = -3 + 2x$

$-1 = -3 + 2 \cdot 1$

$-1 = -1$ ✓

Der eingesetzte Punkt erfüllt die Funktionsgleichung.

b) Punktprobe für $(2|-1)$:

$y = -3 + 2x$

$-1 = -3 + 2 \cdot 2$

$-1 = 1$ ↯

Der Punkt $(2|-1)$ liegt nicht auf der Geraden.

c) Punktprobe für $(3|4)$:

$y = -3 + 2x$

$4 = -3 + 2 \cdot 3$

$4 = 3$ ↯

Der Punkt $(3|4)$ liegt nicht auf der Geraden.

d) Punktprobe für $\left(\frac{1}{2}\middle|-2\right)$:

$y = -3 + 2x$

$-2 = -3 + 2 \cdot \frac{1}{2}$

$-2 = -2$ ✓

Der eingesetzte Punkt erfüllt die Funktionsgleichung.

e) Punktprobe für $\left(-\frac{1}{3}\middle|-\frac{11}{3}\right)$:

$y=-3+2x$

$-\frac{11}{3}=-3+2\cdot\left(-\frac{1}{3}\right)$

$-3\frac{2}{3}=-3\frac{2}{3}$ ✓

Der eingesetzte Punkt erfüllt die Funktionsgleichung.

f) Punktprobe für $(-4|-11)$:

$y=-3+2x$

$-11=-3+2\cdot(-4)$

$-11=-3-8$

$-11=-11$ ✓

Der eingesetzte Punkt erfüllt die Funktionsgleichung.

34. $y=-\frac{1}{3}x-2{,}5$

a) $(1|?)$

Setze für x die Zahl 1 ein:

$y=-\frac{1}{3}\cdot 1-2{,}5$

$y=-\frac{1}{3}-2\frac{1}{2}$

$y=-2\frac{5}{6}$

$\left(1\middle|\mathbf{-2\frac{5}{6}}\right)$

b) $(0|?)$

Setze für x die Zahl 0 ein:

$y=-\frac{1}{3}\cdot 0-2{,}5$

$y=-2{,}5$

$(0|\mathbf{-2{,}5})$

c) $\left(-\frac{1}{2}\middle|?\right)$

Setze für x die Zahl $-\frac{1}{2}$ ein:

$y=-\frac{1}{3}\cdot\left(-\frac{1}{2}\right)-2{,}5$

$y=\frac{1}{6}-2\frac{1}{2}$

$y=-2\frac{1}{3}$

$\left(-\frac{1}{2}\middle|\mathbf{-2\frac{1}{3}}\right)$

d) $\left(-\frac{4}{3}\middle|?\right)$

Setze für x die Zahl $-\frac{4}{3}$ ein:

$y=-\frac{1}{3}\cdot\left(-\frac{4}{3}\right)-2{,}5$

$y=\frac{4}{9}-2\frac{1}{2}$

$y=-2\frac{1}{18}$

$\left(-\frac{4}{3}\middle|\mathbf{-2\frac{1}{18}}\right)$

e) $\left(? \,\middle|\, -2\frac{1}{6}\right)$

Setze für y die Zahl $-2\frac{1}{6}$ ein:

$$-2\frac{1}{6} = -\frac{1}{3}x - 2\frac{1}{2} \quad \left| +2\frac{1}{2}\right.$$

$$-2\frac{1}{6} + 2\frac{1}{2} = -\frac{1}{3}x$$

$$\frac{1}{3} = -\frac{1}{3}x \quad |\cdot(-3)$$

$$-1 = x$$

$\left(\mathbf{-1} \,\middle|\, -2\frac{1}{6}\right)$

f) $\left(? \,\middle|\, -2\frac{2}{3}\right)$

Setze für y die Zahl $-2\frac{2}{3}$ ein:

$$-2\frac{2}{3} = -\frac{1}{3}x - 2\frac{1}{2} \quad \left| +2\frac{1}{2}\right.$$

$$-2\frac{2}{3} + 2\frac{1}{2} = -\frac{1}{3}x$$

$$-\frac{1}{6} = -\frac{1}{3}x \quad |\cdot(-3)$$

$$\frac{1}{2} = x$$

$\left(\mathbf{\frac{1}{2}} \,\middle|\, -2\frac{2}{3}\right)$

g) $(?\,|-3{,}5)$

Setze für y die Zahl $-3{,}5$ ein:

$$-3{,}5 = -\frac{1}{3}x - 2{,}5 \quad | +2{,}5$$

$$-1 = -\frac{1}{3}x \quad |\cdot(-3)$$

$$3 = x$$

$(\mathbf{3}\,|-3{,}5)$

h) $\left(? \,\middle|\, -1\frac{5}{6}\right)$

Setze für y die Zahl $-1\frac{5}{6}$ ein:

$$-1\frac{5}{6} = -\frac{1}{3}x - 2\frac{1}{2} \quad \left| +2\frac{1}{2}\right.$$

$$-1\frac{5}{6} + 2\frac{1}{2} = -\frac{1}{3}x$$

$$\frac{2}{3} = -\frac{1}{3}x \quad |\cdot(-3)$$

$$-2 = x$$

$\left(\mathbf{-2} \,\middle|\, -1\frac{5}{6}\right)$

35. Parallele Geraden haben die gleiche Steigung. Für alle gesuchten Geradengleichungen gilt $m = \frac{2}{3}$. Für jeden Punkt muss noch der y-Achsenabschnitt t bestimmt werden, indem der Punkt in $y = \frac{2}{3}x + t$ eingesetzt wird.

a) $(3\,|\,1)$ einsetzen:

$$1 = \frac{2}{3}\cdot 3 + t$$

$$1 = 2 + t \quad |-2$$

$$-1 = t$$

$$\mathbf{y = \frac{2}{3}x - 1}$$

b) $(1\,|\,1)$ einsetzen:

$$1 = \frac{2}{3}\cdot 1 + t$$

$$1 = \frac{2}{3} + t \quad \left| -\frac{2}{3}\right.$$

$$\frac{1}{3} = t$$

$$\mathbf{y = \frac{2}{3}x + \frac{1}{3}}$$

c) $(-2|-2)$ einsetzen:

$$-2 = \frac{2}{3} \cdot (-2) + t$$

$$-2 = -\frac{4}{3} + t \qquad \left| +\frac{4}{3}\right.$$

$$-\frac{2}{3} = t$$

$$\mathbf{y = \frac{2}{3}x - \frac{2}{3}}$$

d) $\left(\frac{1}{3} \middle| \frac{2}{9}\right)$ einsetzen:

$$\frac{2}{9} = \frac{2}{3} \cdot \frac{1}{3} + t$$

$$\frac{2}{9} = \frac{2}{9} + t \qquad \left| -\frac{2}{9}\right.$$

$$0 = t$$

$$y = \frac{2}{3}x + 0$$

$$\mathbf{y = \frac{2}{3}x}$$

e) $(3|-2)$ einsetzen:

$$-2 = \frac{2}{3} \cdot 3 + t$$

$$-2 = 2 + t \qquad |-2$$

$$-4 = t$$

$$\mathbf{y = \frac{2}{3}x - 4}$$

f) $\left(1 \middle| 2\frac{1}{6}\right)$ einsetzen:

$$2\frac{1}{6} = \frac{2}{3} \cdot 1 + t$$

$$2\frac{1}{6} = \frac{2}{3} + t \qquad \left| -\frac{2}{3}\right.$$

$$2\frac{1}{6} - \frac{2}{3} = t$$

$$1\frac{1}{2} = t$$

$$\mathbf{y = \frac{2}{3}x + 1\frac{1}{2}}$$

36. a) y = 8,30 € + x · 0,1840 €

- 8,30 € ↑ Grundgebühr
- x ↑ Anzahl der Kilowattstunden
- 0,1840 € ↑ Preis pro Kilowattstunde

x in kWh	0	100	200	300	400	500	600	700	800	900	1 000
Preis in €	8,30	26,7	45,1	63,5	81,9	100,3	118,7	137,1	155,5	173,9	192,3

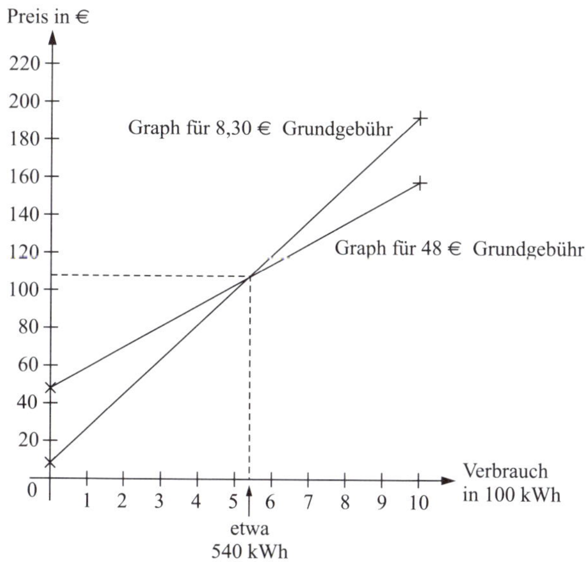

Der Schnittpunkt beider Geraden beschreibt den Punkt, ab dem der Tarif mit der höheren Grundgebühr günstiger ist.

b)

x in kWh	0	100	200	300	400	500	600	700	800	900	1 000
Preis y in €	48	59	70	81	92	103	114	125	136	147	158

Die höhere Grundgebühr rentiert sich ab etwa **540 kWh** Stromverbrauch.

37. a) Die Uhr auf Ork zeigt 16 Stunden an. Diese werden pro Ork-Tag zweimal durchlaufen.

Der Winkel zwischen den Stundenmarkierungen beträgt:
$360° : 16 = 22{,}5°$

Die 26.00-Uhr-Markierung entspricht der 10.00-Uhr-Markierung:
$10 \cdot 22{,}5° = 225°$

Der Winkel zwischen der 0.00-Uhr-Markierung und der 26.00-Uhr-Markierung beträgt **225°**.

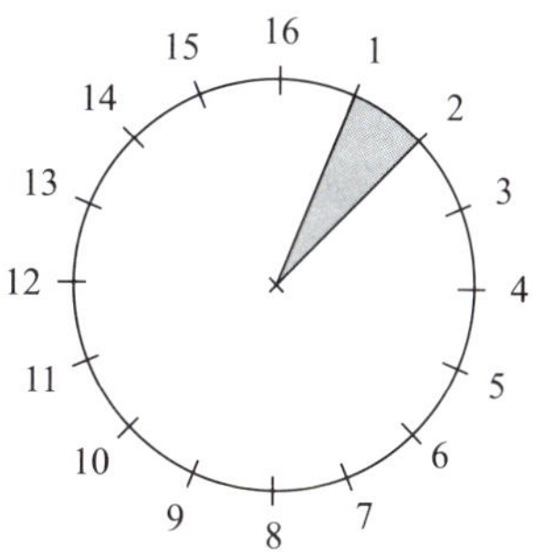

b) Der Winkel der Erdenuhr zwischen zwei Stundenmarkierungen beträgt:
$360° : 12 = 30°$

Funktionsgleichung für die Erdenuhr:

$$y = 30° \cdot 6 + x \cdot 30°$$
$$y = 180° + x \cdot 30°$$

↑ Winkel um 6.00 Uhr; ↑ pro Stunde um 30° zunehmender Winkel

Funktionsgleichung für die Orkuhr:

$$y = 225° + x \cdot 22{,}5°$$

↑ Winkel um 26.00 Uhr; ↑ pro Stunde um 22,5° zunehmender Winkel

c)

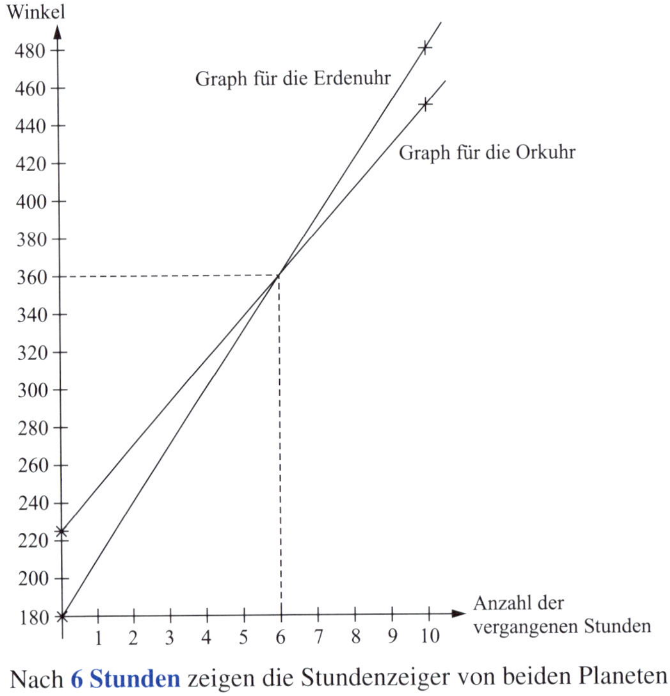

Nach **6 Stunden** zeigen die Stundenzeiger von beiden Planeten in die gleiche Richtung.

38. a)
$$y = -\frac{1}{2}x - \frac{1}{2}$$
$$0 = -\frac{1}{2}x - \frac{1}{2} \quad \Big| +\frac{1}{2}$$
$$\frac{1}{2} = -\frac{1}{2}x \quad \Big| \cdot(-2)$$
$$-1 = x$$
N(−1|0)

b)
$$y = 2\frac{1}{2}x + 3$$
$$0 = 2\frac{1}{2}x + 3 \quad \Big| -3$$
$$-3 = 2\frac{1}{2}x \quad \Big| : 2\frac{1}{2}$$
$$-1\frac{1}{5} = x$$
$\mathbf{N\left(-1\frac{1}{5}\,\middle|\,0\right)}$

c)
$$y + x = \frac{1}{2}$$
$$0 + x = \frac{1}{2}$$
$$x = \frac{1}{2}$$
$\mathbf{N\left(\frac{1}{2}\,\middle|\,0\right)}$

d)
$$y = -\frac{2}{3}x$$
$$0 = -\frac{2}{3}x \quad \Big| \cdot\left(-\frac{3}{2}\right)$$
$$0 = x$$
N(0|0)

e)
$$y = -13x + 169$$
$$0 = -13x + 169 \quad \Big| -169$$
$$-169 = -13x \quad \Big| : (-13)$$
$$13 = x$$
N(13|0)

f)
$$y = (x-3)\cdot(x+4)$$
$$0 = (x-3)\cdot(x+4)$$
Ein Produkt ist gleich null, falls einer der Faktoren gleich null ist:
$$x - 3 = 0 \quad \Big| +3$$
$$x = 3$$
$$x + 4 = 0 \quad \Big| -4$$
$$x = -4$$
$\mathbf{N_1(3|0)}$ und $\mathbf{N_2(-4|0)}$

g)
$$\left(\frac{1}{3}x - 2\right)\cdot 5 = y$$
$$\left(\frac{1}{3}x - 2\right)\cdot 5 = 0 \quad \Big| : 5$$
$$\frac{1}{3}x - 2 = 0 \quad \Big| +2$$
$$\frac{1}{3}x = 2 \quad \Big| \cdot 3$$
$$x = 6$$
N(6|0)

h)
$$\frac{y}{x} = \frac{2}{x} + 1 \qquad (x \neq 0)$$
$$\frac{0}{x} = \frac{2}{x} + 1 \quad \Big| \cdot x$$
$$0 = 2 + x \quad \Big| -2$$
$$-2 = x$$
N(−2|0)

i) $y=(x-1)\cdot(x+1)\cdot(x-4)$

$0=(x-1)\cdot(x+1)\cdot(x-4)$

Das Produkt ist gleich null, falls einer der drei Faktoren gleich null ist.

$x-1=0 \quad \vert +1$	$x+1=0 \quad \vert -1$	$x-4=0 \quad \vert +4$
$x=1$	$x=-1$	$x=4$
$\mathbf{N_1(1\vert 0)}$	$\mathbf{N_2(-1\vert 0)}$	$\mathbf{N_3(4\vert 0)}$

j) $(x-3)\cdot\frac{1}{2}+2y+3=1$

$$(x-3)\cdot\frac{1}{2}+2\cdot 0+3=1 \qquad |-3$$
$$(x-3)\cdot\frac{1}{2}=-2 \qquad |\cdot 2$$
$$x-3=-4 \qquad |+3$$
$$x=-1$$

N(−1|0)

39. Die Funktionsgleichungen linearer Funktionen haben alle die Form:
$y=mx+t$

a) $(0|4) \Rightarrow$ y-Achsenabschnitt $t=4$

Setze $(2|0)$ in die Geradengleichung $y=mx+4$ ein und bestimme die Steigung m:

$$0=m\cdot 2+4 \qquad |-4$$
$$-4=m\cdot 2 \qquad |:2$$
$$-2=m$$

$\mathbf{y=-2x+4}$

b) $\left(0\,\middle|\,-\frac{1}{3}\right) \Rightarrow$ y-Achsenabschnitt $t=-\frac{1}{3}$

Setze $\left(\frac{1}{2}\,\middle|\,0\right)$ in die Geradengleichung $y=mx-\frac{1}{3}$ ein und bestimme die Steigung m:

$$0=m\cdot\frac{1}{2}-\frac{1}{3} \qquad \left|+\frac{1}{3}\right.$$
$$\frac{1}{3}=m\cdot\frac{1}{2} \qquad |\cdot 2$$
$$\frac{2}{3}=m$$

$\mathbf{y=\frac{2}{3}x-\frac{1}{3}}$

c) $(0|1) \Rightarrow$ y-Achsenabschnitt $t=1$
Setze $(1|0)$ in die Geradengleichung $y=mx+1$ ein und bestimme die Steigung m:

$$0 = m \cdot 1 + 1 \quad | -1$$
$$-1 = m$$

$\mathbf{y = -x + 1}$

d) $\left(0 \middle| -\frac{1}{2}\right) \Rightarrow$ y-Achsenabschnitt $t = -\frac{1}{2}$
Setze $(5|0)$ in die Geradengleichung $y = mx - \frac{1}{2}$ ein und bestimme die Steigung m:

$$0 = m \cdot 5 - \frac{1}{2} \quad \left| + \frac{1}{2}\right.$$
$$\frac{1}{2} = m \cdot 5 \quad |:5$$
$$\frac{1}{10} = m$$

$\mathbf{y = \frac{1}{10}x - \frac{1}{2}}$

e) $(0|-2) \Rightarrow$ y-Achsenabschnitt $t=-2$
Setze $\left(1\frac{1}{2} \middle| 0\right)$ in die Geradengleichung $y=mx-2$ ein und bestimme die Steigung m:

$$0 = m \cdot 1\frac{1}{2} - 2 \quad |+2$$
$$2 = m \cdot 1\frac{1}{2} \quad \left|:1\frac{1}{2}\right.$$
$$1\frac{1}{3} = m$$

$\mathbf{y = 1\frac{1}{3}x - 2}$

f) $(0|-3) \Rightarrow$ y-Achsenabschnitt $t=-3$
Setze $(3|0)$ in die Geradengleichung $y=mx-3$ ein und bestimme die Steigung m:

$$0 = m \cdot 3 - 3 \quad |+3$$
$$3 = m \cdot 3 \quad |:3$$
$$1 = m$$

$\mathbf{y = x - 3}$

g) $\left(0\,\middle|\,\frac{1}{3}\right) \Rightarrow$ y-Achsenabschnitt $t = \frac{1}{3}$

Setze (2,5 | 0) in die Geradengleichung $y = mx + \frac{1}{3}$ ein und bestimme die Steigung m:

$$0 = m \cdot 2{,}5 + \frac{1}{3} \quad \left| -\frac{1}{3}\right.$$

$$-\frac{1}{3} = m \cdot 2{,}5 \quad |:2{,}5$$

$$-\frac{2}{15} = m$$

$$\mathbf{y = -\frac{2}{15}x + \frac{1}{3}}$$

h) $(0|-9) \Rightarrow$ y-Achsenabschnitt $t = -9$

Setze (27 | 0) in die Geradengleichung $y = mx - 9$ ein und bestimme die Steigung m:

$$0 = m \cdot 27 - 9 \quad |+9$$

$$9 = m \cdot 27 \quad |:27$$

$$\frac{1}{3} = m$$

$$\mathbf{y = \frac{1}{3}x - 9}$$

40. 51,40 € heutiger Aktienkurs
1,25 € mittlerer täglicher Verlust

a) $y = \underbrace{51{,}40\,€}_{\text{Anfangswert}} - \underbrace{1{,}25\,€ \cdot x}_{\text{pro Tag 1,25 € Abzug}}$

Schreibe die Gleichung in Form einer Geradengleichung y = mx + t.

$$y = -1{,}25\,€ \cdot x + 51{,}40\,€$$

b) Man setzt $y = 0$ und bestimmt den Tag der Wertlosigkeit durch die Nullstelle der linearen Funktion:

$$y = -1{,}25\,€ \cdot x + 51{,}40\,€$$

$$0 = -1{,}25\,€ \cdot x + 51{,}40\,€ \quad |-51{,}40\,€$$

$$-51{,}40\,€ = -1{,}25\,€ \cdot x \quad |:(-1{,}25\,€)$$

$$41{,}12 = x$$

Am **42. Tag** ist die Aktie wertlos.

c) Zur Zeichnung der Geraden braucht man außer (0|51,4) einen zweiten Punkt: $x = 20$: $y = 51{,}40\ € - 1{,}25\ € \cdot 20 = 26{,}40\ €$

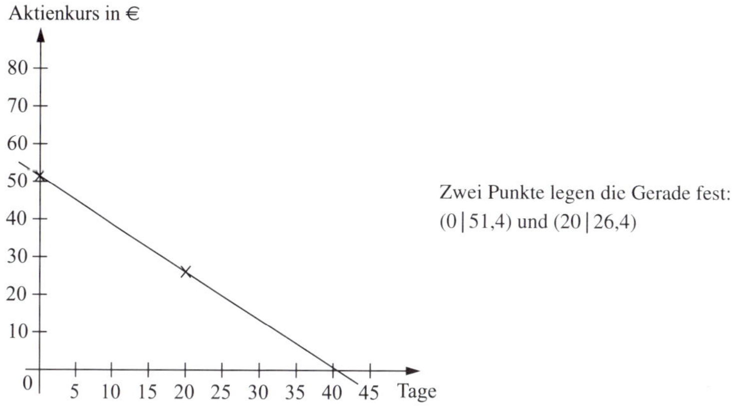

Die Nullstelle des Graphen bestätigt die Rechnung.

41. 8 750 Zuschauer in der Bajuwaren-Halle
5 Zuschauer pro Sekunde verlassen die Halle

Zuordnungsvorschrift:
y: Anzahl der Zuschauer in der Halle
x: Zeit ab Ende der Veranstaltung (in Sekunden)

$y = 8\,750 - x \cdot 5$

↑ 8 750: Zuschauer in der Halle zum Zeitpunkt 0

↑ $x \cdot 5$: pro Sekunde werden es 5 Zuschauer weniger

Rechnerische Lösung:
Die Halle ist bei $y = 0$ leer.

$0 = 8\,750 - x \cdot 5 \quad | + x \cdot 5$

$5x = 8\,750 \quad | : 5$

$x = 1\,750$

Die Halle ist nach **1 750 Sekunden** bzw. nach etwa **29 Minuten** ($1\,750 : 60 \approx 29{,}2$) leer. Um **20.59 Uhr** verlassen die letzten Besucher die Halle.

Zeichnerische Lösung:
Es wird die Zuordnungsvorschrift betrachtet:

$y = 8\,750 - x \cdot 5$

$y = -5x + 8\,750$

Der Graph zu dieser Funktion ist eine Gerade. Die Nullstelle dieser Funktion entspricht dem Zeitpunkt der geleerten Halle.

Zur Zeichnung werden zwei Punkte bestimmt:

$x = 0$:	$y = 8\,750$	$P_1(0 \mid 8\,750)$
$x = 1\,000$:	$y = 8\,750 - 1\,000 \cdot 5 = 3\,750$	$P_2(1\,000 \mid 3\,750)$

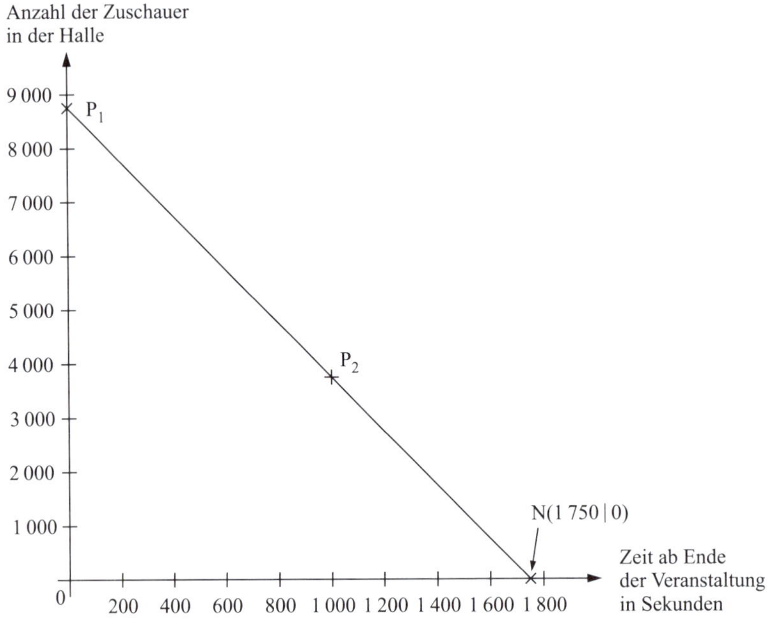

Die grafisch bestimmte Nullstelle bestätigt die rechnerische Lösung.

42. 8 500 € Entwicklungskosten
12 € Gewinn pro verkaufter Puppe

a) y: Gesamtgewinn
x: verkaufte Stückzahl
$\mathbf{y = x \cdot 12 - 8\,500}$

b) Rechnerische Lösung:
Ab $y = 0$ wird das Spielzeug rentabel:

$$0 = x \cdot 12 - 8\,500 \quad |+8\,500$$
$$8\,500 = x \cdot 12 \quad |:12$$
$$708,\overline{3} = x$$

Ab der **709-ten** Puppe wird das Spielzeug mit Gewinn verkauft.

Zeichnerische Lösung:
Der Graph der Funktion $y = x \cdot 12 - 8\,500$ ist eine Gerade.
Der gesuchte x-Wert entspricht der Nullstelle des Graphen.

Zur Zeichnung werden zwei Punkte bestimmt:

$x = 0$: $y = -8\,500$ $P_1(0\,|\,-8\,500)$

$x = 500$: $y = 500 \cdot 12 - 8\,500 = -2\,500$ $P_2(500\,|\,-2\,500)$

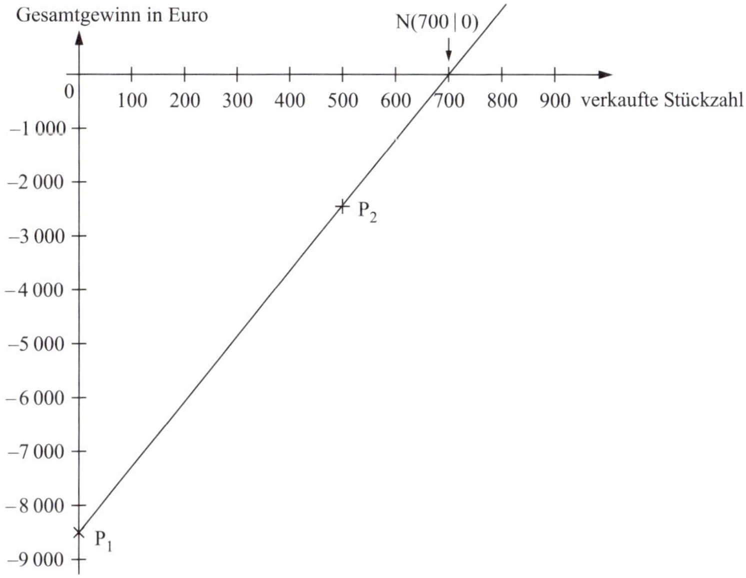

Die Nullstelle liegt etwa bei $x = 700$ und bestätigt mit Berücksichtigung der fehlenden Genauigkeit beim Zeichnen die rechnerische Lösung.

c) 10 000 € Gewinn

Für y muss also 10 000 eingesetzt werden:

$$10\,000 = x \cdot 12 - 8\,500 \quad |+8\,500$$
$$18\,500 = x \cdot 12 \quad |:12$$
$$1\,541{,}\overline{6} = x$$

Die Firma macht mit **1 542** verkauften „Botscherl" 10 000 € Gewinn.

43. a) $y_S = 3x_S - 2$

$y_S = 2x_S - 3$

Gleichsetzen: $3x_S - 2 = 2x_S - 3 \quad |-2x_S$

$x_S - 2 = -3 \quad |+2$

$x_S = -1$

Setze $x_S = -1$ in eine der beiden Geradengleichungen ein:

$y_S = 3x_S - 2$

$y_S = 3 \cdot (-1) - 2 = -3 - 2 = -5$

Der Schnittpunkt ist **S(–1 | –5)**.

b) $y_S = x_S - 1$
$y_S = 2x_S - 1$
Gleichsetzen: $x_S - 1 = 2x_S - 1 \quad |-x_S$
$-1 = x_S - 1 \quad |+1$
$0 = x_S$
Setze $x_S = 0$ in eine der beiden Geradengleichungen ein:
$y_S = x_S - 1$
$y_S = 0 - 1 = -1$
Der Schnittpunkt ist **S(0|–1)**.

c) $y_S = -x_S$
$y_S = 3x_S - 2\frac{1}{2}$
Gleichsetzen: $-x_S = 3x_S - 2\frac{1}{2} \quad |-3x_S$
$-4x_S = -2\frac{1}{2} \quad |:(-4)$
$x_S = 0{,}625$
Setze $x_S = 0{,}625$ in eine der beiden Geradengleichungen ein:
$y_S = -x_S$
$y_S = -0{,}625$
Der Schnittpunkt ist **S(0,625|–0,625)**.

d) $y_S = 3x_S - 2$
$y_S = -\frac{1}{3}x_S - 2$
Gleichsetzen: $3x_S - 2 = -\frac{1}{3}x_S - 2 \quad |+2$
$3x_S = -\frac{1}{3}x_S \quad |\cdot 3$
$9x_S = -x_S \quad |+x_S$
$10x_S = 0 \quad |:10$
$x_S = 0$
Setze $x_S = 0$ in eine der beiden Geradengleichungen ein:
$y_S = 3x_S - 2$
$y_S = 3 \cdot 0 - 2 = -2$
Der Schnittpunkt ist **S(0|–2)**.

e) $y_S = 3x_S - \frac{1}{3}$

$y_S = 3x_S + \frac{1}{3}$

Gleichsetzen:
$$3x_S - \frac{1}{3} = 3x_S + \frac{1}{3} \qquad |-3x_S$$
$$-\frac{1}{3} = \frac{1}{3} \qquad ↯$$

Die beiden Geraden haben keinen gemeinsamen Punkt.

f) $y_S = -\frac{1}{3}x_S + \frac{1}{3}$

$y_S = -\frac{1}{2}x_S + \frac{1}{2}$

Gleichsetzen:
$$-\frac{1}{3}x_S + \frac{1}{3} = -\frac{1}{2}x_S + \frac{1}{2} \qquad \left|-\frac{1}{3}\right.$$
$$-\frac{1}{3}x_S = -\frac{1}{2}x_S + \frac{1}{6} \qquad \left|+\frac{1}{2}x_S\right.$$
$$\frac{1}{6}x_S = \frac{1}{6} \qquad |\cdot 6$$
$$x_S = 1$$

Setze $x_S = 1$ in eine der beiden Geradengleichungen ein:

$y_S = -\frac{1}{3}x_S + \frac{1}{3}$

$y_S = -\frac{1}{3}\cdot 1 + \frac{1}{3} = -\frac{1}{3} + \frac{1}{3} = 0$

Der Schnittpunkt ist **S(1|0)**.

g) $y_S = \frac{1}{2}x_S + \frac{1}{2}$

$y_S = -\frac{1}{2}x_S - \frac{1}{2}$

Gleichsetzen:
$$\frac{1}{2}x_S + \frac{1}{2} = -\frac{1}{2}x_S - \frac{1}{2} \qquad \left|+\frac{1}{2}\right.$$
$$\frac{1}{2}x_S + 1 = -\frac{1}{2}x_S \qquad \left|-\frac{1}{2}x_S\right.$$
$$1 = -x_S \qquad |\cdot(-1)$$
$$-1 = x_S$$

Setze $x_S = -1$ in eine der beiden Geradengleichungen ein:

$$y_S = \frac{1}{2} x_S + \frac{1}{2}$$

$$y_S = \frac{1}{2} \cdot (-1) + \frac{1}{2} = -\frac{1}{2} + \frac{1}{2} = 0$$

Der Schnittpunkt ist **S(–1 | 0)**.

h) $y_S = x_S - 1 + 2y_S$ (I)
$y_S = -x_S + 1$ (II)

Vor dem Gleichsetzen wird zunächst y_S in der ersten Gleichung isoliert.

$$\begin{aligned} y_S &= x_S - 1 + 2y_S && \mid -2y_S \\ -y_S &= x_S - 1 && \mid \cdot(-1) \\ y_S &= -x_S + 1 \end{aligned}$$

$y_S = -x_S + 1$ (I')
$y_S = -x_S + 1$ (II)

Die beiden Gleichungen sind identisch, d. h., es gibt unendlich viele Schnittpunkte.

44. Angebot „Silber“: 25 € Grundgebühr; 4,50 € pro Besuch des Aerobic-Kurses
Angebot „Gold“: 37 € Grundgebühr; 2,50 € pro Besuch des Aerobic-Kurses

a) zu zahlender Betrag: y
Anzahl der Besuche: x

$y = 25\ € + x \cdot 4{,}50\ €$ (1)
$y = 37\ € + x \cdot 2{,}50\ €$ (2)

b) Es existiert ein Punkt (x | y), in dem beide Angebote gleich sind. Dieser gesuchte Punkt ist der Schnittpunkt der Geraden mit den Funktionsgleichungen (1) und (2).
Gleichsetzen liefert also:

$$\begin{aligned} 25\ € + x \cdot 4{,}50\ € &= 37\ € + x \cdot 2{,}50\ € && \mid -25\ € \\ x \cdot 4{,}50\ € &= 12\ € + x \cdot 2{,}50\ € && \mid -x \cdot 2{,}50\ € \\ x \cdot 2{,}00\ € &= 12\ € && \mid : 2{,}00\ € \\ x &= 6 \end{aligned}$$

Ab dem **7. Besuch** des Aerobic-Kurses sollte man das Angebot „Gold“ wählen.

c) $y = 25\ € + x \cdot 4{,}50\ €$ ist eine Geradengleichung.
Der Graph wird beispielsweise durch folgende zwei Punkte festgelegt:
$y = 25\ € + 0 \cdot 4{,}50\ € = 25\ €$ $P_1(0 \mid 25\ €)$ und
$y = 25\ € + 5 \cdot 4{,}50\ € = 47{,}50\ €$ $P_2(5 \mid 47{,}50\ €)$

$y = 37\ € + x \cdot 2{,}50\ €$ ist ebenfalls eine Geradengleichung.
Der Graph wird beispielsweise durch folgende zwei Punkte festgelegt:
$y = 37\ € + 0 \cdot 2{,}50\ € = 37\ €$ $\quad T_1(0\,|\,37\ €)$ und
$y = 37\ € + 8 \cdot 2{,}50\ € = 57\ €$ $\quad T_2(8\,|\,57\ €)$

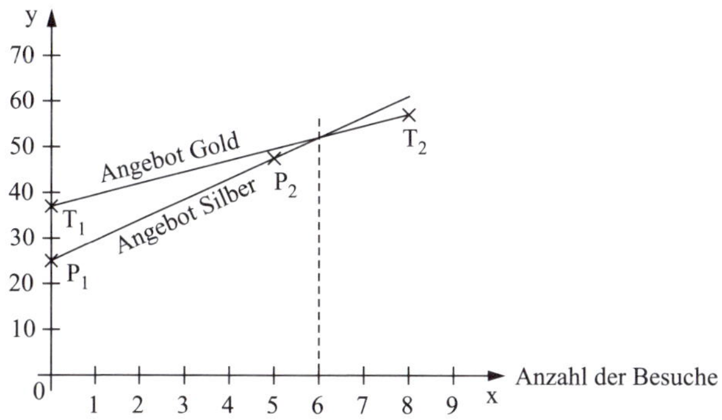

Der Schnittpunkt beim 6. Besuch des Aerobic-Kurses wird bestätigt.

45. a) Zur rechnerischen Bestimmung werden beide Gleichungen gleichgesetzt:

$y_S = -0{,}75x_S + 4{,}5$

$y_S = 0{,}75x_S + 1{,}5$

$$\begin{aligned} -0{,}75x_S + 4{,}5 &= 0{,}75x_S + 1{,}5 && |-1{,}5 \\ -0{,}75x_S + 3 &= 0{,}75x_S && |+0{,}75x_S \\ 3 &= 1{,}5x_S && |:1{,}5 \\ 2 &= x_S \end{aligned}$$

Setze $x_S = 2$ in eine der beiden Geradengleichungen ein:

$y_S = -0{,}75 \cdot x_S + 4{,}5$

$y_S = -0{,}75 \cdot 2 + 4{,}5 = -1{,}5 + 4{,}5 = 3$

Der Schnittpunkt ist **S(2 | 3)**.

Zeichnung der Geraden:

$y = -0{,}75x + 4{,}5$

x	0	4
y	4,5	1,5

$y = 0{,}75x + 1{,}5$

x	0	4
y	1,5	4,5

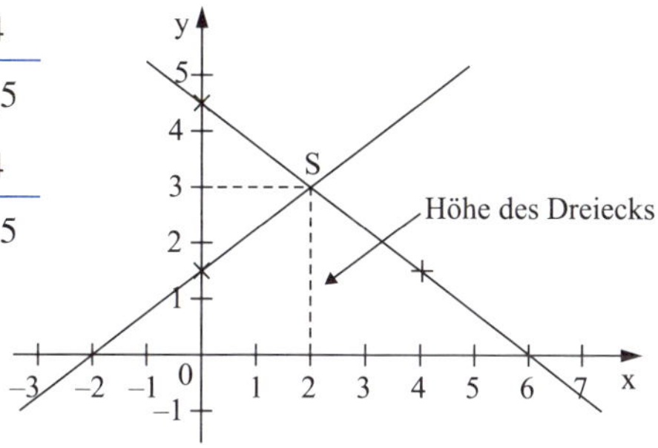

Der Schnittpunkt S(2 | 3) wird durch die Zeichnung bestätigt.

b) Die Schnittpunkte mit der x-Achse liegen bei $x_1 = -2$ und $x_2 = 6$.

Rechnerische Bestimmung:
Die Schnittpunkte der Geraden mit der x-Achse zeichnen sich durch den y-Wert 0 aus.
$y = 0$ in beiden Geradengleichungen:

$$\begin{aligned} y &= -0,75x + 4,5 \\ 0 &= -0,75x + 4,5 \quad |-4,5 \\ -4,5 &= -0,75x \quad |:(-0,75) \\ 6 &= x \end{aligned} \qquad \begin{aligned} y &= 0,75x + 1,5 \\ 0 &= 0,75x + 1,5 \quad |-1,5 \\ -1,5 &= 0,75x \quad |:0,75 \\ -2 &= x \end{aligned}$$

Die Schnittpunkte mit der x-Achse liegen bei $x_1 = -2$ und $x_2 = 6$. Dies wird durch die Zeichnung bestätigt.

Die Höhe h des Dreiecks wird durch die y-Koordinate von S beschrieben und beträgt 3 (LE). Die Grundlinie befindet sich zwischen den beiden Nullstellen und hat die Länge $g = 6 - (-2) = 8$ (LE).

Für den Flächeninhalt des Dreiecks gilt:

$$A_\Delta = \frac{1}{2} \cdot g \cdot h$$

$$A_\Delta = \frac{1}{2} \cdot 8 \cdot 3\,(\text{FE}) = 12\,(\text{FE})$$

Der Flächeninhalt des Dreiecks beträgt **12** Flächeneinheiten.

46. $x(t) = 2,5 \cdot t$ (Auto 1)
$x(t) = 4,5 \cdot t - 2$ (Auto 2)

a) Der Überholort und der Überholzeitpunkt können aus dem Schnittpunkt der beiden Geraden herausgelesen werden.
$x_S = 2,5 \cdot t_S$
$x_S = 4,5 \cdot t_S - 2$

Gleichsetzen:
$$\begin{aligned} 2,5 \cdot t_S &= 4,5 \cdot t_S - 2 \quad |-4,5 \cdot t_S \\ -2 \cdot t_S &= -2 \quad |:(-2) \\ t_S &= 1 \end{aligned}$$
Überholzeitpunkt $t_S = 1$

Setze $t_S = 1$ in eine der beiden Geradengleichungen ein:
$x_S = 2,5 \cdot t_S$
$x_S = 2,5 \cdot 1 = 2,5$ **Überholort $x_S = 2,5$**

Zeichnung der beiden Geraden:

$y = 2,5 \cdot t$

x	0	4
y	0	10

$y = 4,5 \cdot t - 2$

x	0	2
y	−2	7

Der Überholort **x = 2,5** und der Überholzeitpunkt **t = 1** werden zeichnerisch bestätigt.

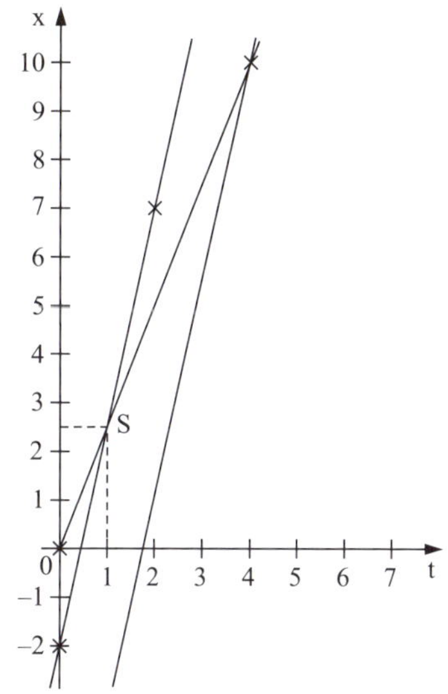

b) $x(t) = 2{,}5 \cdot t$ (Auto 1)
$x(t) = 4{,}5 \cdot t - 2$ (Auto 2)

Die Gerade von Auto 2 wird parallel (identische Steigung 4,5) verschoben, bis der Schnittpunkt bei $t = 4$ ist.

Gleichsetzen beider Gleichungen:
$2{,}5 \cdot t = 4{,}5 \cdot t + a$

Einsetzen von $t = 4$ liefert a:
$2{,}5 \cdot 4 = 4{,}5 \cdot 4 + a$
$10 = 18 + a \quad | -18$
$-8 = a$

Man erhält für Auto 2 die Gleichung
$y = 4{,}5 \cdot t - 8$.

Der Zeitpunkt der Abfahrt entspricht der Nullstelle ($y = 0$) der Gleichung für Auto 2:
$0 = 4{,}5 \cdot t - 8 \quad | +8$
$8 = 4{,}5 \cdot t \quad | : 4{,}5$
$1{,}\overline{7} = t$

Auto 2 fährt $\mathbf{1{,}\overline{7}}$ (Zeiteinheiten) nach Auto 1 los.

47. Gerade g $(0 | 4)$, Gerade h $(-1 | 1)$ $\Rightarrow$ Schnittpunkt $(1 | 3)$

a) Die Geradengleichung für die Gerade g wird durch die beiden Punkte $(0 | 4)$ und $(1 | 3)$ bestimmt:
$y = mx + t$
$(0 | 4)$: $4 = m \cdot 0 + t$
$4 = t$
$(1 | 3)$: $3 = m \cdot 1 + 4 \quad | -4$
$-1 = m$
g: $x \mapsto y = -x + 4$

Die Geradengleichung für die Gerade h wird durch die beiden Punkte $(-1|1)$ und $(1|3)$ bestimmt:

$y = mx + t$

$(-1|1)$: $1 = m \cdot (-1) + t$

$1 = -m + t \quad |+m$

$1 + m = t$

$(1|3)$: $3 = m \cdot 1 + t$

$3 = m + t \quad (*)$

Setze $t = 1 + m$ in (*) ein:

$3 = m + 1 + m$

$3 = 2m + 1 \quad |-1$

$2 = 2m \quad |:2$

$1 = m$

$m = 1$ in $t = 1 + m$:

$t = 1 + 1 = 2$

h: $x \mapsto y = x + 2$

b) g: $x \mapsto y = -x + 4$
h: $x \mapsto y = x + 2$
Als Schnittpunkt enthält man wie erwartet den Punkt $(1|3)$.

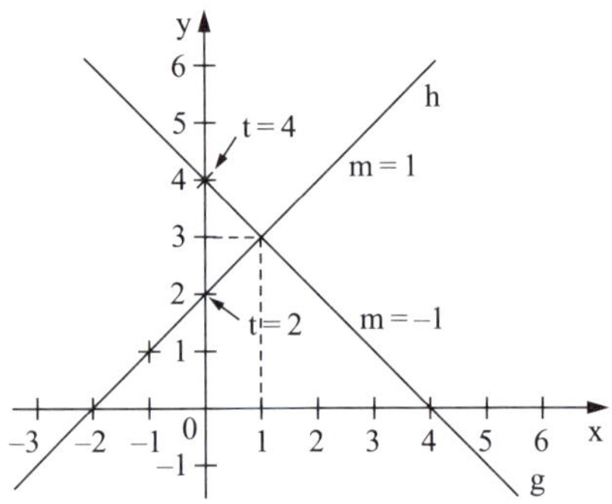

48. a) Die gespiegelte Gerade geht durch die beiden Punkte $(0|4)$ und $(2|0)$. Daraus wird die Geradengleichung ermittelt:

$(0|4)$: $4 = m \cdot 0 + t$

$4 = t$

$(2|0)$: $0 = m \cdot 2 + t$

$0 = 2m + 4 \quad |-4$

$-4 = 2m \quad |:2$

$-2 = m$

Für die Funktionsgleichung der gespiegelten Geraden gilt:

$y = -2x + 4$

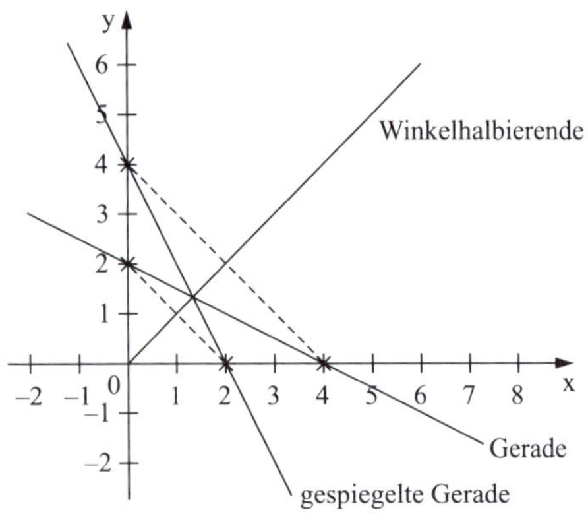

b) $y_S = -2x_S + 4$

$y_S = -\frac{1}{2}x_S + 2$

Gleichsetzen: $-2x_S + 4 = -\frac{1}{2}x_S + 2 \quad | -2$

$-2x_S + 2 = -\frac{1}{2}x_S \quad | +2x_S$

$2 = 1\frac{1}{2}x_S \quad | :1\frac{1}{2}$

$1\frac{1}{3} = x_S$

Setze $x_S = 1\frac{1}{3}$ in eine der beiden Geradengleichungen ein:

$y_S = -2x_S + 4$

$y_S = -2 \cdot 1\frac{1}{3} + 4 = 1\frac{1}{3}$

Der Schnittpunkt der beiden Geraden ist $\left(1\frac{1}{3} \,\middle|\, 1\frac{1}{3}\right)$ und kann durch die Zeichnung bestätigt werden.

49. a)]–3; –1[

$\{x \mid -3 < x < -1\}$

b)]–2; 5]

$\{x \mid -2 < x \le 5\}$

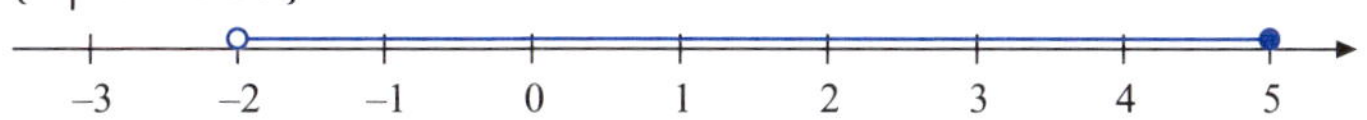

c)]1; 8[

$\{x \mid 1 < x < 8\}$

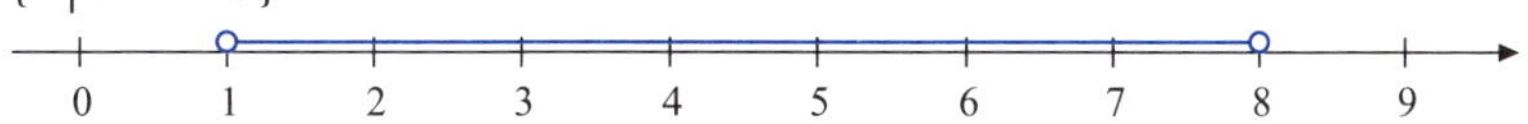

d)]2; ∞[

$\{x \mid 2 < x < \infty\}$

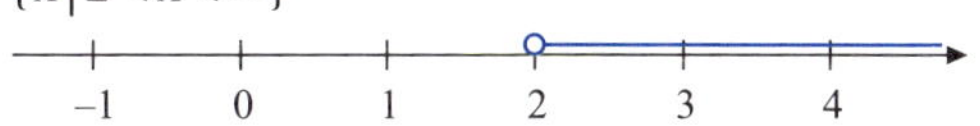

e) [1; 4]

$\{x \mid 1 \le x \le 4\}$

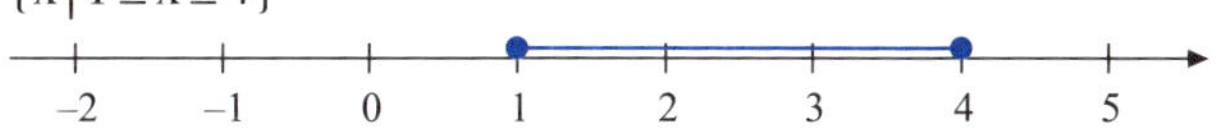

f) $[-2; \infty[$
$\{x \mid -2 \le x < \infty\}$

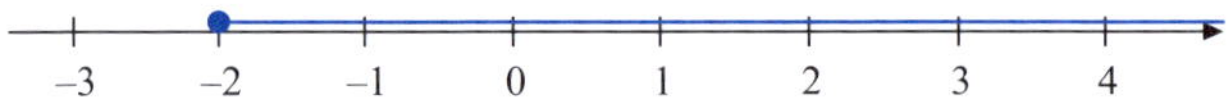

g) $]-\infty; -4]$
$\{x \mid -\infty < x \le -4\}$

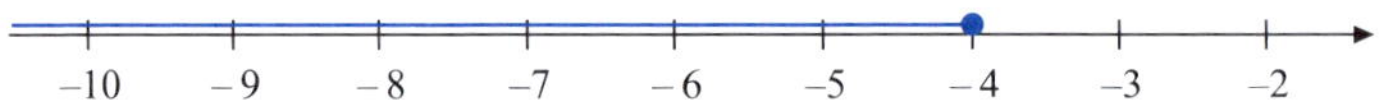

h) $[-3; 2]$
$\{x \mid -3 \le x \le 2\}$

50. a) $]-\infty; 3[$
$\{x \mid -\infty < x < 3\}$

b) $]-2; 2[$
$\{x \mid -2 < x < 2\}$

c) $[0{,}5; \infty[$
$\{x \mid 0{,}5 \le x < \infty\}$

d) $[5; 7]$
$\{x \mid 5 \le x \le 7\}$

e) $]-\infty; +\infty[$
$\{x \mid -\infty < x < \infty\}$

f) $]-1; 2]$
$\{x \mid -1 < x \le 2\}$

g) $]-\infty; -1] \cup\ ]1; \infty[$
$\{x \mid -\infty < x \le -1 \ \vee\ 1 < x < \infty\}$

h) $[-3; -2] \cup\ ]0; 2[$
$\{x \mid -3 \le x \le -2 \ \vee\ 0 < x < 2\}$

51. a) $\{x \mid -1{,}5 \le x < 1{,}5\}$
$[-1{,}5; 1{,}5[$

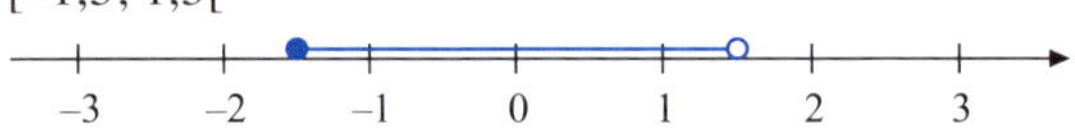

b) $\{x \mid 2 < x < 4\}$
$]2; 4[$

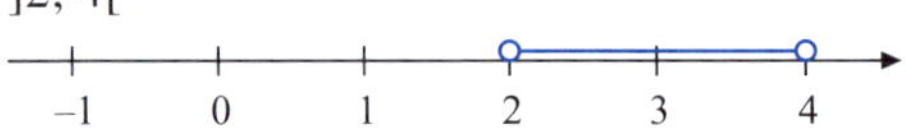

c) $\{x \mid -1 \le x \le 4\}$
$[-1; 4]$

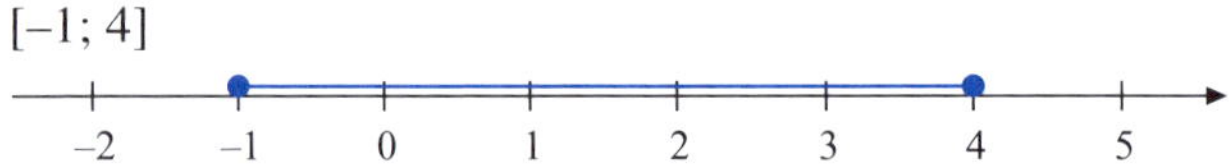

d) $\{x \mid -2 < x \le -0{,}5\}$
$]-2; -0{,}5]$

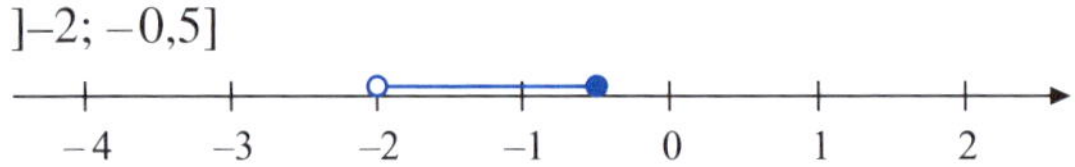

e) $\{x \mid -1 \le x < 2 \ \vee \ 2{,}5 < x < \infty\}$
$[-1; 2[\ \cup \ ]2{,}5; \infty[$

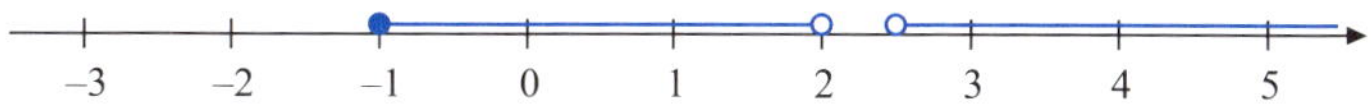

f) $\{x \mid -3 < x < -2 \ \vee \ 1 \le x \le 2 \ \vee \ 2{,}5 < x < \infty\}$
$]-3; -2[\ \cup \ [1; 2] \ \cup \ ]2{,}5; \infty[$

g) $\{x \mid -5 \le x \le -2 \ \vee \ 0 < x \le 2\}$
$[-5; -2] \ \cup \ ]0; 2]$

h) $\{x \mid -3{,}5 < x \le -2 \ \vee \ -2 < x < 2\}$
$]-3{,}5; -2] \ \cup \ ]-2; 2[\ = \ ]-3{,}5; 2[$

52. a) $2x \le 4 \quad |:2$

$x \le 2$

$\mathbb{L} =]-\infty; 2]$

b) $\frac{1}{3}x > 2 \quad |\cdot 3$

$x > 6$

$\mathbb{L} =]6; \infty[$

c) $\frac{1}{2}x - 2 < 0 \quad |+2$

$\frac{1}{2}x < 2 \quad |\cdot 2$

$x < 4$

$\mathbb{L} =]-\infty; 4[$

d) $x + 2 > 0 \quad |-2$

$x > -2$

$\mathbb{L} =]-2; \infty[$

e) $-3x > -6 \quad |:(-3)$

$x < 2$

$\mathbb{L} =]-\infty; 2[$

Das Ungleichheitszeichen wird gedreht.

f) $-\frac{1}{2}x \le 2 \quad |\cdot(-2)$

$x \ge -4$

$\mathbb{L} = [-4; \infty[$

oder $:\left(-\frac{1}{2}\right)$

Das Ungleichheitszeichen wird gedreht.

g) $-\frac{1}{3}x - 2 > 0 \quad |+2$

$-\frac{1}{3}x > 2 \quad |\cdot(-3)$

$x < -6$

$\mathbb{L} =]-\infty; -6[$

oder $:\left(-\frac{1}{3}\right)$

Das Ungleichheitszeichen wird gedreht.

h) $-x-1\geq 0 \quad |+1$ oder $-x-1\geq 0 \quad |+x$

$-x\geq 1 \quad |:(-1)$ $\qquad -1\geq x$

$x\leq -1$

$\mathbb{L}=]-\infty;-1]$

53. a) $3x+2\leq 4 \quad |-2$

$3x\leq 2 \quad |:3$

$x\leq \frac{2}{3}$

$\mathbb{L}=\left]-\infty;\frac{2}{3}\right]=\left\{x \mid x\leq \frac{2}{3}\right\}$

b) $x-2>-5 \quad |+2$

$x>-3$

$\mathbb{L}=]-3;\infty[=\{x \mid x>-3\}$

c) $-\frac{1}{2}x+1<-3 \quad |-1$

$-\frac{1}{2}x<-4 \quad |\cdot(-2)$ Das Ungleichheitszeichen wird gedreht.

$x>8$

$\mathbb{L}=]8;\infty[=\{x \mid x>8\}$

d) $-1\frac{1}{3}-3x\geq -\frac{1}{2} \quad \left|+1\frac{1}{3}\right.$

$-3x\geq \frac{5}{6} \quad |:(-3)$ Das Ungleichheitszeichen wird gedreht.

$x\leq -\frac{5}{18}$

$\mathbb{L}=\left]-\infty;-\frac{5}{18}\right]=\left\{x \mid x\leq -\frac{5}{18}\right\}$

e) $4x+1<3x-1 \quad |-1$

$4x<3x-2 \quad |-3x$

$x<-2$

$\mathbb{L}=]-\infty;-2[=\{x \mid x<-2\}$

f) $\frac{1}{2}x+2\leq 2x-\frac{1}{2} \quad \left|+\frac{1}{2}\right.$

$\frac{1}{2}x+2{,}5\leq 2x \quad \left|-\frac{1}{2}x\right.$

$2{,}5\leq 1{,}5x \quad |:1{,}5$

$1\frac{2}{3}\leq x$

$\mathbb{L}=\left[1\frac{2}{3};\infty\right[=\left\{x \mid x\geq 1\frac{2}{3}\right\}$

g) $x\left(-1+\frac{1}{x}\right)>2$

$-x+1>2 \quad |-1$

$-x>1 \quad |:(-1)$ Das Ungleichheitszeichen wird gedreht.

$x<-1$

$\mathbb{L}=]-\infty;-1[=\{x \mid x<-1\}$

h) $2(x-3) \le 3\cdot\left(-\frac{2}{3}+\frac{2}{3}x\right)$

$2x-6 \le -2+2x \quad |-2x$

$-6 \le -2$

Diese Ungleichung ist unabhängig von x immer erfüllt. x kann frei gewählt werden.

$\mathbb{L}=\mathbb{Q}=]-\infty;+\infty[$

54. a) $\frac{3}{4}x-1 \le 4 \quad |+1$

$\frac{3}{4}x \le 5 \quad |\cdot\frac{4}{3}$

$x \le \frac{20}{3}$

$x \le 6\frac{2}{3}$

$\mathbb{L}=\left\{x \,\middle|\, x \le 6\frac{2}{3}\right\}=\left]-\infty;6\frac{2}{3}\right]$

Zeichnung der Geraden mit der Gleichung:

$y=\frac{3}{4}x-1$

Zwei Punkte auf der Geraden sind:

$P_1(0|-1)$

$P_2(4|2)$

Die Zeichnung bestätigt die Rechnung.

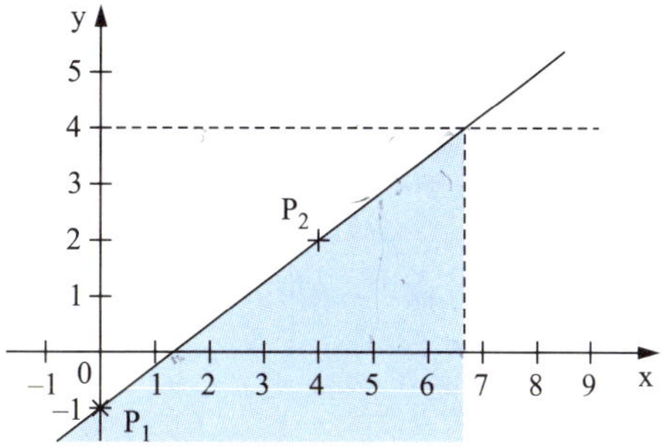

b) $2x-1>x-1 \quad |-x$

$x-1>-1 \quad |+1$

$x>0$

$\mathbb{L}=\{x \mid x>0\}=]0;\infty[$

Zeichnung der Geraden
mit der Gleichung:
$y = 2x - 1$
$P_1(0|-1)$
$P_2(3|5)$

Zeichnung der Geraden
mit der Gleichung:
$y = x - 1$
$Q_1(0|-1)$
$Q_2(5|4)$

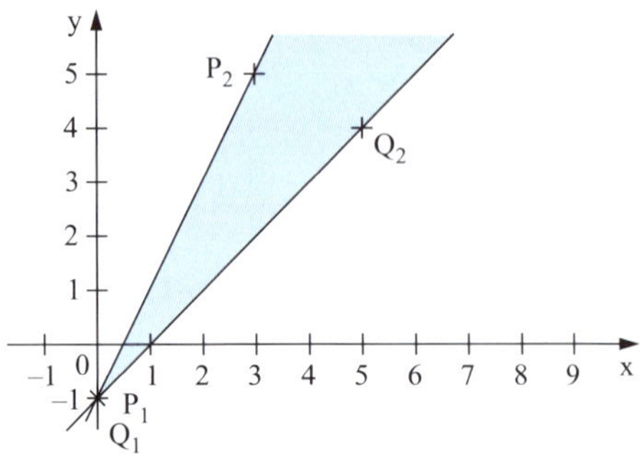

Der Graph von $y = 2x - 1$ verläuft für $x > 0$ oberhalb des Graphen von $y = x - 1$. In diesem Bereich ist die Ungleichung erfüllt.

c) $x + 2 \leq x - 2 \quad | -x$

$2 \leq -2$

Egal welches $x \in \mathbb{Q}$ man hier einsetzt, die Ungleichung ist nie erfüllt.

$\mathbb{L} = \{\ \}$

Zeichnung der Geraden
mit der Gleichung:
$y = x + 2$
$P_1(0|2)$
$P_2(-2|0)$

Zeichnung der Geraden
mit der Gleichung:
$y = x - 2$
$Q_1(0|-2)$
$Q_2(2|0)$

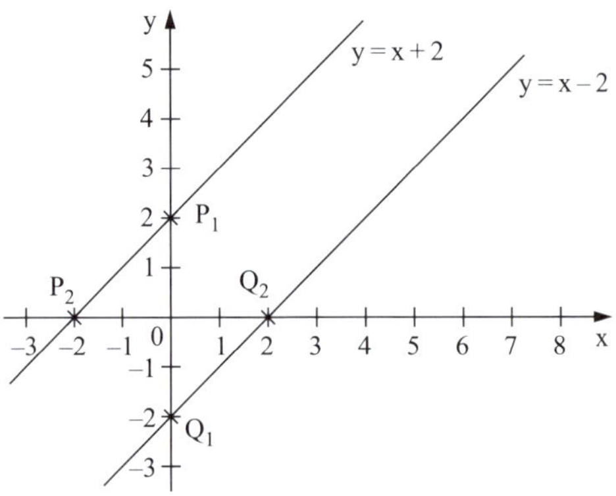

Beide Geraden sind zueinander parallel.
Jedoch ist die „falsche" Gerade oben. Die Lösungsmenge ist also leer.

d) $4x - 2 \leq x \quad | -x$

$3x - 2 \leq 0 \quad | +2$

$3x \leq 2 \quad | :3$

$x \leq \frac{2}{3}$

$\mathbb{L} = \left\{x \mid x \leq \frac{2}{3}\right\} = \left]-\infty; \frac{2}{3}\right]$

Zeichnung der Geraden mit der Gleichung:
$y = 4x - 2$
$P_1(0|-2)$
$P_2(1|2)$
$y = x$ ist die Winkelhalbierende im I. Quadranten.
In dem markierten Bereich ist die Ungleichung erfüllt.

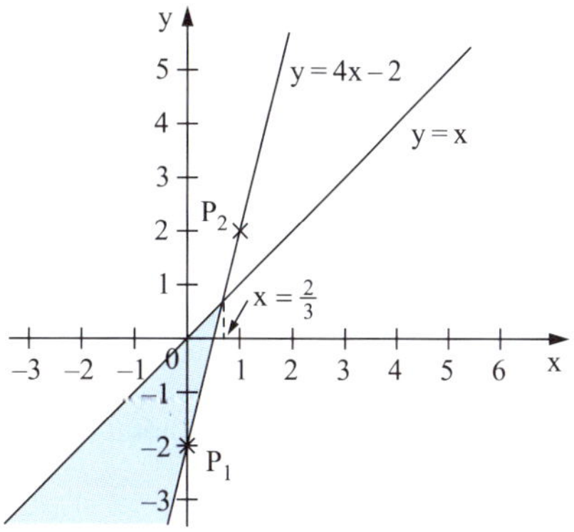

e) $\frac{2}{3}x - \frac{1}{3} \geq 0 \quad \left| +\frac{1}{3}\right.$

$\frac{2}{3}x \geq \frac{1}{3} \quad \left| \cdot \frac{3}{2}\right.$

$x \geq \frac{1}{3} \cdot \frac{3}{2}$

$x \geq \frac{1}{2}$

$\mathbb{L} = \left\{x \;\middle|\; x \geq \frac{1}{2}\right\} = \left[\frac{1}{2}; \infty\right[$

Zeichnung der Geraden mit der Gleichung:
$y = \frac{2}{3}x - \frac{1}{3}$
$P_1(2|1)$
$P_2(5|3)$
In dem markierten Bereich ist die Ungleichung erfüllt.

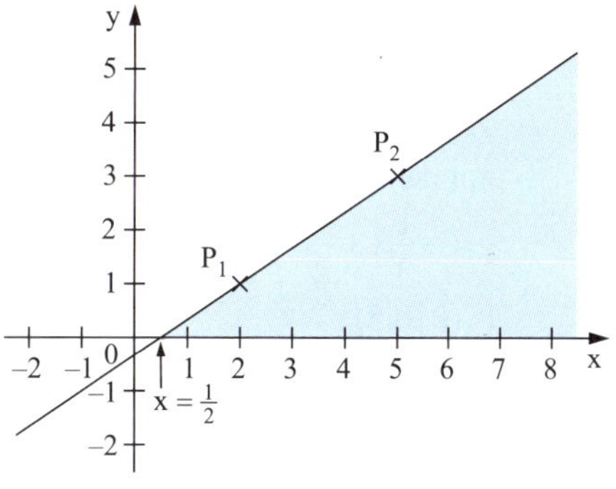

f) $-\frac{4}{5}x - 1 < \frac{4}{5}x + 1 \quad \left| +\frac{4}{5}x\right.$

$-1 < \frac{8}{5}x + 1 \quad | -1$

$-2 < \frac{8}{5}x \quad \left| \cdot \frac{5}{8}\right.$

$-\frac{5}{4} < x$

$\mathbb{L} = \left\{x \;\middle|\; x > -\frac{5}{4}\right\} = \left]-\frac{5}{4}; \infty\right[$

Zeichnung der Geraden mit der Gleichung:

$y = -\frac{4}{5}x - 1$

$P_1(0|-1)$

$P_2\left(-2 \middle| \frac{3}{5}\right)$

Zeichnung der Geraden mit der Gleichung:

$y = \frac{4}{5}x + 1$

$Q_1(0|1)$

$Q_2(5|5)$

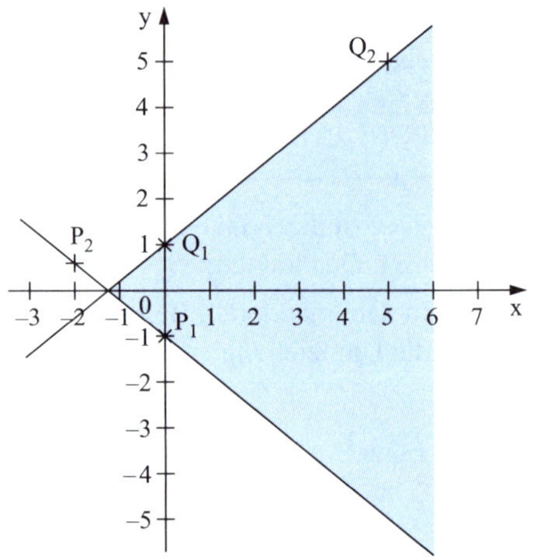

In dem markierten Bereich ist die Ungleichung erfüllt.

g) $-\frac{1}{3}x + \frac{1}{2} \geq -\frac{1}{3}x - \frac{1}{4} \quad \left| +\frac{1}{4}\right.$

$-\frac{1}{3}x + \frac{3}{4} \geq -\frac{1}{3}x \quad \left| +\frac{1}{3}x\right.$

$\frac{3}{4} \geq 0$

Diese Ungleichung ist für jedes $x \in \mathbb{Q}$ erfüllt.

$\mathbb{L} = \{x \mid x \in \mathbb{Q}\} =]-\infty; +\infty[$

Zeichnung der Geraden mit der Gleichung:

$y = -\frac{1}{3}x + \frac{1}{2}$

$P_1(0|0,5)$

$P_2(3|-0,5)$

Zeichnung der Geraden mit der Gleichung:

$y = -\frac{1}{3}x - \frac{1}{4}$

$Q_1(3|-1,25)$

$Q_2(-3|0,75)$

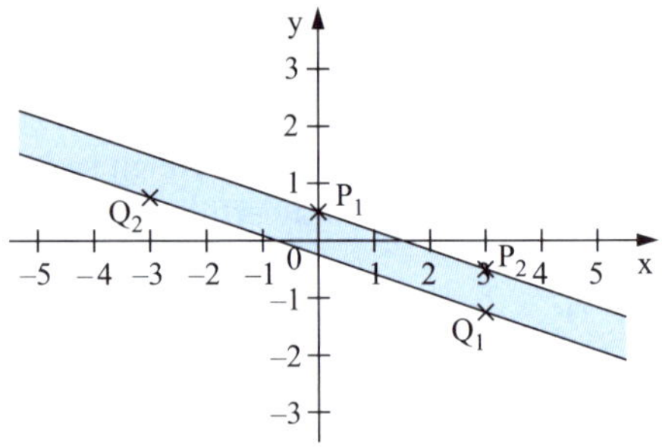

Die beiden Geraden sind zueinander parallel und erfüllen in jedem Punkt die Ungleichung.

h) $\frac{4}{3}x - \frac{1}{2} \leq \frac{4}{3}x - 2 \quad | +2$

$\frac{4}{3}x + 1{,}5 \leq \frac{4}{3}x \quad | -\frac{4}{3}x$

$1{,}5 \leq 0$

Die Ungleichung kann für kein $x \in \mathbb{Q}$ erfüllt werden. Die Lösungsmenge ist leer.

$\mathbb{L} = \{\ \}$

Zeichnung der Geraden mit der Gleichung:

$y = \frac{4}{3}x - \frac{1}{2}$

$P_1(3|3{,}5)$

$P_2\left(0 \middle| -\frac{1}{2}\right)$

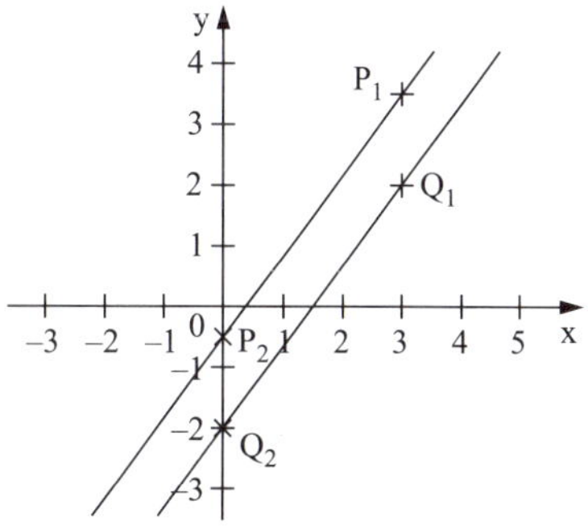

Zeichnung der Geraden mit der Gleichung:

$y = \frac{4}{3}x - 2$

$Q_1(3|2)$

$Q_2(0|-2)$

Die beiden Geraden sind zueinander parallel und erfüllen in keinem Punkt die Ungleichung.

55. $V_1 = 1\,000\ \ell$

$V_2 = 1\,000\ \ell - 600\ \ell = 400\ \ell$

0,5 Liter pro Sekunde Zufluss

a) $y = 400\ \ell + t \cdot 0{,}5\ \frac{\ell}{s} \leq 1\,000\ \ell$

(400 ℓ ↑ Anfangsvolumen; t ↑ Fülldauer; 0,5 ℓ/s ↑ Zuflussmenge pro Sekunde)

$400\ \ell + t \cdot 0{,}5\ \frac{\ell}{s} \leq 1\,000\ \ell \quad | -400\ \ell$

$t \cdot 0{,}5\ \frac{\ell}{s} \leq 600\ \ell \quad | : 0{,}5\frac{\ell}{s}$

$t \leq 1\,200\ s$

Die maximale Fülldauer beträgt **1 200 s**.

b) $t_{max} = 15\text{ min} = (15 \cdot 60)\text{ s} = 900\text{ s}$

$400\,\ell \quad + \quad t \quad \cdot \quad 0{,}5\,\frac{\ell}{s} \quad \leq \quad 1\,000\,\ell$

↑ $t = 900\text{ s}$

↑ wird ersetzt durch den Platzhalter x

↑ Das Ungleichheitszeichen wird umgedreht, da die Füllmenge auch größer sein könnte.

$400\,\ell + 900\text{ s} \cdot x \;\geq\; 1\,000\,\ell$

Auflösen nach x:

$900\text{ s} \cdot x \geq 600\,\ell \qquad |:900\text{ s}$

$x \geq \frac{600}{900}\,\frac{\ell}{s}$

$x \geq \frac{2}{3}\,\frac{\ell}{s}$

Die Zeit wird ab der Füllmenge $\frac{2}{3}\,\ell$ pro Sekunde erreicht.

56. Die Dreiecksungleichung liefert:

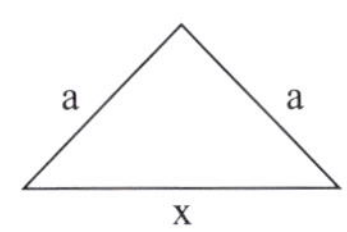

$a + a > x$

$2a > x$

Es sind nur Längen mit $x > 0$ sinnvoll. Das führt zum Intervall **$x \in\,]0;\, 2a[$** mit $a \in \mathbb{Q}^+$.

57. a) rechte Seite: $y = 500\text{ g} + x \cdot 40\text{ g}$
linke Seite: $y = 900\text{ g} + x \cdot 20\text{ g}$

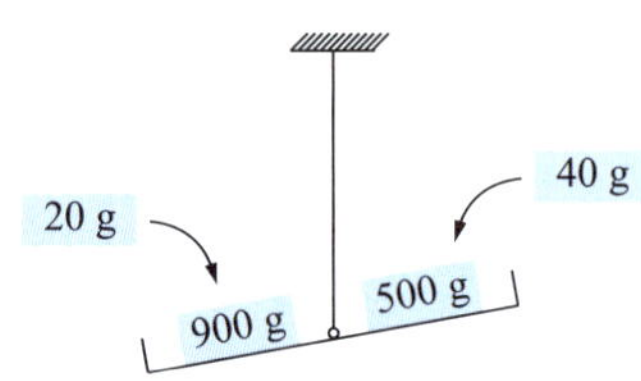

b) Die Waage hängt nach links:

$900\text{ g} + x \cdot 20\text{ g} > 500\text{ g} + x \cdot 40\text{ g} \qquad |-500\text{ g}$

$400\text{ g} + x \cdot 20\text{ g} > x \cdot 40\text{ g} \qquad |-x \cdot 20\text{ g}$

$400\text{ g} > x \cdot 20\text{ g} \qquad |:20\text{ g}$

$20 > x$

Die Waage hängt nach links für **$x \in [0;\, 20[$** bzw. **$x \in [0;\, 19]$**, da für x nur Elemente aus $\mathbb{N}_0$ zugelassen sind.

Die Waage hängt nach rechts:

$$\begin{aligned} 900\text{ g} + x \cdot 20\text{ g} &< 500\text{ g} + x \cdot 40\text{ g} && \mid -500\text{ g} \\ 400\text{ g} + x \cdot 20\text{ g} &< x \cdot 40\text{ g} && \mid -x \cdot 20\text{ g} \\ 400\text{ g} &< x \cdot 20\text{ g} && \mid : 20\text{ g} \\ 20 &< x \end{aligned}$$

Die Waage hängt nach rechts für **$x \in]20; \infty[$** bzw. **$x \in [21; \infty[$**, da wieder $x \in \mathbb{N}_0$ gilt.

58. a) $y + x = 1 \quad \mid -x$

$y = 1 - x$

$\mathbb{L} = \{(x \mid y) \mid x \in \mathbb{Q} \wedge y = 1 - x\}$

Isoliere y mithilfe von Äquivalenzumformungen.

Berechnen zweier Punkte zur grafischen Lösung:

$y = 0$: $\quad y + x = 1$

$0 + x = 1$

$x = 1 \quad P_1(1 \mid 0)$

$x = 0$: $\quad y + x = 1$

$y + 0 = 1$

$y = 1 \quad P_2(0 \mid 1)$

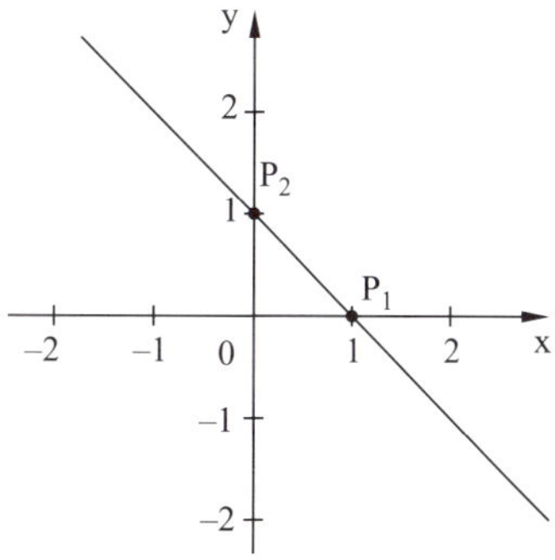

b) $4y = 2x - 3 \quad \mid : 4$

$y = \frac{1}{2}x - \frac{3}{4}$

$\mathbb{L} = \left\{(x \mid y) \mid x \in \mathbb{Q} \wedge y = \frac{1}{2}x - \frac{3}{4}\right\}$

Berechnen zweier Punkte zur grafischen Lösung:

$y = 0$: $\quad 4y = 2x - 3$

$4 \cdot 0 = 2x - 3$

$0 = 2x - 3 \quad \mid +3$

$3 = 2x \quad \mid : 2$

$1{,}5 = x \quad P_1(1{,}5 \mid 0)$

$x = 0$: $\quad 4y = 2x - 3$

$4y = 2 \cdot 0 - 3$

$4y = -3 \quad \mid : 4$

$y = -\frac{3}{4} \quad P_2\left(0 \,\middle|\, -\frac{3}{4}\right)$

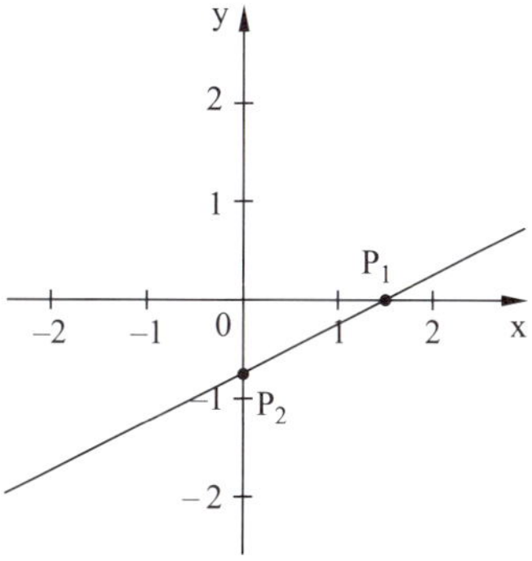

c) $x - y = 4 \quad |+y$

$x = 4 + y \quad |-4$

$x - 4 = y$

$\mathbb{L} = \{(x|y) \mid x \in \mathbb{Q} \wedge y = x - 4\}$

Berechnen zweier Punkte zur grafischen Lösung:

y = 0: $x - y = 4$

$x - 0 = 4$

$x = 4 \qquad P_1(4|0)$

x = 0: $x - y = 4$

$0 - y = 4$

$-y = 4 \quad |\cdot(-1)$

$y = -4 \qquad P_2(0|-4)$

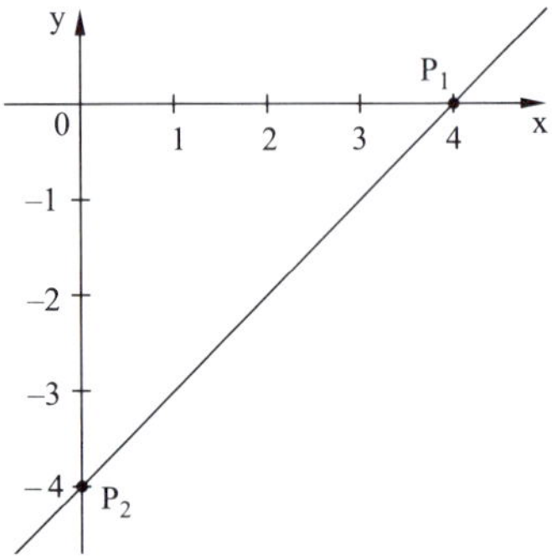

d) $4x - \frac{1}{2}y + 2 = 0 \quad \left|+\frac{1}{2}y\right.$

$4x + 2 = \frac{1}{2}y \quad |\cdot 2$

$8x + 4 = y$

$\mathbb{L} = \{(x|y) \mid x \in \mathbb{Q} \wedge y = 8x + 4\}$

Berechnen zweier Punkte zur grafischen Lösung:

y = 0: $4x - \frac{1}{2}y + 2 = 0$

$4x - \frac{1}{2} \cdot 0 + 2 = 0$

$4x + 2 = 0 \quad |-2$

$4x = -2 \quad |:4$

$x = -\frac{1}{2} \qquad P_1\left(-\frac{1}{2}\middle|0\right)$

x = 0: $4x - \frac{1}{2}y + 2 = 0$

$4 \cdot 0 - \frac{1}{2}y + 2 = 0$

$-\frac{1}{2}y + 2 = 0 \quad \left|+\frac{1}{2}y\right.$

$2 = \frac{1}{2}y \quad |\cdot 2$

$4 = y \qquad P_2(0|4)$

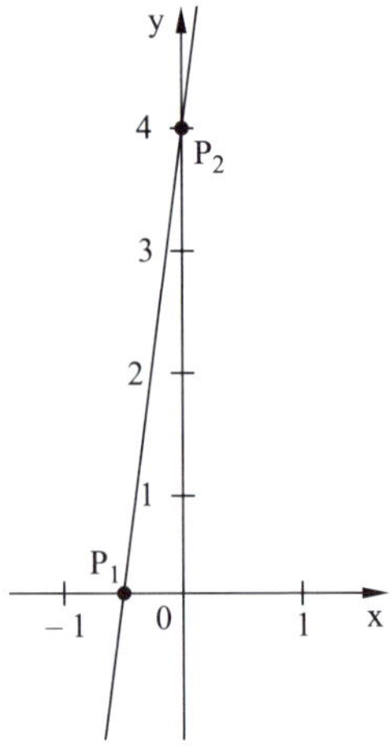

e) $3 \cdot \left(x + \frac{1}{2}y\right) - 2 = 0 \quad |+2$

$$3 \cdot \left(x + \frac{1}{2}y\right) = 2 \quad |:3$$

$$x + \frac{1}{2}y = \frac{2}{3} \quad |-x$$

$$\frac{1}{2}y = \frac{2}{3} - x \quad |\cdot 2$$

$$y = \frac{4}{3} - 2x$$

$$\mathbb{L} = \left\{(x\,|\,y)\,|\,x \in \mathbb{Q} \wedge y = \frac{4}{3} - 2x\right\}$$

Berechnen zweier Punkte zur grafischen Lösung:

$y = 0$: $3 \cdot \left(x + \frac{1}{2}y\right) - 2 = 0$

$$3 \cdot \left(x + \frac{1}{2} \cdot 0\right) - 2 = 0$$

$$3x - 2 = 0 \quad |+2$$

$$3x = 2 \quad |:3$$

$$x = \frac{2}{3} \qquad P_1\left(\frac{2}{3}\,\middle|\,0\right)$$

$x = 0$: $3 \cdot \left(x + \frac{1}{2}y\right) - 2 = 0$

$$3 \cdot \left(0 + \frac{1}{2}y\right) - 2 = 0$$

$$\frac{3}{2}y - 2 = 0 \quad |+2$$

$$\frac{3}{2}y = 2 \quad \left|\cdot \frac{2}{3}\right.$$

$$y = \frac{4}{3} \qquad P_2\left(0\,\middle|\,\frac{4}{3}\right)$$

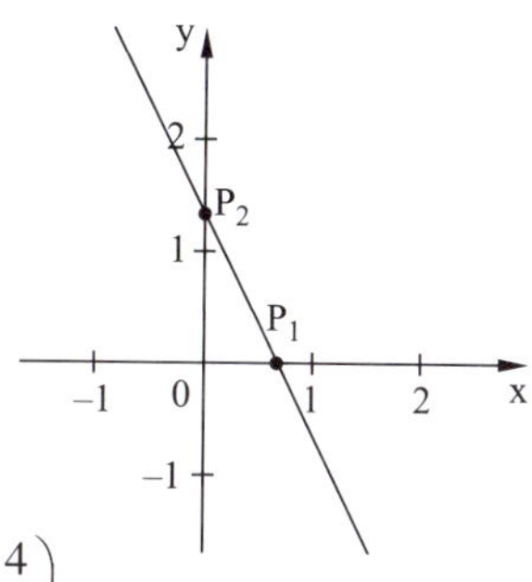

f) $2x = 3y - 2 \quad |+2$

$$2x + 2 = 3y \quad |:3$$

$$\frac{2}{3}x + \frac{2}{3} = y$$

$$\mathbb{L} = \left\{(x\,|\,y)\,|\,x \in \mathbb{Q} \wedge y = \frac{2}{3}x + \frac{2}{3}\right\}$$

Berechnen zweier Punkte zur grafischen Lösung:

$y=0$: $2x = 3y - 2$
$2x = 3 \cdot 0 - 2$
$2x = -2 \quad |:2$
$x = -1 \qquad P_1(-1|0)$

$x=0$: $2x = 3y - 2$
$2 \cdot 0 = 3y - 2$
$0 = 3y - 2 \quad |+2$
$2 = 3y \quad |:3$
$\frac{2}{3} = y \qquad P_2\left(0 \middle| \frac{2}{3}\right)$

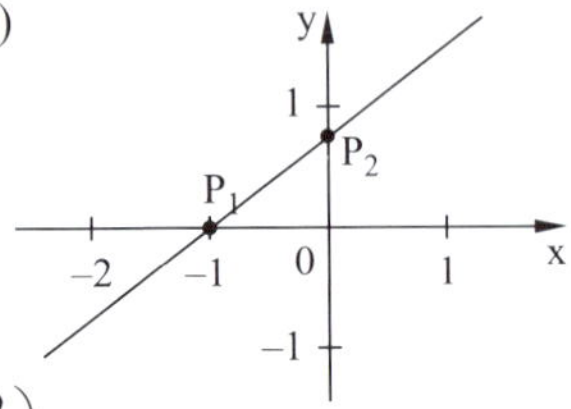

59. a) Ansatz:

$3 \cdot x + 2 \cdot y = 18 \quad |-3x$
$2y = 18 - 3x \quad |:2$
$y = 9 - 1{,}5x$

$\mathbb{L} = \{(x|y) \mid x \in \mathbb{Q} \wedge y = 9 - 1{,}5x\}$

Berechnen zweier Punkte zur grafischen Lösung:

$y=0$: $3x + 2y = 18$
$3x + 2 \cdot 0 = 18$
$3x = 18 \quad |:3$
$x = 6 \qquad P_1(6|0)$

$x=0$: $3x + 2y = 18$
$3 \cdot 0 + 2y = 18$
$2y = 18 \quad |:2$
$y = 9 \qquad P_2(0|9)$

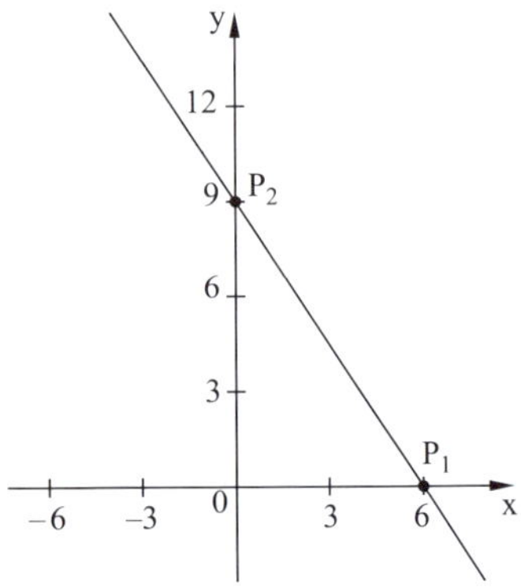

b) Ansatz:

$(4 - 3x) : y = 2 \quad |\cdot y$ y darf nicht null sein.
$4 - 3x = 2y \quad |:2$
$2 - 1{,}5x = y$

$\mathbb{L} = \left\{(x|y) \mid x \in \mathbb{Q} \setminus \left\{\frac{4}{3}\right\} \wedge y = 2 - 1{,}5x\right\}$

Würde man $x = \frac{4}{3}$ in die Gleichung $2 - 1{,}5x = y$ einsetzen, erhält man $y = 0$. Dieser Wert für y ist nicht erlaubt, da im Ansatz durch y dividiert wird.

Berechnen zweier Punkte zur grafischen Lösung:

$x=0$: $\quad 2=\dfrac{4-3x}{y}$

$2=\dfrac{4-3\cdot 0}{y} \quad |\cdot y$

$2y=4 \quad |:2$

$y=2 \qquad P_1(0|2)$

$y=1$: $\quad 2=\dfrac{4-3x}{y}$

$2=\dfrac{4-3x}{1}$

$2=4-3x \quad |-4$

$-2=-3x \quad |:(-3)$

$\dfrac{2}{3}=x \qquad P_2\left(\dfrac{2}{3}\middle|1\right)$

y = 0 darf nicht eingesetzt werden!

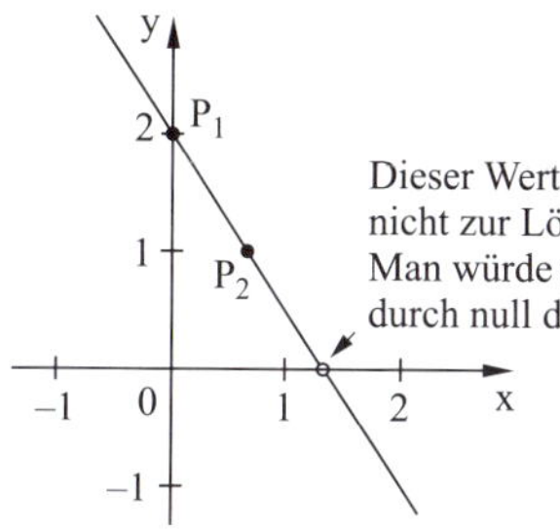

60. a) $2x-4=y$ (I)
$3x-2=y$ (II)

P(2|0) und Q(0|−4) sind zwei Punkte für den Graphen (I).
R(−1|−5) und T(0|−2) sind zwei Punkte für den Graphen (II).

Probe: S(−2|−8)
$2x-4=y$ (I) $\quad 2\cdot(-2)-4=-8$ ✓
$3x-2=y$ (II) $\quad 3\cdot(-2)-2=-8$ ✓
Beide Gleichungen liefern wahre Aussagen.

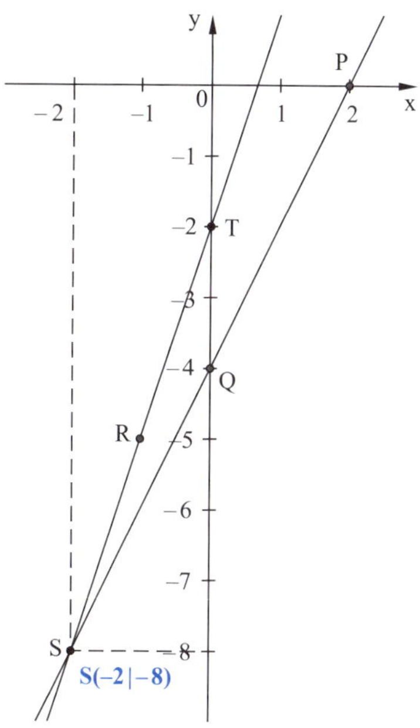

b) $x-2=y$ (I)

$-\frac{5}{8}x+4{,}5=y$ (II)

P(2 | 0) und Q(0 | –2) sind zwei Punkte für den Graphen (I).
R(4 | 2) und T(0 | 4,5) sind zwei Punkte für den Graphen (II).

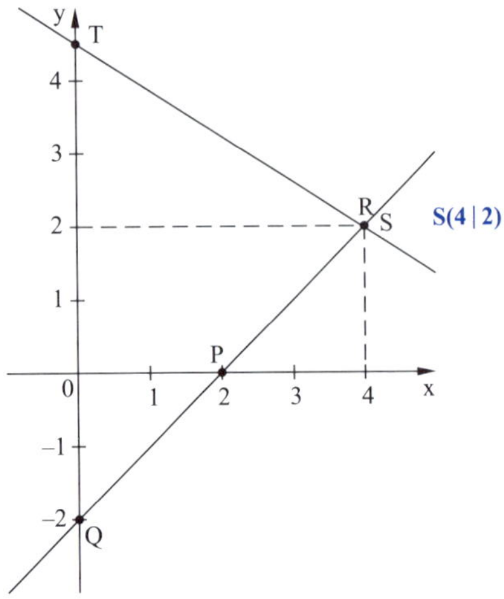

Probe: S(4 | 2)

$x-2=y$ (I)

$4-2=2 \quad 2=2$ ✓

$-\frac{5}{8}x+4{,}5=y$ (II)

$-\frac{5}{8}\cdot 4+4{,}5=2 \quad 2=2$ ✓

Beide Gleichungen liefern wahre Aussagen.

c) $4+y=\frac{1}{2}x$ (I) $\xrightarrow{-4}$ $y=\frac{1}{2}x-4$ (I')

$2y=x+6$ (II) $\xrightarrow{:2}$ $y=\frac{1}{2}x+3$ (II')

P(0 | –4) und Q(2 | –3) sind zwei Punkte für den Graphen (I).
R(0 | 3) und T(2 | 4) sind zwei Punkte für den Graphen (II).

Die Geraden sind parallel zueinander. Es existiert kein Schnittpunkt und damit auch keine Lösung für das gesamte Gleichungssystem.
(Die Parallelität kann man mit den identischen Steigungen aus den Funktionsgleichungen herauslesen.)

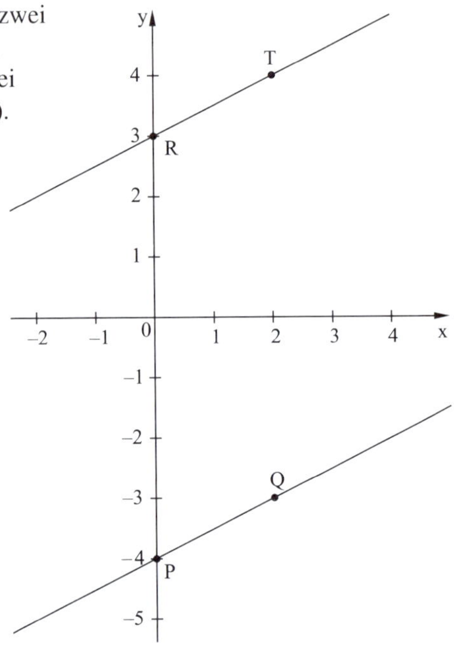

d) $x - y = 2 \quad (I) \xrightarrow{+y-2} y = x - 2 \quad (I')$

$x + y = 5 \quad (II) \xrightarrow{-x} y = -x + 5 \quad (II')$

P(2 | 0) und Q(0 | −2) sind zwei Punkte für den Graphen (I).
R(5 | 0) und T(0 | 5) sind zwei Punkte für den Graphen (II).

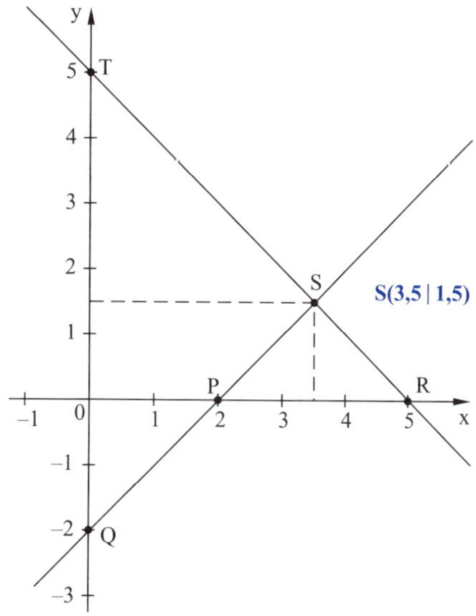

Probe: S(3,5 | 1,5)

$x - y = 2$ (I)

$3{,}5 - 1{,}5 = 2 \qquad 2 = 2$ ✓

$x + y = 5$ (II)

$3{,}5 + 1{,}5 = 5 \qquad 5 = 5$ ✓

Beide Gleichungen liefern wahre Aussagen.

e) $x - y = 1 \quad (I) \xrightarrow{+y-1} y = x - 1 \quad (I')$

$x + y = 1 \quad (II) \xrightarrow{-x} y = -x + 1 \quad (II')$

P(1 | 0) und Q(0 | −1) sind zwei Punkte für den Graphen (I).
R(3 | −2) und T(−2 | 3) sind zwei Punkte für den Graphen (II).

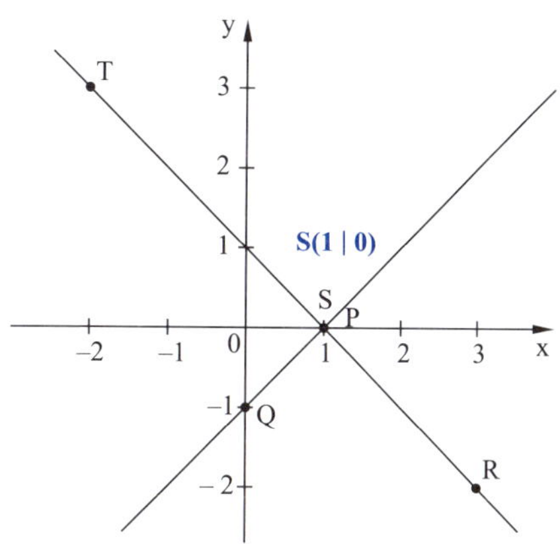

Probe: S(1 | 0)

$x - y = 1$ (I)

$1 - 0 = 1 \qquad 1 = 1$ ✓

$x + y = 1$ (II)

$1 + 0 = 1 \qquad 1 = 1$ ✓

Beide Gleichungen liefern wahre Aussagen.

f) $3x + 2y = -1$ (I) $\xrightarrow{-3x}$ $2y = -3x - 1$ $\xrightarrow{:2}$ $y = -\frac{3}{2}x - \frac{1}{2}$ (I')

$2x + 3y = 1$ (II) $\xrightarrow{-2x}$ $3y = -2x + 1$ $\xrightarrow{:3}$ $y = -\frac{2}{3}x + \frac{1}{3}$ (II')

P(–3 | 4) und Q(1 | –2) sind zwei Punkte für den Graphen (I).
R(–1 | 1) und T(–4 | 3) sind zwei Punkte für den Graphen (II).

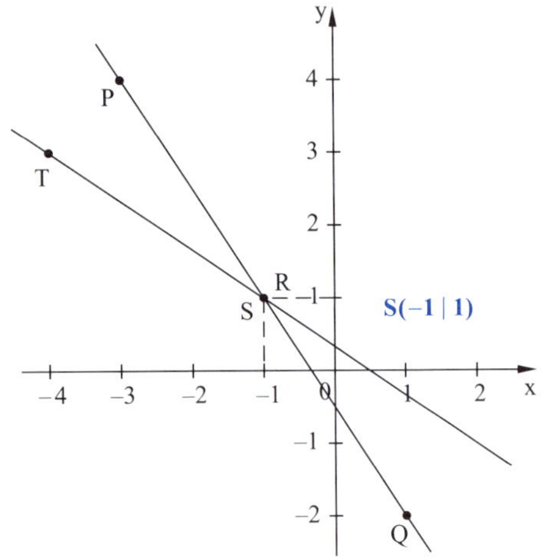

Probe: S(–1 | 1)

$3x + 2y = -1$	(I)	$3 \cdot (-1) + 2 \cdot 1 = -1$	$-1 = -1$	✓
$2x + 3y = 1$	(II)	$2 \cdot (-1) + 3 \cdot 1 = 1$	$1 = 1$	✓

Beide Gleichungen liefern wahre Aussagen.

g) $\frac{1}{2}y = \frac{1}{6}x + 1$ (I) $\xrightarrow{\cdot 2}$ $y = \frac{1}{3}x + 2$ (I')

$3y + 6 = x$ (II) $\xrightarrow{-6}$ $3y = x - 6$ $\xrightarrow{:3}$ $y = \frac{1}{3}x - 2$ (II')

P(3 | 3) und Q(–3 | 1) sind zwei Punkte für den Graphen (I).
R(3 | –1) und T(0 | –2) sind zwei Punkte für den Graphen (II).
Die Geraden sind parallel zueinander. Beide Geraden haben die Steigung $\frac{1}{3}$. Das gesamte Gleichungssystem hat wegen eines fehlenden Schnittpunktes keine Lösung.

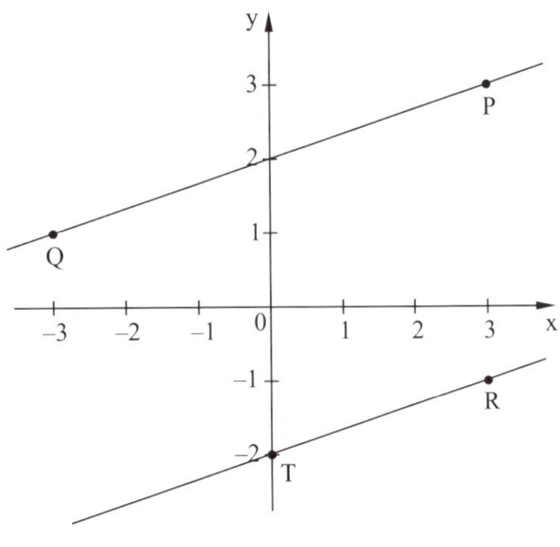

h) $\frac{1}{3}y = \frac{1}{6}x - 1$ (I) $\xrightarrow{\cdot 3}$ $y = \frac{1}{2}x - 3$ (I')

$2y - x + 6 = 0$ (II) $\xrightarrow{+x-6}$ $2y = x - 6$

$\xrightarrow{:2}$ $y = \frac{1}{2}x - 3$ (II')

P(6 | 0) und Q(0 | –3) sind zwei Punkte für den Graphen.

Beide Gleichungen repräsentieren den gleichen Graphen. Es gibt unendlich viele Schnittpunkte und damit unendlich viele Lösungen.

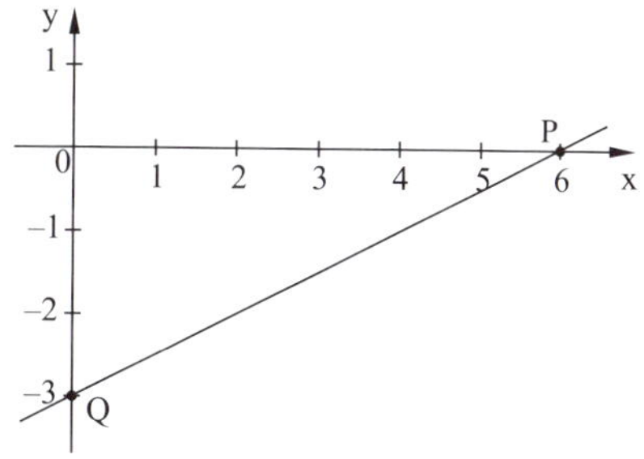

61. a) fallende Gerade:

P(0 | 3,5) t = 3,5

Q(3,5 | 0)

$y = mx + t$

$0 = m \cdot 3{,}5 + 3{,}5 \quad | -3{,}5$

$-3{,}5 = m \cdot 3{,}5 \quad | : 3{,}5$

$-1 = m$

$y = -x + 3{,}5$

steigende Gerade:

R(0 | 1) t = 1

T(2 | 1,5)

$y = mx + t$

$1{,}5 = m \cdot 2 + 1 \quad | -1$

$0{,}5 = m \cdot 2 \quad | : 2$

$\frac{1}{4} = m$

$y = \frac{1}{4}x + 1$

Gleichungssystem:

$y = -x + 3{,}5$ (I)

$y = \frac{1}{4}x + 1$ (II)

b) fallende Gerade:

P(0 | 1) t = 1

Q(4 | 0)

$y = mx + t$

$0 = m \cdot 4 + 1 \quad | -1$

$-1 = m \cdot 4 \quad | : 4$

$-\frac{1}{4} = m$

$y = -\frac{1}{4}x + 1$

steigende Gerade:

R(0 | 3) t = 3

T(–4 | 2)

$y = mx + t$

$2 = m \cdot (-4) + 3 \quad | -3$

$-1 = m \cdot (-4) \quad | : (-4)$

$\frac{1}{4} = m$

$y = \frac{1}{4}x + 3$

Gleichungssystem:

$y = -\frac{1}{4}x + 1 \quad \text{(I)}$

$y = \frac{1}{4}x + 3 \quad \text{(II)}$

c) steigende Gerade:

P(0 | 1) t = 1

Q(−4 | 0)

$y = mx + t$

$0 = m \cdot (-4) + 1 \quad |-1$

$-1 = m \cdot (-4) \quad |:(-4)$

$\frac{1}{4} = m$

$y = \frac{1}{4}x + 1$

fallende Gerade:

R(0 | 1) t = 1

T(4 | 0)

$y = mx + t$

$0 = m \cdot 4 + 1 \quad |-1$

$-1 = m \cdot 4 \quad |:4$

$-\frac{1}{4} = m$

$y = -\frac{1}{4}x + 1$

Gleichungssystem:

$y = \frac{1}{4}x + 1 \quad \text{(I)}$

$y = -\frac{1}{4}x + 1 \quad \text{(II)}$

d) steigende Gerade:

P(0 | 1) t = 1

Q(−1 | 0)

$y = mx + t$

$0 = m \cdot (-1) + 1 \quad |-1$

$-1 = m \cdot (-1) \quad |:(-1)$

$1 = m$

$y = x + 1$

waagrechte Gerade:

R(0 | 2) t = 2

T(1 | 2)

$y = mx + t$

$2 = m \cdot 1 + 2 \quad |-2$

$0 = m$

$y = 2$

Gleichungssystem:

$y = x + 1 \quad \text{(I)}$

$y = 2 \quad \text{(II)}$

e) obere Gerade:

P(0|3) $t=3$

Q(−6|0)

$$y = mx + t$$

$$0 = m\cdot(-6)+3 \quad |-3$$

$$-3 = m\cdot(-6) \quad |:(-6)$$

$$\frac{1}{2} = m$$

$$y = \frac{1}{2}x+3$$

untere Gerade:

R(0|−2) $t=-2$

T(4|0)

$$y = mx + t$$

$$0 = m\cdot 4-2 \quad |+2$$

$$2 = m\cdot 4 \quad |:4$$

$$\frac{1}{2} = m$$

$$y = \frac{1}{2}x-2$$

Gleichungssystem:

$$y = \frac{1}{2}x+3 \quad \text{(I)}$$

$$y = \frac{1}{2}x-2 \quad \text{(II)}$$

f) obere Gerade:

P(0|2) $t=2$

Q(3|0)

$$y = mx + t$$

$$0 = m\cdot 3+2 \quad |-2$$

$$-2 = m\cdot 3 \quad |:3$$

$$-\frac{2}{3} = m$$

$$y = -\frac{2}{3}x+2$$

untere Gerade:

R(0|−2) $t=-2$

T(−3|0)

$$y = mx + t$$

$$0 = m\cdot(-3)-2 \quad |+2$$

$$2 = m\cdot(-3) \quad |:(-3)$$

$$-\frac{2}{3} = m$$

$$y = -\frac{2}{3}x-2$$

Gleichungssystem:

$$y = -\frac{2}{3}x+2 \quad \text{(I)}$$

$$y = -\frac{2}{3}x-2 \quad \text{(II)}$$

62. a) $3x - 4 = 2y \quad \text{(I)}$
$3y + 4 = x \quad \text{(II)}$
$x = 3y + 4$ wird in die Gleichung (I) eingesetzt:

$$
\begin{aligned}
3x - 4 &= 2y \\
3 \cdot (3y + 4) - 4 &= 2y \\
9y + 12 - 4 &= 2y \\
9y + 8 &= 2y \qquad |-2y-8 \\
7y &= -8 \qquad |:7 \\
y &= -\frac{8}{7} \\
\mathbf{y} &= \mathbf{-1\frac{1}{7}}
\end{aligned}
$$

Setze $y = -1\frac{1}{7}$ in (II) ein und erhalte sofort x:

$$
\begin{aligned}
3y + 4 &= x \\
3 \cdot \left(-1\frac{1}{7}\right) + 4 &= x \\
-3\frac{3}{7} + 4 &= x \\
\mathbf{x} &= \mathbf{\frac{4}{7}}
\end{aligned}
$$

$$\mathbb{L} = \left\{\left(\frac{4}{7} \,\middle|\, -\frac{8}{7}\right)\right\}$$

Probe: $\left(\frac{4}{7} \,\middle|\, -\frac{8}{7}\right)$ wird in beide Gleichungen eingesetzt.

$3x - 4 = 2y \qquad 3 \cdot \frac{4}{7} - 4 = 2 \cdot \left(-\frac{8}{7}\right) \qquad -2\frac{2}{7} = -2\frac{2}{7}$ ✓

$3y + 4 = x \qquad 3 \cdot \left(-\frac{8}{7}\right) + 4 = \frac{4}{7} \qquad \frac{4}{7} = \frac{4}{7}$ ✓

Beide Gleichungen liefern beim Einsetzen wahre Aussagen.

b) $2 = 2x - y \quad \text{(I)}$
$y + x = 1 \quad \text{(II)} \xrightarrow{-y} x = 1 - y \quad \text{(II')}$
$x = 1 - y$ wird in die Gleichung (I) eingesetzt:

$$
\begin{aligned}
2 &= 2x - y \\
2 &= 2 \cdot (1 - y) - y \\
2 &= 2 - 2y - y \\
2 &= 2 - 3y \qquad |-2 \\
0 &= -3y \qquad |:(-3) \\
\mathbf{0} &= \mathbf{y}
\end{aligned}
$$

Setze y = 0 in (II) ein und löse die Gleichung nach x auf:

$$y + x = 1$$
$$0 + x = 1$$
$$\mathbf{x = 1}$$

$$\mathbb{L} = \{(1 \mid 0)\}$$

Probe: (1 | 0) wird in beide Gleichungen eingesetzt.

$2 = 2x - y$	$2 = 2 \cdot 1 - 0$	$2 = 2$	✓
$y + x = 1$	$0 + 1 = 1$	$1 = 1$	✓

Beide Gleichungen liefern beim Einsetzen wahre Aussagen.

c) $3x = 6y - 2 \quad \text{(I)}$

$$\frac{1}{3} = x - 2y \quad \text{(II)} \quad \xrightarrow{+2y} \quad x = \frac{1}{3} + 2y \quad \text{(II')}$$

$x = \frac{1}{3} + 2y$ wird in die Gleichung (I) eingesetzt:

$$3x = 6y - 2$$
$$3\left(\frac{1}{3} + 2y\right) = 6y - 2$$
$$1 + 6y = 6y - 2 \qquad | -6y$$
$$1 = -2 \qquad ↯$$

Die Umformungen führen zu einem Widerspruch. Das Gleichungssystem ist **nicht lösbar**.

d) $5y = 3y - 4 \quad \text{(I)}$
$2x = 3x + 2 \quad \text{(II)}$

In den beiden Gleichungen des Gleichungssystems gibt es jeweils nur eine Variable. Es kann daher aus jeder Gleichung die Lösung bestimmt werden, ohne die zweite Gleichung zu berücksichtigen.

$$5y = 3y - 4 \qquad | -3y$$
$$2y = -4 \qquad | :2$$
$$\mathbf{y = -2}$$

$$2x = 3x + 2 \qquad | -3x$$
$$-x = 2 \qquad | \cdot(-1)$$
$$\mathbf{x = -2}$$

$$\mathbb{L} = \{(-2 \mid -2)\}$$

Probe: (–2 | –2) wird in beide Gleichungen eingesetzt.

$5y = 3y - 4$	$5 \cdot (-2) = 3 \cdot (-2) - 4$	$-10 = -10$	✓
$2x = 3x + 2$	$2 \cdot (-2) = 3 \cdot (-2) + 2$	$-4 = -4$	✓

Beide Gleichungen liefern beim Einsetzen wahre Aussagen.

e) $y+\frac{1}{2}=3x \quad \text{(I)} \quad \xrightarrow{-\frac{1}{2}} \quad y=3x-\frac{1}{2} \quad \text{(I')}$

$\frac{2}{3}y=2x-\frac{1}{3} \quad \text{(II)}$

$y=3x-\frac{1}{2}$ wird in die Gleichung (II) eingesetzt:

$$\frac{2}{3}y=2x-\frac{1}{3}$$

$$\frac{2}{3}\cdot\left(3x-\frac{1}{2}\right)=2x-\frac{1}{3}$$

$$2x-\frac{1}{3}=2x-\frac{1}{3} \quad |-2x$$

$$-\frac{1}{3}=-\frac{1}{3}$$

Diese Gleichung ist unabhängig von x immer erfüllt. Es gibt also unendlich viele Lösungen.

$$\mathbb{L}=\left\{(x\,|\,y)\,|\,x\in\mathbb{Q}\wedge y=3x-\frac{1}{2}\right\}$$

f) $2x-y=4 \quad \text{(I)}$

$3x=2+y \quad \text{(II)} \quad \xrightarrow{-2} \quad 3x-2=y \quad \text{(II')}$

$y=3x-2$ wird in die Gleichung (I) eingesetzt:

$$2x-y=4$$
$$2x-(3x-2)=4$$
$$2x-3x+2=4$$
$$-x+2=4 \quad |-2$$
$$-x=2 \quad |\cdot(-1)$$
$$\mathbf{x=-2}$$

Setze $x=-2$ in (II') ein und bestimme y:

$y=3x-2$

$y=3\cdot(-2)-2$

$\mathbf{y=-8}$

$\mathbb{L}=\{(-2\,|-8)\}$

Probe: $(-2\,|-8)$ wird in beide Gleichungen eingesetzt.

$2x-y=4$	$2\cdot(-2)-(-8)=4$	$4=4$	✓
$3x=2+y$	$3\cdot(-2)=2+(-8)$	$-6=-6$	✓

Beide Gleichungen liefern beim Einsetzen wahre Aussagen.

g) $\frac{1}{3}x+\frac{1}{5}y=\frac{1}{7}$ (I)

$\frac{1}{2}y-\frac{1}{4}y=\frac{1}{6}$ (II)

Aus der Gleichung (II) kann man den Wert für y sofort berechnen.

$$\frac{1}{2}y-\frac{1}{4}y=\frac{1}{6}$$

$$\frac{1}{4}y=\frac{1}{6} \quad |\cdot 4$$

$$\mathbf{y=\frac{2}{3}}$$

Setze $y=\frac{2}{3}$ in (I) ein und löse die Gleichung nach x auf:

$$\frac{1}{3}x+\frac{1}{5}y=\frac{1}{7}$$

$$\frac{1}{3}x+\frac{1}{5}\cdot\frac{2}{3}=\frac{1}{7}$$

$$\frac{1}{3}x+\frac{2}{15}=\frac{1}{7} \quad \left|-\frac{2}{15}\right.$$

$$\frac{1}{3}x=\frac{1}{105} \quad |\cdot 3$$

$$\mathbf{x=\frac{1}{35}}$$

$$\mathbb{L}=\left\{\left(\frac{1}{35}\,\middle|\,\frac{2}{3}\right)\right\}$$

Probe: $\left(\frac{1}{35}\,\middle|\,\frac{2}{3}\right)$ wird in beide Gleichungen eingesetzt.

$\frac{1}{3}x+\frac{1}{5}y=\frac{1}{7}$ $\quad \frac{1}{3}\cdot\frac{1}{35}+\frac{1}{5}\cdot\frac{2}{3}=\frac{1}{7}$ $\quad \frac{1}{7}=\frac{1}{7}$ ✓

$\frac{1}{2}y-\frac{1}{4}y=\frac{1}{6}$ $\quad \frac{1}{2}\cdot\frac{2}{3}-\frac{1}{4}\cdot\frac{2}{3}=\frac{1}{6}$ $\quad \frac{1}{6}=\frac{1}{6}$ ✓

Beide Gleichungen liefern beim Einsetzen wahre Aussagen.

h) $\frac{x-y}{x+y}=2$ (I)

$\frac{x+2y}{x-2y}=1$ (II)

Umformen von Gleichung (I) ergibt:

$$\frac{x-y}{x+y} = 2 \qquad \Big| \cdot (x+y)$$

$$x - y = 2(x+y)$$

$$x - y = 2x + 2y \qquad \Big| + y - 2x$$

$$-x = 3y \qquad \Big| \cdot (-1)$$

$$x = -3y$$

$x = -3y$ wird in die Gleichung (II) eingesetzt:

$$\frac{x+2y}{x-2y} = 1$$

$$\frac{-3y+2y}{-3y-2y} = 1$$

$$\frac{-y}{-5y} = 1$$

$$\frac{1}{5} = 1 \quad ↯$$

Die Umformungen führen zu einem Widerspruch. Das Gleichungssystem ist **nicht lösbar**.

i) $0{,}1x + 0{,}2y = 0{,}3 \quad \text{(I)} \xrightarrow{-0{,}2y} 0{,}1x = 0{,}3 - 0{,}2y \xrightarrow{\cdot 10} x = 3 - 2y \quad \text{(I')}$

$0{,}4x + 0{,}5y = 0{,}6 \quad \text{(II)}$

$x = 3 - 2y$ wird in die Gleichung (II) eingesetzt:

$$0{,}4 \cdot x + 0{,}5y = 0{,}6$$

$$0{,}4 \cdot (3 - 2y) + 0{,}5y = 0{,}6$$

$$1{,}2 - 0{,}8y + 0{,}5y = 0{,}6$$

$$1{,}2 - 0{,}3y = 0{,}6 \qquad \Big| + 0{,}3y - 0{,}6$$

$$0{,}6 = 0{,}3y \qquad \Big| : 0{,}3$$

$$\mathbf{2 = y}$$

Setze $y = 2$ in (I') ein und bestimme x:

$$x = 3 - 2 \cdot y$$

$$x = 3 - 2 \cdot 2$$

$$\mathbf{x = -1}$$

$$\mathbb{L} = \{(-1 \mid 2)\}$$

Probe: $(-1 \mid 2)$ wird in beide Gleichungen eingesetzt.

$0{,}1x + 0{,}2y = 0{,}3 \qquad 0{,}1 \cdot (-1) + 0{,}2 \cdot 2 = 0{,}3 \qquad 0{,}3 = 0{,}3 \quad ✓$

$0{,}4x + 0{,}5y = 0{,}6 \qquad 0{,}4 \cdot (-1) + 0{,}5 \cdot 2 = 0{,}6 \qquad 0{,}6 = 0{,}6 \quad ✓$

Beide Gleichungen liefern beim Einsetzen wahre Aussagen.

j) $y=-\frac{1}{3}x+\frac{2}{5}$ (I)

$4\cdot\frac{y}{x}+\frac{4}{3}=1\frac{3}{5}\cdot\frac{1}{x}$ (II)

$y=-\frac{1}{3}x+\frac{2}{5}$ wird in die Gleichung (II) eingesetzt:

$$4\cdot\frac{y}{x}+\frac{4}{3}=1\frac{3}{5}\cdot\frac{1}{x}$$

$$4\cdot\frac{-\frac{1}{3}x+\frac{2}{5}}{x}+\frac{4}{3}=1\frac{3}{5}\cdot\frac{1}{x} \qquad |\cdot x$$

$$4\cdot\left(-\frac{1}{3}x+\frac{2}{5}\right)+\frac{4}{3}x=1\frac{3}{5}$$

$$-\frac{4}{3}x+\frac{8}{5}+\frac{4}{3}x=1\frac{3}{5}$$

$$1\frac{3}{5}=1\frac{3}{5}$$

Diese Gleichung ist unabhängig von x immer erfüllt. Es gibt also unendlich viele Lösungen.
Achtung: $x=0$ darf in die Gleichung (II) nicht eingesetzt werden.

$$\mathbb{L}=\left\{(x\,|\,y)\,|\,x\in\mathbb{Q}\setminus\{0\}\wedge y=-\frac{1}{3}x+\frac{2}{5}\right\}$$

k) $2y+\frac{2}{3}x=1$ (I)

$4=-\frac{1}{3}x-y$ (II) $\xrightarrow{+y-4}$ $y=-\frac{1}{3}x-4$ (II')

$y=-\frac{1}{3}x-4$ wird in die Gleichung (I) eingesetzt:

$$2y+\frac{2}{3}x=1$$

$$2\left(-\frac{1}{3}x-4\right)+\frac{2}{3}x=1$$

$$-\frac{2}{3}x-8+\frac{2}{3}x=1$$

$$-8=1 \quad ↯$$

Die Umformungen führen zu einem Widerspruch. Das Gleichungssystem ist **nicht lösbar**.

l) $\frac{1}{2}y + 3x - \frac{1}{3} = 0$ (I) $\xrightarrow{-\frac{1}{2}y}$ $3x - \frac{1}{3} = -\frac{1}{2}y$

$\xrightarrow{\cdot(-2)}$ $-6x + \frac{2}{3} = y$ (I')

$-1\frac{1}{7} = \frac{1}{3}y + 2x$ (II)

$y = -6x + \frac{2}{3}$ wird in die Gleichung (II) eingesetzt:

$$-1\frac{1}{7} = \frac{1}{3}y + 2x$$

$$-1\frac{1}{7} = \frac{1}{3} \cdot \left(-6x + \frac{2}{3}\right) + 2x$$

$$-1\frac{1}{7} = -2x + \frac{2}{9} + 2x$$

$$-1\frac{1}{7} = \frac{2}{9} \quad ↯$$

Die Umformungen führen zu einem Widerspruch. Das Gleichungssystem ist **nicht lösbar**.

m) $p + q = 2$ (I) $\xrightarrow{-q}$ $p = 2 - q$ (I')
$p \cdot q = 0$ (II)

$p = 2 - q$ wird in die Gleichung (II) eingesetzt:

$$p \cdot q = 0$$
$$(2 - q) \cdot q = 0$$

Das Produkt ist null, falls einer der beiden Faktoren gleich null ist. Deshalb gibt es hier zwei Möglichkeiten.

$2 - q_1 = 0 \quad |+q_1$ $\qquad$ $\mathbf{q_2 = 0}$
$\mathbf{q_1 = 2}$

Beide Lösungen werden in (I') eingesetzt:

$p_1 = 2 - q_1$ $\qquad$ $p_2 = 2 - q_2$
$p_1 = 2 - 2$ $\qquad$ $p_2 = 2 - 0$
$\mathbf{p_1 = 0}$ $\qquad$ $\mathbf{p_2 = 2}$

$\mathbb{L} = \{(0|2), (2|0)\}$

Probe: (0|2) wird als (p|q) in beide Gleichungen eingesetzt:

$p + q = 2 \quad 0 + 2 = 2 \quad 2 = 2$ ✓
$p \cdot q = 0 \quad 0 \cdot 2 = 0 \quad 0 = 0$ ✓

(2|0) wird als (p|q) in beide Gleichungen eingesetzt:

$p + q = 2 \quad 2 + 0 = 2 \quad 2 = 2$ ✓
$p \cdot q = 0 \quad 2 \cdot 0 = 0 \quad 0 = 0$ ✓

Alle Gleichungen liefern beim Einsetzen wahre Aussagen.

n) $(rs)^2 = 81 \quad (I)$

$r + s = 0 \quad (II) \xrightarrow{-s} r = -s \quad (II')$

$r = -s$ wird in die Gleichung (I) eingesetzt:

$$(rs)^2 = 81$$
$$(-s \cdot s)^2 = 81$$
$$s^4 = 81$$

$\mathbf{s_1 = 3}$ und $\mathbf{s_2 = -3}$ erfüllen die Gleichung $s^4 = 81$.

Setze $s_1 = 3$ und $s_2 = -3$ in (II') ein und bestimme r:

$r_1 = -s_1$	$r_2 = -s_2$
$r_1 = -3$	$r_2 = -(-3)$
$\mathbf{r_1 = -3}$	$\mathbf{r_2 = 3}$

$\mathbb{L} = \{(-3\,|\,3), (3\,|\,-3)\}$

Probe: $(-3\,|\,3)$ wird als $(r\,|\,s)$ in beide Gleichungen eingesetzt:

$(rs)^2 = 81$	$(-3 \cdot 3)^2 = 81$	$81 = 81$	✓
$r + s = 0$	$-3 + 3 = 0$	$0 = 0$	✓

$(3\,|\,-3)$ wird als $(r\,|\,s)$ in beide Gleichungen eingesetzt:

$(rs)^2 = 81$	$(3 \cdot (-3))^2 = 81$	$81 = 81$	✓
$r + s = 0$	$3 + (-3) = 0$	$0 = 0$	✓

Alle Gleichungen liefern beim Einsetzen wahre Aussagen.

o) $s + 2r + t = 2 \quad (I)$

$2s - r - t = 1 \quad (II)$

$r + t = 0 \quad (III) \xrightarrow{-t} r = -t \quad (III')$

$r = -t$ wird in die Gleichungen (I) und (II) eingesetzt:

$$s + 2r + t = 2 \Rightarrow s + 2 \cdot (-t) + t = 2 \Rightarrow s - t = 2 \quad (I')$$
$$2s - r - t = 1 \Rightarrow 2s - (-t) - t = 1 \Rightarrow 2s = 1 \quad (II')$$

$$2s = 1 \quad |:2$$
$$\mathbf{s = \frac{1}{2}}$$

Setze $s = \frac{1}{2}$ in (I') ein und löse die Gleichung nach t auf:

$$s - t = 2$$
$$\frac{1}{2} - t = 2 \quad |+t-2$$
$$\mathbf{t = -1{,}5}$$

Setze $t = -1{,}5$ in (III') ein und berechne r:

$$r = -t$$
$$r = -(-1{,}5)$$
$$\mathbf{r = 1{,}5}$$

$$\mathbb{L} = \left\{\left(1{,}5 \,\middle|\, \frac{1}{2} \,\middle|\, -1{,}5\right)\right\}$$

Probe: $\left(1{,}5 \,\middle|\, \frac{1}{2} \,\middle|\, -1{,}5\right)$ wird in alle drei Gleichungen eingesetzt.

$s+2r+t=2$	$\frac{1}{2}+2\cdot 1{,}5+(-1{,}5)=2$	$2=2$	✓
$2s-r-t=1$	$2\cdot\frac{1}{2}-1{,}5-(-1{,}5)=1$	$1=1$	✓
$r+t=0$	$1{,}5+(-1{,}5)=0$	$0=0$	✓

Alle Gleichungen liefern beim Einsetzen wahre Aussagen.

p) $2n+2m-\ell=1$ (I)

$m+\ell=5$ (II)

$\frac{1}{2}\ell=-2$ (III) $\xrightarrow{\cdot 2}$ $\boldsymbol{\ell=-4}$

$\ell=-4$ wird in die Gleichung (II) eingesetzt:

$$m+\ell=5$$
$$m+(-4)=5$$
$$m-4=5 \quad |+4$$
$$\mathbf{m=9}$$

$\ell=-4$ und $m=9$ werden in die Gleichung (I) eingesetzt:

$$2n+2m-\ell=1$$
$$2n+2\cdot 9-(-4)=1$$
$$2n+18+4=1$$
$$2n+22=1 \quad |-22$$
$$2n=-21 \quad |:2$$
$$\mathbf{n=-10{,}5}$$

$\mathbb{L}=\{(-4\,|\,9\,|\,-10{,}5)\}$

Probe: $(-4\,|\,9\,|\,-10{,}5)$ wird in alle drei Gleichungen eingesetzt.

$2n+2m-\ell=1$	$2\cdot(-10{,}5)+2\cdot 9-(-4)=1$	$1=1$	✓
$m+\ell=5$	$9+(-4)=5$	$5=5$	✓
$\frac{1}{2}\ell=-2$	$\frac{1}{2}\cdot(-4)=-2$	$-2=-2$	✓

Alle Gleichungen liefern beim Einsetzen wahre Aussagen.

63. a) $y - x = \frac{1}{3}$ (I)

$y + x = \frac{1}{4}$ (II)

(I) + (II):

$$y - x + y + x = \frac{1}{3} + \frac{1}{4}$$

$$2y = \frac{7}{12} \quad \Big|:2$$

$$\mathbf{y = \frac{7}{24}}$$

Setze $y = \frac{7}{24}$ in die Gleichung (II) ein und löse nach x auf.

$$y + x = \frac{1}{4}$$

$$\frac{7}{24} + x = \frac{1}{4} \quad \Big| -\frac{7}{24}$$

$$\mathbf{x = -\frac{1}{24}}$$

$$\mathbb{L} = \left\{\left(-\frac{1}{24} \,\Big|\, \frac{7}{24}\right)\right\}$$

Probe: Setze $\left(-\frac{1}{24} \,\big|\, \frac{7}{24}\right)$ in beide Gleichungen ein.

$y - x = \frac{1}{3} \qquad \frac{7}{24} - \left(-\frac{1}{24}\right) = \frac{1}{3} \qquad \frac{1}{3} = \frac{1}{3}$ ✓

$y + x = \frac{1}{4} \qquad \frac{7}{24} + \left(-\frac{1}{24}\right) = \frac{1}{4} \qquad \frac{1}{4} = \frac{1}{4}$ ✓

Beide Gleichungen liefern beim Einsetzen wahre Aussagen.

b) $\frac{1}{5}x = 3 - y$ (I) $\xrightarrow{\cdot 5}$ $x = 15 - 5y$ (I')

$y = x - 2$ (II) $\xrightarrow{+2}$ $x = 2 + y$ (II')

(I') – (II'):

$$x - x = 15 - 5y - (2 + y)$$

$$0 = 15 - 5y - 2 - y$$

$$0 = 13 - 6y \quad \Big| +6y$$

$$6y = 13 \quad \Big| :6$$

$$\mathbf{y = 2\frac{1}{6}}$$

Setze $y = 2\frac{1}{6}$ in die Gleichung (II') ein und berechne x:

$$x = 2 + y$$

$$x = 2 + 2\frac{1}{6}$$

$$\mathbf{x = 4\frac{1}{6}}$$

$$\mathbb{L} = \left\{\left(4\frac{1}{6} \,\middle|\, 2\frac{1}{6}\right)\right\}$$

Probe: Setze $\left(4\frac{1}{6} \,\middle|\, 2\frac{1}{6}\right)$ in beide Gleichungen ein.

$\frac{1}{5}x = 3 - y$	$\frac{1}{5} \cdot 4\frac{1}{6} = 3 - 2\frac{1}{6}$	$\frac{5}{6} = \frac{5}{6}$	✓
$y = x - 2$	$2\frac{1}{6} = 4\frac{1}{6} - 2$	$2\frac{1}{6} = 2\frac{1}{6}$	✓

Beide Gleichungen liefern beim Einsetzen wahre Aussagen.

c) $3x - 2y = 5 \quad \text{(I)} \quad \xrightarrow{\cdot 2} \quad 6x - 4y = 10 \quad \text{(I')}$

$2x + 3y = 4 \quad \text{(II)} \quad \xrightarrow{\cdot 3} \quad 6x + 9y = 12 \quad \text{(II')}$

(I') – (II'):

$$6x - 4y - (6x + 9y) = 10 - 12$$

$$6x - 4y - 6x - 9y = -2$$

$$-13y = -2 \quad |:(-13)$$

$$\mathbf{y = \frac{2}{13}}$$

Setze $y = \frac{2}{13}$ in die Gleichung (I) ein und löse nach x auf:

$$3x - 2y = 5$$

$$3x - 2 \cdot \frac{2}{13} = 5$$

$$3x - \frac{4}{13} = 5 \quad \left| + \frac{4}{13}\right.$$

$$3x = 5\frac{4}{13} \quad |:3$$

$$\mathbf{x = 1\frac{10}{13}}$$

$$\mathbb{L} = \left\{\left(1\frac{10}{13} \,\middle|\, \frac{2}{13}\right)\right\}$$

Probe: Setze $\left(1\frac{10}{13} \,\middle|\, \frac{2}{13}\right)$ in beide Gleichungen ein.

$3x - 2y = 5 \qquad 3 \cdot 1\frac{10}{13} - 2 \cdot \frac{2}{13} = 5 \qquad 5 = 5 \quad ✓$

$2x + 3y = 4 \qquad 2 \cdot 1\frac{10}{13} + 3 \cdot \frac{2}{13} = 4 \qquad 4 = 4 \quad ✓$

Beide Gleichungen liefern beim Einsetzen wahre Aussagen.

d) $0,2x - 0,3y = 0,5 \quad \text{(I)} \quad \xrightarrow{\cdot 5} \quad x - 1,5y = 2,5 \quad \text{(I')}$

$\frac{1}{3}y - \frac{1}{2}x = 2 \quad \text{(II)} \quad \xrightarrow{\cdot 2} \quad \frac{2}{3}y - x = 4 \quad \text{(II')}$

(I') + (II'):

$x - 1,5y + \frac{2}{3}y - x = 2,5 + 4$

$-\frac{5}{6}y = 6,5 \qquad \left| \cdot \left(-\frac{6}{5}\right)\right.$

$\mathbf{y = -7,8}$

Setze $y = -7,8$ in die Gleichung (I') ein und löse nach x auf:

$x - 1,5y = 2,5$

$x - 1,5 \cdot (-7,8) = 2,5$

$x + 11,7 = 2,5 \qquad |-11,7$

$\mathbf{x = -9,2}$

$\mathbb{L} = \{(-9,2 \mid -7,8)\}$

Probe: Setze $(-9,2 \mid -7,8)$ in beide Gleichungen ein.

$0,2x - 0,3y = 0,5 \qquad 0,2 \cdot (-9,2) - 0,3 \cdot (-7,8) = 0,5 \qquad 0,5 = 0,5 \quad ✓$

$\frac{1}{3}y - \frac{1}{2}x = 2 \qquad \frac{1}{3} \cdot (-7,8) - \frac{1}{2} \cdot (-9,2) = 2 \qquad 2 = 2 \quad ✓$

Beide Gleichungen liefern beim Einsetzen wahre Aussagen.

e) $\frac{1}{2}x + \frac{1}{3}y = \frac{1}{4} \quad \text{(I)} \quad \xrightarrow{\cdot 2} \quad x + \frac{2}{3}y = \frac{1}{2} \quad \text{(I')}$

$x - y = 2 \quad \text{(II)}$

(I') – (II):

$x + \frac{2}{3}y - (x - y) = \frac{1}{2} - 2$

$x + \frac{2}{3}y - x + y = -1,5$

$1\frac{2}{3}y = -1\frac{1}{2} \qquad \left| : 1\frac{2}{3}\right.$

$\mathbf{y = -\frac{9}{10}}$

Setze $y = -\frac{9}{10}$ in die Gleichung (II) ein und löse nach x auf:

$$x - y = 2$$

$$x - \left(-\frac{9}{10}\right) = 2$$

$$x + \frac{9}{10} = 2 \qquad \left| -\frac{9}{10}\right.$$

$$\mathbf{x = 1\frac{1}{10}}$$

$$\mathbb{L} = \left\{\left(1\frac{1}{10} \,\middle|\, -\frac{9}{10}\right)\right\}$$

Probe: Setze $\left(1\frac{1}{10} \,\middle|\, -\frac{9}{10}\right)$ in beide Gleichungen ein.

$$\frac{1}{2}x + \frac{1}{3}y = \frac{1}{4} \qquad \frac{1}{2} \cdot 1\frac{1}{10} + \frac{1}{3} \cdot \left(-\frac{9}{10}\right) = \frac{1}{4} \qquad \frac{1}{4} = \frac{1}{4} \quad \checkmark$$

$$x - y = 2 \qquad 1\frac{1}{10} - \left(-\frac{9}{10}\right) = 2 \qquad 2 = 2 \quad \checkmark$$

Beide Gleichungen liefern beim Einsetzen wahre Aussagen.

f) $\frac{2}{3} = x - \frac{1}{3}y$ (I) $\xrightarrow{\cdot 3}$ $2 = 3x - y$ (I')

$-1 = 3x - y$ (II)

(I') – (II):

$$2 - (-1) = 3x - y - (3x - y)$$

$$3 = 3x - y - 3x + y$$

$$3 = 0 \qquad ↯$$

Die Umformungen führen zu einem Widerspruch. Das Gleichungssystem ist nicht lösbar.

g) $x = y$ (I)

$x + y = 1$ (II)

(I) – (II):

$$x - (x + y) = y - 1$$

$$x - x - y = y - 1$$

$$-y = y - 1 \qquad | + y + 1$$

$$1 = 2y \qquad | :2$$

$$\mathbf{\frac{1}{2} = y}$$

$\mathbf{x = \frac{1}{2}}$ wegen $x = y$ (I)

$$\mathbb{L} = \left\{\left(\frac{1}{2} \,\middle|\, \frac{1}{2}\right)\right\}$$

Probe: Setze $\left(\frac{1}{2} \,\middle|\, \frac{1}{2}\right)$ in beide Gleichungen ein.

$x = y \qquad \frac{1}{2} = \frac{1}{2} \qquad \checkmark$

$x + y = 1 \qquad \frac{1}{2} + \frac{1}{2} = 1 \qquad 1 = 1 \qquad \checkmark$

Beide Gleichungen liefern beim Einsetzen wahre Aussagen.

h) $2 = \frac{1}{2}x - y \qquad \text{(I)}$

$-1 = -\frac{1}{4}x + \frac{1}{2}y \qquad \text{(II)} \xrightarrow{\cdot 2} -2 = -\frac{1}{2}x + y \qquad \text{(II')}$

(I) + (II'):

$$2 + (-2) = \frac{1}{2}x - y + \left(-\frac{1}{2}x + y\right)$$

$$0 = \frac{1}{2}x - y - \frac{1}{2}x + y$$

$$0 = 0$$

Die Umformungen der Gleichungen führen zu einer Gleichung, die unabhängig von x und y immer erfüllt ist. Beide Gleichungen sind identisch. Löse eine der beiden Gleichungen nach einer Variable auf und formuliere die Lösungsmenge:

(I) $2 = \frac{1}{2}x - y \qquad | + y - 2$

$$y = \frac{1}{2}x - 2$$

$$\mathbf{\mathbb{L} = \left\{(x\,|\,y)\,|\,x \in \mathbb{Q} \wedge y = \frac{1}{2}x - 2\right\}}$$

i) $3x - 0{,}5y = 2 \qquad \text{(I)} \xrightarrow{\cdot 2} 6x - y = 4 \qquad \text{(I')}$

$2x + 0{,}3y = 5 \qquad \text{(II)} \xrightarrow{\cdot 3} 6x + 0{,}9y = 15 \qquad \text{(II')}$

(I') – (II'):

$$6x - y - (6x + 0{,}9y) = 4 - 15$$

$$6x - y - 6x - 0{,}9y = -11$$

$$-1{,}9y = -11 \qquad |:(-1{,}9)$$

$$\mathbf{y = 5\frac{15}{19}}$$

Setze $y = 5\frac{15}{19}$ in die Gleichung (I') ein und löse nach x auf:

$$
\begin{aligned}
6x - y &= 4 \\
6x - 5\frac{15}{19} &= 4 \qquad \left| + 5\frac{15}{19}\right. \\
6x &= 9\frac{15}{19} \qquad |:6 \\
\mathbf{x} &= \mathbf{1\frac{12}{19}}
\end{aligned}
$$

$$\mathbb{L} = \left\{\left(1\frac{12}{19} \,\middle|\, 5\frac{15}{19}\right)\right\}$$

Probe: Setze $\left(1\frac{12}{19} \,\middle|\, 5\frac{15}{19}\right)$ in beide Gleichungen ein.

$$3x - 0{,}5y = 2 \qquad 3 \cdot 1\frac{12}{19} - 0{,}5 \cdot 5\frac{15}{19} = 2 \qquad 2 = 2 \quad ✓$$

$$2x + 0{,}3y = 5 \qquad 2 \cdot 1\frac{12}{19} + 0{,}3 \cdot 5\frac{15}{19} = 5 \qquad 5 = 5 \quad ✓$$

Beide Gleichungen liefern beim Einsetzen wahre Aussagen.

j) $0 = \frac{2}{3}x + 8 - 2y \quad \text{(I)}$

$3y + 9 = x \quad \text{(II)} \quad \xrightarrow{\cdot \frac{2}{3}} \quad 2y + 6 = \frac{2}{3}x \quad \text{(II')}$

(I) – (II'):

$$
\begin{aligned}
0 - (2y + 6) &= \frac{2}{3}x + 8 - 2y - \frac{2}{3}x \\
-2y - 6 &= 8 - 2y \qquad |+2y \\
-6 &= 8 \qquad ↯
\end{aligned}
$$

Die Umformungen führen zu einem Widerspruch. Das Gleichungssystem ist nicht lösbar.

k) $x - 1 = y + 2 \quad \text{(I)}$

$x + y = 3 \quad \text{(II)}$

(I) – (II):

$$
\begin{aligned}
x - 1 - (x + y) &= y + 2 - 3 \\
x - 1 - x - y &= y - 1 \\
-1 - y &= y - 1 \qquad |+y+1 \\
0 &= 2y \qquad |:2 \\
\mathbf{0} &= \mathbf{y}
\end{aligned}
$$

Setze $y = 0$ in die Gleichung (II) ein und bestimme x:

$x + y = 3$

$x + 0 = 3$

$\mathbf{x = 3}$

$\mathbb{L} = \{(3|0)\}$

Probe: Setze $(3|0)$ in beide Gleichungen ein.

$x - 1 = y + 2 \qquad 3 - 1 = 0 + 2 \qquad 2 = 2 \quad \checkmark$

$x + y = 3 \qquad 3 + 0 = 3 \qquad 3 = 3 \quad \checkmark$

Beide Gleichungen liefern beim Einsetzen wahre Aussagen.

l) $x - 2 = 2x + \frac{1}{2}y \quad \text{(I)} \quad \xrightarrow{-2x - \frac{1}{2}y} \quad -x - \frac{1}{2}y - 2 = 0 \quad \text{(I')}$

$7x - y = 3 \quad \text{(II)} \quad \xrightarrow{\cdot \frac{1}{2}} \quad 3{,}5x - \frac{1}{2}y = 1{,}5 \quad \text{(II')}$

(I') – (II'):

$$-x - \frac{1}{2}y - 2 - \left(3{,}5x - \frac{1}{2}y\right) = 0 - 1{,}5$$

$$-x - \frac{1}{2}y - 2 - 3{,}5x + \frac{1}{2}y = -1{,}5$$

$$-4{,}5x - 2 = -1{,}5 \qquad |+2$$

$$-4{,}5x = 0{,}5 \qquad |:(-4{,}5)$$

$$\mathbf{x = -\frac{1}{9}}$$

Setze $x = -\frac{1}{9}$ in die Gleichung (II) ein und löse nach y auf:

$$7x - y = 3$$

$$7 \cdot \left(-\frac{1}{9}\right) - y = 3$$

$$-\frac{7}{9} - y = 3 \qquad |+y-3$$

$$\mathbf{-3\frac{7}{9} = y}$$

$$\mathbb{L} = \left\{\left(-\frac{1}{9} \,\middle|\, -3\frac{7}{9}\right)\right\}$$

Probe: Setze $\left(-\frac{1}{9}\,\middle|\,-3\frac{7}{9}\right)$ in beide Gleichungen ein.

$x-2=2x+\frac{1}{2}y \qquad -\frac{1}{9}-2=2\cdot\left(-\frac{1}{9}\right)+\frac{1}{2}\cdot\left(-3\frac{7}{9}\right) \qquad -2\frac{1}{9}=-2\frac{1}{9}$ ✓

$7x-y=3 \qquad 7\cdot\left(-\frac{1}{9}\right)-\left(-3\frac{7}{9}\right)=3 \qquad 3=3$ ✓

Beide Gleichungen liefern beim Einsetzen wahre Aussagen.

m) $2y=\frac{4}{3}+x \qquad \text{(I)}$

$\frac{1}{3}=\frac{1}{2}x-y \qquad \text{(II)} \xrightarrow{\cdot 2} \frac{2}{3}=x-2y \qquad \text{(II')}$

(I) – (II'):

$2y-\frac{2}{3}=\frac{4}{3}+x-(x-2y)$

$2y-\frac{2}{3}=\frac{4}{3}+x-x+2y$

$2y-\frac{2}{3}=\frac{4}{3}+2y \qquad |-2y$

$-\frac{2}{3}=\frac{4}{3} \qquad ↯$

Wegen dieses Widerspruchs ist das Gleichungssystem nicht lösbar.

n) $7x-3y=2 \qquad \text{(I)} \xrightarrow{\cdot 3} 21x-9y=6 \qquad \text{(I')}$

$3x+7y=5 \qquad \text{(II)} \xrightarrow{\cdot 7} 21x+49y=35 \qquad \text{(II')}$

(I') – (II'):

$21x-9y-(21x+49y)=6-35$

$21x-9y-21x-49y=-29$

$-58y=-29 \qquad |:(-58)$

$\mathbf{y=\frac{1}{2}}$

Setze $y=\frac{1}{2}$ in die Gleichung (I) ein und löse nach x auf:

$7x-3y=2$

$7x-3\cdot\frac{1}{2}=2$

$7x-1{,}5=2 \qquad |+1{,}5$

$7x=3{,}5 \qquad |:7$

$\mathbf{x=\frac{1}{2}}$

$\mathbb{L}=\left\{\left(\frac{1}{2}\,\middle|\,\frac{1}{2}\right)\right\}$

Probe: Setze $\left(\frac{1}{2} \middle| \frac{1}{2}\right)$ in beide Gleichungen ein.

$7x - 3y = 2 \qquad 7 \cdot \frac{1}{2} - 3 \cdot \frac{1}{2} = 2 \qquad 2 = 2$ ✓

$3x + 7y = 5 \qquad 3 \cdot \frac{1}{2} + 7 \cdot \frac{1}{2} = 5 \qquad 5 = 5$ ✓

Beide Gleichungen liefern beim Einsetzen wahre Aussagen.

64. Menge des 60 %igen Obstsaftes: x
Menge des 80 %igen Obstsaftes: y

$x \cdot 0,60 + y \cdot 0,80 = 2 \cdot 0,75 \quad \text{(I)}$

Obstmenge im 60 %igen Obstsaft + Obstmenge im 80 %igen Obstsaft = Obstmenge in 2 Liter 75 %igen Obstsaft.

$x + y = 2 \quad \text{(II)}$

Die Gesamtmenge ist 2 Liter.

$0,60 \cdot x + 0,80 \cdot y = 1,5 \quad \text{(I)}$

$x + y = 2 \quad \text{(II)} \xrightarrow{-y} x = 2 - y \quad \text{(II')}$

Setze $x = 2 - y$ in die Gleichung (I) ein:

$$0,60 \cdot x + 0,80 \cdot y = 1,5$$
$$0,60 \cdot (2 - y) + 0,80 \cdot y = 1,5$$
$$1,2 - 0,60 \cdot y + 0,80 \cdot y = 1,5 \quad \big| -1,2$$
$$0,20 \cdot y = 0,3 \quad \big| : 0,20$$
$$\mathbf{y = 1,5}$$

Menge des 80 %igen Obstsaftes.

Setze $y = 1,5$ in die Gleichung (II') ein:

$$x = 2 - y$$
$$x = 2 - 1,5$$
$$\mathbf{x = 0,5}$$

Menge des 60 %igen Obstsaftes.

Mit **0,5 ℓ 60 %igen Obstsaft** und **1,5 ℓ 80 %igen Obstsaft** erhält man zwei Liter 75 %-igen Obstsaft.

65. Menge der 15 %igen Salzsäure: x
Menge der 30 %igen Salzsäure: y

$x \cdot 0,15 + y \cdot 0,30 = 3 \cdot 0,25 \quad \text{(I)}$

Salzsäuremenge in 15 %iger Salzsäure + Salzsäuremenge in 30 %iger Salzsäure = Salzsäuremenge in 3 Liter 25 %iger Salzsäure.

$x + y = 3 \quad \text{(II)}$

Die Gesamtmenge ist 3 ℓ.

$0,15 \cdot x + 0,3 \cdot y = 0,75 \quad \text{(I)}$

$x + y = 3 \quad \text{(II)} \xrightarrow{-y} x = 3 - y \quad \text{(II')}$

Setze $x = 3 - y$ in die Gleichung (I) ein:

$$
\begin{aligned}
0{,}15 \cdot x + 0{,}3 \cdot y &= 0{,}75 \\
0{,}15 \cdot (3 - y) + 0{,}3 \cdot y &= 0{,}75 \\
0{,}45 - 0{,}15 \cdot y + 0{,}3 \cdot y &= 0{,}75 \quad |-0{,}45 \\
0{,}15 \cdot y &= 0{,}3 \quad |:0{,}15 \\
\mathbf{y} &\mathbf{= 2}
\end{aligned}
$$

Menge der 30 %igen Salzsäure.

Setze $y = 2$ in die Gleichung (II') ein:

$x = 3 - y$
$x = 3 - 2$

$\mathbf{x = 1}$ Menge der 15 %igen Salzsäsure.

Mischt man **1 ℓ 15 %ige Salzsäure** mit **2 ℓ 30 %iger Salzsäure**, so erhält man 3 ℓ 25 %ige Salzsäure.

66. Einerziffer der Zahl: x
Zehnerziffer der Zahl: y

$x + y = 13 \quad \text{(I)}$ Quersumme ist 13.

$y = x - 3 \quad \text{(II)}$ Die Einerziffer ist um drei größer als die Zehnerziffer.

(I) – (II):

$$
\begin{aligned}
x + y - y &= 13 - (x - 3) \\
x &= 13 - x + 3 \quad |+x \\
2x &= 16 \quad |:2 \\
\mathbf{x} &\mathbf{= 8}
\end{aligned}
$$

Einerziffer der Zahl

Setze $x = 8$ in die Gleichung (II) ein:

$y = x - 3$
$y = 8 - 3$

$\mathbf{y = 5}$ Zehnerziffer der Zahl

Die gesuchte Zahl ist **58**.

67. Anzahl der weiblichen Zuschauer: x (6 € Eintritt)
Anzahl der männlichen Zuschauer: y (8 € Eintritt)

$x \cdot 6 + y \cdot 8 = 366 \quad \text{(I)}$ Einnahmen über weibliche Zuschauer + Einnahmen über männliche Zuschauer = Gesamteinnahmen

$x + y = 52 \quad \text{(II)}$ Gesamtzahl der Kunden

$6x + 8y = 366 \quad \text{(I)}$
$x + y = 52 \quad \text{(II)} \xrightarrow{\cdot 6} 6x + 6y = 312 \quad \text{(II')}$

(I) − (II'):

$6x + 8y - (6x + 6y) = 366 - 312$

$6x + 8y - 6x - 6y = 54$

$2y = 54 \quad |:2$

$\mathbf{y = 27}$ Anzahl der männlichen Kunden

Setze $y = 27$ in die Gleichung (II) ein:

$x + y = 52$

$x + 27 = 52 \quad |-27$

$\mathbf{x = 25}$ Anzahl der weiblichen Kunden

Es waren **25 weibliche** und **27 männliche** Zuschauer im Kino.

68. Alter von Petra in Jahren: x
Alter von Christian in Jahren: y

$x - 14 = 2 \cdot (y - 14)$ (I) Vor 14 Jahren war Petra doppelt so alt wie Christian.

$x + y = 57$ (II) Heutiges Alter von Petra und Christian

$x - 14 = 2y - 28$ (I)

$x + y = 57$ (II)

(I) − (II):

$x - 14 - (x + y) = 2y - 28 - 57$

$x - 14 - x - y = 2y - 85 \quad |+14$

$-y = 2y - 71 \quad |-2y$

$-3y = -71 \quad |:(-3)$

$\mathbf{y = 23,\overline{6} = 23\frac{2}{3}}$ Alter von Christian

Setze $y = 23\frac{2}{3}$ in die Gleichung (II) ein:

$x + y = 57$

$x + 23\frac{2}{3} = 57 \quad \left|-23\frac{2}{3}\right.$

$\mathbf{x = 33\frac{1}{3}}$ Alter von Petra

Petra ist heute **$33\frac{1}{3}$ Jahre** und Christian **$23\frac{2}{3}$ Jahre** alt.

69. Dividend: x
Divisor: y

$\frac{x}{y} = 5$ (I) $\xrightarrow{\cdot y}$ $x = 5y$ (I') Der Quotientenwert ist 5.

$x + y = 24$ (II) Der Summenwert ist 24.

Setze $x = 5y$ in die Gleichung (II) ein:

$$x + y = 24$$
$$5y + y = 24$$
$$6y = 24 \quad |:6$$

$\mathbf{y = 4}$ — Wert des Divisors

Setze $y = 4$ in die Gleichung (I') ein:

$$x = 5y$$
$$x = 5 \cdot 4$$

$\mathbf{x = 20}$ — Wert des Dividenden

Die beiden gesuchten Zahlen sind **20** und **4**.

70. $\alpha + \beta + \gamma = 180°$ (I) — Innenwinkelsumme im Dreieck.

$\alpha = \beta$ (II) — Basiswinkel im gleichschenkligen Dreieck sind gleich groß.

$\alpha + \beta = 3\gamma$ (III) — Beide Basiswinkel zusammen sind dreimal so groß wie der dritte Winkel.

Setze $\alpha = \beta$ in die Gleichungen (I) und (III) ein:

$\alpha + \beta + \gamma = 180°$	(I)	$\alpha + \beta = 3\gamma$	(III)
$\alpha + \alpha + \gamma = 180°$		$\alpha + \alpha = 3\gamma$	
$2\alpha + \gamma = 180°$	(I')	$2\alpha = 3\gamma$	(III')

(I') – (III'):

$$2\alpha + \gamma - 2\alpha = 180° - 3\gamma$$
$$\gamma = 180° - 3\gamma \quad |+3\gamma$$
$$4\gamma = 180° \quad |:4$$

$\mathbf{\gamma = 45°}$ — 1. Winkel

Setze $\gamma = 45°$ in die Gleichung (III') ein:

$$2\alpha = 3\gamma$$
$$2\alpha = 3 \cdot 45°$$
$$2\alpha = 135° \quad |:2$$

$\mathbf{\alpha = 67{,}5°}$ und $\mathbf{\beta = 67{,}5°}$ — Basiswinkel

Mit $\mathbf{\alpha = \beta = 67{,}5°}$ und $\mathbf{\gamma = 45°}$ sind alle drei Winkel bestimmt.

71. Länge des Rechtecks: ℓ

Breite des Rechtecks: b

$2 \cdot \ell + 2 \cdot b = 35{,}8$ (I) $\xrightarrow{:2}$ — Umfang beträgt 35,8 cm.

$\ell + b = 17{,}9$ (I')

$\ell - b = 3{,}1$ (II) — Differenz zweier Seiten hat den Wert 3,1 cm.

(I') + (II):

$$\ell + b + \ell - b = 17{,}9 + 3{,}1$$
$$2\ell = 21 \quad |:2$$
$$\ell = 10{,}5$$ Länge des Rechtecks

Setze $\ell = 10{,}5$ in die Gleichung (I') ein:

$$\ell + b = 17{,}9$$
$$10{,}5 + b = 17{,}9 \quad |-10{,}5$$
$$b = 7{,}4$$ Breite des Rechtecks

Berechnung des Flächeninhalts des Rechtecks aus der Breite $b = 7{,}4$ cm und der Länge $\ell = 10{,}5$ cm:

$A = \ell \cdot b = 10{,}5 \text{ cm} \cdot 7{,}4 \text{ cm}$

$A = 77{,}7 \text{ cm}^2$

Der gesuchte Flächeninhalt des Rechtecks beträgt **77,7 cm²**.

72. Länge der Basis: a
Länge der Schenkel: b und c

$a + b + c = 50$ (I) — Umfang des Dreiecks

$b = c$ (II) — Identische Seitenlängen im gleichschenkligen Dreieck

$2a = b = c$ (III) — Ein Schenkel ist doppelt so lang wie die Basis a.

Setze $b = c$ in die Gleichung (I) ein:

$$a + b + c = 50 \quad \text{(I)}$$
$$a + b + b = 50$$
$$a + 2b = 50 \quad \text{(I')}$$

Setze $b = 2a$ (III) in die Gleichung (I') ein:

$$a + 2b = 50$$
$$a + 2 \cdot 2a = 50$$
$$5a = 50 \quad |:5$$

$a = 10$ — Länge der Basis

Setze $a = 10$ in die Gleichung (III) ein:

$$2a = b \quad \text{(III)}$$
$$2 \cdot 10 = b$$

$b = 20$ und **$c = 20$** — Länge eines Schenkels

Die Schenkel des gesuchten Dreiecks haben die Länge **20 cm**, die Basislänge beträgt **10 cm**.

73. Prozentuale Steigerung der Aktie der Firma A: x
70 Aktien zu je 86 €.
Prozentuale Steigerung der Aktie der Firma B: y
35 Aktien zu je 143 €.

$70 \cdot 86 \cdot x + 35 \cdot 143 \cdot y = 14\,133$ (I) — Wert der Aktien der Firma A nach einem Jahr + Wert der Aktien der Firma B nach einem Jahr = Gesamtwert nach einem Jahr

$x = y + 0{,}15$ (II) — Die Aktie der Firma A steigt um 15 % Prozentpunkte mehr als die Aktie der Firma B.

$6\,020x + 5\,005y = 14\,133$ (I)
$x = y + 0{,}15$ (II)

Setze $x = y + 0{,}15$ in die Gleichung (I) ein:

$$6\,020x + 5\,005y = 14\,133$$
$$6\,020 \cdot (y + 0{,}15) + 5\,005y = 14\,133$$
$$6\,020y + 903 + 5\,005y = 14\,133 \quad |-903$$
$$11\,025y = 13\,230 \quad |:11\,025$$
$$\mathbf{y = 1{,}2}$$ Steigerung des Aktienwertes der Firma B

Setze $y = 1{,}2$ in die Gleichung (II) ein:

$x = y + 0{,}15$
$x = 1{,}2 + 0{,}15$
$\mathbf{x = 1{,}35}$ Steigerung des Aktienwertes der Firma A

Der Wert der Aktien der Firma A wird um **35 %**, der der Firma B um **20 %** gesteigert.

74. a) $y = \frac{a}{x}$; $a \in \mathbb{Q}$; $\mathbb{D} = [-3; 3] \setminus \{0\}$

$a = -2 \Rightarrow y = -\frac{2}{x}$

x	−3	−2	−1	0	1	2	3
y	0,67	1	2	–	−2	−1	−0,67

Verfeinerung:

x	−0,5	−0,1	0,1	0,5
y	4	20	−20	−4

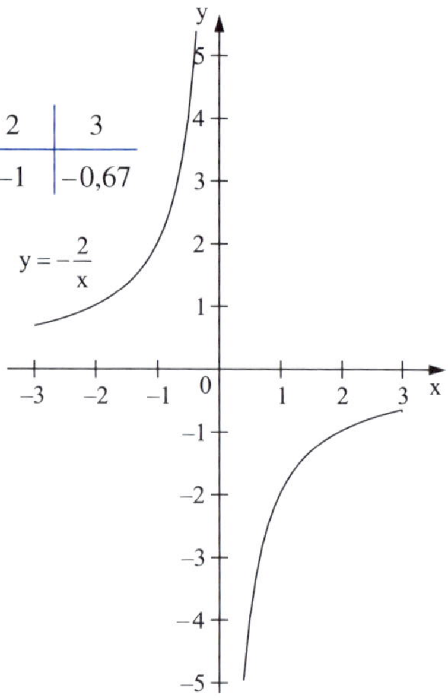

$a=-1 \Rightarrow y=-\frac{1}{x}$

x	–3	–2	–1	0	1	2	3
y	0,33	0,5	1	–	–1	–0,5	–0,33

Verfeinerung:

x	–0,5	–0,1	0,1	0,5
y	2	10	–10	–2

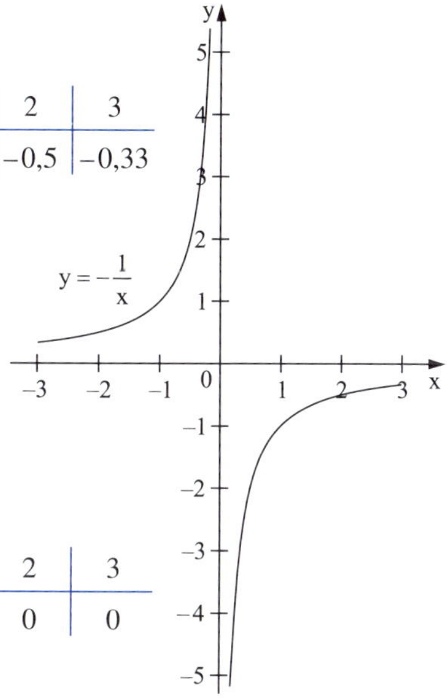

$a=0 \Rightarrow y=\frac{0}{x}$

x	–3	–2	–1	0	1	2	3
y	0	0	0	–	0	0	0

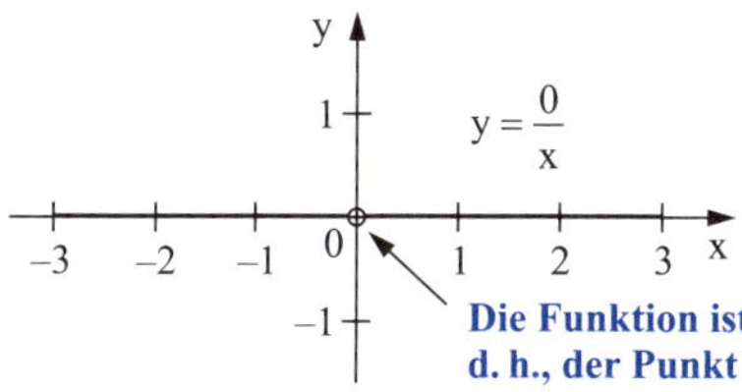

Die Funktion ist an dieser Stelle nicht definiert, d. h., der Punkt (0 | 0) liegt nicht auf dem Graphen.

$a=1 \Rightarrow y=\frac{1}{x}$

x	–3	–2	–1	0	1	2	3
y	–0,33	–0,5	–1	–	1	0,5	0,33

Verfeinerung:

x	–0,5	–0,1	0,1	0,5
y	–2	–10	10	2

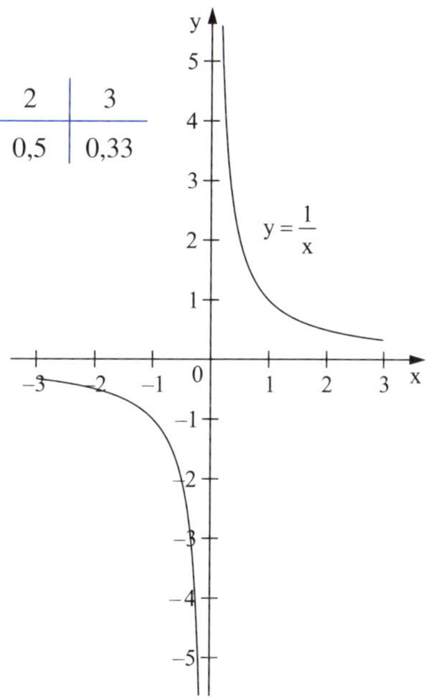

$a = 2 \Rightarrow y = \frac{2}{x}$

x	–3	–2	–1	0	1	2	3
y	–0,67	–1	–2	–	2	1	0,67

Verfeinerung:

x	–0,5	–0,1	0,1	0,5
y	–4	–20	20	4

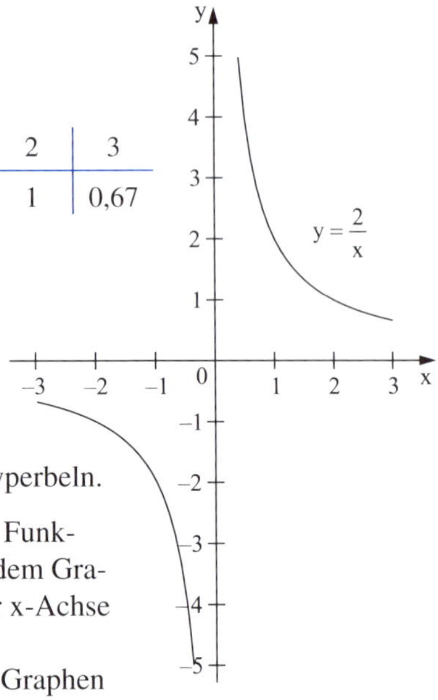

b) Diese Art von Graphen nennt man Hyperbeln.

c) Der Graph für a = 0 ist eine konstante Funktion. Der Ursprung ist aber nicht auf dem Graphen, obwohl der Graph sonst auf der x-Achse liegt.
Die Beträge der y-Werte der anderen Graphen werden für x-Werte nahe der y-Achse beliebig groß.

75. a) $f(x) = \frac{1}{x+2}$; $\mathbb{D}_f = [-5; 5] \setminus \{-2\}$

x	–5	–4	–3	–2	–1	0	1	2	3	4	5
f(x)	–0,3	–0,5	–1	–	1	0,5	0,3	0,25	0,2	0,17	0,14

Verfeinerung:

x	–2,5	–2,1	–1,9	–1,5
f(x)	–2	–10	10	2

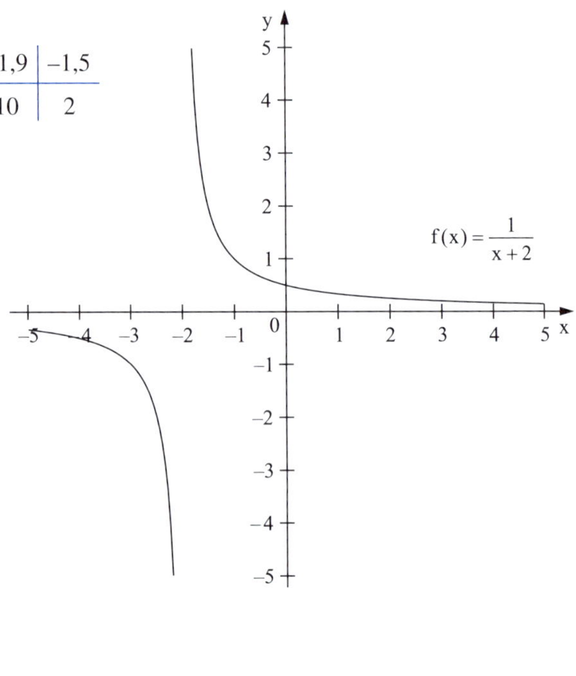

b) $f(x) = \frac{3}{1-x} + 1;\quad \mathbb{D}_f = [-5;\,5] \setminus \{1\}$

x	–5	–4	–3	–2	–1	0	1	2	3	4	5
f(x)	1,5	1,6	1,75	2	2,5	4	–	–2	–0,5	0	0,25

Verfeinerung:

x	0,5	0,9	1,1	1,5
f(x)	7	31	–29	–5

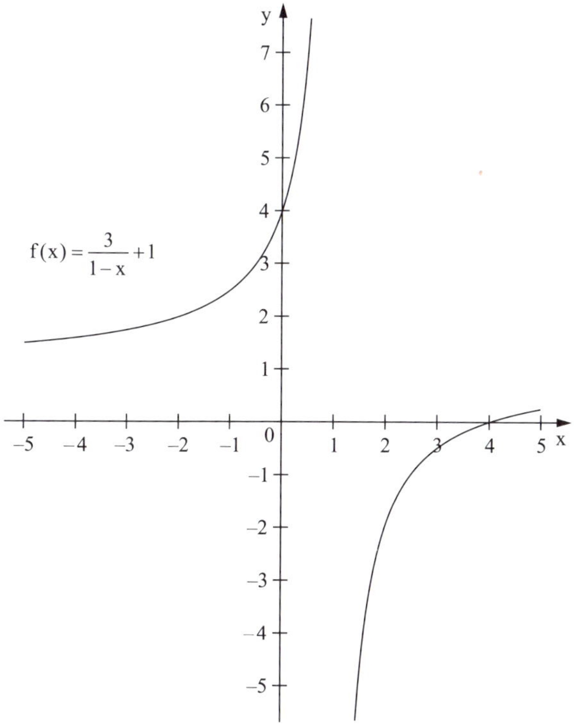

c) $f(x) = \frac{1}{x^2 - 1};\quad \mathbb{D}_f = [-5;\,5] \setminus \{-1;\,1\}$

x	–5	–4	–3	–2	–1	0	1	2	3	4	5
f(x)	0,04	0,07	0,13	0,3	–	–1	–	0,3	0,13	0,07	0,04

Verfeinerung:

x	–1,5	–1,1	–0,9	–0,5	0,5	0,9	1,1	1,5
f(x)	0,8	4,8	–5,3	–1,3	–1,3	–5,3	4,8	0,8

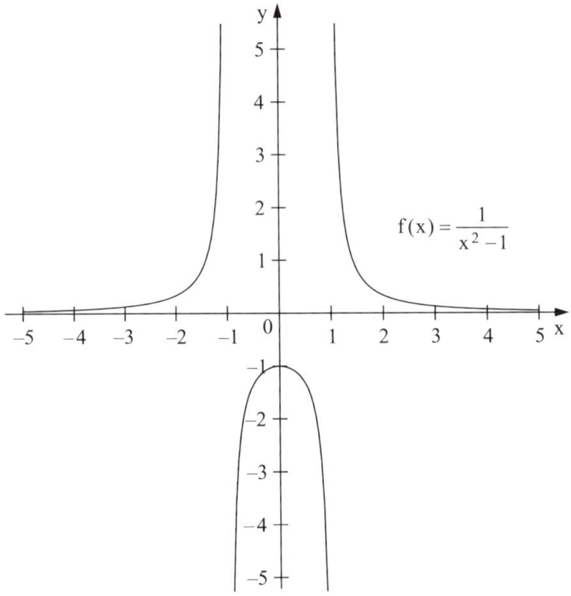

d) $f(x) = \frac{1}{x^2 + 1}$; $\mathbb{D}_f = [-5; 5]$

x	−5	−4	−3	−2	−1	0	1	2	3	4	5
f(x)	0,04	0,06	0,1	0,2	0,5	1	0,5	0,2	0,1	0,06	0,04

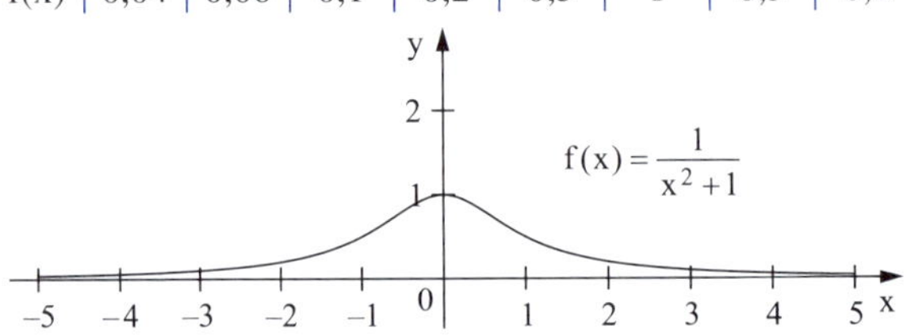

76. a) $f(x) = \frac{3}{2x + 1}$

- Nullstelle(n) des Nenners zur Bestimmung der maximalen Definitionsmenge:

  $2x + 1 = 0 \quad | -1$

  $2x = -1 \quad | :2$

  $x = -\frac{1}{2}$

  $\mathbb{D}_{max} = \mathbb{Q} \setminus \left\{-\frac{1}{2}\right\}$

- $\mathbf{x = -\frac{1}{2}}$ ist eine senkrechte Asymptote.

  Für zunehmende x wird der Nenner immer größer. Wegen des konstanten Zählers geht der Bruch gegen 0. $\mathbf{y = 0}$ ist eine waagrechte Asymptote.

- Wertetabelle:

x	–4	–3	–2	–1	0	1	2	3	4
y	–0,43	–0,6	–1	–3	3	1	0,6	0,43	0,33

Verfeinerung um $x = -\frac{1}{2}$:

x	$-\frac{3}{4}$	$-\frac{1}{3}$	$-\frac{1}{4}$
y	–6	9	6

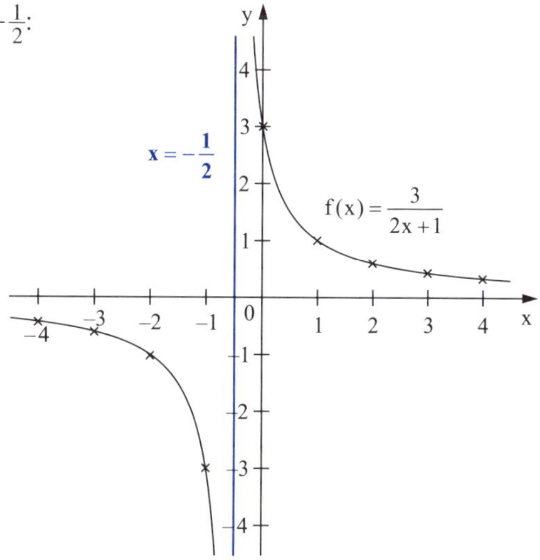

b) $f(x) = \frac{2}{x^3 - 1}$

- Nullstelle(n) des Nenners zur Bestimmung der maximalen Definitionsmenge:

  $x^3 - 1 = 0 \quad | +1$

  $x^3 = 1$

  $x = 1$

  $\mathbb{D}_{max} = \mathbb{Q} \setminus \{1\}$

- $\mathbf{x = 1}$ ist eine senkrechte Asymptote.
  Für zunehmende x wird der Nenner immer größer. Wegen des konstanten Zählers geht der Bruch gegen 0. $\mathbf{y = 0}$ ist eine waagrechte Asymptote.

- Wertetabelle:

x	–3	–2	–1	0	1	2	3
y	–0,07	–0,22	–1	–2	–	0,29	0,08

Verfeinerung um x = 1:

x	0,25	0,5	0,8	1,2	1,4
y	–2,03	–2,29	–4,10	2,75	1,15

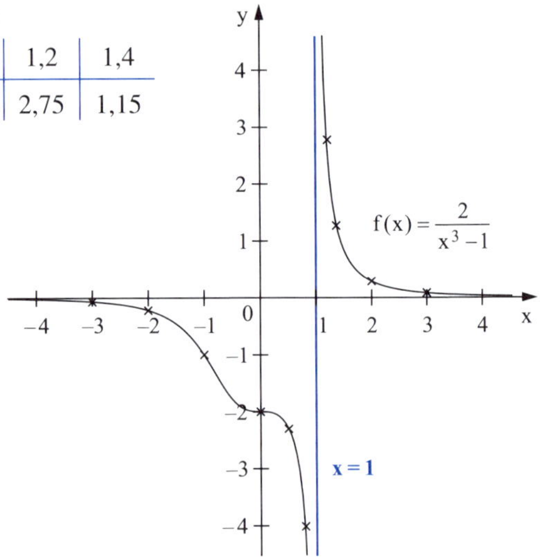

c) $f(x) = \frac{5x+1}{4x-1}$

- Nullstelle(n) des Nenners zur Bestimmung der maximalen Definitionsmenge:

$$\begin{aligned} 4x - 1 &= 0 \quad &|+1 \\ 4x &= 1 \quad &|:4 \\ x &= \frac{1}{4} \end{aligned}$$

$\mathbb{D}_{max} = \mathbb{Q} \setminus \left\{\frac{1}{4}\right\}$

- $x = \frac{1}{4}$ ist eine senkrechte Asymptote.

$f(x) = \frac{5x+1}{4x-1} = \frac{5+\frac{1}{x}}{4-\frac{1}{x}}$

Kürze den Bruch mit x ($x \neq 0$).

Für zunehmende x nähert sich der Bruch $\frac{1}{x}$ beliebig nahe dem Wert null an und f(x) damit dem Wert $\frac{5}{4}$.

$y = \frac{5}{4}$ ist eine waagrechte Asymptote.

- Wertetabelle:

x	–3	–2	–1	0	1	2	3
y	1,08	1	0,8	–1	2	1,57	1,45

Verfeinerung um $x = \frac{1}{4} = 0{,}25$:

x	0,1	0,2	0,3	0,4
y	–2,5	–10	12,5	5

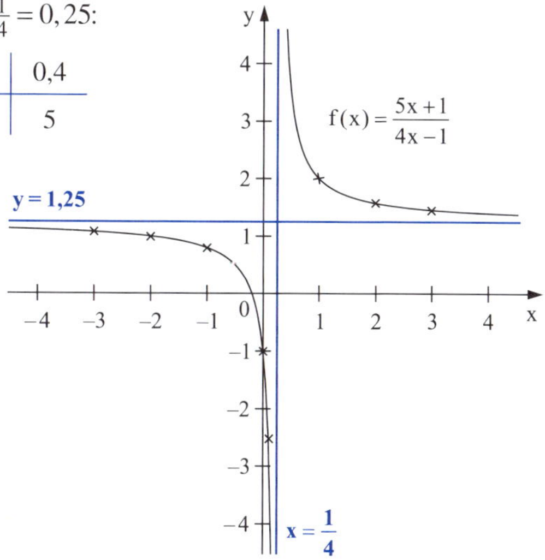

d) $f(x) = \dfrac{-5}{x^2 - 3x}$

- Nullstelle(n) des Nenners zur Bestimmung der maximalen Definitionsmenge:

$$x^2 - 3x = 0$$
$$x(x-3) = 0$$
$$\underline{x_1 = 0} \qquad \underline{x_2 = 3}$$

Ein Produkt ist gleich null, falls einer der beiden Faktoren gleich null ist.

$\mathbb{D}_{max} = \mathbb{Q} \setminus \{0; 3\}$

- $\mathbf{x = 0}$ und $\mathbf{x = 3}$ sind senkrechte Asymptoten.

$$f(x) = \frac{-5}{x^2 - 3x} = \frac{-5}{x(x-3)}$$

Für zunehmende x wird der Nenner immer größer. Der Bruch geht wegen des konstanten Zählers gegen null. $\mathbf{y = 0}$ ist eine waagrechte Asymptote.

- Wertetabelle:

x	–4	–3	–2	–1	0	1	1,5	2	3	4
y	–0,18	–0,28	–0,5	–1,25	–	2,5	2,2	2,5	–	–1,25

Verfeinerung um $x = 0$:

x	–0,5	0,5
y	–2,86	4

Verfeinerung um x = 3:

x	2,5	3,5	4
y	4	–2,86	–1,25

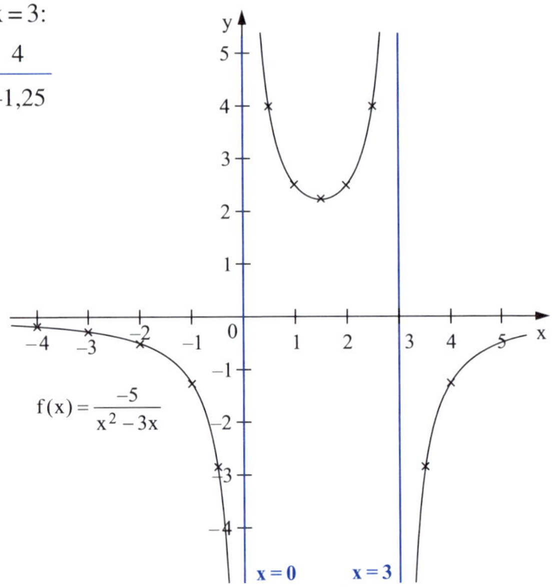

e) $f(x) = \dfrac{6x-1}{5}$

- Der Nenner hat keine Nullstelle. Die Definitionsmenge und die Grundmenge sind deshalb identisch.
  $\mathbb{D}_{max} = \mathbb{Q}$
- Die Funktion hat keine senkrechte Asymptote.
  $f(x) = \frac{6x-1}{5} = \frac{6}{5}x - \frac{1}{5}$ ist die Funktionsgleichung einer Geraden mit der Steigung $\frac{6}{5}$ und $\left(0 \,\middle|\, -\frac{1}{5}\right)$ als Schnittpunkt mit der y-Achse. Es gibt deshalb auch keine waagrechte Asymptote.
- Zur Zeichnung einer Geraden genügen zwei Punkte.

x	0	5
y	$-\frac{1}{5}$	$5\frac{4}{5}$

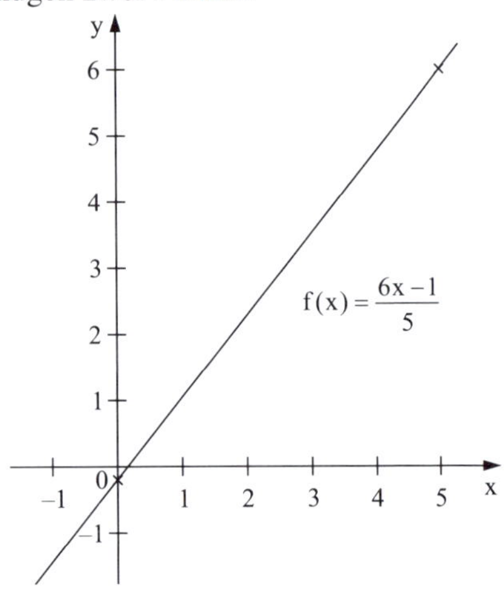

f) $f(x) = \frac{1,5}{x^2 - 4}$

- Nullstelle(n) des Nenners zur Bestimmung der maximalen Definitionsmenge:

  $x^2 - 4 = 0 \quad |+4$

  $x^2 = 4$

  $|x| = 2$

  $x_1 = 2 \quad x_2 = -2$

  $\mathbb{D}_{max} = \mathbb{Q} \setminus \{-2; 2\}$

- $x = -2$ und $x = 2$ sind senkrechte Asymptoten.
  Für zunehmende x wird der Nenner immer größer. Wegen des konstanten Zählers geht der Bruch gegen null. $y = 0$ ist eine waagrechte Asymptote.

- Wertetabelle:

x	–3	–2	–1	0	1	2	3
y	0,3	–	–0,5	–0,38	–0,5	–	0,3

Verfeinerung um x = –2:

x	–2,5	–1,5
y	0,67	–0,86

Verfeinerung um x = 2:

x	1,5	2,5
y	–0,86	0,67

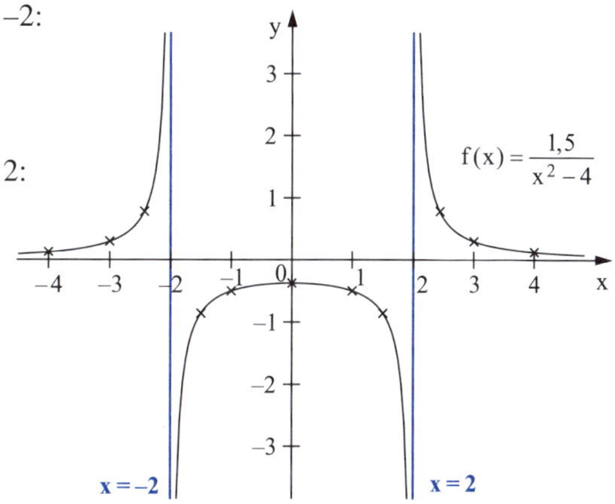

g) $f(x) = \frac{2x - 1}{2x + 1} - 1$

- Nullstelle(n) des Nenners zur Bestimmung der maximalen Definitionsmenge:

  $2x + 1 = 0 \quad |-1$

  $2x = -1 \quad |:2$

  $x = -\frac{1}{2}$

  $\mathbb{D}_{max} = \mathbb{Q} \setminus \left\{-\frac{1}{2}\right\}$

- $\mathbf{x = -\frac{1}{2}}$ ist eine senkrechte Asymptote.

  $$f(x) = \frac{2x-1}{2x+1} - 1 = \frac{2-\frac{1}{x}}{2+\frac{1}{x}} - 1$$

  Kürze den Bruch mit x ($x \neq 0$).

  Für zunehmende x wird $\frac{1}{x}$ immer kleiner und geht gegen null. Für ausreichend große x ist $\frac{1}{x}$ zu vernachlässigen und man erhält für die Funktion näherungsweise:

  $$\frac{2-\frac{1}{x}}{2+\frac{1}{x}} - 1 \rightarrow \frac{2-0}{2+0} - 1 = 1 - 1 = 0$$

  $\mathbf{y = 0}$ ist damit eine senkrechte Asymptote.

- Wertetabelle:

x	–3	–2	–1	0	1	2	3
y	0,4	0,67	2	–2	–0,67	–0,4	–0,29

  Verfeinerung um $x = -0{,}5$:

x	–0,75	–0,25
y	4	–4

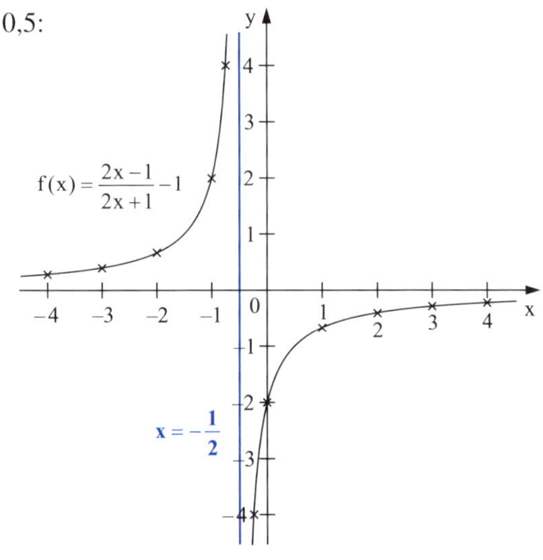

h) $f(x) = \frac{24}{(x-3)\cdot(x+4)\cdot x}$

- Nullstelle(n) des Nenners zur Bestimmung der maximalen Definitionsmenge:

  $$(x-3)\cdot(x+4)\cdot x = 0$$

  Ein Produkt ist gleich null, falls einer der Faktoren gleich null ist.

  $x_1 = 3 \quad x_2 = -4 \quad x_3 = 0$

  $\mathbb{D}_{max} = \mathbb{Q} \setminus \{-4; 0; 3\}$

- $\mathbf{x=-4}$, $\mathbf{x=0}$ und $\mathbf{x=3}$ sind senkrechte Asymptoten.
  Für zunehmende x wird der Nenner immer größer. Wegen des konstanten Zählers geht der Bruch gegen null. $\mathbf{y=0}$ ist eine waagrechte Asymptote.

- Wertetabelle:

x	–3	–2	–1	0	1	2	3
y	1,3	1,2	2	–	–2,4	–2	–

Verfeinerung um $x=-4$:

x	–4,5	–3,5
y	–1,4	2,1

Verfeinerung um $x=0$:

x	–0,5	0,5
y	3,9	–4,3

Verfeinerung um $x=3$:

x	2,5	3,5
y	–3,0	1,8

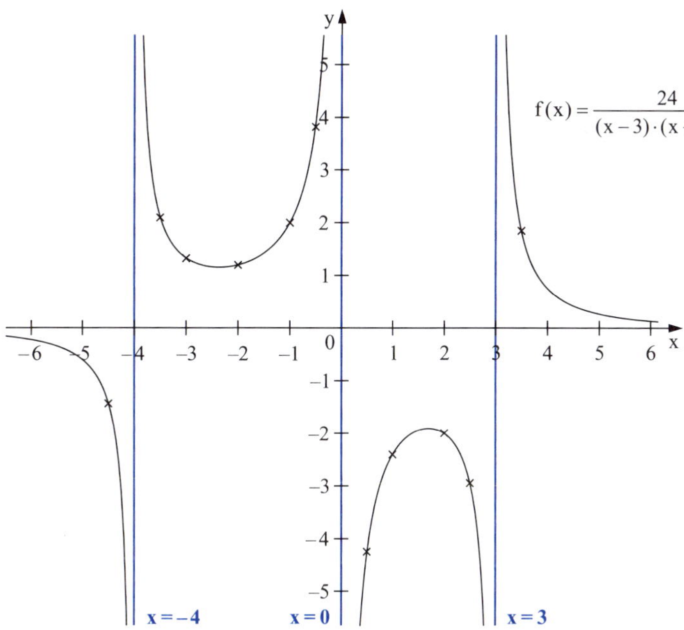

77. a) Die Funktion hat eine Polstelle bei $x=-1$, d. h., $x+1$ muss im Nenner des Funktionsterms stehen.
$y=\frac{1}{x+1}+2$ und $y=\frac{1}{x+1}-2$ kommen wegen der Asymptote ($y=2$ bzw. $y=-2$) nicht infrage. Bei $y=\frac{1}{(x+1)^2}$ sind alle Funktionswerte positiv. Daher kann nur $y=\frac{1}{x+1}$ die Funktionsgleichung sein. **S**

b) Der Graph hat eine Nullstelle bei $x=1{,}5$.
$y=(x-1{,}5)^2$ ist die einzige Funktion mit dieser Nullstelle. **K**

c) Die Funktion hat eine Polstelle bei $x=-1$, d. h., $x+1$ muss im Nenner des Funktionsterms stehen.
Auch hier kommen $y=\frac{1}{x+1}+2$ und $y=\frac{1}{x+1}-2$ wegen der Asymptoten nicht infrage. Die Funktionsgleichung ist daher $y=\frac{1}{(x+1)^2}$. **A**

d) Der Graph der Funktion ist eine Gerade. Der y-Achsenabschnitt ist 4, die Steigung beträgt –2. Die Funktionsgleichung lautet daher $y=-2x+4$. **T**

e) Die Funktion hat eine Polstelle bei $x=-1$, d. h., $x+1$ muss im Nenner des Funktionsterms stehen. Der Graph hat eine waagrechte Asymptote bei $y=2$. Die Funktionsgleichung ist daher $y=\frac{1}{x+1}+2$. **E**

f) Der Graph der Funktion ist eine Gerade. Der y-Achsenabschnitt ist 1, die Steigung beträgt $\frac{1}{2}$. Die Funktionsgleichung ist daher $y=\frac{1}{2}x+1$. **R**

Lösungswort:

S	K	A	T	E	R

78. a)
$$\frac{1}{x}+\frac{1}{4}=\frac{1}{3} \qquad \left|-\frac{1}{4}\right.$$
$$\frac{1}{x}=\frac{1}{3}-\frac{1}{4}$$
$$\frac{1}{x}=\frac{1}{12} \qquad |\text{ Kehrbrüche bilden}$$
$$x=\mathbf{12}$$

b)
$$\frac{5}{x+2}-\frac{1}{3}=0 \qquad \left|+\frac{1}{3}\right.$$
$$\frac{5}{x+2}=\frac{1}{3}$$
$$5\cdot 3=1\cdot(x+2)$$
$$15=x+2 \qquad |-2$$
$$\mathbf{13}=x$$

c)
$$\frac{1}{x+1}-\frac{1}{x-1}=1$$
$$\frac{1\cdot(x-1)-1(x+1)}{(x+1)\cdot(x-1)}=1$$
$$\frac{x-1-x-1}{x^2-x+x-1}=1$$
$$\frac{-2}{x^2-1}=1 \quad |\cdot(x^2-1)$$
$$-2=x^2-1 \quad |+1$$
$$-1=x^2 \quad ϟ$$

Es gibt keine Zahl, die mit sich selbst multipliziert –1 ergibt. (Beispielsweise $(-1)^2=1$ und $1^2=1$)

d)
$$\frac{x^2-4}{x}=5+x \quad |\cdot x$$
$$x^2-4=(5+x)\cdot x$$
$$x^2-4=5x+x^2 \quad |-x^2$$
$$-4=5x \quad |:5$$
$$\mathbf{-\frac{4}{5}}=x$$

e)
$$\frac{1}{x}+\frac{1}{2x}+\frac{3}{4x}=x \quad |\cdot x$$
$$\frac{1\cdot x}{x}+\frac{1\cdot x}{2\cdot x}+\frac{3\cdot x}{4\cdot x}=x^2$$
$$1+\frac{1}{2}+\frac{3}{4}=x^2$$
$$\frac{9}{4}=x^2$$

Zwei Zahlen ergeben quadriert $\frac{9}{4}$:

$x_1=\mathbf{\frac{3}{2}}$; $x_2=\mathbf{-\frac{3}{2}}$

f)
$$\frac{x^2-1}{2x-2,5}=0$$
$$x^2-1=0 \quad |+1$$
$$x^2=1$$

$x_1=\mathbf{1}$; $x_2=\mathbf{-1}$

Ein Bruch ist gleich null, falls der Zähler gleich null ist.

Achtung:
Der Nenner N darf für diese x-Werte natürlich nicht null werden.

$N = 2x_1 - 2{,}5$ $\qquad$ $N = 2x_2 - 2{,}5$

$N = 2 \cdot 1 - 2{,}5 = -0{,}5$ ✓ $\qquad$ $N = 2(-1) - 2{,}5 = -2 - 2{,}5 = -4{,}5$ ✓

g)
$$\frac{3}{x} + \frac{x}{3} = \frac{1}{3}x \qquad | \cdot x$$
$$\frac{3 \cdot x}{x} + \frac{x^2}{3} = \frac{1}{3}x^2$$
$$3 + \frac{x^2}{3} = \frac{1}{3}x^2 \qquad \left| -\frac{x^2}{3}\right.$$
$$3 = \frac{1}{3}x^2 - \frac{1}{3}x^2$$
$$3 = 0 \qquad ↯$$

Es gibt keine rationale Zahl, die die Gleichung erfüllt.

h)
$$\frac{1+x}{2} + \frac{2}{x+1} = \frac{1}{2}x - 1$$
$$\frac{(1+x)^2}{2(x+1)} + \frac{2 \cdot 2}{2(x+1)} = \frac{1}{2}x - 1$$
$$\frac{(1+x)^2 + 4}{2(x+1)} = \frac{1}{2}x - 1 \qquad | \cdot 2(x+1)$$
$$(1+x)^2 + 4 = \left(\frac{1}{2}x - 1\right) \cdot 2(x+1)$$
$$(1+x) \cdot (1+x) + 4 = (x-2) \cdot (x+1)$$
$$1 + x + x + x^2 + 4 = x^2 + x - 2x - 2$$
$$x^2 + 2x + 5 = x^2 - x - 2 \qquad | - x^2$$
$$2x + 5 = -x - 2 \qquad | + x$$
$$3x + 5 = -2 \qquad | - 5$$
$$3x = -7 \qquad | : 3$$
$$x = \mathbf{-\frac{7}{3}}$$

79. a)
$$R = \frac{U}{I} \qquad | \cdot I$$
$$\mathbf{R \cdot I = U}$$

b)
$$W = \frac{1}{2}CU^2 \qquad | \cdot 2$$
$$2W = CU^2 \qquad | : U^2$$
$$\mathbf{\frac{2W}{U^2} = C}$$

c)
$$R = \frac{U}{\mathbf{I}} \qquad |\cdot I$$
$$R \cdot \mathbf{I} = U \qquad |:R$$
$$\mathbf{I} = \frac{\mathbf{U}}{\mathbf{R}}$$

d)
$$2\pi rm\mathbf{v} = h \qquad |:(2\pi rm)$$
$$\mathbf{v} = \frac{\mathbf{h}}{\mathbf{2\pi rm}}$$

e)
$$\lambda = \frac{h}{\mathbf{m}v} \qquad |\cdot m$$
$$\lambda \cdot \mathbf{m} = \frac{h}{v} \qquad |:\lambda$$
$$\mathbf{m} = \frac{\mathbf{h}}{\mathbf{\lambda v}}$$

f)
$$F = G \cdot \frac{\mathbf{m_1} m_2}{r^2} \qquad |\cdot r^2$$
$$F \cdot r^2 = G \cdot \mathbf{m_1} m_2 \qquad |:G$$
$$\frac{F \cdot r^2}{G} = \mathbf{m_1} m_2 \qquad |:m_2$$
$$\frac{\mathbf{F \cdot r^2}}{\mathbf{G \cdot m_2}} = \mathbf{m_1}$$

g)
$$\frac{1}{R} = \frac{1}{R_1} + \frac{1}{\mathbf{R_2}} \qquad \left| -\frac{1}{R_1}\right.$$
$$\frac{1}{R} - \frac{1}{R_1} = \frac{1}{\mathbf{R_2}}$$
$$\frac{R_1 - R}{R \cdot R_1} = \frac{1}{\mathbf{R_2}} \qquad |\text{ Kehrbrüche bilden}$$
$$\frac{\mathbf{R \cdot R_1}}{\mathbf{R_1 - R}} = \mathbf{R_2}$$

h)
$$u_1 = \frac{m_1 v_1 + \mathbf{m_2} v_2}{m_1 + \mathbf{m_2}} \qquad |\cdot(m_1 + m_2)$$
$$u_1(m_1 + \mathbf{m_2}) = m_1 v_1 + \mathbf{m_2} v_2$$
$$u_1 \cdot m_1 + u_1 \cdot \mathbf{m_2} = m_1 v_1 + \mathbf{m_2} v_2 \qquad |-u_1 m_2$$
$$u_1 m_1 = m_1 v_1 + \mathbf{m_2} v_2 - u_1 \mathbf{m_2} \qquad |-m_1 v_1$$
$$u_1 m_1 - m_1 v_1 = \mathbf{m_2} v_2 - u_1 \mathbf{m_2}$$
$$u_1 m_1 - m_1 v_1 = \mathbf{m_2} \cdot (v_2 - u_1) \qquad |:(v_2 - u_1)$$
$$\frac{\mathbf{u_1 m_1 - m_1 v_1}}{\mathbf{v_2 - u_1}} = \mathbf{m_2}$$

80. a) $y_1(x) = \frac{4}{2x-1}$

$y_2(x) = \frac{5}{3x+1}$

Gleichsetzen beider Funktionsterme:

$y_1(x) = y_2(x)$

$\frac{4}{2x-1} = \frac{5}{3x+1}$ über Kreuz multiplizieren

Auflösen der Gleichung nach x:

$4 \cdot (3x+1) = 5 \cdot (2x-1)$

$12x + 4 = 10x - 5 \quad |-10x$

$2x + 4 = -5 \quad |-4$

$2x = -9 \quad |:2$

$x = -4,5$

Einsetzen der Lösung in eine der beiden Funktionsgleichungen:

$y_1(-4,5) = \frac{4}{2 \cdot (-4,5) - 1} = \frac{4}{-9-1} = \frac{4}{-10} = -0,4$

S(−4,5 | −0,4)

b) $r(x) = \frac{1}{x} + \frac{1}{2x}$

$s(x) = \frac{5}{2x-3}$

Gleichsetzen beider Funktionsterme:

$r(x) = s(x)$

$\frac{1}{x} + \frac{1}{2x} = \frac{5}{2x-3}$

Auflösen der Gleichung nach x:

$\frac{1 \cdot 2}{x \cdot 2} + \frac{1}{2x} = \frac{5}{2x-3}$ Addition der Brüche
Hauptnenner 2x

$\frac{2+1}{2x} = \frac{5}{2x-3}$

$\frac{3}{2x} = \frac{5}{2x-3}$ über Kreuz multiplizieren

$3 \cdot (2x-3) = 5 \cdot 2x$

$6x - 9 = 10x \quad |-6x$

$-9 = 4x \quad |:4$

$x = -2,25$

Einsetzen der Lösung in eine der beiden Funktionsgleichungen:

$$s(-2,25)=\frac{5}{2\cdot(-2,25)-3}=\frac{5}{-4,5-3}=\frac{5}{-7,5}=-\frac{2}{3}(=-0,\overline{6})$$

$$\mathbf{S\left(-2,25\,\middle|\,-\frac{2}{3}\right)}$$

c) $u(x)=\frac{5x-4}{x}-4$

$v(x)=\frac{x-1}{2x}$

Gleichsetzen beider Funktionsterme:

$$u(x)=v(x)$$

$$\frac{5x-4}{x}-4=\frac{x-1}{2x}$$

Auflösen der Gleichung nach x:

$$\frac{5x-4-4x}{x}=\frac{x-1}{2x}$$

$$\frac{x-4}{x}=\frac{x-1}{2x}$$ über Kreuz multiplizieren

$$2x\cdot(x-4)=(x-1)\cdot x$$

$$2x^2-8x=x^2-x \quad |-x^2$$

$$x^2-8x=-x \quad |+x$$

$$x^2-7x=0$$

$$x\cdot(x-7)=0$$ x ausklammern

Fall 1: $x=0$ — Ein Produkt ist null, falls einer der beiden Faktoren null ist.

Fall 2: $x-7=0 \rightarrow x=7$

Einsetzen der Lösung in eine der beiden Funktionsgleichungen:

$$u(0)=\frac{5\cdot 0-4}{0}-4 \quad ↯$$

Die Lösung $x=0$ darf nicht in die Funktionsgleichung eingesetzt werden, d. h., $x=0$ ist nicht im maximalen Definitionsbereich enthalten.

$$u(7)=\frac{5\cdot 7-4}{7}-4=\frac{31}{7}-4=\frac{3}{7}$$

$\mathbf{S\left(7\,\middle|\,\frac{3}{7}\right)}$ ist der einzige Schnittpunkt der Graphen von u und v.

d) $o(x) = \frac{2}{2x-3}$ $\qquad p(x) = \frac{1}{x+1}$

Gleichsetzen der beiden Funktionsterme:

$$\frac{2}{2x-3} = \frac{1}{x+1}$$

$$2(x+1) = 1 \cdot (2x-3)$$

$$2x+2 = 2x-3 \qquad |-2x$$

$$2 = -3 \qquad ↯$$

Die beiden Graphen haben keinen gemeinsamen Punkt.

e) $v(x) = \frac{1}{x} - 1$ $\qquad s(x) = \frac{2}{x-1} - 1$

Gleichsetzen der beiden Funktionsterme:

$$\frac{1}{x} - 1 = \frac{2}{x-1} - 1 \qquad |+1$$

$$\frac{1}{x} = \frac{2}{x-1}$$

$$1 \cdot (x-1) = 2 \cdot x$$

$$x - 1 = 2x \qquad |-x$$

$$-1 = x$$

Einsetzen der Lösung in eine der beiden Funktionsgleichungen:

$$v(-1) = \frac{1}{-1} - 1 = -1 - 1 = -2$$

Der Schnittpunkt ist **S(–1|–2)**.

f) $v(x) = \frac{1}{x} + 1$ $\qquad w(x) = \frac{1}{2x} + 2$

Gleichsetzen der beiden Funktionsterme:

$$\frac{1}{x} + 1 = \frac{1}{2x} + 2$$

$$\frac{1+x}{x} = \frac{1+4x}{2x}$$

$$(1+x) \cdot 2x = (1+4x) \cdot x$$

$$2x + 2x^2 = x + 4x^2 \qquad |-2x^2$$

$$2x = x + 2x^2 \qquad |-2x$$

$$0 = -x + 2x^2$$

$$0 = x(-1+2x)$$

$x = 0$ oder $-1 + 2x = 0 \quad | +1$

$2x = 1 \quad | :2$

$x = \frac{1}{2}$

Ein Produkt ist gleich null, wenn ein Faktor null ist.

Setze $x = 0$ in beide Gleichungen ein:

$v(x) = \frac{1}{x} + 1$ $\qquad$ $w(x) = \frac{1}{2x} + 2$

$v(0) = \frac{1}{0} + 1$ ϟ $\qquad$ $w(0) = \frac{1}{0} + 2$ ϟ

Diese Terme sind nicht sinnvoll. Der Schnittpunkt mit $x = 0$ existiert nicht.

Setze $x = \frac{1}{2}$ in eine der beiden Gleichungen ein:

$v\left(\frac{1}{2}\right) = \frac{1}{\frac{1}{2}} + 1 = 2 + 1 = 3$

Der Schnittpunkt ist $\mathbf{S\left(\frac{1}{2} \middle| 3\right)}$.

81. $g(x) = \frac{1}{x+2}$ $\qquad$ $h(x) = \frac{2x}{x-1}$

a) Gleichsetzen der beiden Funktionsterme zur Ermittlung des Schnittpunkts:

$\frac{1}{x+2} = \frac{2x}{x-1}$

$1 \cdot (x-1) = 2x(x+2)$

$x - 1 = 2x^2 + 4x \quad | +1$

$x = 2x^2 + 4x + 1 \quad | -x$

$0 = 2x^2 + 4x + 1 - x$

$0 = 2x^2 + 3x + 1$

In dieser Gleichung kommt die Variable x sowohl quadratisch (x^2) als auch linear (x) vor. Diese Art von Gleichung kann (noch) nicht gelöst werden.

b) Tabelle zur Zeichnung der beiden Graphen:

x	–3	–2	–1	0	1	2	3
g(x)	–1	–	1	$\frac{1}{2}$	$\frac{1}{3}$	$\frac{1}{4}$	$\frac{1}{5}$
h(x)	$1\frac{1}{2}$	$1\frac{1}{3}$	1	0	–	4	3

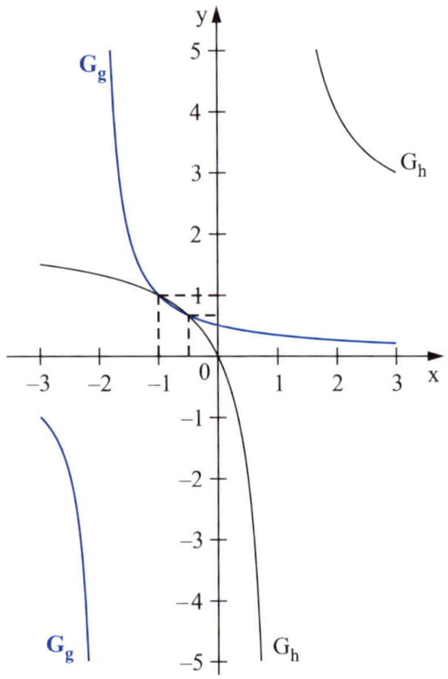

Zusätzlich für die Zeichnung hilfreiche Funktionswerte:

$g(-1{,}5) = 2$ $\quad$ $h(1{,}5) = 6$

$g(-2{,}5) = -2$ $\quad$ $h(0{,}5) = -2$

$h(-0{,}5) = \frac{2}{3}$

Die beiden Schnittpunkte sind näherungsweise $\mathbf{S_1(-1\,|\,1)}$ und $\mathbf{S_2(-0{,}5\,|\,0{,}7)}$.

82. a) Auflösen nach f:

$$\frac{1}{f} = \frac{1}{b} + \frac{1}{g}$$

$$\frac{1}{f} = \frac{g}{bg} + \frac{b}{bg}$$ Hauptnenner bg

$$\frac{1}{f} = \frac{g+b}{bg}$$

$$\mathbf{f = \frac{bg}{g+b}}$$ Kehrbrüche

Auflösen nach g:

$$\frac{1}{f}=\frac{1}{b}+\frac{1}{g} \quad \Big| -\frac{1}{b}$$

$$\frac{1}{g}=\frac{1}{f}-\frac{1}{b}$$

$$\frac{1}{g}=\frac{b}{fb}-\frac{f}{fb}$$ Hauptnenner fb

$$\frac{1}{g}=\frac{b-f}{fb}$$

$$\mathbf{g=\frac{fb}{b-f}}$$ Kehrbrüche

Auflösen nach b:

$$\frac{1}{f}=\frac{1}{b}+\frac{1}{g} \quad \Big| -\frac{1}{g}$$

$$\frac{1}{b}=\frac{1}{f}-\frac{1}{g}$$

$$\frac{1}{b}=\frac{g}{fg}-\frac{f}{fg}$$ Hauptnenner fb

$$\frac{1}{b}=\frac{g-f}{fg}$$

$$\mathbf{b=\frac{fg}{g-f}}$$ Kehrbrüche

b) Brennweite: $f=10\text{ cm}$
Bildweite: $b=26\text{ cm}$
Wie groß ist g?

In der Gleichung muss g isoliert werden.

$g=\frac{fb}{b-f}$ (siehe Teilaufgabe a)

Jetzt können $f=10\text{ cm}$ und $b=26\text{ cm}$ in die Gleichung zur Bestimmung von g eingesetzt werden:

$$g=\frac{10\text{ cm}\cdot 26\text{ cm}}{26\text{ cm}-10\text{ cm}}=\frac{260\text{ cm}^2}{16\text{ cm}}=16{,}25\text{ cm}$$

Der Gegenstand ist **16,25 cm** von der Linsenmitte entfernt.

c) f = b Bild auf dem Brennpunkt

$$\frac{1}{f} = \frac{1}{b} + \frac{1}{g}$$ Ersetze b durch f.

$$\frac{1}{f} = \frac{1}{f} + \frac{1}{g} \quad \Big| -\frac{1}{f}$$

$$0 = \frac{1}{g}$$

Je größer der Nenner g ist, desto kleiner wird der Bruch $\frac{1}{g}$. Die Gleichung $0 = \frac{1}{g}$ ist zwar nicht zu lösen, für g gegen unendlich nähert sich $\frac{1}{g}$ jedoch beliebig nahe dem Wert null an.
Der Gegenstand ist also „unendlich" weit von der Linse entfernt.

83. a) $10^8 - 10^4 = 10^4 \cdot (10^4 - 1) = 10\,000 \cdot (10\,000 - 1) =$
$10\,000 \cdot 9\,999 = \mathbf{99\,990\,000}$

b) $\{[(5^3 - 5^2) : 10^2] - 1\}^0 = \{[(125 - 25) : 100] - 1\}^0 =$
$\{[100 : 100] - 1\}^0 = \{1 - 1\}^0 = \mathbf{0^0}$
0^0 ist nicht berechenbar!

c) $(x+2)^{-1} + x + 2 = \frac{1}{x+2} + x + 2 = \frac{1}{x+2} + \frac{(x+2)^2}{x+2} =$
$\frac{1 + (x+2)\cdot(x+2)}{x+2} = \frac{1 + x^2 + 4x + 4}{x+2} = \mathbf{\frac{x^2 + 4x + 5}{x+2}}$

d) $\frac{a^5 - a^3}{a^4 - a^2} = \frac{a^3(a^2 - 1)}{a^2(a^2 - 1)} = \frac{a^3}{a^2} = a^{3-2} = a^1 = \mathbf{a}$

e) $-x^6 + (-x)^6 = -x^6 + x^6 = \mathbf{0}$

f) $x^{1-n} : x^{n-1} = \frac{x^{1-n}}{x^{n-1}} = x^{1-n-(n-1)} = x^{1-n-n+1} = \mathbf{x^{2-2n}}$

84.

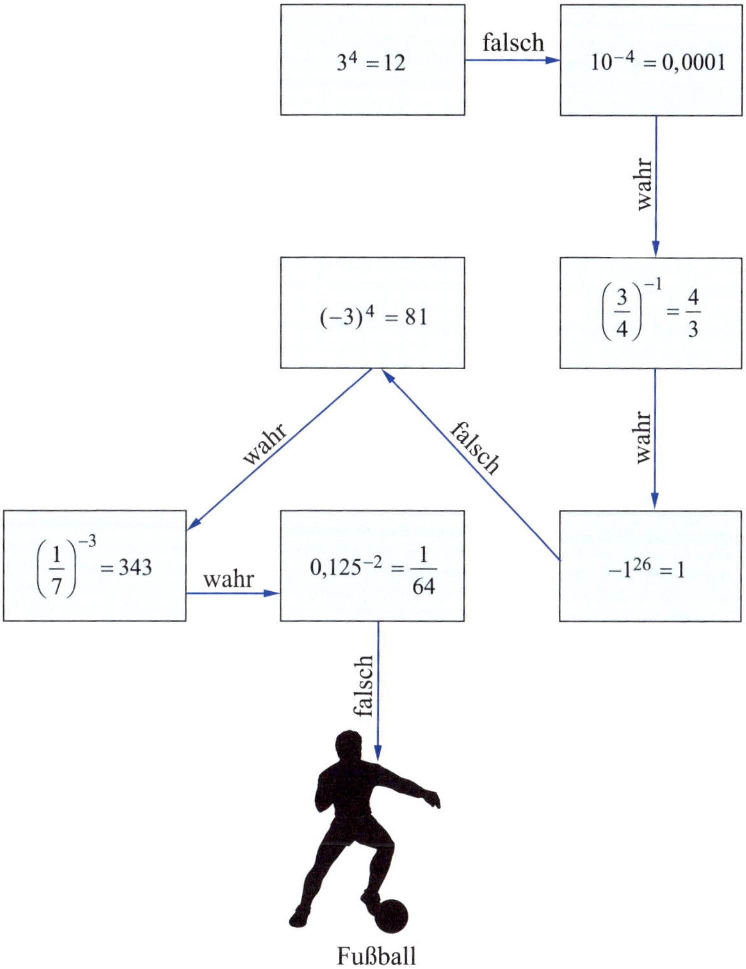

85. a) $\dfrac{r^{-5}s^4}{t^{-6}p^4} = r^{-5} \cdot s^4 \cdot t^{-(-6)} \cdot p^{-4} = \mathbf{r^{-5} \cdot s^4 \cdot t^6 \cdot p^{-4}}$

b) $\dfrac{a^2 \cdot b^{-4} \cdot c^3}{a^3 \cdot b^{-2} \cdot c^{-5}} = a^2 \cdot b^{-4} \cdot c^3 \cdot a^{-3} \cdot b^2 \cdot c^5 = a^2 \cdot a^{-3} \cdot b^{-4} \cdot b^2 \cdot c^3 \cdot c^5 =$

$a^{2-3} \cdot b^{-4+2} \cdot c^{3+5} = \mathbf{a^{-1} \cdot b^{-2} \cdot c^8}$

c) $\dfrac{(a^5 + a^4) \cdot b^2}{a^5 b^7 a^{-3}} = \dfrac{a^4 b^2 (a+1)}{a^{5-3} \cdot b^7} = \dfrac{a^4 b^2 \cdot (a+1)}{a^2 \cdot b^7} = a^4 b^2 \cdot (a+1) \cdot a^{-2} b^{-7} =$

$a^{4-2} \cdot b^{2-7} \cdot (a+1) = \mathbf{a^2 b^{-5} \cdot (a+1)} \quad (= a^3 b^{-5} + a^2 b^{-5})$

d) $\dfrac{x^5 \cdot y^{-4} \cdot x^{-2}}{(y^{-4})^2 \cdot (x^3 \cdot x^{-2})^3} = \dfrac{x^5 \cdot x^{-2} \cdot y^{-4}}{y^{-4 \cdot 2} \cdot (x^{3-2})^3} = \dfrac{x^{5-2} \cdot y^{-4}}{y^{-8} \cdot (x^1)^3} =$

$\dfrac{x^3 \cdot y^{-4}}{y^{-8} \cdot x^{1 \cdot 3}} = \dfrac{x^3 \cdot y^{-4}}{y^{-8} \cdot x^3} = x^3 \cdot y^{-4} \cdot y^{-(-8)} \cdot x^{-3} =$

$x^3 \cdot x^{-3} \cdot y^{-4} \cdot y^8 = x^{3-3} \cdot y^{-4+8} = x^0 \cdot y^4 = \mathbf{y^4}$

e) $\dfrac{(-b)^{-5}(-a)^4 c^3}{(-1)^7 \cdot (b^2 a^{-3})^2} = \dfrac{-b^{-5} \cdot a^4 \cdot c^3}{-1 \cdot b^{2 \cdot 2} \cdot a^{-3 \cdot 2}} = \dfrac{b^{-5} \cdot a^4 \cdot c^3}{b^4 \cdot a^{-6}} =$

$b^{-5} \cdot a^4 \cdot c^3 \cdot b^{-4} \cdot a^{-(-6)} = a^4 \cdot a^6 \cdot b^{-5} \cdot b^{-4} \cdot c^3 =$

$a^{4+6} \cdot b^{-5-4} \cdot c^3 = \mathbf{a^{10} b^{-9} c^3}$

f) $\left(\dfrac{1}{x^{-9} \cdot x^{-3}}\right)^{-2} = \left(\dfrac{1}{x^{-9-3}}\right)^{-2} = \left(\dfrac{1}{x^{-12}}\right)^{-2} = \left(\dfrac{x^{12}}{1}\right)^{-2} =$

$(x^{12})^{-2} = x^{12 \cdot (-2)} = \mathbf{x^{-24}}$

g) $\dfrac{b^{-3} \cdot c^5}{a^{-4}} \cdot \dfrac{a^{-3}}{b^2 \cdot c^{-3}} = \dfrac{b^{-3} \cdot c^5 \cdot a^{-3}}{a^{-4} \cdot b^2 \cdot c^{-3}} = b^{-3} \cdot c^5 \cdot a^{-3} \cdot a^{-(-4)} \cdot b^{-2} \cdot c^{-(-3)} =$

$a^{-3} \cdot a^4 \cdot b^{-3} \cdot b^{-2} \cdot c^5 \cdot c^3 = a^{-3+4} \cdot b^{-3-2} \cdot c^{5+3} = a^1 \cdot b^{-5} \cdot c^8 = \mathbf{ab^{-5}c^8}$

h) $\left(\dfrac{r^6 s^5}{t^4 s^{-3}}\right)^{-1} \cdot \left(\dfrac{r^4 t^2}{s^7}\right)^2 = \dfrac{t^4 \cdot s^{-3}}{r^6 \cdot s^5} \cdot \dfrac{r^{4 \cdot 2} \cdot t^{2 \cdot 2}}{s^{7 \cdot 2}} = \dfrac{t^4 \cdot s^{-3} \cdot r^8 \cdot t^4}{r^6 \cdot s^5 \cdot s^{14}} =$

$\dfrac{t^4 \cdot t^4 \cdot s^{-3} \cdot r^8}{r^6 \cdot s^{5+14}} = \dfrac{t^{4+4} \cdot s^{-3} \cdot r^8}{r^6 \cdot s^{19}} = \dfrac{t^8 \cdot s^{-3} \cdot r^8}{r^6 \cdot s^{19}} = t^8 \cdot s^{-3} \cdot r^8 \cdot r^{-6} \cdot s^{-19} =$

$t^8 \cdot s^{-3} \cdot s^{-19} \cdot r^8 \cdot r^{-6} = t^8 \cdot s^{-3-19} \cdot r^{8-6} = \mathbf{t^8 s^{-22} r^2}$

i) $\left(\dfrac{x^4 \cdot y^{-3}}{(y^2)^3} \cdot \dfrac{x^{-3} \cdot y^2}{(x^3)^2}\right)^{-1} = \left(\dfrac{x^4 \cdot y^{-3} \cdot x^{-3} \cdot y^2}{y^{2 \cdot 3} \cdot x^{3 \cdot 2}}\right)^{-1} =$

$\left(\dfrac{x^4 \cdot y^{-3} \cdot x^{-3} \cdot y^2}{y^6 \cdot x^6}\right)^{-1} = \left(\dfrac{x^{4-3} \cdot y^{-3+2}}{y^6 \cdot x^6}\right)^{-1} = \left(\dfrac{x^1 \cdot y^{-1}}{y^6 \cdot x^6}\right)^{-1} =$

$(x^1 \cdot y^{-1} \cdot y^{-6} \cdot x^{-6})^{-1} = (x^1 \cdot x^{-6} \cdot y^{-1} \cdot y^{-6})^{-1} = (x^{1-6} \cdot y^{-1-6})^{-1} =$

$(x^{-5} \cdot y^{-7})^{-1} = x^{-5 \cdot (-1)} \cdot y^{-7 \cdot (-1)} = \mathbf{x^5 y^7}$

j) $\dfrac{r^{-5} s^{-4}}{t^3} : \dfrac{r^2 s^{-4}}{t^2} = \dfrac{r^{-5} \cdot s^{-4}}{t^3} \cdot \dfrac{t^2}{r^2 \cdot s^{-4}} = \dfrac{r^{-5} \cdot s^{-4} t^2}{t^3 \cdot r^2 \cdot s^{-4}} =$

$r^{-5} \cdot s^{-4} \cdot t^2 \cdot t^{-3} \cdot r^{-2} \cdot s^{-(-4)} = r^{-5-2} \cdot s^{-4+4} \cdot t^{2-3} =$

$r^{-7} \cdot s^0 \cdot t^{-1} = \mathbf{r^{-7} t^{-1}}$

k) $\frac{y^{26}x^{24}}{y^{-22}} : \left(\frac{y^5}{x^{-3}}\right)^{-4} = \frac{y^{26} \cdot x^{24}}{y^{-22}} : \frac{y^{5 \cdot (-4)}}{x^{-3 \cdot (-4)}} = \frac{y^{26} \cdot x^{24}}{y^{-22}} : \frac{y^{-20}}{x^{12}} =$

$\frac{y^{26} \cdot x^{24}}{y^{-22}} \cdot \frac{x^{12}}{y^{-20}} = \frac{y^{26} \cdot x^{24} \cdot x^{12}}{y^{-22} \cdot y^{-20}} = \frac{y^{26} \cdot x^{24+12}}{y^{-22-20}} = \frac{y^{26} \cdot x^{36}}{y^{-42}} =$

$y^{26} \cdot x^{36} \cdot y^{-(-42)} = y^{26} \cdot y^{42} \cdot x^{36} = y^{26+42} \cdot x^{36} = \mathbf{y^{68}x^{36}}$

l) $\left\{\left[\left(\frac{c^0b^1y^4}{y^0b^{-1}c^{-1}}\right)^{-1}\right]^2\right\}^{-3} = \left\{\left[\left(b^1 \cdot y^4 \cdot b^{-(-1)} \cdot c^{-(-1)}\right)^{-1}\right]^2\right\}^{-3} =$

$\left\{\left[\left(b^{1+1} \cdot y^4 \cdot c^1\right)^{-1}\right]^2\right\}^{-3} = \left\{\left[\left(b^2 \cdot y^4 \cdot c^1\right)^{-1}\right]^2\right\}^{-3} =$

$\left\{\left[b^{-2} \cdot y^{-4} \cdot c^{-1}\right]^2\right\}^{-3} = \left\{b^{-4} \cdot y^{-8} \cdot c^{-2}\right\}^{-3} = \mathbf{b^{12}c^6y^{24}}$

86. a) $6 \cdot 10^3 =$ **6 000**

b) $5{,}47 \cdot 10^4 =$ **54 700**

c) $17{,}7 \cdot 10^5 =$ **1 770 000**

d) $1{,}09 \cdot 10^9 =$ **1 090 000 000**

e) $4 \cdot 10^8 =$ **400 000 000**

f) $5 \cdot 10^{-3} = 00005 \cdot 10^{-3} =$ **0,005**

3 2 1

g) $4{,}67 \cdot 10^{-4} = 000004{,}67 \cdot 10^{-4} =$ **0,000467**

4 3 2 1

h) $2{,}3 \cdot 10^{-13} = 000000000000002{,}3 \cdot 10^{-13} =$ **0,00000000000023**

13 12 11 10 9 8 7 6 5 4 3 2 1

i) $2{,}78 \cdot 10^{-9} = 00000000002{,}78 \cdot 10^{-9} =$ **0,00000000278**

9 8 7 6 5 4 3 2 1

j) $5 \cdot 10^{-8} = 0000000005 \cdot 10^{-8} =$ **0,00000005**

8 7 6 5 4 3 2 1

87. a) $\underset{4\,3\,2\,1}{20000} = 2 \cdot 10^4$ **C**

b) $\underset{6\,5\,4\,3\,2\,1}{2000000} = 2 \cdot 10^6 = 20 \cdot 10^5$ **H**

c) $0{,}\underset{1}{2} = 2 \cdot 10^{-1}$ **I**

d) $0{,}\underset{1\,2}{02} = 2 \cdot 10^{-2}$ **L**

e) $2 = 2 \cdot 10^0$ **L**

f) $0{,}\underset{1\,2\,3\,4\,5\,6\,7\,8\,9}{000000002} = 2 \cdot 10^{-9}$ **E**

g) $0{,}\underset{1\,2\,3\,4\,5}{00002} = 2 \cdot 10^{-5}$ **N**

Lösungswort:

C	H	I	L	L	E	N

88. Das Zentrum der Streckung ist frei wählbar.

a) $k = \frac{8}{7}$ $\begin{matrix}\leftarrow \text{Bild} \\ \leftarrow \text{Original}\end{matrix}$

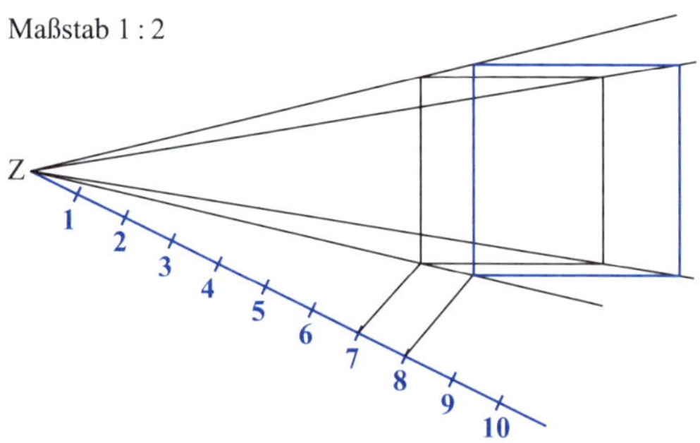

b) $k = \frac{1}{3}$ $\begin{matrix}\leftarrow \text{Bild} \\ \leftarrow \text{Original}\end{matrix}$

Flächeninhalt des Originals:

$A = a \cdot b$

$\Rightarrow \quad A = 5\text{ cm} \cdot 8\text{ cm}$

$= \mathbf{40\ cm^2}$

Flächeninhalt des Bildes:

$A' = k^2 \cdot A$

$\Rightarrow \quad A' = \left(\frac{1}{3}\right)^2 \cdot 40\text{ cm}^2$

$\approx \mathbf{4{,}4\ cm^2}$

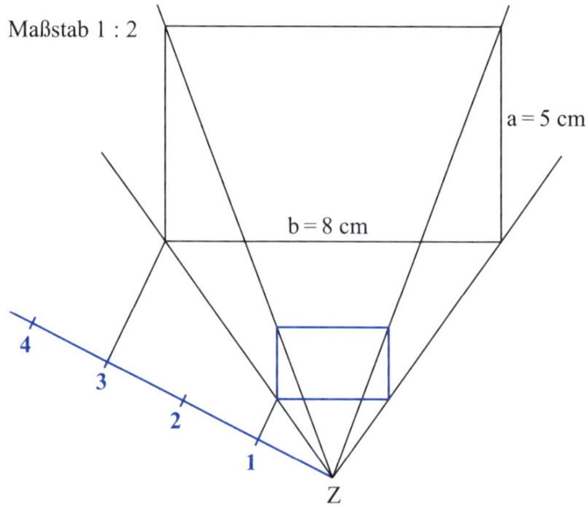

89. a) Zentrum auf dem Mittelpunkt

Maßstab 1 : 2

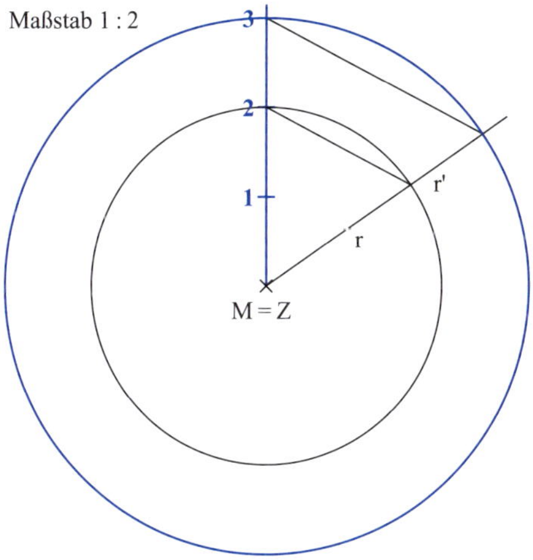

Strecke einen beliebigen Punkt auf der Kreislinie.

b) Z innerhalb des Kreises; M ≠ Z

Maßstab 1 : 2

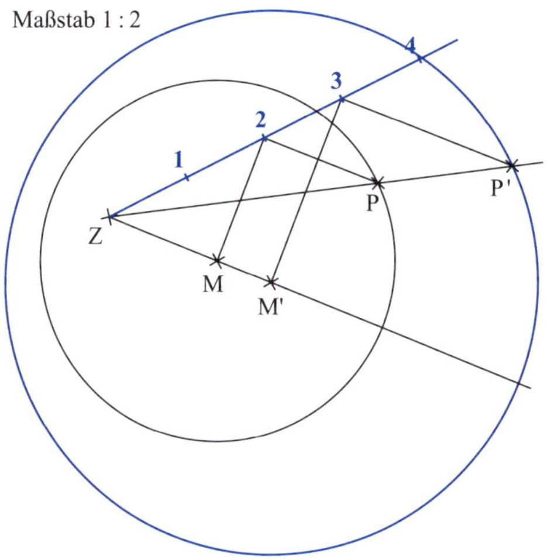

Strecke den Mittelpunkt und einen beliebigen Punkt P auf der Kreislinie.

c) Z außerhalb des Kreises

Maßstab 1 : 4

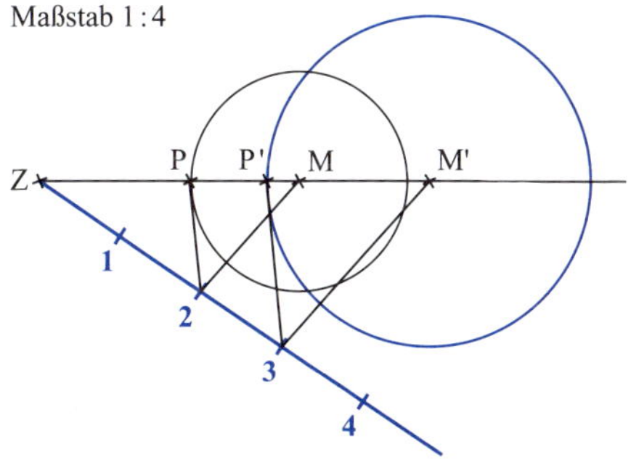

Bilde den Mittelpunkt M und einen beliebigen Punkt P auf der Kreislinie mit einer zentrischen Streckung ab.

90. $A = 25\ cm^2$
Verdreifachung des Umfangs $U' = 3 \cdot U$
Jede Seite des Dreiecks wird bei der Streckung verdreifacht. Damit ist der Streckungsfaktor $\mathbf{k = 3}$.
$A' = k^2 \cdot A = 3^2 \cdot 25\ cm^2 = 9 \cdot 25\ cm^2 = \mathbf{225\ cm^2}$

91. a) Konstruiere ein gleichseitiges Dreieck A'B'C.
Streckung mit Zentrum C zur Höhe $h_c = 5$ cm führt auf das Dreieck ABC.
$\overline{AB} \approx 5{,}8$ cm

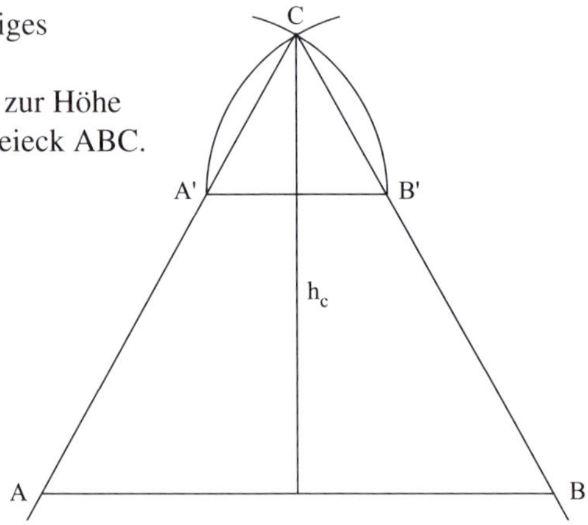

$\overline{AB}$ Grundlinie, h_c Höhe

b) $A = \frac{1}{2} \cdot \overline{AB} \cdot h_c$

$A = \frac{1}{2} \cdot 5{,}8\ cm \cdot 5\ cm$

$= \mathbf{14{,}5\ cm^2}$

c) Der Flächeninhalt wird geviertelt.
$k^2 = \frac{1}{4} \Rightarrow k_1 = \frac{1}{2} \quad k_2 = -\frac{1}{2}$

Fall 1: $k = \frac{1}{2}$
Der Streckungsfaktor ist $k = \frac{1}{2}$. Die Strecken [AC] und [CB] werden halbiert. Dadurch entsteht das Dreieck A'B'C.

Fall 2: $k = -\frac{1}{2}$
Der Streckungsfaktor ist $k = -\frac{1}{2}$. In diesem Fall liegen die Strecken oberhalb des ursprünglichen Dreiecks. Es entsteht das Dreieck A''B''C.

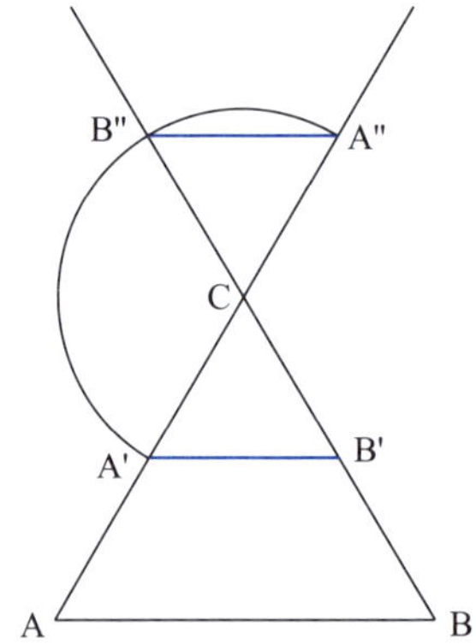

Maßstab 1 : 2

92. a) $\overline{AB} = 4,2\text{ cm}$

$\overline{A'B'} = 1,4\text{ cm}$

$\Rightarrow\ k = \dfrac{\overline{A'B'}}{\overline{AB}} = \dfrac{1,4}{4,2} \approx \mathbf{0,3}$

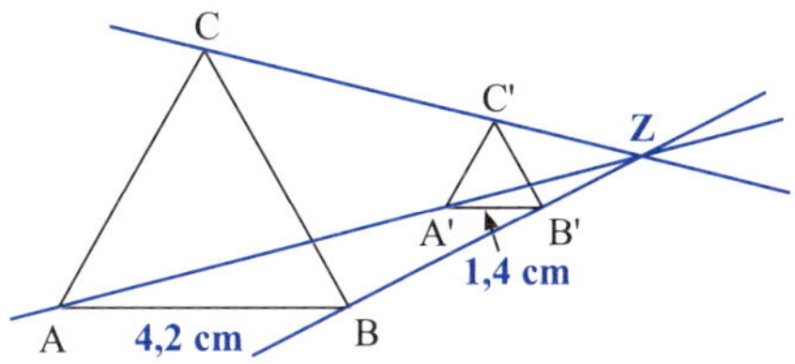

b) $\overline{AB} = 9,8\text{ cm}$

$\overline{A'B'} = 4,9\text{ cm}$

$\Rightarrow\ k = \dfrac{\overline{A'B'}}{\overline{AB}} = \dfrac{4,9}{9,8}$

$= \mathbf{0,5}$

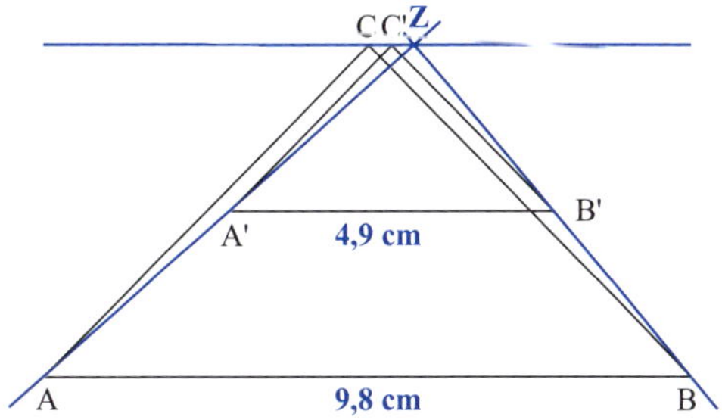

c) $\overline{AB} = 3,5\text{ cm}$

$\overline{A'B'} = 1,7\text{ cm}$

$\Rightarrow\ k = -\dfrac{\overline{A'B'}}{\overline{AB}} = -\dfrac{1,7}{3,5}$

$\approx \mathbf{-0,5}$,

da B und B' auf verschiedenen Seiten von Z sind.

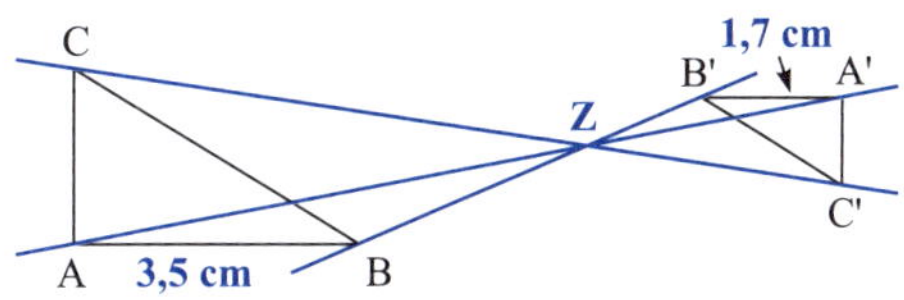

d) $\overline{MA} = 1,4\text{ cm}$

$\overline{MA'} = 2,8\text{ cm}$

$\Rightarrow\ k = \dfrac{\overline{MA'}}{\overline{MA}} = \dfrac{2,8}{1,4} = \mathbf{2}$

Welcher Kreis das Original ist, kann wegen der fehlenden Beschriftung nicht entschieden werden. Deshalb existiert eine zweite Lösung:

$\overline{MA} = 2,8\text{ cm}$

$\overline{MA'} = 1,4\text{ cm}$

$\Rightarrow\ k = \dfrac{\overline{MA'}}{\overline{MA}} = \dfrac{1,4}{2,8} = \mathbf{\dfrac{1}{2}}$

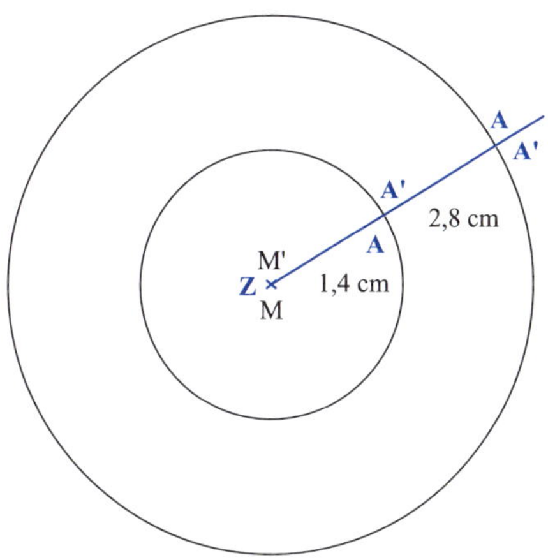

e) $r = 2{,}8\text{ cm};\ r' = 1\text{ cm}$

$\Rightarrow\ k = -\frac{r'}{r} = -\frac{1}{2{,}8} \approx \mathbf{-0{,}4},$

Alternativ:

$\overline{Z^*M} = 8\text{ cm};\ \overline{Z^*M'} = 3\text{ cm}$

$\Rightarrow\ k = \frac{\overline{Z^*M'}}{\overline{Z^*M}} = \frac{3\text{ cm}}{8\text{ cm}} = \mathbf{\frac{3}{8}}$

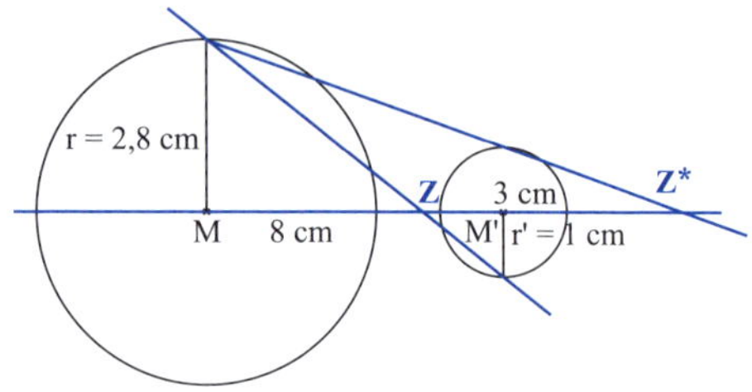

f) $r = r' = 1{,}4\text{ cm}$

$\Rightarrow\ k = -\frac{r'}{r} = \mathbf{-1},$

da M und M' auf verschiedenen Seiten von Z sind.

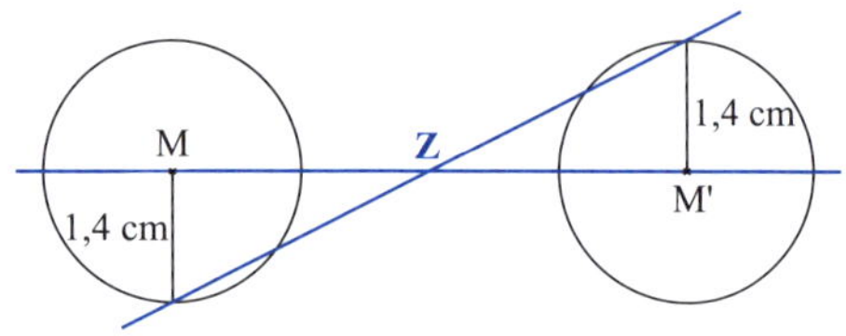

g) Die Geraden AA', BB' und CC' besitzen keinen gemeinsamen Schnittpunkt. Die beiden Dreiecke haben kein Streckungszentrum und gehen damit nicht aus einer zentrischen Streckung hervor.

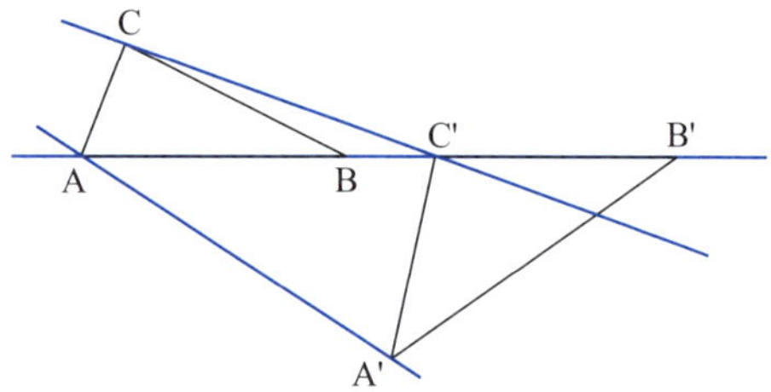

h) Es ist nicht entscheidbar, ob ein gemeinsamer Schnittpunkt der Geraden AA', BB', CC' und DD' existiert.

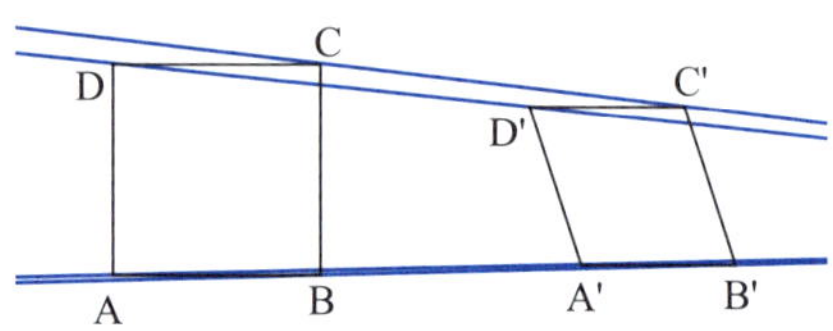

Durch die fehlende Parallelität von z. B. [DA] und [D'A'] ist erwiesen, dass die beiden Figuren nicht durch eine zentrische Streckung zusammenhängen.

93.

	a	b	c	d	e	f	a + c	b + d
a)	5	3	2	$\mathbf{1\frac{1}{5}}$	$\mathbf{2\frac{6}{7}}$	4	**7**	$\mathbf{4\frac{1}{5}}$
b)	4	**9**	$\mathbf{2\frac{2}{3}}$	6	3	5	$\mathbf{6\frac{2}{3}}$	**15**
c)	$\mathbf{5\frac{1}{3}}$	3	$\mathbf{2\frac{2}{3}}$	$\mathbf{1\frac{1}{2}}$	6	9	8	$\mathbf{4\frac{1}{2}}$
d)	$\mathbf{8\frac{4}{5}}$	4	$\mathbf{2\frac{1}{5}}$	**1**	8	10	11	**5**

Rechnungen:

a) $a = 5,\ b = 3,\ c = 2,\ f = 4$

$$\frac{a}{a+c} = \frac{b}{b+d}$$

$$b + d = \frac{b}{a} \cdot (a + c) \qquad \Big| - b$$

$$d = \frac{b}{a} \cdot (a + c) - b \quad \Rightarrow \quad \mathbf{d} = \frac{3}{5} \cdot (5 + 2) - 3 = \mathbf{1\frac{1}{5}}$$

$$\frac{a}{a+c} = \frac{e}{f}$$

$$e = f \cdot \frac{a}{a+c} \quad \Rightarrow \quad \mathbf{e} = 4 \cdot \frac{5}{5+2} = \frac{20}{7} = \mathbf{2\frac{6}{7}}$$

$$\mathbf{a + c} = 5 + 2 = \mathbf{7}$$

$$\mathbf{b + d} = 3 + 1\frac{1}{5} = \mathbf{4\frac{1}{5}}$$

b) $a = 4,\ d = 6,\ e = 3,\ f = 5$

$$\frac{b}{e} = \frac{b+d}{f}$$

$$b \cdot f = e \cdot (b + d)$$

$$b \cdot f = e \cdot b + e \cdot d \qquad \Big| - e \cdot b$$

$$b \cdot f - e \cdot b = e \cdot d$$

$$b \cdot (f - e) = e \cdot d$$

$$b = \frac{e \cdot d}{f - e} \quad \Rightarrow \quad \mathbf{b} = \frac{3 \cdot 6}{5 - 3} = \mathbf{9}$$

$$\frac{a}{e} = \frac{a+c}{f}$$

$$\frac{a \cdot f}{e} = a + c \qquad \Big| - a$$

$$c = \frac{a \cdot f}{e} - a \quad \Rightarrow \quad \mathbf{c} = \frac{4 \cdot 5}{3} - 4 = \mathbf{2\frac{2}{3}}$$

$$\mathbf{a + c} = 4 + 2\frac{2}{3} = \mathbf{6\frac{2}{3}}$$

$$\mathbf{b + d} = 9 + 6 = \mathbf{15}$$

c) $b=3,\ e=6,\ f=9,\ a+c=8$

$$\frac{a}{a+c}=\frac{e}{f}$$

$$a=(a+c)\cdot\frac{e}{f}\quad\Rightarrow\quad \mathbf{a}=8\cdot\frac{6}{9}=\mathbf{5\frac{1}{3}}$$

$$a+c=8\quad\Rightarrow\quad \mathbf{c}=8-a=8-5\frac{1}{3}=\mathbf{2\frac{2}{3}}$$

$$\frac{b}{b+d}=\frac{e}{f}$$

$$\frac{b\cdot f}{e}=b+d\qquad\Big|-b$$

$$d=\frac{b\cdot f}{e}-b\quad\Rightarrow\quad \mathbf{d}=\frac{3\cdot 9}{6}-3=\mathbf{1\frac{1}{2}}$$

$$\mathbf{b+d}=3+1\frac{1}{2}=\mathbf{4\frac{1}{2}}$$

d) $b=4,\ e=8,\ f=10,\ a+c=11$

$$\frac{a}{a+c}=\frac{e}{f}$$

$$a=(a+c)\cdot\frac{e}{f}\quad\Rightarrow\quad \mathbf{a}=11\cdot\frac{8}{10}=\mathbf{8\frac{4}{5}}$$

$$a+c=11\quad\Rightarrow\quad \mathbf{c}=11-a=11-8\frac{4}{5}=\mathbf{2\frac{1}{5}}$$

$$\frac{b}{b+d}=\frac{e}{f}$$

$$bf=e\cdot(b+d)$$

$$\frac{bf}{e}=b+d\qquad\Big|-b$$

$$d=\frac{bf}{e}-b\quad\Rightarrow\quad \mathbf{d}=\frac{4\cdot 10}{8}-4=5-4=\mathbf{1}$$

$$\mathbf{b+d}=4+1=\mathbf{5}$$

94. $\frac{b}{a} = \frac{c}{d}$

$\frac{u}{v} = \frac{b}{a}$

$\frac{u}{v} = \frac{c}{d}$

$\frac{b+a}{b} = \frac{c+d}{c}$

$\frac{c+d}{d} = \frac{a+b}{a}$

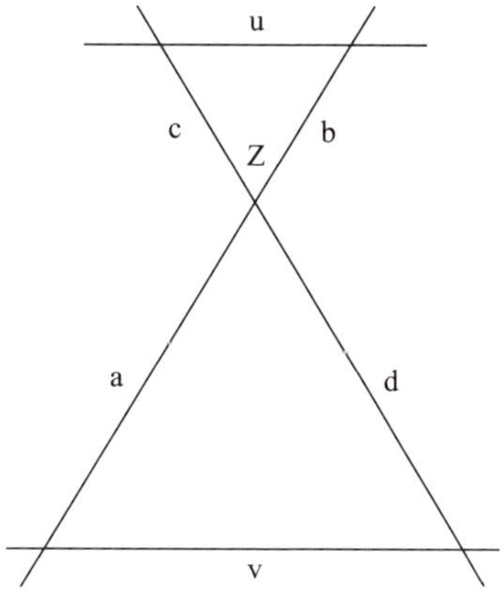

95. $\frac{x}{u} = \frac{y}{v}$

$\frac{x}{x+u} = \frac{y}{y+v}$

$\frac{u}{x+u} = \frac{v}{y+v}$

$\frac{x}{x+u} = \frac{b}{a}$

$\frac{y}{y+v} = \frac{b}{a}$

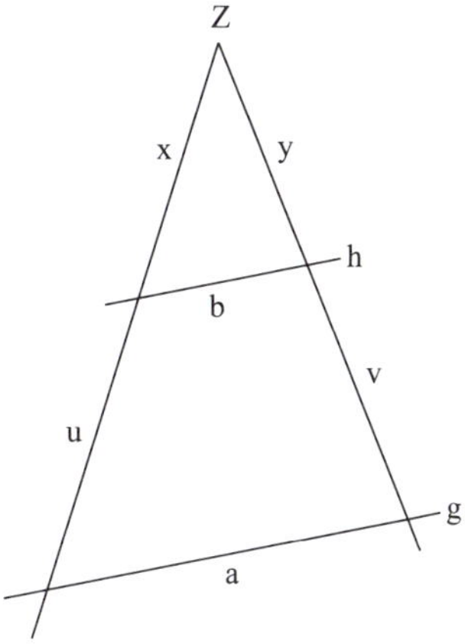

96. a = 2,7 cm, c = 10 cm, d = 45 m
Augenhöhe 1,50 m

Der Strahlensatz liefert den Ansatz:

$\frac{c}{d} = \frac{a}{b}$

$b = a \cdot \frac{d}{c}$

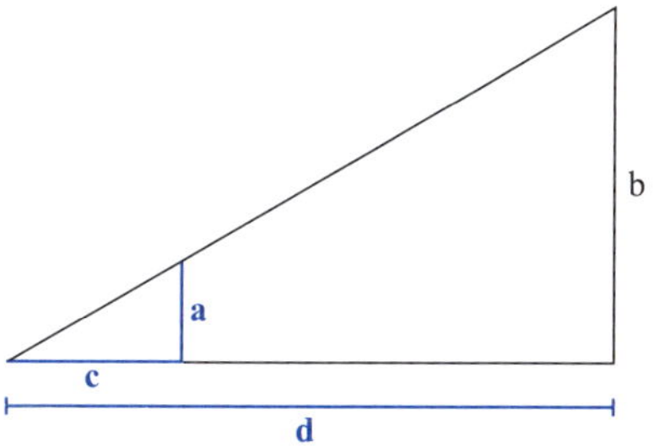

$$\Rightarrow \quad b = 2{,}7\text{ cm} \cdot \frac{45\text{ m}}{10\text{ cm}} = 2{,}7\text{ cm} \cdot \frac{45\text{ m}}{0{,}1\text{ m}} = 2{,}7\text{ cm} \cdot 450 \approx 12{,}2\text{ m}$$

Die Augenhöhe 1,50 m muss zu dem Wert für b noch dazugerechnet werden:

$h_{Baum} = 12{,}2\text{ m} + 1{,}5\text{ m} = \mathbf{13{,}7\text{ m}}$

Der angepeilte Baum ist 13,7 m hoch.

97. $\overline{AB} = 4{,}0\text{ cm}$

$\overline{DS} = 3{,}0\text{ cm}$

$\overline{SB} = 6{,}7\text{ cm}$

$$\frac{\overline{DC}}{\overline{AB}} = \frac{\overline{DS}}{\overline{SB}}$$

$$\overline{DC} = \overline{AB} \cdot \frac{\overline{DS}}{\overline{SB}}$$

$$\Rightarrow \quad \overline{DC} = 4{,}0\text{ cm} \cdot \frac{3{,}0\text{ cm}}{6{,}7\text{ cm}} \approx \mathbf{1{,}8\text{ cm}}$$

Interpretiere diese Aufgabe als Streckung mit dem Zentrum S.

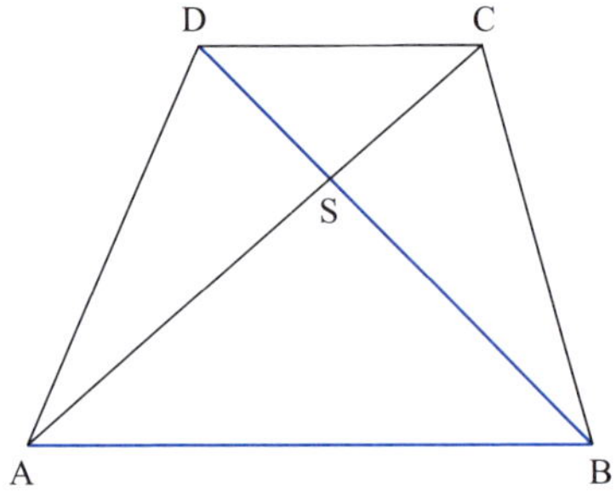

98. a) $\alpha + \beta = 180°$

$$\left.\begin{array}{l} \gamma = 180° - \beta \\ \alpha = 180° - \beta \end{array}\right\} \Rightarrow \quad \gamma = \alpha$$

γ und α sind Wechselwinkel. Die Gleichheit beider Winkel führt zur Parallelität von g und h.

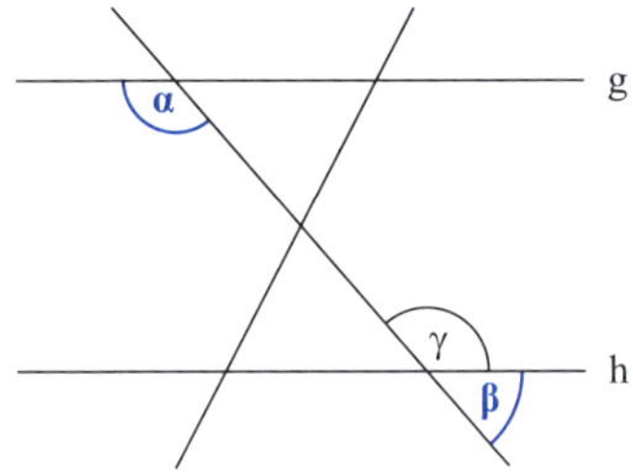

b) Die Parallelität von g und h führt zur zentrischen Streckung mit dem eingezeichneten Zentrum Z.

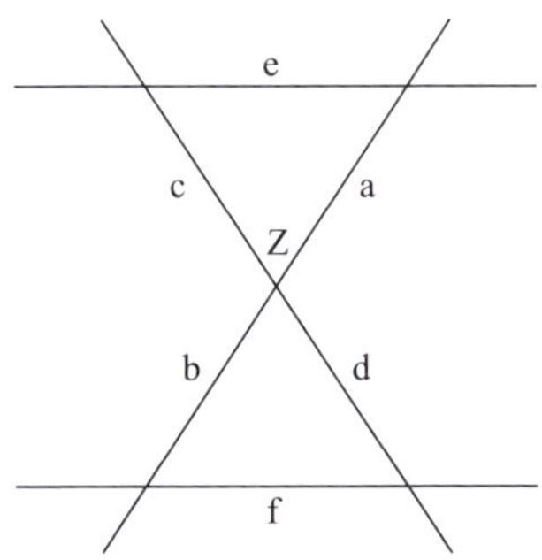

$a = 4\text{ cm}$ $\qquad c = d - 1\frac{1}{2}\text{ cm}$

$b = 6\text{ cm}$

$e = 5\text{ cm}$

$$\frac{a}{b} \neq \frac{e}{f}$$

$$f = e \cdot \frac{b}{a} \quad \Rightarrow \quad \mathbf{f} = 5\text{ cm} \cdot \frac{6\text{ cm}}{4\text{ cm}} = \mathbf{7{,}5\text{ cm}}$$

$$\frac{c}{d} = \frac{e}{f}$$

$$\frac{d - 1\frac{1}{2}\text{ cm}}{d} = \frac{e}{f}$$

$$d - 1\frac{1}{2}\text{ cm} = d \cdot \frac{e}{f} \qquad \left| + 1\frac{1}{2}\text{ cm} - d \cdot \frac{e}{f}\right.$$

$$d - d \cdot \frac{e}{f} = 1\frac{1}{2}\text{ cm}$$

$$d\left(1 - \frac{e}{f}\right) = 1\frac{1}{2}\text{ cm}$$

$$d = \frac{1\frac{1}{2}\text{ cm}}{1 - \frac{e}{f}} \Rightarrow \mathbf{d} = \frac{1\frac{1}{2}\text{ cm}}{1 - \frac{5\text{ cm}}{7{,}5\text{ cm}}} = \mathbf{4{,}5\ cm}$$

$$\mathbf{c} = d - 1\frac{1}{2}\text{ cm} = 4{,}5\text{ cm} - 1\frac{1}{2}\text{ cm} = \mathbf{3\ cm}$$

99. Maßstab 1 : 15 000 $\quad \ell' = 8\text{ cm} \quad b' = 6\text{ cm}$

a) $\ell = 15\,000 \cdot \ell' = 15\,000 \cdot 8\text{ cm} = 120\,000\text{ cm} = \mathbf{1\,200\ m}$
$b = 15\,000 \cdot b' = 15\,000 \cdot 6\text{ cm} = 90\,000\text{ cm} = \mathbf{900\ m}$

b) $A = \ell \cdot b = 1\,200\text{ m} \cdot 900\text{ m}$
$= 1\,080\,000\text{ m}^2 = \mathbf{108\ ha}$

hektar ar

Umrechnungszahl für Flächeneinheiten ist 100.

c) Winkel:
In den beiden Rechtecken sind alle Innenwinkel rechte Winkel.
Längenverhältnisse entsprechender Seiten:

$$\frac{\ell}{\ell'} = \frac{1\,200\text{ m}}{8\text{ cm}} = 15\,000$$

$$\frac{b}{b'} = \frac{900\text{ m}}{6\text{ cm}} = 15\,000$$

Faktor k^2 bei Flächeninhalten:

$$A' = \ell' \cdot b' = 8\text{ cm} \cdot 6\text{ cm} = 48\text{ cm}^2$$

$$A = 108\text{ ha}$$

$$\frac{A}{A'} = \frac{108\text{ ha}}{48\text{ cm}^2} = \frac{108 \cdot 10^8\text{ cm}^2}{48\text{ cm}^2} = 225 \cdot 10^6$$

Quadrierung des Streckungsfaktors:
$k^2 = 15\,000^2 = 225 \cdot 10^6$

100. $A = 10 \text{ cm}^2 \quad A' = 90 \text{ cm}^2 \quad g = 5 \text{ cm}$

Bestimmung des Streckungsfaktors über das Flächenverhältnis:

$$A \cdot k^2 = A'$$

$$k^2 = \frac{A'}{A}$$

$$k^2 = \frac{90 \text{ cm}^2}{10 \text{ cm}^2} = 9$$

Die Lösung $k = -3$ kann vernachlässigt werden.

$$k = \mathbf{3}$$

Mit dem Streckungsfaktor $k = 3$ wird die Grundlinie g' berechnet:

$$g' = g \cdot k = 5 \text{ cm} \cdot 3 = \mathbf{15\ cm}$$

101. „Zwei Figuren sind zueinander ähnlich, falls alle Winkel übereinstimmen."

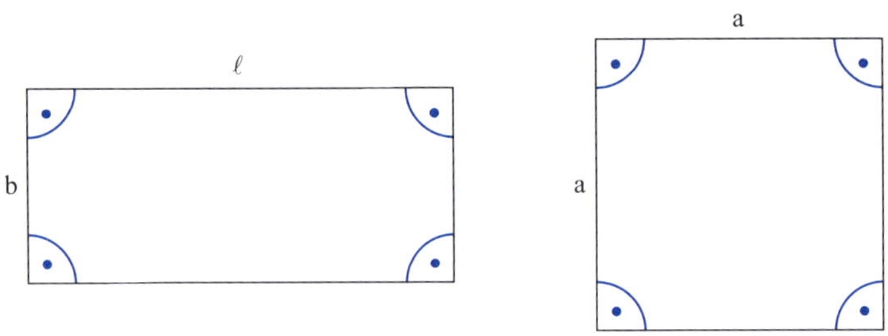

Alle Innenwinkel in Rechtecken und Quadraten sind rechte Winkel.
Die Längenverhältnisse entsprechender Seiten sind jedoch unterschiedlich.

$$\frac{a}{b} \neq \frac{a}{\ell} \quad \text{(wegen } b \neq \ell\text{)}$$

Die beiden Figuren sind trotz identischer Innenwinkel nicht zueinander ähnlich. Der Satz ist mit diesem Gegenbeispiel widerlegt.

102. $a = 6 \text{ cm} \quad a' = 8 \text{ cm} \quad A = 26 \text{ cm}^2$

$$a' = k \cdot a$$

$$k = \frac{a'}{a} = \frac{8 \text{ cm}}{6 \text{ cm}} = \frac{4}{3}$$

$$A' = k^2 \cdot A = \left(\frac{4}{3}\right)^2 \cdot 26 \text{ cm}^2 = \frac{16}{9} \cdot 26 \text{ cm}^2 = 46,\overline{2} \text{ cm}^2 \approx \mathbf{46,2\ cm^2}$$

103. a) $a_1 = 5$ cm
$b_1 = 7$ cm
$c_1 = 4$ cm

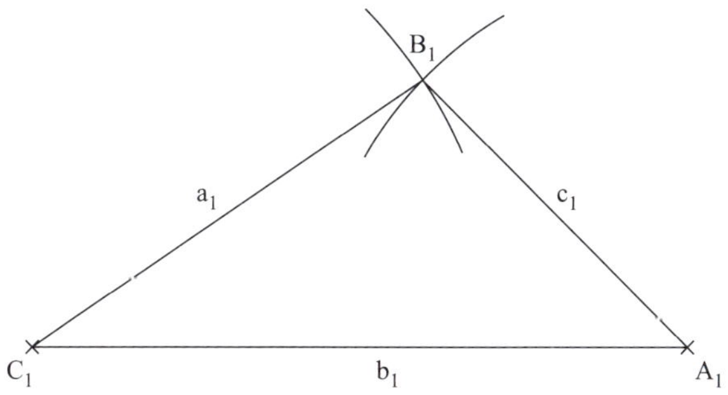

$a_2 = 5$ cm
$b_2 = 4$ cm
$c_2 = 3$ cm

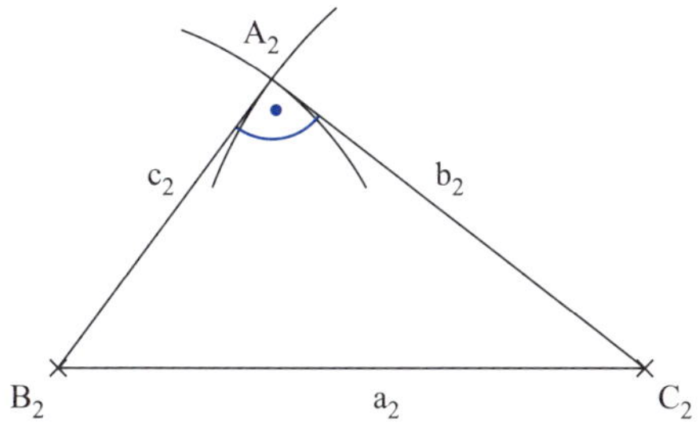

b) $\sphericalangle B_2A_2C_2 = 90°$
Im Dreieck $A_1B_1C_1$ gibt es keinen rechten Winkel. Die Winkel in beiden Dreiecken sind unterschiedlich. Die beiden Dreiecke können damit nicht zueinander ähnlich sein.

104. a) Umkreisradius 5 cm
Der Schnittpunkt der Mittelsenkrechten ist der Mittelpunkt des Umkreises.
1. Konstruktion eines ähnlichen Dreiecks
2. Streckung des Dreiecks zum Umkreisradius 5 cm

Zentrum der Streckung ist der Umkreismittelpunkt des ähnlichen Dreiecks.
$\overline{ZC'}$, $\overline{ZB'}$ und $\overline{ZA'}$ werden auf jeweils 5 cm (Umkreisradius) verlängert.

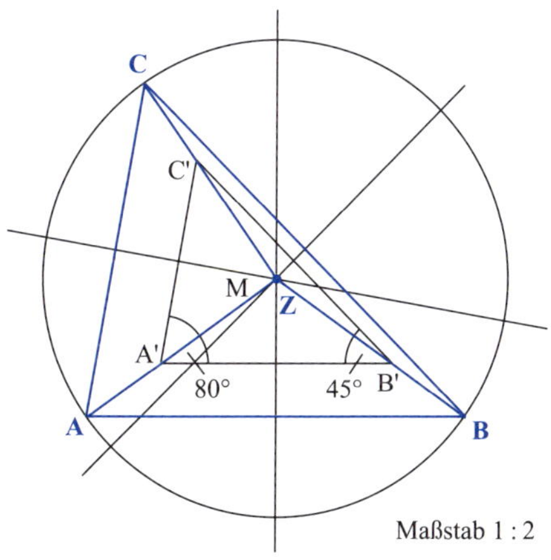

b) Inkreisradius 5 cm
Der Schnittpunkt der Winkelhalbierenden ist der Mittelpunkt des Inkreises.
1. Konstruktion eines ähnlichen Dreiecks
2. Streckung des Dreiecks zum Inkreisradius 5 cm

Zentrum der Streckung ist der Inkreismittelpunkt des ähnlichen Dreiecks. Das Lot von M auf die Seiten entspricht dem Radius des Inkreises. Dieser Radius wird auf 5 cm verlängert.

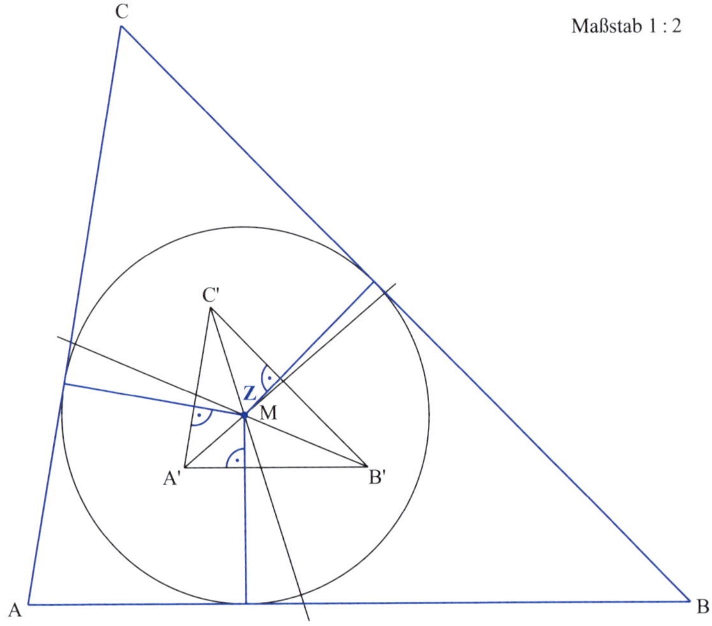

c) Beide konstruierten Dreiecke sind ähnlich zum Dreieck A'B'C'. Damit ist das Dreieck mit dem Umkreisradius 5 cm ähnlich zum Dreieck mit dem Inkreisradius 5 cm.

105. $\alpha' = 45°$ $\beta' = 77°$
Winkelsumme im Dreieck:
$\gamma' = 180° - \alpha' - \beta' = 180° - 45° - 77° = 58°$
Nach dem WW-Satz muss man zwei übereinstimmende Winkel in beiden Dreiecken suchen.

a) $\alpha = 45° = \alpha'$
$\beta = 85°$ hat keinen entsprechenden Winkel im Dreieck ABC. Das Dreieck ist nicht zum Dreieck ABC ähnlich.

b) $\alpha = 45° = \alpha'$
$\beta = 58° = \gamma'$
Die beiden Dreiecke stimmen in zwei (und damit in allen drei) Innenwinkeln überein. Die beiden Dreiecke sind zueinander ähnlich.

c) $\alpha = 92°$ hat keinen entsprechenden Winkel im Dreieck ABC. Es liegt keine Ähnlichkeit vor.

d) $\alpha = 58° = \gamma'$
$\beta = 58°$
Der Winkel β müsste bei Ähnlichkeit entweder 77° oder 45° betragen. Die beiden Dreiecke sind nicht ähnlich zueinander.

106. a) $a = 21\,\text{cm} \Leftrightarrow d = 35\,\text{mm}$
$b = 24\,\text{cm} \Leftrightarrow e = 40\,\text{mm}$ längste Seiten
$c = 15\,\text{cm} \Leftrightarrow f = 25\,\text{mm}$ kürzeste Seiten

$\frac{a}{d} = \frac{21}{35} = \frac{3}{5}$ $\frac{b}{e} = \frac{24}{40} = \frac{3}{5}$ $\frac{c}{f} = \frac{15}{25} = \frac{3}{5}$

In den beiden Dreiecken stimmen die Verhältnisse entsprechender Seiten überein. Nach dem S : S : S-Satz sind beide Dreiecke ähnlich zueinander.

b) $a = 15\,\text{cm} \Leftrightarrow d = 5\,\text{mm}$ längste Seiten
$b = 6\,\text{cm} \Leftrightarrow e = 2\,\text{mm}$ kürzeste Seiten
$c = 7\,\text{cm} \Leftrightarrow f = 4\,\text{mm}$

$\frac{a}{d} = \frac{15}{5} = 3$ $\frac{b}{e} = \frac{6}{2} = 3$ $\frac{c}{f} = \frac{7}{4} = 1{,}75$ ↯

Die Seitenverhältnisse stimmen nicht überein. Die Dreiecke sind nicht ähnlich zueinander.

c) $\alpha = 62°$ $\delta = 62°$
$\beta = 31°$ $\varphi = 87°$
$c = 5\,\text{cm}$ $f = 7\,\text{cm}$

Die Winkelsumme im Dreieck liefert den dritten Winkel:
$\gamma = 180° - \alpha - \beta = 180° - 62° - 31° = 87° = \varphi$
$\alpha = \delta = 62°$
$\gamma = \varphi = 87°$
Die beiden Dreiecke stimmen in zwei Winkeln überein und sind damit nach dem WW-Satz zueinander ähnlich.

d)

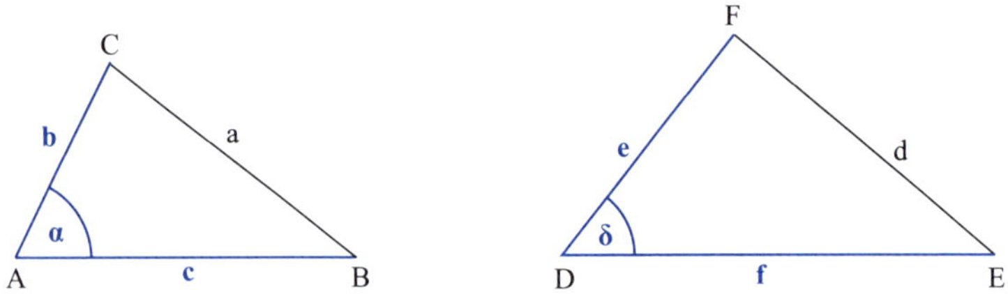

$\alpha = 63°$
$c = 5\text{ cm}$
$b = 8\text{ cm}$
$\frac{c}{f} = \frac{5}{1} = 5$

$\delta = 63°$
$f = 1\text{ cm}$
$e = 1{,}6\text{ cm}$
$\frac{b}{e} = \frac{8}{1{,}6} = 5$

Das Verhältnis zweier entsprechender Seitenlängen und der eingeschlossene Winkel stimmen überein. Nach dem S : W : S-Satz sind beide Dreiecke zueinander ähnlich.

e)

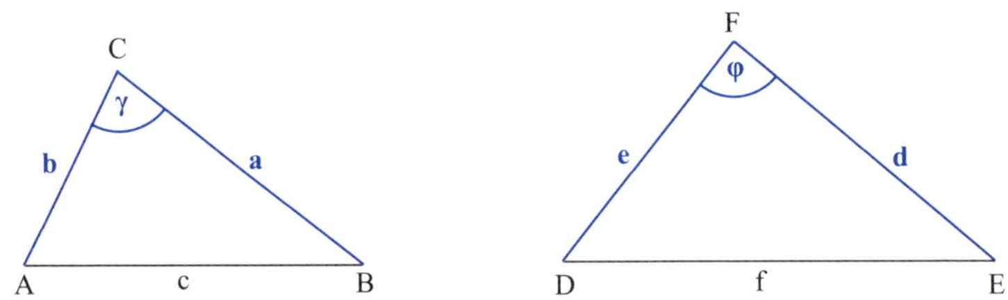

$\gamma = 48°$
$a = 9\text{ cm}$
$b = 6\text{ cm}$
$\frac{a}{d} = \frac{9}{4} = 2{,}25$

$\varphi = 48°$
$d = 4\text{ cm}$
$e = 8\text{ cm}$
$\frac{b}{e} = \frac{6}{8} = 0{,}75$

Die Längenverhältnisse entsprechender Seiten stimmen nicht überein. Die beiden Dreiecke sind nicht ähnlich zueinander.

f)

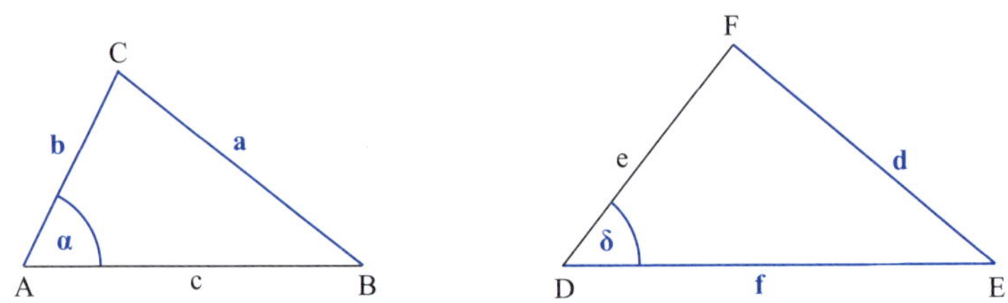

$\alpha = 88°$
$a = 5\text{ cm}$
$b = 2\text{ cm}$

$\delta = 88°$
$d = 1{,}5\text{ cm}$
$f = 6\text{ cm}$

b und f sind keine entsprechenden Seiten in den beiden Dreiecken. Der Nachweis der Ähnlichkeit ist nicht möglich!

g) a = 4 cm ⇔ d = 40 cm
b = 5 cm ⇔ e = 5 cm
? ⇔ f = 3 cm

Der Nachweis der Ähnlichkeit ist wegen der fehlenden Seite c nicht möglich.

107.

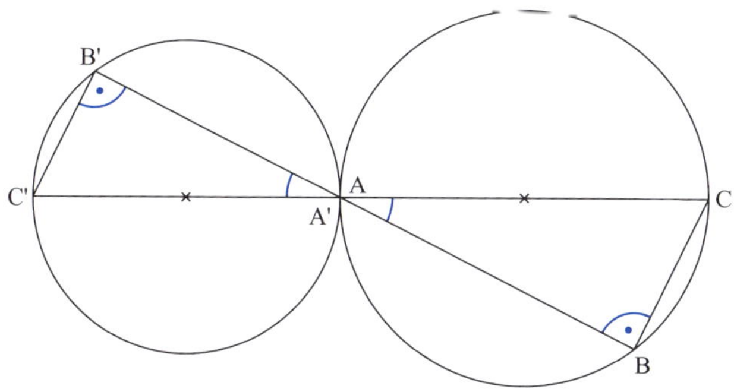

∢B'A'C' und ∢BAC sind Scheitelwinkel und damit gleich groß.
[A'C'] und [AC] sind Durchmesser der Kreise.
Nach dem Satz des Thales gilt:
∢C'B'A' = ∢CBA = 90°
Die beiden Dreiecke ABC und A'B'C' stimmen in zwei Winkeln überein und sind nach dem WW-Satz zueinander ähnlich.

108. a) Die Ähnlichkeiten werden mit dem WW-Satz gezeigt.

ABC ähnlich zu ADC:
∢BAC = ∢DAC
Beide Dreiecke haben einen 90°-Innenwinkel: ∢ACB = ∢CDA = 90°
Die beiden Dreiecke stimmen in zwei Innenwinkeln überein und sind damit nach dem WW-Satz zueinander ähnlich.

ABC ähnlich zu DBC:
∢CBA = ∢CBD
Beide Dreiecke haben einen 90°-Innenwinkel: ∢ACB = ∢BDC = 90°
Die beiden Dreiecke sind nach dem WW-Satz zueinander ähnlich.

Die Dreiecke ABC, ADC und DBC sind zueinander ähnlich.

b) Die Dreiecke ΔADC und ΔCDB sind nach Aufgabe a zueinander ähnlich. Die Längenverhältnisse entsprechender Seiten stimmen bei ähnlichen Dreiecken überein.

h_c gehört zur Seite $\overline{DB}$

$\overline{AD}$ gehört zur Seite h_c

$$\frac{h_c}{\overline{AD}} = \frac{\overline{DB}}{h_c}$$

$$h_c \cdot h_c = \overline{AD} \cdot \overline{DB}$$
$$h_c^2 = \overline{AD} \cdot \overline{DB}$$

109. a) Da BC und B'C' parallel sind, geht das Dreieck AB'C' durch zentrische Streckung aus dem Dreieck ABC hervor. Die Dreiecke sind daher ähnlich.
Die Winkel β und β' sowie γ und γ' sind Stufenwinkel an parallelen Geraden und stimmen somit überein.
Winkel α ist in beiden Dreiecken gleich, sodass sie auch in diesem Winkel übereinstimmen.
Die Dreiecke ABC und AB'C' stimmen somit in zwei Winkeln überein und sind zueinander ähnlich.

b) Da BC und B'C' parallel sind, geht das Dreieck AB'C' durch zentrische Streckung aus dem Dreieck ABC hervor. Die Dreiecke sind daher ähnlich. In dieser Figur ist der Strahlensatz anwendbar:
$$\frac{\overline{B'C'}}{\overline{BC}} = \frac{\overline{AB'}}{\overline{AB}} = \frac{\overline{AC'}}{\overline{AC}}$$
Damit stimmen die beiden Dreiecke ABC und AB'C' in ihren Seitenverhältnissen überein und sind zueinander ähnlich.

110. a) Geradengleichung $y = mx + t$
$B(0|-2) \Rightarrow t = -2$
$A(4|0)$: $0 = m \cdot 4 - 2 \quad |+2$
$2 = m \cdot 4 \quad |:4$
$\frac{1}{2} = m$

$$\mathbf{y = \frac{1}{2}x - 2}$$

b)
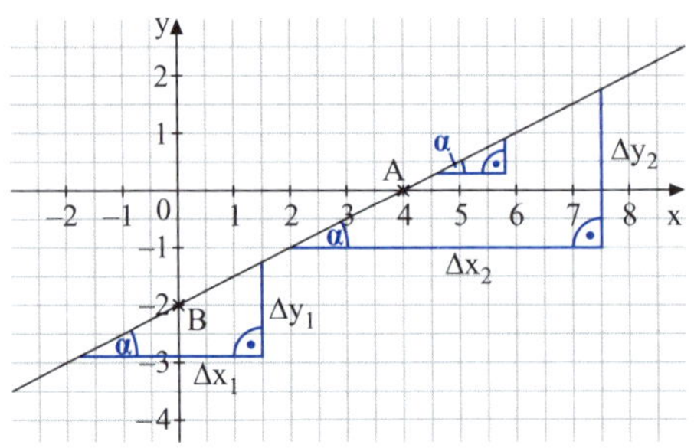

c) Alle Steigungsdreiecke haben den Winkel α und einen rechten Winkel gemeinsam. Nach dem WW-Satz sind alle Steigungsdreiecke zueinander ähnlich.

$\frac{\Delta x_1}{\Delta x_2} = \frac{\Delta y_1}{\Delta y_2}$ Längenverhältnisse entsprechender Seiten stimmen überein.

$\frac{\Delta y_2}{\Delta x_2} = \frac{\Delta y_1}{\Delta x_1}$ Jeder Quotient gibt die Steigung an.

111. a)

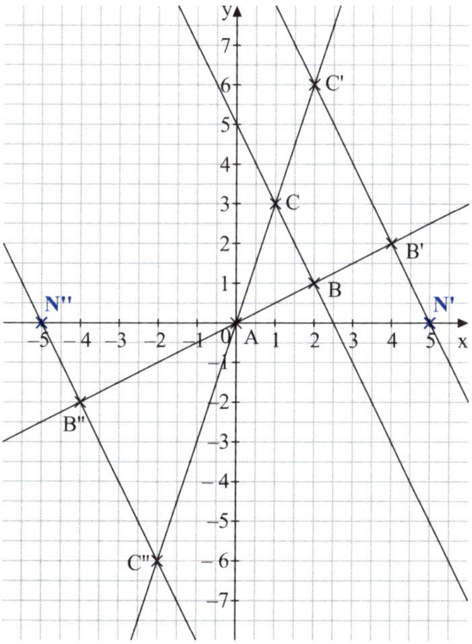

b) Vervierfachung der Fläche bedeutet den Streckfaktor 2.

Fall 1:

B' und C' liegen auf derselben Seite des Zentrums A wie B und C.
BB' entspricht der Geraden OB und CC' der Geraden OC.

Geradengleichung für C'B': Ablesen zweier Punkte auf der Geraden

N'(5 | 0) B'(4 | 2)

$y = mx + t$

I $0 = m \cdot 5 + t \quad \Rightarrow \quad t = -5m$

II $2 = m \cdot 4 + t$

I in II: $2 = m \cdot 4 - 5m$

$2 = -m$

$-2 = m$

$m=-2$ in $t=-5m$:
$t=-5\cdot(-2)$
$t=10$
$\mathbf{y=-2x+10}$

Fall 2:
B" und C" liegen auf der anderen Seite des Zentrums A wie B und C. B"B entspricht der Geraden OB und C"C der Geraden OC.

Geradengleichung für C"B":
N"$(-5|0)$ B"$(-4|-2)$ Ablesen zweier Punkte auf der Geraden

$y=mx+t$
I $0=m\cdot(-5)+t \Rightarrow t=5m$
II $-2=m\cdot(-4)+t$
I in II: $-2=-4m+5m$
$-2=m$
$-2=m$ in $t=5m$: $t=5\cdot(-2)$
$t=-10$
$\mathbf{y=-2x-10}$

112. Mit zwei Würfen kann man in der Summe alle Werte von 2 bis 12 erreichen.

a) $\Omega=\{2; 3; 4; 5; 6; 7; 8; 9; 10; 11; 12\}$

b) Wähle die Elemente aus Ω aus, die die entsprechende Eigenschaft haben.
$A=\{2; 3; 5; 7; 11\}$ (Primzahl)
$B=\{3; 6; 9; 12\}$ (durch 3 teilbar)
$C=\{7\}$ (durch 7 teilbar)
$D=\{4; 9\}$ (Quadratzahl)
$E=\{2; 4; 6; 8; 10; 12\}$ (gerade Zahl)

113. a) Man kann sich zwei Felder vorstellen, die jeweils mit einer Ziffer von 1 bis 7 belegt werden, wobei die erste Ziffer [1] größer (oder gleich) als die zweite Ziffer [2] sein muss.

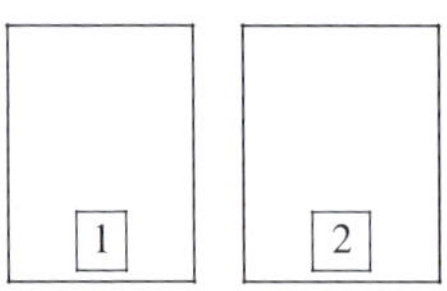

11	21	31	41	51	61	71
	22	32	42	52	62	72
		33	43	53	63	73
			44	54	64	74
				55	65	75
					66	76
						77

Gehe planvoll vor, indem die erste Ziffer von 1 bis 7 festgelegt wird und die dazu passenden Ziffern an die Stelle [2] geschrieben werden.

Ω = {11; 21; 22; 31; 32; 33; 41; 42; 43; 44; 51; 52; 53; 54; 55; 61; 62; 63; 64; 65; 66; 71; 72; 73; 74; 75; 76; 77}

b) A = {54; 63; 72} — Durch 9 teilbar, d. h., die Quersumme ist durch 9 teilbar.

B = {21; 33; 42; 51; 54; 63; 66; 72; 75} — Durch 3 teilbar, d. h., die Quersumme ist durch 3 teilbar.

C = {11; 31; 41; 43; 53; 61; 71; 73} — Primzahl

D = {64} — Quadratzahl

E = {64; 65; 66; 71; 72; 73; 74; 75; 76; 77} — Größer als 63

F = {55; 64; 73} — Quersumme 10

114. a) Zur Ermittlung der Ergebnismenge hilft das Baumdiagramm:

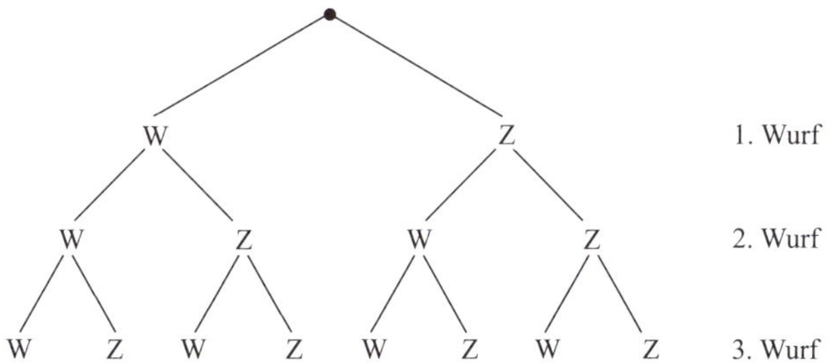

Jeder Pfad ergibt ein Element aus der Ergebnismenge:
Ω = {WWW; WWZ; WZW; WZZ; ZWW; ZWZ; ZZW; ZZZ}

b) Genau zweimal Zahl bedeutet, dass zwei Z und ein W in den Elementen der Menge A vorkommen müssen: A = {WZZ; ZWZ; ZZW}

Mindestens zweimal Zahl bedeutet zweimal Zahl oder dreimal Zahl:
B = {WZZ; ZWZ; ZZW; ZZZ}

Höchstens zweimal Zahl bedeutet nicht dreimal Zahl:
C = {WWW; WWZ; WZW; WZZ; ZWW; ZWZ; ZZW}

Genau dreimal Wappen heißt dreimal Wappen und nichts anderes:
D = {WWW}

Keinmal Wappen bedeutet, es darf kein Wappen vorkommen. Damit ist ZZZ das einzige Element der Menge E: E = {ZZZ}

c) $\overline{A} = \{WWW; WWZ; WZW; ZWW; ZZZ\}$

In $\overline{A}$ sind alle Elemente aus Ω enthalten, die nicht in A enthalten sind.

Probe:
$|\overline{A}| + |A| = 5 + 3 = |\Omega|$ ✓

Zur Überprüfung kann man die Mächtigkeit (Anzahl der Elemente einer Menge) von A und $\overline{A}$ zusammenzählen. Das Ergebnis muss die Mächtigkeit von Ω sein.

$\overline{B} = \{WWW; WWZ; WZW; ZWW\}$

Alle Elemente aus Ω, die nicht in B enthalten sind.

Probe:
$|\overline{B}| + |B| = 4 + 4 = |\Omega|$ ✓

$\overline{C} = \{ZZZ\}$

ZZZ ist das einzige Element aus Ω, welches nicht in C enthalten ist.

Probe:
$|\overline{C}| + |C| = 1 + 7 = |\Omega|$ ✓

$\overline{D} = \{WWZ; WZW; WZZ; ZWW; ZWZ; ZZW; ZZZ\}$

Das einzige Element in D ist WWW. Alle anderen Elemente aus Ω bilden die Menge des Gegenereignisses von D.

Probe:
$|\overline{D}| + |D| = 7 + 1 = |\Omega|$ ✓

$\overline{E} = \{WWW; WWZ; WZW; WZZ; ZWW; ZWZ; ZZW\}$

Da E nur aus dem Element ZZZ besteht, enthält die gesuchte Gegenmenge $\overline{E}$ alle Elemente von Ω außer ZZZ.

Probe:
$|\overline{E}| + |E| = 7 + 1 = |\Omega|$ ✓

115. a) *1. Glücksrad:*

Gesamtzahl der Versuche: $51 + 33 + 78 + 89 + 49 = 300$

Punktezahl 1 mit 51 Treffern: $h_{300}(51) = \frac{51}{300} = 0{,}17 = 17\ \%$

Punktezahl 2 mit 33 Treffern: $h_{300}(33) = \frac{33}{300} = 0{,}11 = 11\ \%$

Punktezahl 3 mit 78 Treffern: $h_{300}(78) = \frac{78}{300} = 0{,}26 = 26\ \%$

Punktezahl 4 mit 89 Treffern: $h_{300}(89) = \frac{89}{300} = 0{,}29\overline{6} = 29{,}\overline{6}\ \%$

Punktezahl 5 mit 49 Treffern: $h_{300}(49) = \frac{49}{300} = 0{,}16\overline{3} = 16{,}\overline{3}\ \%$

Punktezahl	1	2	3	4	5
Anzahl k	51	33	78	89	49
relative Häufigkeit	**17 %**	**11 %**	**26 %**	**$29{,}\overline{6}$ %**	**$16{,}\overline{3}$ %**

2. Glücksrad:

Gesamtzahl der Versuche: $128+112+60=300$

Punktezahl 1 mit 128 Treffern: $h_{300}(128)=\frac{128}{300}=0{,}42\overline{6}=42{,}\overline{6}\ \%$

Punktezahl 3 mit 112 Treffern: $h_{300}(112)=\frac{112}{300}=0{,}37\overline{3}=37{,}\overline{3}\ \%$

Punktezahl 5 mit 60 Treffern: $h_{300}(60)=\frac{60}{300}=0{,}2=20\ \%$

Punktezahl	1	3	5
Anzahl k	128	112	60
relative Häufigkeit	**$42{,}\overline{6}$ %**	**$37{,}\overline{3}$ %**	**20 %**

b) Der Besitzer geht davon aus, dass jede Punktezahl mit der gleichen relativen Häufigkeit erscheint.

1. Glücksrad:
Bei fünf möglichen Ergebnissen sollte jedes Ergebnis bei 300 Versuchen 60-mal (300 : 5) auftreten. Das ergibt für alle möglichen Ergebnisse die relative Häufigkeit:

$h_{300}(60)=\frac{60}{300}=\frac{1}{5}=0{,}2=$ **20 %**

2. Glücksrad:
Hier werden für jede Punktezahl 100 Treffer (300 : 3) erwartet. Für jede relative Häufigkeit ergibt das:

$h_{300}(100)=\frac{100}{300}=\frac{1}{3}=0{,}\overline{3}=$ **$33{,}\overline{3}$ %**

c) Der Grundwert ist jeweils die zu erwartende Wahrscheinlichkeit.

1. Glücksrad:
$G=h_{300}(60)=20\ \%$

Punktezahl 1 mit $h_{300}(51)=0{,}17$: $\frac{h_{300}(51)}{20\ \%}=\frac{0{,}17}{0{,}2}=85\ \%$

Der ermittelte Wert weicht um **15 %** (= 100 % – 85 %) von der Erwartung ab.

Punktezahl 2 mit $h_{300}(33)=0{,}11$: $\frac{h_{300}(33)}{20\ \%}=\frac{0{,}11}{0{,}2}=55\ \%$

Der ermittelte Wert weicht um **45 %** (= 100 % – 55 %) von der Erwartung ab.

Punktezahl 3 mit $h_{300}(78)=0{,}26$: $\frac{h_{300}(78)}{20\ \%}=\frac{0{,}26}{0{,}2}=130\ \%$

Der ermittelte Wert weicht um **30 %** (= 130 % – 100 %) von der Erwartung ab.

Punktezahl 4 mit $h_{300}(89) = 0,29\overline{6}$: $\frac{h_{300}(89)}{20\,\%} = \frac{0,29\overline{6}}{0,2} = 148,\overline{3}\,\%$

Der ermittelte Wert weicht um **48,$\overline{3}$ %** (= 148,$\overline{3}$ % – 100 %) von der Erwartung ab.

Punktezahl 5 mit $h_{300}(49) = 0,16\overline{3}$: $\frac{h_{300}(49)}{20\,\%} = \frac{0,16\overline{3}}{0,2} = 81,\overline{6}\,\%$

Der ermittelte Wert weicht um **18,$\overline{3}$ %** (= 100 % – 81,$\overline{6}$ %) von der Erwartung ab.

2. Glücksrad:
$G = h_{300}(100) = \frac{100}{300} = 33,\overline{3}\,\%$

Punktezahl 1 mit $h_{300}(128) = 0,42\overline{6}$: $\frac{h_{300}(128)}{33,\overline{3}\,\%} = \frac{0,42\overline{6}}{0,\overline{3}} = 128\,\%$

Der ermittelte Wert weicht um **28 %** (= 128 % – 100 %) von der Erwartung ab.

Punktezahl 3 mit $h_{300}(112) = 0,37\overline{3}$: $\frac{h_{300}(112)}{33,\overline{3}\,\%} = \frac{0,37\overline{3}}{0,\overline{3}} = 112\,\%$

Der ermittelte Wert weicht um **12 %** (= 112 % – 100 %) von der Erwartung ab.

Punktezahl 5 mit $h_{300}(60) = 0,2$: $\frac{h_{300}(60)}{33,\overline{3}\,\%} = \frac{0,2}{0,\overline{3}} = 60\,\%$

Der ermittelte Wert weicht um **40 %** (= 100 % – 60 %) von der Erwartung ab.

d) Die erzielten relativen Häufigkeiten stimmen nicht mit den erwarteten relativen Häufigkeiten überein. Die Anzahl der Versuche ist jedoch zu gering, um Rückschlüsse auf den Zustand des Glücksrads zu ziehen.

116.

Kartenfarbe	Herz	Karo	Pik	Kreuz
absolute Häufigkeit	[3]	[2]	[1]	39
relative Häufigkeit	[4]	30 %	28,3 %	[5]

Gesamtzahl der gezogenen Karten: 180

a) Mögliche Reihenfolge der Berechnung:

[1] 28,3 % von 180: $28,3\,\% \cdot 180 = \frac{28,3}{100} \cdot 180 = 50,94 \approx$ **51**

[2] 30 % von 180: $30\,\% \cdot 180 = \frac{30}{100} \cdot 180 =$ **54**

3 Die Summe aller absoluten Häufigkeiten ergibt die Gesamtzahl der gezogenen Karten (180).

$$x+54+51+39=180$$
$$x+144=180 \quad |-144$$
$$x=\mathbf{36}$$

4 Berechnung der relativen Häufigkeit:

$$h_{180}(36)=\frac{36}{180}=\frac{1}{5}=0,2=\mathbf{20\ \%}$$

5 *1. Möglichkeit:*
Die Gesamtsumme der relativen Häufigkeiten muss 100 % ergeben:

$$20\ \%+30\ \%+28,3\ \%+x=100\ \%$$
$$78,3\ \%+x=100\ \% \quad |-78,3\ \%$$
$$x=\mathbf{21,7\ \%}$$

2. Möglichkeit:
Berechnung der relativen Häufigkeit:

$$h_{180}(39)=\frac{39}{180}=\frac{13}{60}=21,\overline{6}\ \%\approx\mathbf{21,7\ \%}$$

Vervollständigte Tabelle:

Kartenfarbe	Herz	Karo	Pik	Kreuz
absolute Häufigkeit	**36**	**54**	**51**	39
relative Häufigkeit	**20 %**	30 %	28,3 %	**21,7 %**

b) Die relativen Häufigkeiten entsprechen den Anteilen der Mittelpunktswinkel des Kreisdiagramms am Vollwinkel 360°:

Herz: 20 % von $360° = 20\ \% \cdot 360° = 0,20 \cdot 360° = 72°$
Karo: 30 % von $360° = 30\ \% \cdot 360° = 0,30 \cdot 360° = 108°$
Pik: 28,3 % von $360° = 28,3\ \% \cdot 360° = 0,283 \cdot 360° = 101,88° \approx 102°$
Kreuz: 21,7 % von $360° = 21,7\ \% \cdot 360° = 0,217 \cdot 360° = 78,12° \approx 78°$

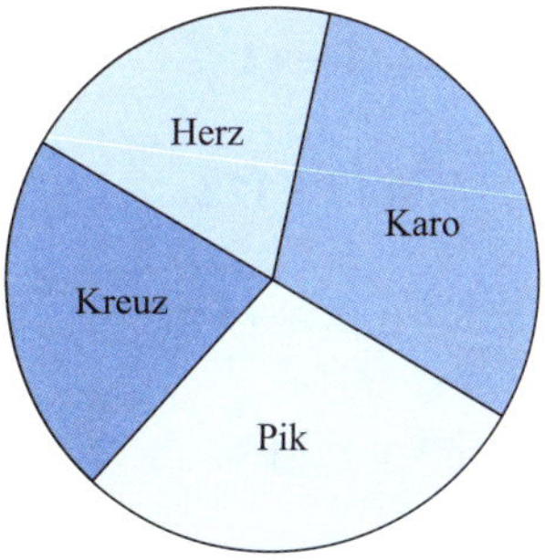

Probe:
$72°+108°+102°+78°=360°$ ✓

Die Summe aller Winkel muss „etwa“ 360° ergeben. Es kann wegen der Rundungen der Werte zu kleinen Abweichungen kommen.

c) Von jeder Kartenfarbe sind gleich viele Karten vorhanden. Daher ist die Wahrscheinlichkeit für jede Kartenfarbe gleich groß. Bei jeder vierten Ziehung wird beispielsweise die Kartenfarbe „Herz“ erwartet.

$P(\text{„Herz“}) = \frac{1}{4} = 0{,}25 = 25\ \%$

Die Wahrscheinlichkeit jeder anderen Kartenfarbe ist auch **25 %**.

117. a) *Thomas:*

Augenzahl 1: $h_{300}(48) = \frac{48}{300} = \frac{4}{25} = 0{,}16 = \mathbf{16\ \%}$

Augenzahl 2: $h_{300}(61) = \frac{61}{300} = 0{,}20\overline{3} = \mathbf{20{,}\overline{3}\ \%}$

Augenzahl 3: $h_{300}(32) = \frac{32}{300} = \frac{8}{75} = 0{,}10\overline{6} = \mathbf{10{,}\overline{6}\ \%}$

Augenzahl 4: $h_{300}(55) = \frac{55}{300} = \frac{11}{60} = 0{,}18\overline{3} = \mathbf{18{,}\overline{3}\ \%}$

Augenzahl 5: $h_{300}(51) = \frac{51}{300} = \frac{17}{100} = 0{,}17 = \mathbf{17\ \%}$

Augenzahl 6: $h_{300}(53) = \frac{53}{300} = 0{,}17\overline{6} = \mathbf{17{,}\overline{6}\ \%}$

Probe:

$16\ \% + 20{,}\overline{3}\ \% + 10{,}\overline{6}\ \% + 18{,}\overline{3}\ \%$
$+ 17\ \% + 17{,}\overline{6}\ \% = 100\ \%$ ✓

Die Gesamtsumme aller berechneten relativen Häufigkeiten muss 100 % ergeben.

Christian:

Augenzahl 1: $h_{300}(58) = \frac{58}{300} = \frac{29}{150} = 0{,}19\overline{3} = \mathbf{19{,}\overline{3}\ \%}$

Augenzahl 2: $h_{300}(43) = \frac{43}{300} = 0{,}14\overline{3} = \mathbf{14{,}\overline{3}\ \%}$

Augenzahl 3: $h_{300}(42) = \frac{42}{300} = \frac{7}{50} = 0{,}14 = \mathbf{14\ \%}$

Augenzahl 4: $h_{300}(51) = \frac{51}{300} = \frac{17}{100} = 0{,}17 = \mathbf{17\ \%}$

Augenzahl 5: $h_{300}(57) = \frac{57}{300} = \frac{19}{100} = 0{,}19 = \mathbf{19\ \%}$

Augenzahl 6: $h_{300}(49) = \frac{49}{300} = 0{,}16\overline{3} = \mathbf{16{,}\overline{3}\ \%}$

Probe:

$19{,}\overline{3}\ \% + 14{,}\overline{3}\ \% + 14\ \% + 17\ \%$
$+ 19\ \% + 16{,}\overline{3}\ \% = 100\ \%$ ✓

Die Gesamtsumme aller berechneten relativen Häufigkeiten muss 100 % ergeben.

b) Wähle zum Zeichnen des Balkendiagramms einen geeigneten Maßstab, z. B. 2 cm $\hat{=}$ 10 %:

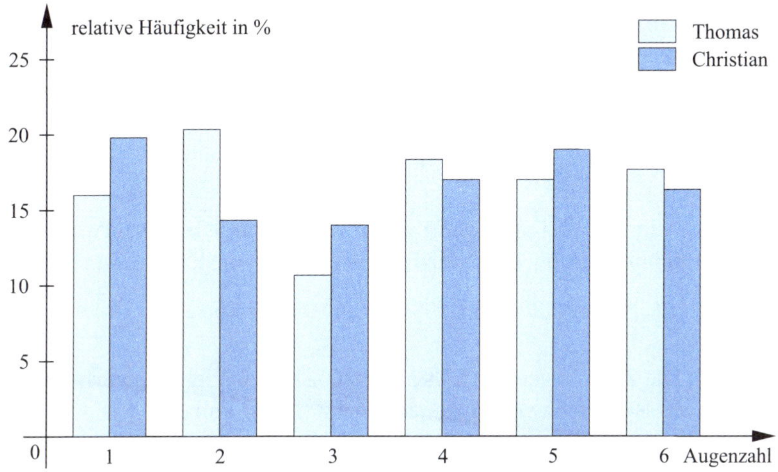

c) Eine bestimmte Augenzahl ist bei einem Würfel bei jedem sechsten Wurf zu erwarten:
P(„1“) = P(„2“) = P(„3“) = P(„4“) = P(„5“) = P(„6“) = $\mathbf{\frac{1}{6}}$

118. a)

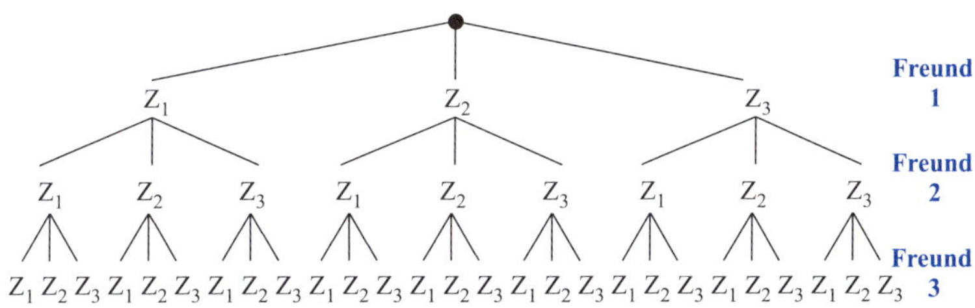

Es gibt insgesamt **27** Möglichkeiten die Fahrt nach München mit 3 Personen und 3 Zügen zu buchen.

b) Bei drei Möglichkeiten ($Z_1Z_1Z_1$; $Z_2Z_2Z_2$; $Z_3Z_3Z_3$) sitzen die Freunde in einem Zug.
Drei von 27 Möglichkeiten führen zur Wahrscheinlichkeit
P(„alle drei Freunde im gleichen Zug“) = $\frac{3}{27} = \mathbf{\frac{1}{9}}$.

119. a) $200-(81+23+57)=200-161=\mathbf{39}$

Augenzahl	1	2	5	6
absolute Häufigkeit	57	23	81	**39**

$h_{200}(57)=\frac{57}{200}=\mathbf{28{,}5\ \%}$ $\qquad h_{200}(23)=\frac{23}{200}=\mathbf{11{,}5\ \%}$

$h_{200}(81)=\frac{81}{200}=\mathbf{40{,}5\ \%}$ $\qquad h_{200}(39)=\frac{39}{200}=\mathbf{19{,}5\ \%}$

b) Alle vier Ereignisse sind gleich wahrscheinlich. Man erwartet durchschnittlich in jedem vierten Versuch z. B. die Ziffer „5“.

P(„1“) = P(„2“) = P(„5“) = P(„6“) = $\frac{1}{4}=\mathbf{25\ \%}$

c) Die Zahl ist gerade, falls als letzte Ziffer 2 oder 6 gewürfelt wird. Dies ist bei jeder zweiten vierstelligen Zahl der Fall:

P(„vierstellige Zahl gerade“) = $\frac{1}{2}=\mathbf{50\ \%}$

d) Die Zahl ist durch 5 teilbar, falls als letzte Ziffer eine 5 gewürfelt wird. Dies passiert in einem von vier Fällen:

P(„vierstellige Zahl durch 5 teilbar“) = $\frac{1}{4}=\mathbf{25\ \%}$

e) Die Zahl ist durch 4 teilbar, falls die letzten beiden Ziffern als Zahl durch 4 teilbar sind.

~~04~~	~~36~~	~~68~~
~~08~~	~~40~~	~~72~~
12	~~44~~	~~76~~
16	~~48~~	~~80~~
~~20~~	52	~~84~~
~~24~~	56	~~88~~
~~28~~	~~60~~	~~92~~
~~32~~	~~64~~	~~96~~

Das sind alle infrage kommenden durch vier teilbaren Zahlen. Ausgestrichen sind die, deren Ziffern auf dem Tetraeder nicht zur Verfügung stehen.

Es gibt 16 Möglichkeiten, die letzten zwei Ziffern aus den Tetraeder-Ziffern zu bilden, davon sind vier durch 4 teilbar.

P(„durch 4 teilbar“) = $\frac{4}{16}=\frac{1}{4}=\mathbf{25\ \%}$

120. a) $P(A) = \frac{18}{37} \approx$ **48,6 %** — 18 Felder mit ungeraden Zahlen; 37 Felder insgesamt

$P(B) = \frac{12}{37} \approx$ **32,4 %** — 12 Felder aus dem ersten Dutzend

$P(C) = \frac{1}{37} \approx$ **2,7 %** — „0“ kommt nur einmal vor

$P(D) = \frac{6}{37} \approx$ **16,2 %** — Die Menge {10; 11; 12; 13; 14; 15} hat die Mächtigkeit 6.

$P(E) = \frac{18}{37} \approx$ **48,6 %** — Auf dem Roulette befinden sich 18 gerade Zahlen.

$P(F) = \frac{18}{37} \approx$ **48,6 %** — 18 Felder mit der Farbe schwarz

$P(G) = \frac{1}{37} \approx$ **2,7 %** — Die Mächtigkeit der Menge {23} ist 1.

$P(H) = \frac{3}{37} \approx$ **8,1 %** — Die Mächtigkeit der Menge {34; 35; 36} ist 3.

b) Man gewinnt auf lange Sicht bei jedem 37-ten Spiel. Bei 36-fachem Einsatz als Gewinn verliert man langfristig.
Das Spiel wäre bei 36 Feldern (ohne „0“) fair.

121. a) $P(\text{„23“}) = \frac{1}{49} \approx$ **2,04 %** — Eine Kugel mit der Zahl „23“; 49 Möglichkeiten zur Ziehung der ersten Kugel

b) $P(\text{„nicht 5“}) = \frac{48}{49} \approx$ **97,96 %** — 48 Möglichkeiten, Zahlen außer der „5“ zu ziehen

c) S: = „Die gezogene Zahl ist durch 6 teilbar“
$S = \{6; 12; 18; 24; 30; 36; 42; 48\}$
$|S| = 8$

$$P(S) = \frac{\text{„Anzahl der Elemente von S“}}{\text{„Gesamtzahl der Möglichkeiten für die erste Kugel“}}$$

$$= \frac{|S|}{|\Omega|} = \frac{8}{49} \approx \mathbf{16{,}3\ \%}$$

d) A: = „Die gezogene Zahl ist höchstens 17“
$A = \{1; 2; 3; 4; \ldots; 15; 16; 17\}$
$|A| = 17$

$$P(A) = \frac{\text{„Anzahl der Elemente von A“}}{\text{„Gesamtzahl der Möglichkeiten für die erste Kugel“}}$$

$$= \frac{|A|}{|\Omega|} = \frac{17}{49} \approx \mathbf{34{,}7\ \%}$$

B: = „Die gezogene Zahl ist mindestens 24"
$B = \{24; 25; 26; \ldots; 47; 48; 49\}$
$|B| = 49 - 24 + 1 = 26$

$$P(B) = \frac{\text{„Anzahl der Elemente von B"}}{\text{„Gesamtzahl der Möglichkeiten für die erste Kugel"}} = \frac{|B|}{|\Omega|} = \frac{26}{49} \approx \mathbf{53{,}1\ \%}$$

C: = „Die gezogene Zahl ist eine Primzahl"
$C = \{2; 3; 5; 7; 11; 13; 17; 19; 23; 29; 31; 37; 41; 43; 47\}$
$|C| = 15$

$$P(C) = \frac{\text{„Anzahl der Elemente von C"}}{\text{„Gesamtzahl der Möglichkeiten für die erste Kugel"}} = \frac{|C|}{|\Omega|} = \frac{15}{49} \approx \mathbf{30{,}6\ \%}$$

D: = „Die gezogene Zahl ist eine Quadratzahl"
$D = \{1; 4; 9; 16; 25; 36; 49\}$
$|D| = 7$

$$P(D) = \frac{\text{„Anzahl der Elemente von D"}}{\text{„Gesamtzahl der Möglichkeiten für die erste Kugel"}} = \frac{|D|}{|\Omega|} = \frac{7}{49} = \frac{1}{7} \approx \mathbf{14{,}3\ \%}$$

E: = „Die Quersumme der gezogenen Zahl ist 5"
$E = \{5; 14; 23; 32; 41\}$
$|E| = 5$

$$P(E) = \frac{\text{„Anzahl der Elemente von E"}}{\text{„Gesamtzahl der Möglichkeiten für die erste Kugel"}} = \frac{|E|}{|\Omega|} = \frac{5}{49} \approx \mathbf{10{,}2\ \%}$$

F: = „Die gezogene Zahl ist größer als 27"
$F = \{28; 29; 30; \ldots; 47; 48; 49\}$
$|F| = 49 - 28 + 1 = 22$

$$P(F) = \frac{\text{„Anzahl der Elemente von F"}}{\text{„Gesamtzahl der Möglichkeiten für die erste Kugel"}} = \frac{|F|}{|\Omega|} = \frac{22}{49} \approx \mathbf{44{,}9\ \%}$$

G: = „Die gezogene Zahl ist kleiner als 29"
$G = \{1; 2; 3; \ldots; 26; 27; 28\}$
$|G| = 28$

$$P(G) = \frac{\text{„Anzahl der Elemente von G"}}{\text{„Gesamtzahl der Möglichkeiten für die erste Kugel"}}$$

$$= \frac{|G|}{|\Omega|} = \frac{28}{49} = \frac{4}{7} \approx \mathbf{57{,}1\ \%}$$

122. Die Anzahl aller möglichen Ergebnisse entspricht der Anzahl der Karten:
$|\Omega| = 32$

a) Herz-Ass:
Die Ereignismenge besteht aus einem Element: $|E| = 1$

$$P(\text{„Herz-Ass"}) = \frac{\text{Anzahl der Elemente von E}}{\text{Anzahl der Elemente von } \Omega} = \frac{|E|}{|\Omega|} = \mathbf{\frac{1}{32}}$$

b) Karte mit der Farbe Karo:
Die Ereignismenge besteht aus 8 Elementen: $|E| = 8$ — 8 Karten haben die Farbe Karo.

$$P(\text{„Karo"}) = \frac{\text{Anzahl der Elemente von E}}{\text{Anzahl der Elemente von } \Omega} = \frac{|E|}{|\Omega|} = \frac{8}{32} = \mathbf{\frac{1}{4}}$$

c) König:
Die Ereignismenge besteht aus 4 Elementen: $|E| = 4$ — Es gibt 4 Könige.

$$P(\text{„König"}) = \frac{\text{Anzahl der Elemente von E}}{\text{Anzahl der Elemente von } \Omega} = \frac{|E|}{|\Omega|} = \frac{4}{32} = \mathbf{\frac{1}{8}}$$

d) „7" oder „8":
Die Ereignismenge besteht aus 8 Elementen: $|E| = 8$ — 4 Karten mit „7", 4 Karten mit „8"

$$P(\text{„7" oder „8"}) = \frac{\text{Anzahl der Elemente von E}}{\text{Anzahl der Elemente von } \Omega} = \frac{|E|}{|\Omega|} = \frac{8}{32} = \mathbf{\frac{1}{4}}$$

e) Herz oder Pik:
Die Ereignismenge besteht aus 16 Elementen: $|E| = 16$ — 8 Karten mit Herz, 8 Karten mit Pik

$$P(\text{„Herz" oder „Pik"}) = \frac{\text{Anzahl der Elemente von E}}{\text{Anzahl der Elemente von } \Omega} = \frac{|E|}{|\Omega|} = \frac{16}{32} = \mathbf{\frac{1}{2}}$$

f) Herz-Ass oder Pik-König oder „Kreuz 7“:
Die Ereignismenge besteht aus drei Elementen: $|E| = 3$

Jede Karte ist einmalig.

P(„Herz-Ass“ oder „Pik-König“ oder „Kreuz 7“)

$$= \frac{\text{Anzahl der Elemente von E}}{\text{Anzahl der Elemente von } \Omega} = \frac{|E|}{|\Omega|} = \mathbf{\frac{3}{32}}$$

123. Die Anzahl aller möglichen Ergebnisse entspricht der Gesamtzahl der Teebeutel:
$|\Omega| = 60 + 24 + 10 + 25 + 26 = 145$

a) 60 Beutel schwarzer Tee: $|E| = 60$

$$P(\text{„schwarzer Tee“}) = \frac{|E|}{|\Omega|} = \frac{60}{145} = \mathbf{\frac{12}{29}}$$

24 Beutel Früchtetee: $|E| = 24$

$$P(\text{„Früchtetee“}) = \frac{|E|}{|\Omega|} = \mathbf{\frac{24}{145}}$$

10 Beutel grüner Tee: $|E| = 10$

$$P(\text{„grüner Tee“}) = \frac{|E|}{|\Omega|} = \frac{10}{145} = \mathbf{\frac{2}{29}}$$

25 Beutel Kamillentee: $|E| = 25$

$$P(\text{„Kamillentee“}) = \frac{|E|}{|\Omega|} = \frac{25}{145} = \mathbf{\frac{5}{29}}$$

26 Beutel Pfefferminztee: $|E| = 26$

$$P(\text{„Pfefferminztee“}) = \frac{|E|}{|\Omega|} = \mathbf{\frac{26}{145}}$$

b) 25 Beutel + 26 Beutel = 51 Beutel Kamillentee oder Pfefferminztee:
$|E| = 51$

$$P(\text{„Kamillentee“ oder „Pfefferminztee“}) = \frac{|E|}{|\Omega|} = \mathbf{\frac{51}{145}}$$

c) $\underbrace{\text{145 Beutel}}_{\text{Gesamtzahl der Teebeutel}} - \underbrace{\text{24 Beutel}}_{\text{Anzahl der Teebeutel mit Früchtetee}}$ = 121 Beutel sind kein Früchtetee:

$|E| = 121$

$$P(\text{„kein Früchtetee“}) = \frac{|E|}{|\Omega|} = \mathbf{\frac{121}{145}}$$

d) Die Gesamtzahl der Teebeutel hat sich verändert: $|\Omega| = 145 - 1 = 144$
60 Beutel schwarzer Tee: $|E| = 60$

$$P(\text{„schwarzer Tee“}) = \frac{|E|}{|\Omega|} = \frac{60}{144} = \mathbf{\frac{5}{12}}$$

124. a) 425 Nieten; 575 Gewinne
Gesamtzahl der Lose: $n = 425 + 575 = 1\,000$

$$P(\text{„Gewinn“}) = \frac{\text{Anzahl der Gewinne}}{\text{Anzahl der Lose}} = \frac{575}{1\,000} = \mathbf{57{,}5\ \%}$$

b) 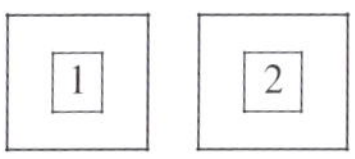

Insgesamt gibt es beim ersten Versuch 1 000 Lose, beim zweiten nur noch 999. Daher gibt es insgesamt $1\,000 \cdot 999 = 999\,000$ Möglichkeiten beim Ziehen der ersten zwei Lose.

i) Beim ersten Versuch gibt es 575 Gewinne, beim zweiten nur noch 574. Daher gibt es insgesamt $575 \cdot 574 = 330\,050$ Möglichkeiten, bei den ersten beiden Versuchen Gewinne zu ziehen.

$$P(\text{„Gewinn“; „Gewinn“}) = \frac{330\,050}{999\,000} \approx 0{,}3304 = \mathbf{33{,}04\ \%}$$

ii) Beim ersten Versuch gibt es 425 Nieten. Beim zweiten Versuch sind immer noch 575 Gewinne vorhanden. Insgesamt gibt es $425 \cdot 575 = 244\,375$ Möglichkeiten, erst eine Niete und dann einen Gewinn zu ziehen.

$$P(\text{„Niete“; „Gewinn“}) = \frac{244\,375}{999\,000} \approx 0{,}2446 = \mathbf{24{,}46\ \%}$$

125. Da 7 Steine pro Farbe zur Verfügung stehen, muss man sich keine Gedanken darüber machen, dass Steine einer bestimmten Farbe ausgehen. Für jeden Stein gibt es fünf Farbmöglichkeiten.

a) 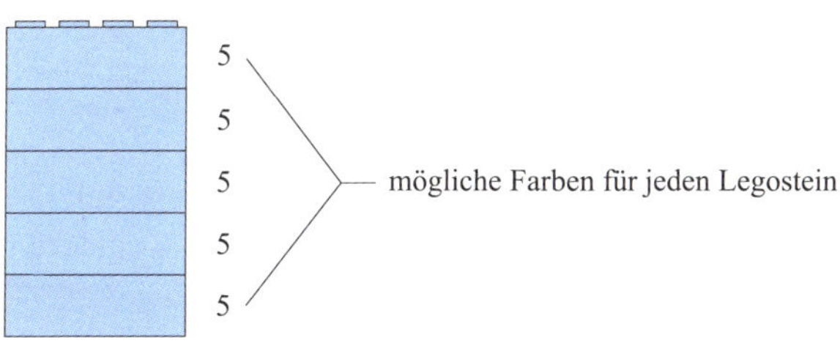

Das Zählprinzip verlangt nun, die Anzahl der Möglichkeiten zu multiplizieren:
$5 \cdot 5 \cdot 5 \cdot 5 \cdot 5 = 5^5 = 3\,125$

Es gibt **3 125** Möglichkeiten, einen Legosteinturm aus 5 Legosteinen mit 5 möglichen Legosteinfarben zu bauen.

b) 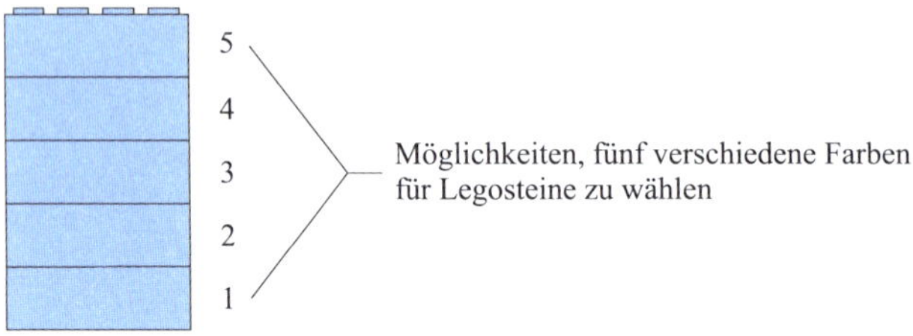

Die Anzahl der Möglichkeiten nimmt bei jedem Stein um 1 ab. Ist z. B. der erste Stein orange, so kann der zweite Stein nicht mehr orange sein, das bedeutet, für den zweiten Stein bleiben dann nur noch vier Möglichkeiten der Farbgebung.

Das Zählprinzip verlangt wieder die Multiplikation der ermittelten Möglichkeiten:
$5 \cdot 4 \cdot 3 \cdot 2 \cdot 1 = 5! = 120$

Es gibt **120** Möglichkeiten, einen Legosteinturm aus fünf Elementen mit fünf verschiedenen Farben zu bauen.

c) 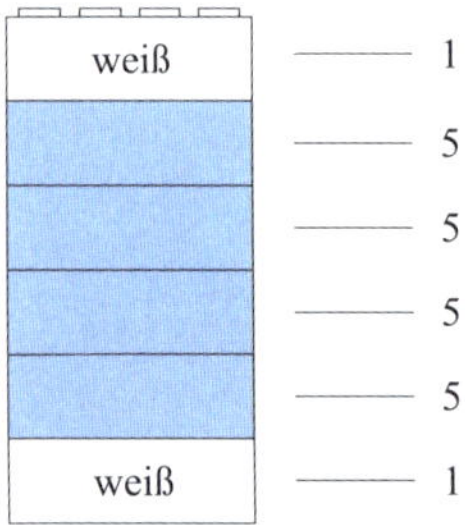

Der erste und der letzte Stein sind in ihrer Farbe (weiß) festgelegt. Für die restlichen Steine gibt es je 5 Möglichkeiten der Farbwahl, da die Farben sich wiederholen dürfen.

Das Zählprinzip führt zum Produkt:
$1 \cdot 5 \cdot 5 \cdot 5 \cdot 5 \cdot 1 = 5^4 = 625$

Es gibt **625** Möglichkeiten, einen sechsstöckigen Legosteinturm aus 5 Farben zu bauen, wobei der erste und letzte Stein weiß sein müssen.

d) 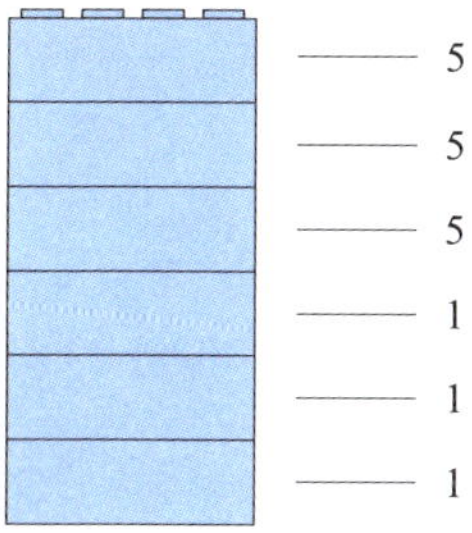

Die ersten drei Steine sind frei wählbar, die anderen Steine sind damit festgelegt. Bei frei wählbaren Steinen gibt es 5 Möglichkeiten der Farbe.

Das Zählprinzip beschreibt die Multiplikation der Einzelmöglichkeiten:
$5 \cdot 5 \cdot 5 \cdot 1 \cdot 1 \cdot 1 = 5^3 = 125$

Es gibt **125** Möglichkeiten, einen sechsstöckigen Legosteinturm zu bauen, wobei die letzten drei Steine die umgekehrte Farbreihenfolge der ersten drei Steine haben sollen.

126. a) $3! = 3 \cdot 2 \cdot 1 = \mathbf{6}$

b) $5! = 5 \cdot 4 \cdot 3 \cdot 2 \cdot 1 = \mathbf{120}$

c) $6! - 5! = 6 \cdot \underbrace{5 \cdot 4 \cdot 3 \cdot 2 \cdot 1}_{5!} - \underbrace{5 \cdot 4 \cdot 3 \cdot 2 \cdot 1}_{5!} = 6 \cdot 5! - 5! = 5! \cdot (6-1) = 5! \cdot 5$
$= 120 \cdot 5 = \mathbf{600}$

d) $\frac{6!}{5!} = \frac{6 \cdot 5 \cdot 4 \cdot 3 \cdot 2 \cdot 1}{5 \cdot 4 \cdot 3 \cdot 2 \cdot 1} = \frac{6 \cdot 1}{1} = \mathbf{6}$

e) $\frac{124!}{122!} = \frac{1 \cdot 2 \cdot 3 \cdot 4 \cdot \ldots \cdot 122 \cdot 123 \cdot 124}{1 \cdot 2 \cdot 3 \cdot 4 \cdot \ldots \cdot 122} = \frac{123 \cdot 124}{1} = \mathbf{15\,252}$

f) $\frac{8!}{4! \cdot 4!} = \frac{4! \cdot 5 \cdot 6 \cdot 7 \cdot 8}{4! \cdot 4!} = \frac{5 \cdot 6 \cdot 7 \cdot 8}{4!} = \frac{5 \cdot 6 \cdot 7 \cdot 8}{1 \cdot 2 \cdot 3 \cdot 4} = \frac{5 \cdot 7 \cdot 2}{1} = \mathbf{70}$

127. a) $\frac{49!}{6! \cdot 43!} = \mathbf{13\,983\,816}$

b) $12! = \mathbf{479\,001\,600}$

c) $13! - 11! = \mathbf{6\,187\,104\,000}$

d) $\frac{(7!)^2}{6!} = \mathbf{35\,280}$

128. a)

Topf 1	Topf 2	Topf 3
8	8	8
Mannschaften	Mannschaften	Mannschaften

Das Zählprinzip fordert die Multiplikation der Einzelmöglichkeiten:
$8 \cdot 8 \cdot 8 = 8^3 = 512$

Bei der Auslosung kann der FC Bayern in **512** verschiedene Gruppen kommen.

b)

Topf 1	Topf 2	Topf 3
$8 - 1 = 7$	$8 - 2 = 6$	8
Mannschaften	Mannschaften	Mannschaften

Das Zählprinzip führt wieder zur Multiplikation der Einzelmöglichkeiten:
$7 \cdot 6 \cdot 8 = 336$

Es gibt **336** Möglichkeiten der Gruppenbildung ohne die Kombination des FC Bayern mit einer anderen deutschen Mannschaft.

c)

Topf 1	Topf 2	Topf 3
1	8	8
Mannschaft (Real Madrid)	Mannschaften	Mannschaften

Die Ziehung aus dem ersten Topf ist mit Real Madrid festgelegt. Die anderen Töpfe sind frei bei der Ziehung, so gibt es bei jeder Ziehung aus den restlichen Töpfen jeweils 8 mögliche Gegner.

Das Zählprinzip führt zu $1 \cdot 8 \cdot 8 = 64$ Möglichkeiten.
Es gibt insgesamt $8 \cdot 8 \cdot 8 = 8^3 = 512$ Möglichkeiten (siehe Aufgabe a) der Gruppenbildung mit dem FC Bayern.

$$P(\text{„Bayern und Madrid“}) = \frac{\text{„Anzahl der Möglichkeiten einer Gruppe mit FC Bayern und Real Madrid“}}{\text{„Anzahl der Möglichkeiten einer Gruppe mit dem FC Bayern“}}$$

$$= \frac{64}{512} = \frac{1}{8} = \mathbf{12{,}5\ \%}$$

129. a) K L M T A R E I N S 10 verschiedene Buchstaben

1. Ziehung	2. Ziehung	3. Ziehung	4. Ziehung	5. Ziehung
S	T	A	R	K
10	10	10	10	10

Die Möglichkeiten nehmen wegen des Ziehens mit Zurücklegen nicht ab.

Es gibt nur eine Möglichkeit, das Wort STARK in der richtigen Reihenfolge zu ziehen (Zähler der Wahrscheinlichkeit).

Es gibt nach dem Zählprinzip $10 \cdot 10 \cdot 10 \cdot 10 \cdot 10 = 10^5$ Möglichkeiten, fünf unterscheidbare Kugeln mit Zurücklegen zu ziehen (Nenner der Wahrscheinlichkeit).

$$P(\text{„STARK“}) = \frac{1}{10^5} = \frac{1}{100\,000} = 0{,}00001 = \mathbf{0{,}001\ \%}$$

b) RAKETENSTART besteht aus 12 Buchstaben.
Es gibt eine Möglichkeit, das Wort RAKETENSTART in der richtigen Reihenfolge zu ziehen (Zähler der Wahrscheinlichkeit).

Es gibt 10^{12} Möglichkeiten, zwölf Kugeln mit Zurücklegen unter Beachtung der Reihenfolge zu ziehen (Nenner der Wahrscheinlichkeit).

$$P(\text{„RAKETENSTART“}) = \frac{1}{10^{12}} = 10^{-12} = \mathbf{10^{-10}\ \%}$$

130. a) Für die Lösung stellt man sich die Regalpositionen nummeriert vor. Jedem Buch wird nun eine Nummer zugelost (Ziehen ohne Zurücklegen).

Buch A: 11 Möglichkeiten, eine Position für Buch A auszuwählen.
Buch B: 10 Möglichkeiten, eine Position für Buch B auszuwählen.
⋮
Buch J: 2 Möglichkeiten, eine Position für Buch J auszuwählen.
Buch K: 1 Möglichkeit, eine Position für Buch K auszuwählen.

Das Zählprinzip verlangt die Multiplikation der einzelnen Möglichkeiten:

$11 \cdot 10 \cdot 9 \cdot \ldots \cdot 2 \cdot 1 = 11! = \mathbf{39\,916\,800}$

b) Es gibt zwei Möglichkeiten, die ersten beiden Bücher anzuordnen:

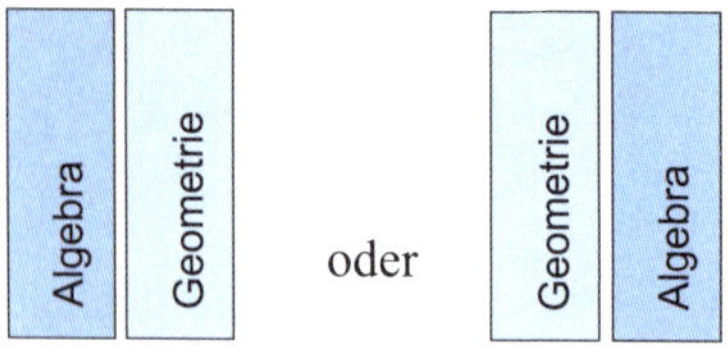

Für die restlichen neun Bücher sind neun Plätze übrig. Es gibt für diese $9! = 362\,880$ Möglichkeiten der Anordnung.
Für jede der beiden Mathematikbuchanordnungen gibt es jeweils 9! Möglichkeiten, die restlichen 9 Bücher zu stellen:
$9! + 9! = 2 \cdot 9! = 725\,760$

Es gibt **725 760** Möglichkeiten der Bücheranordnung mit der Einschränkung, dass die ersten beiden Bücher Mathematikbücher sein sollen.

131. a) Es gibt nur eine Möglichkeit für die richtige Zahlenkombination (Zähler der Wahrscheinlichkeit).

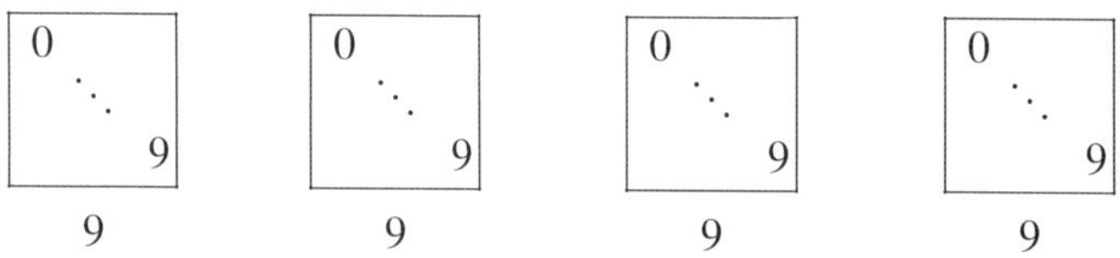

Das Zählprinzip bringt $9 \cdot 9 \cdot 9 \cdot 9 = 9^4 = 6\,561$ Möglichkeiten für die Einstellung einer derartigen 4-stelligen Zahl (Nenner der Wahrscheinlichkeit).

$P(\text{„zufällig öffnen“}) = \frac{1}{9^4} = \frac{1}{6\,561} \approx 0{,}0001524 \approx$ **0,015 %**

b) Die Menge der möglichen zweistelligen Quadratzahlen $\{16; 25; 36; 49; 64; 81\}$ hat die Mächtigkeit 6.

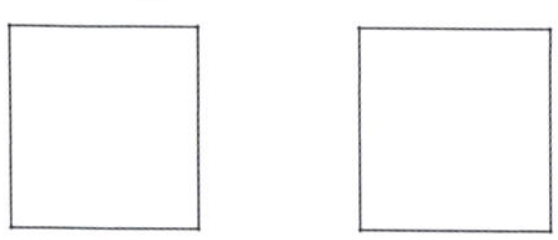

Die vierstellige Zahl reduziert man auf zwei Platzhalter für je eine Quadratzahl aus der Menge. Jeder Platzhalter hat 6 Möglichkeiten der Belegung.

Das Zählprinzip führt zum Produkt:
$6 \cdot 6 = 36$

Mit der Information, dass die gesuchte vierstellige Zahl aus zweistelligen Quadratzahlen besteht, muss man **36** Möglichkeiten prüfen.

(Bitte blättern Sie um)